液压与气压传动控制技术
（第2版）

主　编　梅荣娣
副主编　陈大龙　王子平
参　编　马　玲　华春国　陈震乾　徐丹凤
　　　　帅　伟　郭爱云　陈之酉　贡晓红

北京理工大学出版社
BEIJING INSTITUTE OF TECHNOLOGY PRESS

图书在版编目（CIP）数据

液压与气压传动控制技术/梅荣娣主编．—2 版．—北京：北京理工大学出版社，2017. 8（2020.8重印）

ISBN 978 -7 -5682 -4529 -6

Ⅰ. ①液…　Ⅱ. ①梅…　Ⅲ. ①液压传动 - 高等学校 - 教材　②气压传动 - 高等学校 - 教材　Ⅳ. ①TH137　②TH138

中国版本图书馆 CIP 数据核字（2017）第 188559 号

出版发行 / 北京理工大学出版社有限责任公司
社　　址 / 北京市海淀区中关村南大街 5 号
邮　　编 / 100081
电　　话 /（010）68914775（总编室）
（010）82562903（教材售后服务热线）
（010）68948351（其他图书服务热线）
网　　址 / http：//www. bitpress. com. cn
经　　销 / 全国各地新华书店
印　　刷 / 唐山富达印务有限公司
开　　本 / 787 毫米 ×1092 毫米　1/16
印　　张 / 19
字　　数 / 446 千字
版　　次 / 2017 年 8 月第 2 版　2020 年 8 月第 7 次印刷
定　　价 / 47. 00 元

责任编辑 / 赵　岩
文案编辑 / 梁　潇
责任校对 / 周瑞红
责任印制 / 李志强

前　言

进入21世纪以来，我国职业教育坚持以服务为宗旨、就业为导向的办学方针快速发展，其规模不断扩大，改革不断深化，质量和效益明显提高，站在了一个新的历史起点上。在新的形势下，全面建设小康社会、构建社会主义和谐社会，对职业教育提出了新的更高的要求。教育部明确提出，要把发展职业教育摆在更加突出的位置，一手抓规模扩大，一手抓质量提高，采取强有力的措施，推动职业教育实现规模、结构、质量和效益的协调发展。在进一步深化职业教育教学改革中，要加强学生职业技能培养，高度重视实践和实训教学环节，突出“做中学、做中教”的职业教育教学特色。

教育部同时提出，专业课程的内容要紧密联系生产劳动实际和社会实践，突出应用性和实践性，并注意与相关职业资格考核要求相结合，以培养学生掌握必要的专业知识和比较熟练的职业技能，提高学生就业、创业能力和适应职业变化的能力。

液压与气压传动控制技术是职业院校机械类专业、机电类专业及自动化专业的核心教学课程。本教材的编写遵循以就业为导向、能力为本位的指导思想，以项目为引领，任务为驱动，以技能训练为中心，配备相关的理论知识构成项目化教学模块来优化教材内容，便于采用理论实践一体化训练法，通过“做中学、做中教、边学边做”来实施教学内容，实现理论知识与技能训练的统一。全书内容包括气压传动和液压传动技术两部分，主要论述了液压与气压传动基础知识、气源设备的使用和调节、气动基本回路的功能和应用、气动系统的分析和设计、液压元件、液压基本回路的功能和设计、液压系统的分析和故障排除等。全书共分13个项目，每个项目由多个任务组成，每个任务都包含任务要求、相关的知识准备、技能训练，内容的呈现符合学生的认知规律。

本教材具有以下特色：

（1）教材的相关项目采用工程应用实例，体现职业教育“管用、够用、适用”的指导思想，项目目标明确，实用性强。

（2）以任务为驱动，每一任务的要求明确，强化学生的技能训练，突出理论与实践的一体化。

（3）每个项目设置“学习导航”“要点归纳”“问题探究”“思考与练习”，在突出实践动手能力培养的基础上，重视知识、能力、素质的协调发展。

（4）将电气、气动、液压技术有机地融合，为学生专业的拓展和可持续发展提供了强有力的保障。

（5）教材所用符号采用最新的液压与气动国家标准（2009）和电气标准（2008）。

本教材由梅荣娣担任主编，陈大龙、王子平担任副主编。参加编写的人员和具体分工为：常州刘国钧高等职业技术学校梅荣娣编写项目一、二、三、四、五，无锡技师学院（立信中专）陈震乾编写项目六，常州刘国钧高等职业技术学校帅伟与郭爱云编写项目七，宿城中等专业学校陈大龙编写项目八，江苏联合职业技术学院常熟分院贡晓红编写项目九，连云港中等专业学校徐丹凤编写项目十，宿城中等专业学校马玲编写项目十一，镇江高等职业技术学校华春国编写项目十二，常州刘国钧高等职业技术学校王子平编写项目十三，江苏联合职业技术学院苏州工业园区分院陈之酉编写部分液压项目实例。全书由梅荣娣负责组稿和定稿，盐城机电高等职业技术学校张国军教授审稿。本书在编写过程中，得到了学校、相关企业和有关同志特别是王猛教授的热情支持和帮助，在此一并表示衷心的感谢。

由于编者水平有限，书中疏漏和错误之处在所难免，恳请广大读者批评指正。

编　者

目 录

目 录

目录

项目一　认识气压传动

学习导航

气压传动控制技术简称为气动技术，它广泛应用在生产自动化的各个领域。气压传动是以压缩空气为工作介质进行能量传递和控制的一种传动形式。本项目主要通过对剪切机气压传动系统（简称气动系统）以及送料装置的设计与操作的介绍达到如下的目标。

知识目标

(1) 知道气动系统的组成、特点及工作原理。
(2) 了解压缩空气的压力与湿度基础知识。
(3) 知道气动元件的功能，能说出其工作原理。

技能目标

(1) 会识别和选用气动元件。
(2) 能绘制简单的气动系统控制回路图。
(3) 能根据元件的功能设计送料装置气动系统，并能进行相关的调试运行。

任务一　认识气压传动系统

本任务要求能读懂图 1-1 所示气动剪切机的工作原理图，了解气动系统的组成，并能说出其工作原理，同时知道空气的压力表示方法。

知识链接 1　气压传动系统的组成

一、气源装置

产生、处理和贮存压缩空气的设备称为气源设备。它为气动系统提供符合质量要求的压缩空气，是气动系统的一个重要组成部分。典型的气源装置的组成如图 1-2 所示。

空气压缩机 1 用以产生压缩空气，由电动机驱动。压力开关 7 根据压力的大小控制电动机的启动和停转。启动空气压缩机后，空气经压缩，其压力和温度同时升高，高温高压气体进入冷却器 10 降温冷却，经过油水分离器 11 除去凝结的水和油，最后存入储气罐 12。在后冷却器、油水分离器、储气罐等器件的最低处，都设有自动排水器 5，排掉凝结的油、水等污染物。

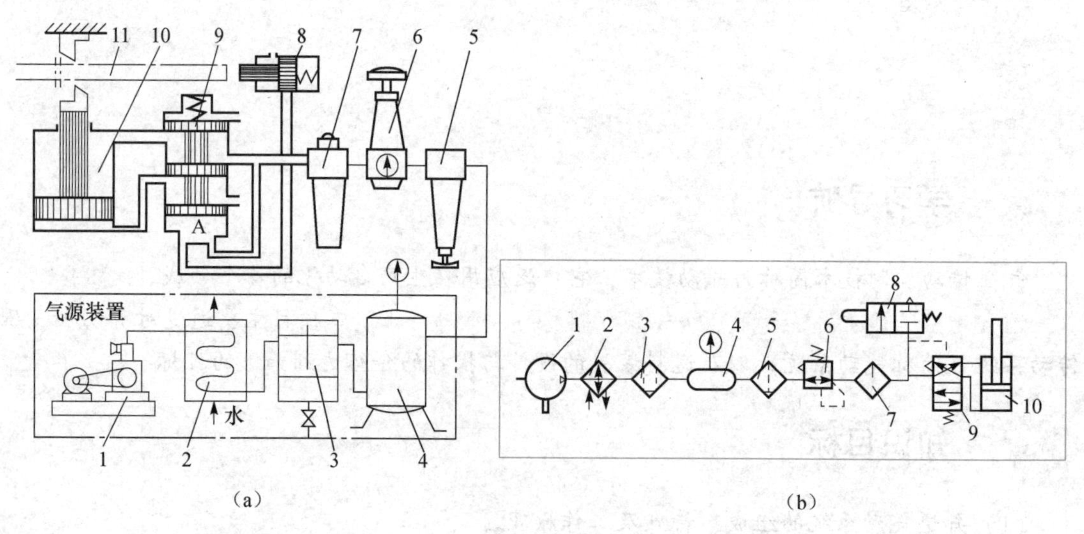

图 1-1　气动剪切机的结构及工作原理图

(a) 结构及工作原理图；(b) 图形符号表示的工作原理图

1—空气压缩机；2—冷却器；3—油水分离器；4—储气罐；5—空气过滤器；6—减压阀；7—油雾器；8—行程阀；9—气动换向阀；10—气缸；11—工料

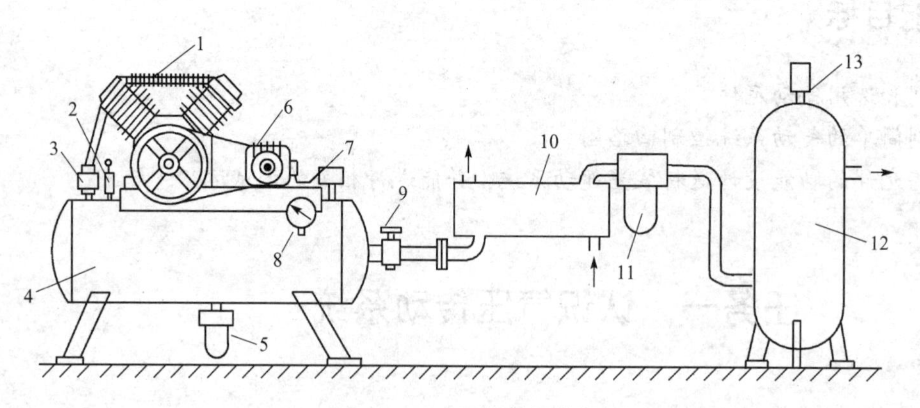

图 1-2　典型的气源装置

1—空气压缩机；2，13—安全阀；3，9—单向阀；4，12—储气罐；5—自动排水器；6—电动机；7—压力开关；8—压力表；10—冷却器；11—油水分离器

空气压缩机

二、执行元件

执行元件是气动系统的末端机构，是将气体的压力能转换成机械能的一种能量转换装置，它包括实现直线往复运动的气缸和实现连续回转运动或摆动的气动马达或摆动马达等。

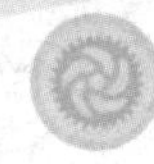

1. 单作用活塞式气缸

单作用活塞式气缸是指压缩空气仅在气缸的一端进气推动活塞运动，而活塞的返回则借助其他外力，如重力、弹簧力。

单作用活塞式气缸有弹簧压回型和弹簧压出型，如图1-3（b）所示。压回型是A口进气，气压力驱动活塞克服弹簧力和摩擦力使活塞杆伸出；A口排气，弹簧力使活塞杆缩回。压出型是A口进气，活塞杆缩回；A口排气，弹簧使活塞杆伸出。

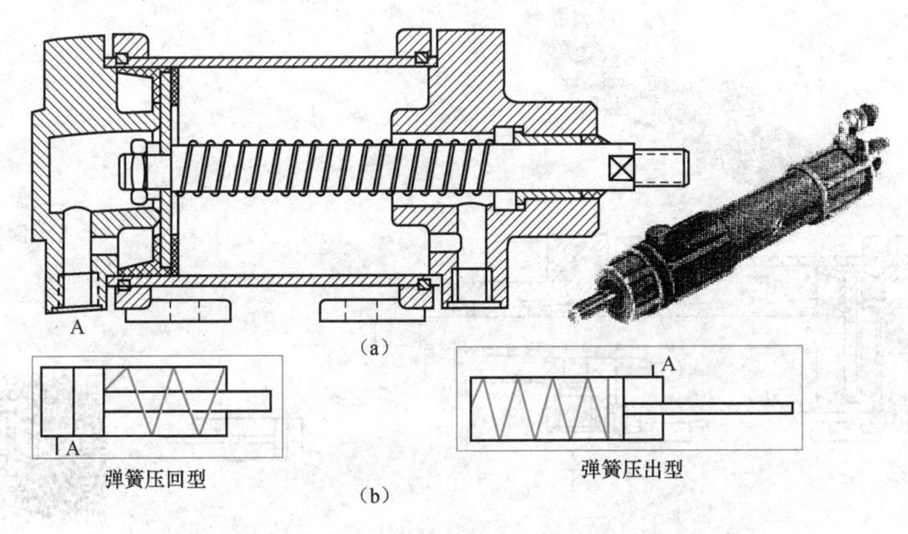

图1-3　单作用活塞式气缸的结构示意图与图形符号

（a）结构示意图；（b）图形符号

单作用活塞式气缸的特点如下：

① 由于单边进气，故结构简单，耗气量小；

② 缸内安装了弹簧，缩短了活塞的有效行程；

③ 弹簧的弹力随其变形大小而发生变化，故活塞杆推力和运动速度在行程中有变化；

④ 弹簧具有吸收动能的能力，因而可减小行程终端的撞击作用。

单作用活塞式气缸一般用于行程短且对输出力和运动速度要求不高的场合，如定位和夹紧装置等。

当气缸工作时，活塞杆上输出的推力必须克服弹簧的弹力及各种阻力，推力公式为

$$F = \frac{\pi}{4}D^2 p\eta - F_1 \tag{1-1}$$

式中　F——活塞杆的推力（工作负载）（N）；

D——活塞直径（m）；

p——气缸工作压力（Pa）；

F_1——弹簧弹力（N）；

η——考虑总阻力损失时的效率，一般η为0.7~0.8。当活塞运动速度$v \leqslant 0.2$ m/s时，η取大值；当$v > 0.2$ m/s时，η取小值。

图1-3所示的单作用活塞式气缸的结构直观性强，易理解，但难于绘制。在工程实际

中，除某些特殊情况外，常用一系列标准的图形符号绘制，以表示元件的功能。目前我国的液压与气压系统图采用《GB/T 786.1—2009》所规定的图形符号绘制。图1-3（b）中分别表示了单作用气缸的图形符号。

2. 双作用活塞式气缸

双作用活塞式气缸是使用最广泛的一种最普通的气缸，它有进、排气两个接口，利用压缩空气的压力能使活塞杆实现两个方向的运动，如图1-4所示。

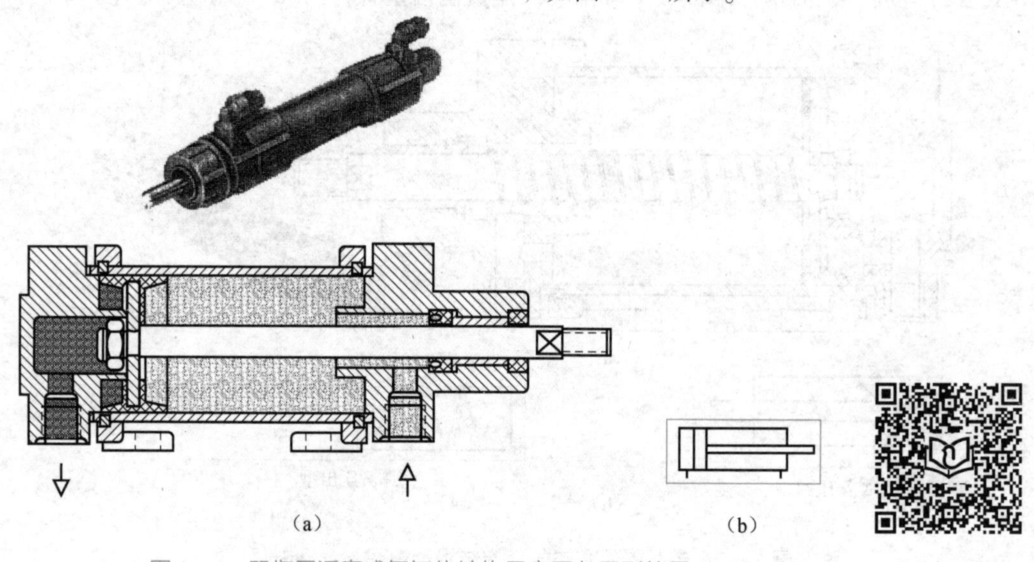

图1-4 双作用活塞式气缸的结构示意图与图形符号

（a）结构示意图；（b）图形符号

双作用气缸

双作用活塞式气缸工作时，活塞杆上的输出力用下式计算。

$$F_1 = \frac{\pi}{4}D^2 p\eta \tag{1-2}$$

$$F_2 = \frac{\pi}{4}(D^2 - d^2)p\eta \tag{1-3}$$

式中 F_1——当无杆腔进气时，活塞杆的输出力（N）；

F_2——当有杆腔进气时，活塞杆的输出力（N）；

D，d——活塞和活塞杆直径（m）；

p——气缸工作压力（Pa）；

η——考虑总阻力损失时的效率，一般 η 为0.7～0.8。当活塞运动速度 $v \leq 0.2$ m/s 时，η 取大值；当 $v > 0.2$ m/s 时，η 取小值。

三、控制元件

控制元件用于控制压缩空气的压力、流量和流动方向，以便使执行元件完成预定的工作循环。它包括各种方向控制阀、压力控制阀和流量控制阀。

（一）方向控制阀

能改变气体流动方向或通断的控制阀称为方向控制阀。方向控制阀分为单向阀和换

向阀。

1. 单向阀

有两个通口，气流只能向一个方向流动而不能反方向流动的阀称为单向阀。

为了防止因气源压力下降或因耗气量增大造成的压力下降而出现逆流，在储气罐的输出端近处必须安装单向阀。单向阀只允许压缩空气单方向流动，而不允许其逆向流动。

单向阀主要是利用圆锥、圆球、盘片或膜片作为止回块。单向阀的工作原理如图 1－5 所示。当气体正向流动时，进口气压推动止回块的力大于作用在止回块上的弹簧力，阀芯被推开，形成流通状态。而当压缩空气由输出口进入时，气体压力与弹簧力使止回块顶在阀座上而封闭了通道，气体不能流通。

单向阀的外形和图形符号如图 1－6 所示，带弹簧复位的单向阀在常态下处于常闭状态。

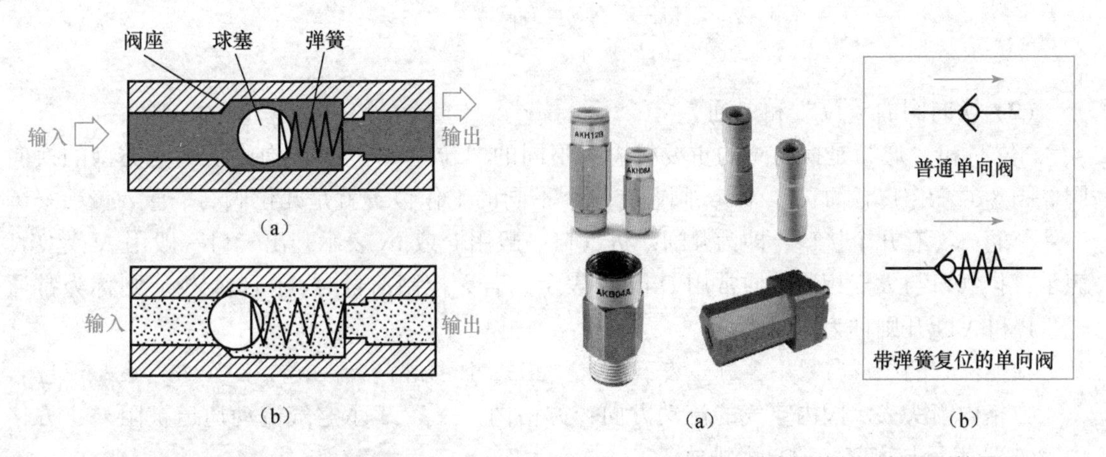

图 1－5　单向阀的工作原理图

（a）流通时；（b）逆流被阻挡

图 1－6　单向阀的外形与图形符号

（a）外形；（b）图形符号

2. 换向阀

(1) 换向阀的工作原理。

换向阀是利用阀芯和阀体相对位置的改变，控制各气口的接通或断开，以改变气体的流动方向，实现改变执行元件的运动方向的作用。

二位三通手动换向阀的工作原理如图 1－7（a）所示。换向阀有 3 个接口，分别是进气口 P、出气口 A 和排气口 R。在正常情况下，A、R 两接口相通，P 口堵塞；当按下推杆时，阀芯向右移动，使 P、A 两接口相通，R 口堵塞。这种换向阀的阀芯和阀体之间的运动是相对直线运动，所以也称为滑阀。

利用各种方向控制阀可以对单作用气动执行元件和双作用气动执行元件进行换向控制。如图 1－7（c）所示，压下二位三通手动阀，压缩空气通过换向阀的 A 口输出，进入单作用活塞式气缸，推动气缸活塞杆向右运动（杆伸出）；松开手动阀，压缩空气无法进入气缸，而气缸在活塞杆向右运动时进入的压缩空气则通过排气口 R 排出，此时，气缸活塞杆在弹簧力的作用下向左运动（杆缩回）。

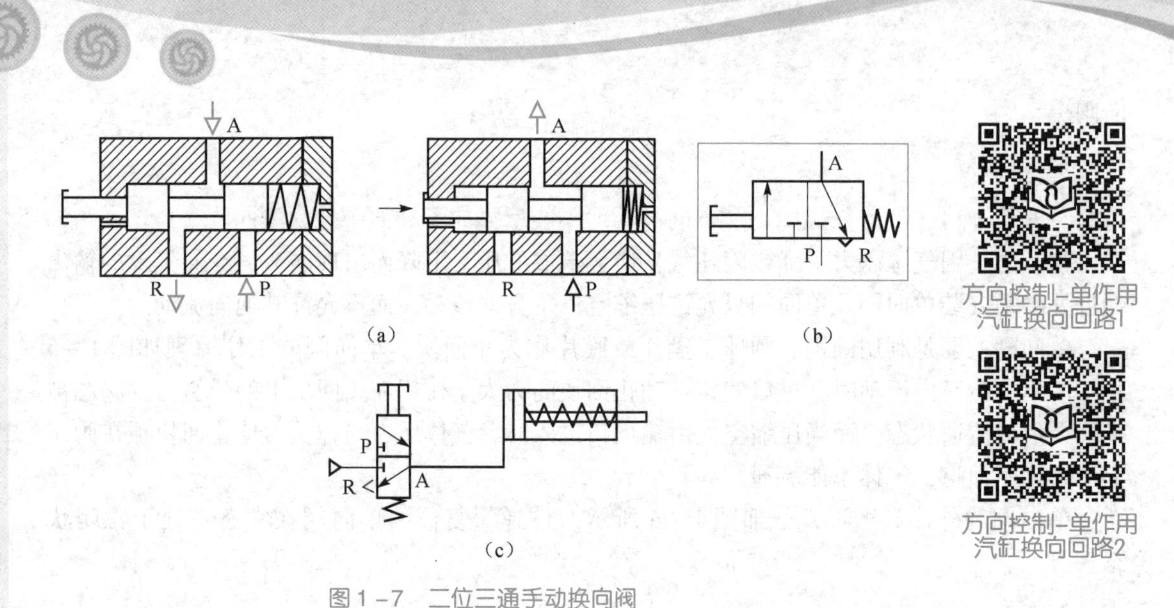

图1－7　二位三通手动换向阀

（a）工作原理图；（b）图形符号；（c）应用

（2）换向阀的“位”和“通”。

“位”和“通”是换向阀的重要概念，不同的“位”和“通”构成了不同类型的换向阀。阀芯的工作位置简称“位”，阀芯有几个不同的工作位置就是几位阀。“通”表示阀体上外部通口，有几个接口，即为几通。进气口一般用P或IN表示，出气口一般用A或OUT表示，排气口与大气相通，通常用O或R表示。若无控制信号时，P和A相通则称为常通式，P和A断开则称为常闭式。

在换向阀的图形符号中，方格表示工作位置，两个方格表示二位，三个方格表示三位。

方格内箭头表示阀内空气的流动方向；方格内“⊥”表示空气流动通道被阻塞；方格内“△”表示与大气相通自由排放。

三位阀有3个工作位置，若阀芯处于中间位置（也称零位），各通口呈封闭状态，则称为中位封闭式阀；若出口与排气口相通，则称为中位泄压式阀；若出口与进口相通，则称为中位加压式阀；若在中位泄压式阀的两个出口内装上单向阀，则称为中位止回式阀。

换向阀的阀芯处于不同的工作位置时，各通口之间的通断状态是不同的。常见的二位和三位换向阀的图形符号如表1－1所示。

表1－1　二位和三位换向阀的图形符号

	二位	三位			
		中位封闭式	中位泄压式	中位加压式	中位止回式
二通					
三通					
四通					
五通					

(3) 换向阀的分类。

换向阀的分类主要是依据控制方式和工作位置数、通口数进行。换向阀的控制方式如表1－2所示。

表1－2　常用换向阀的控制方式与图形符号

控制方式	人力控制（推压式）	机械控制（滚轮式）	电磁铁控制（单作用式）	弹簧复位	气压复位	气压控制	气动先导	电气操纵的气动先导
图形符号								

常用换向阀的图形符号及其含义如表1－3所示。

表1－3　常用换向阀的图形符号及其含义

名　称	图形符号	含　义
二位二通手动换向阀		二位二通方向控制阀，推压控制机构，弹簧复位，常闭
二位二通电磁换向阀		二位二通方向控制阀，电磁铁操纵，弹簧复位，常开
二位三通机动换向阀		二位三通方向控制阀，滚轮杠杆控制，弹簧复位，常闭
二位三通电磁换向阀		二位三通方向控制阀，电磁铁操纵，弹簧复位，常闭
二位三通电磁换向阀		二位三通方向控制阀，单作用电磁铁操纵，弹簧复位，定位销式手动定位
二位五通人力控制换向阀		二位五通方向控制阀，踏板控制
二位五通气动换向阀		二位五通气动方向控制阀，单作用电磁铁，外部先导供气，手动操纵，弹簧复位
三位四通电磁换向阀		三位四通方向控制阀，双作用电磁铁直接操纵，弹簧对中
三位五通气动换向阀		三位五通直动式气动方向控制阀，弹簧对中，中位时两出口都排气

（二）压力控制阀

控制与调节压缩空气的压力大小的阀称为压力控制阀。

图1-1中的元件6为减压阀，减压阀的作用是用来降压，使其输出压力与气动设备所需压力一致，并保持该压力的稳定。

四、辅助元件

使压缩空气净化、润滑、消声及用于元件间连接等所需的装置和元件称为辅助元件，如用于元件间的连接管道、显示压力大小的压力计等。

五、工作介质

1. 压缩空气的压力

压力是由于气体分子因热运动相互碰撞，在容器的单位面积上产生的力，相当于物理学中的压强，用p表示。即

$$p = \frac{F}{A} \tag{1-4}$$

式中　p——压强（N/m^2或Pa）。

工程中也常用kPa（千帕）、MPa（兆帕）、$kg \cdot f/cm^2$、bar（巴）作为计量单位。1 $kg \cdot f/cm^2$ 称为一个工程大气压。$1\ MPa = 1 \times 10^3\ kPa = 10\ bar = 10.2\ kg \cdot f/cm^2$。

静止的气体和液体具有下列特性：

① 静止的气体和液体的压力，垂直作用于气体和液体接触的表面；

② 静止的气体和液体中，任一点的各个方向的压力均相等。

压力可用绝对压力、相对压力及真空度等方法来度量。绝对压力是指以绝对真空作为基准所表示的压力。相对压力是指以大气压力作为基准所表示的压力。由压力表测得的压力都是相对压力，所以相对压力也称表压力。当绝对压力低于大气压时，习惯上称为出现真空。因此真空度是指比大气压力小的那部分数值，即

$$真空度 = 大气压力 - 绝对压力 \tag{1-5}$$

绝对压力、相对压力和真空度的相互关系如图1-8所示。

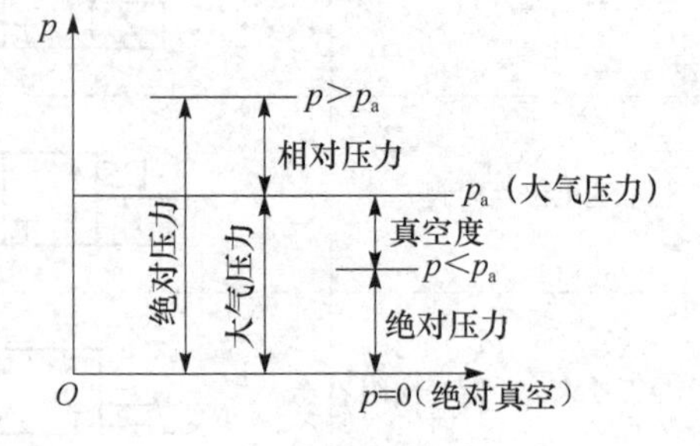

图1-8　绝对压力、相对压力和真空度的相互关系

2. 空气的湿度

不含水蒸气的空气称为干空气；含有水蒸气的空气称为湿空气。空气作为传动介质，其干湿程度对传动系统的稳定性和使用寿命都有直接影响。若空气中含有的水蒸气量较大，则此湿空气在一定的温度和压力条件下，会在气动系统的局部管道、气动元件中凝结成水滴，使气动元件和管道腐蚀、生锈，缩短使用寿命，甚至造成系统失灵。因此，气动系统对空气的含水量有明确的规定，并采取必要的措施防止水分进入系统。

湿度的表示方法有绝对湿度和相对湿度。

绝对湿度是指每立方米湿空气中含有的水蒸气的质量，也就是湿空气的水蒸气密度。湿空气中水蒸气的含量是有限的，在一定温度下，当湿空气中所含水蒸气的量达到最大限度时的绝对湿度叫饱和绝对湿度。

绝对湿度只能说明湿空气中所含水蒸气的多少，但不能说明空气所具有的吸收水蒸气的能力，所以常用相对湿度来表达这种能力。

相对湿度是指在某温度和总压力不变的条件下，绝对湿度与饱和绝对湿度的比值。一般来说，相对空气湿度在60%～70%内，人体感觉较舒适。而在气动系统中使用的空气，则是相对湿度越低越好。

当温度下降时，空气中水蒸气的含量降低，因此对减少空气中所含水分来说，降低进入气动设备的空气温度是十分有利的。气压传动系统中也常采用降温法来消除湿空气中的水分。当大气冷却达到某一温度时，水分达到饱和，这一温度称为露点温度。如果空气继续冷却，那么它不能保留所有的水分，过量的水分以小液滴的形式凝结出来形成冷凝水。降温法就是利用此原理除去空气中的水分的。

综上所述，气压传动系统由五部分组成，具体归纳如表1-4所示。

表1-4　气压传动系统的组成

名　称		功　能
气源装置	空气压缩机	将原动机供给的机械能转换为气体的压力能，为各类气动设备提供动力
执行元件	气缸、气压马达	将气体的压力能转变为机械能，输出到工作机构上
控制元件	单向阀、换向阀、减压阀、顺序阀、溢流阀、排气节流阀等	用以控制压缩空气的压力、流量和流动方向及执行元件的工作顺序，使执行元件完成预定的运动规律
辅助元件	油雾器、消声器、转换器	使压缩空气净化、润滑、消声及用于元件间连接等所需的装置
工作介质	压缩空气	传递能量的载体

知识链接2　气压传动系统的特点与应用

由于气压传动具备了许多突出的优点，因此，气压传动控制技术在电子工业、包装机械、印刷机械、食品机械等领域应用广泛。

气压传动的特点如下：

① 工作介质来源方便，不污染环境；

② 空气黏度小，能量损失小，宜于远程传输及控制；

③ 工作环境适应性好，可在易燃、易爆、多尘埃、强辐射、震动等恶劣工作环境下进行正常工作；

④ 易实现系统的自动化；

⑤ 元件易实现系列化、标准化和通用化，便于设计、生产；

⑥ 工作压力低（一般低于1 MPa），不易获得较大的输出力和转矩；

⑦ 由于空气的可压缩性大，气压传动的速度稳定性差，给系统的位置和速度控制精度带来很大影响，一般采用气液联动方能获得较理想的效果。

⑧ 排气噪声大，须加消声器；

⑨ 气压传动的工作介质本身没有润滑性，需另外加油雾器进行润滑。

随着工业的发展，气动技术已发展为包含传动、控制与检测在内的自动化技术。由于工业自动化技术的发展，气动控制技术以提高系统可靠性、降低总成本为目标，研究和开发系统控制技术和机、电、液、气综合技术。气动元件当前发展的特点和研究方向主要是节能化、小型化、轻量化、位置控制的高精度化，以及与电子学相结合的综合控制技术。

气压传动在各类行业中的应用如表1－5所示。

表1－5　气压传动在各类行业中的应用

行业名称	应用举例
汽车制造业	焊装生产线、夹具、机器人、输送设备、组装线、涂装线、发动机、轮胎生产装备等方面
生产自动化	机械加工生产线上零件的加工和组装，如工件的搬运、转位、定位、夹紧、进给、装卸、装配、清洗、检测等工序
机械设备	自动喷气织布机、自动清洗机、冶金机械、印刷机械、建筑机械、农业机械、制鞋机械、塑料制品生产线、人造革生产线、玻璃制品加工线等许多场合
电子半导体家电制造行业	硅片的搬运、元器件的插入与锡焊，彩电、冰箱的装配生产线
包装自动化	化肥、化工、粮食、食品、药品、生物工程等实现粉末、粒状、块状物料的自动计量包装。用于烟草工业的自动化卷烟和自动化包装等许多工序。用于对黏稠液体（如油漆、油墨、化妆品、牙膏等）和有毒气体（如煤气等）的自动计量灌装

知识应用训练　气动剪切机工作原理的分析

图1－1（a）所示为气动剪切机的结构及工作原理图。图1－1（b）所示为用图形符号绘制的气动剪切机的工作原理图。

一、识别元件

根据元件的图形符号说出元件的名称和作用。

二、分析气动剪切机的工作原理

图1－1所示位置为剪切前的预备状态。空气压缩机1产生的压缩空气经过初次净化（冷却器2、油水分离器3）后贮藏在储气罐4，再经过气动三大件（空气过滤器5、减压阀6、油雾器7）及气动换向阀9，进入气缸10。此时，气动换向阀9的A腔的压缩空气将阀芯推到上位，使气缸上腔充压，活塞处于下位，剪切机的剪口张开，处于预备工作状态。

当送料机构将工料11送入剪切机并到达规定位置时，工料将行程阀8的阀芯向右推动，

气动换向阀 9 的阀芯在弹簧的作用下移动到下位，将气缸上腔与大气连通，下腔与压缩空气连通，此时活塞带动剪刀快速向上运动将工料切下。工料被切下后，即与行程阀 8 脱开，行程阀的阀芯在弹簧作用下复位，将排气口封死，气动换向阀 9 的 A 腔压力上升，阀芯上移，使气路换向。气缸上腔进入压缩空气，下腔排气，活塞带动剪刀向下运动，系统又恢复到图 1－1 所示的预备状态，待第二次进料剪切。

三、归纳对气压传动的认知

剪刀克服阻力剪断工料的机械能来自于压缩空气的压力能，产生压缩空气的是空气压缩机。气路中的换向阀、行程阀用于改变气体的流动方向，从而控制气缸活塞的运动方向。剪刀所需的剪切力由减压阀控制。由此可知，空气压缩机将电机的机械能转换为气体的压力能，再通过气缸将气体的压力能转换为机械能，以实现设备对运动和动力的要求。

任务二　手动控制送料装置的设计与调试

图 1－9 为送料装置的工作示意图，工作要求为：当工件加工完成后，按下按钮，送料气缸活塞杆伸出，把未加工的工件送入加工位置；松开按钮，气缸活塞杆收回，以待把下一个未加工工件送到加工位置。本任务要求能按照上述工作情况，设计出该送料装置的气动控制系统，并在实验台上完成相关的操作与调试。

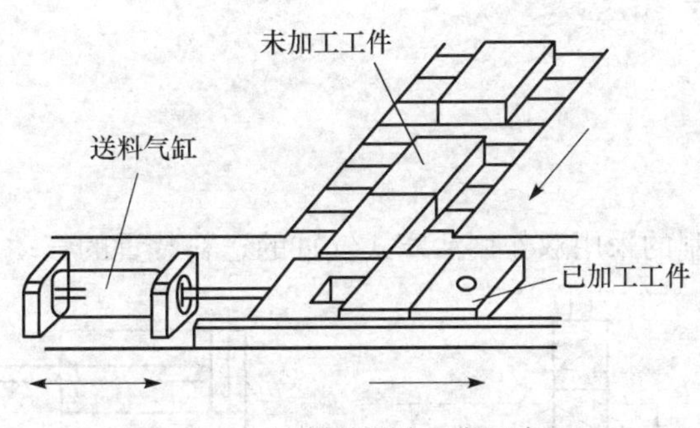

图 1－9　送料装置的工作示意图

一、任务分析

本任务主要要求气缸能够实现伸出、缩回两个方向的运动，这就需要使用方向控制阀对该机构实行方向控制。同时又要求采用手动操作方式来实现运动，所以方向控制阀必须是手动控制方式。而对于气缸，若没有特殊要求，可采用单作用活塞式气缸，也可采用双作用活塞式气缸。因气缸选择的不同影响了方向控制阀的选择，因而要完成送料装置的气动系统设计必须对方向控制阀的功能、工作原理、控制方式、图形符号等有一个全面的了解。通过该任务的实施，还要求学会正确选用气动元件，并搭建和调试该气动系统。

二、设计参考方案

1. 采用单作用活塞式气缸

图 1－10 是根据送料装置的工作要求设计出的气动系统控制回路图，这种控制方法是否正确，能否满足送料装置的工作要求，就需要对该回路图进行分析。

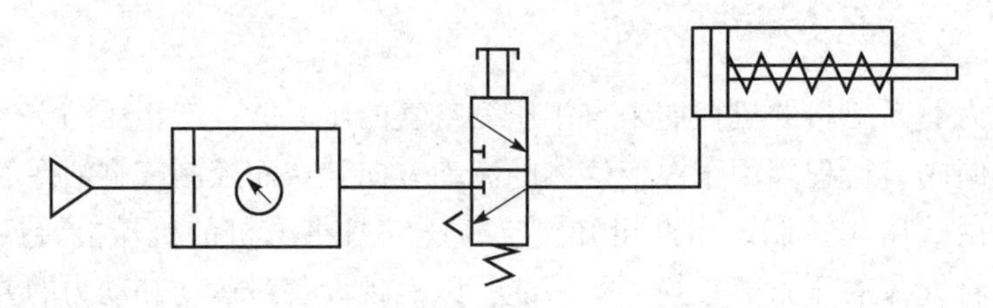

图 1－10　采用单作用活塞式气缸的送料装置

2. 采用双作用活塞式气缸

（1）直接控制。

图 1－11 是直接控制的采用双作用活塞式气缸的送料装置的气动系统控制回路图。

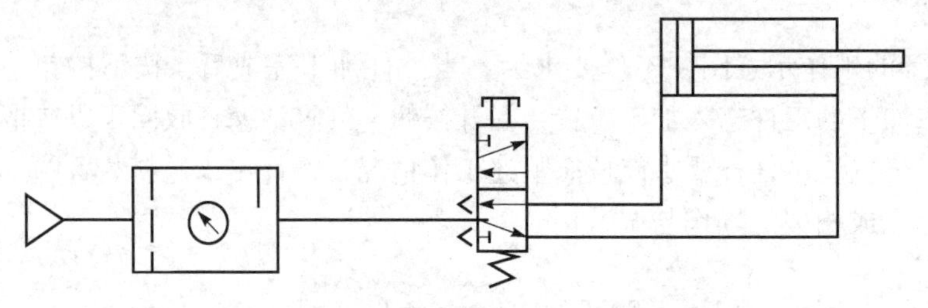

图 1－11　采用双作用活塞式气缸的送料装置

方向控制－双作用汽缸换向回路 1

（2）间接控制。

图 1－12 是间接控制的采用双作用活塞式气缸的送料装置的气动系统控制回路图。

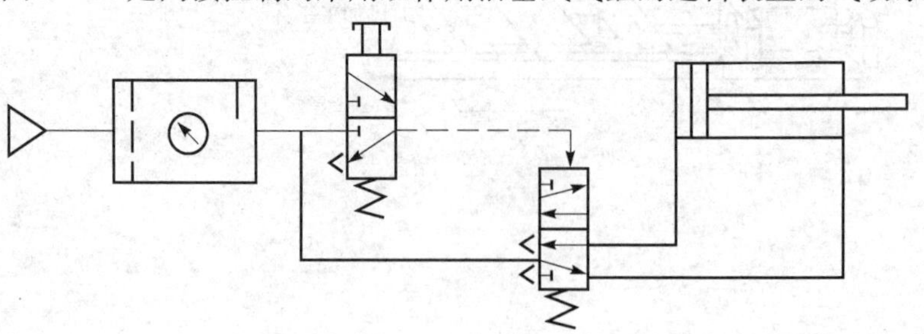

图 1－12　采用双作用活塞式气缸的送料装置

方向控制－双作用汽缸换向回路 2

3. 注意事项

（1）双作用活塞式气缸是使用最广泛的一种普通的气缸；单作用气缸一般用于行程短且对输出力和运动速度要求不高的场合，如定位和夹紧装置等。

（2）由一个阀直接控制气缸动作的方法称为直接控制法，一般用于驱动气缸所需的气流较小、控制阀的尺寸及所需操作力也较小的场合。用一个较小的控制元件（如图 1－12 所

示二位三通阀）作为操作控制元件，利用压缩空气克服口径大、流量大的主控元件（如图1-12所示二位五通阀）开启阻力的方法称为间接控制法，一般用于控制高速或大口径的气缸，这种方法可以用较小的操作力得到较大的开启力，易实现远程控制。

（3）在气动控制技术中，一般要求一个执行元件对应一个方向控制阀来控制其运动方向，这个方向控制阀称为主控阀。

三、操作步骤

（1）熟悉实验设备的使用方法，会进行气源的开关、元件的固定、管线的插接以及元件的选择。

（2）根据任务要求设计送料装置的气动控制系统。

（3）正确选择元器件，在实验台上合理布局，连接出正确的控制系统。

（4）观察运行情况，检验气缸的动作是否符合送料装置的动作要求，对使用中遇到的问题进行分析和解决。

（5）在老师检查评估后，关闭气源，拆下管线，将元件放回原来位置。

四、问题探究

（1）若将手动阀按钮按下一个极短暂的时间，然后立即释放，气缸会发生什么情况？

（2）若按下手动阀按钮并立即释放，要求气缸能将工件送入加工位置，送料装置的气动控制系统需要进行什么改进？

要点归纳

一、要点框架

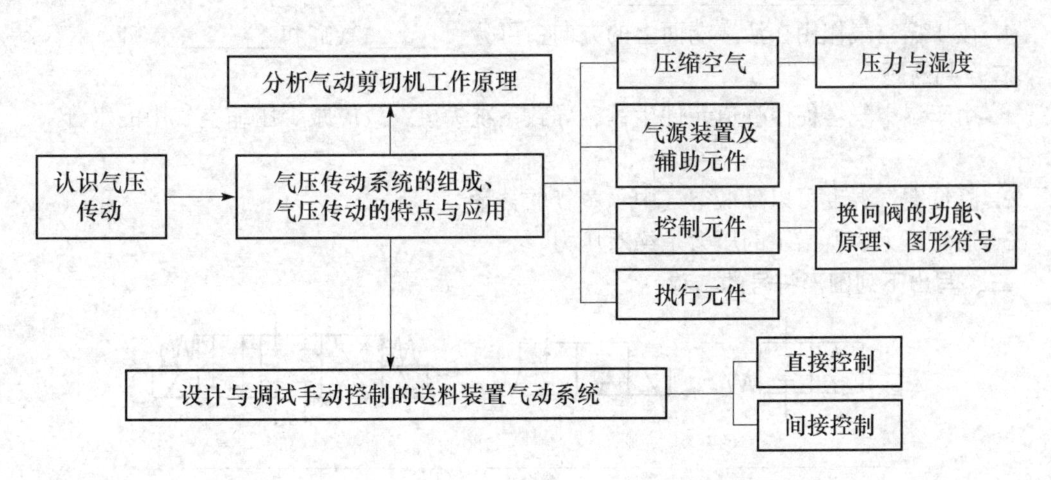

二、知识要点

1. 气压传动的工作原理和组成

气压传动是利用空气压缩机把电动机输出的机械能转化为空气的压力能，在控制元件的

控制下，通过执行元件把压力能转化为机械能，从而完成各种动作并对外做功。气压传动系统的组成如表1－4所示。

2. 空气的压力与湿度

压力相当于物理学中的压强，工程中常用MPa（兆帕）和bar（巴）为单位。空气的压力可用绝对压力、相对压力及真空度等方法来度量。

空气的干湿程度对气压传动系统的稳定性和使用寿命有直接影响，湿度有绝对湿度和相对湿度之分。气动系统中使用的空气，相对湿度越低越好。

3. 换向阀的工作原理与类型

换向阀是利用阀芯和阀体间相对位置的改变，来控制气体的流动方向、接通或关闭气路，从而控制执行元件的启动、停止及换向的。利用换向阀可以对单作用气缸和双作用气缸进行换向控制。换向阀的分类主要是依据控制方式和工作位置数、通口数进行，要求能熟练说出换向阀的类型和换向原理。

思考与练习

一、填空题

1. 气压传动是以________为工作介质进行________传递的一种传动形式。

2. 湿空气的湿度有________和________两种指标。

3. 气动执行元件是将压缩空气的________能转化为________能的元件，它根据输出运动形式不同可分为________和________。

4. 按压缩空气作用在活塞端面上的方向，可分________气缸和________气缸。

二、判断题

1. 由于湿空气会促使管道元件生锈，导致系统失灵，故应减少压缩空气中的水分。（　）

2. 降低空气温度可以降低空气中水蒸气的含量。（　）

3. 通常压力表所指示的压力是绝对压力。（　）

三、写出下列图形符号的名称

________　________　________

________　________

四、题图 1 为换向阀的工作原理图，试分析：

(1) 图示状态下，各通口通断关系：________。

(2) 在单作用电磁铁操纵下阀芯 1 向左移动，各通口通断关系：________，气缸________。

(3) 在电磁铁断电、弹簧复位下阀芯 1 向右移动，各通口通断关系：________，气缸________。

(4) 试画出换向阀图形符号。

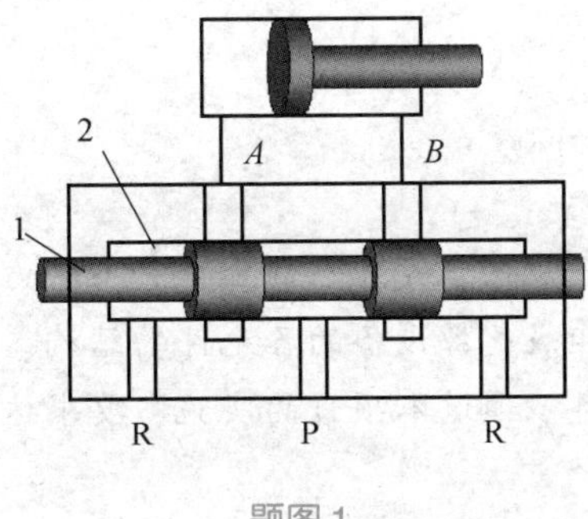

题图 1

项目二 气源设备的调节

学习导航

在完成项目一的基础上进一步认识气体在静止状态下的力学规律和气体在流动时流速与压力变化的规律；进一步认识组成气源设备的各元件的结构、工作原理、图形符号，并在熟悉气源设备后学会调节气源设备。通过本项目的实施，要求达到如下目标。

知识目标

(1) 认识气压传动中的力学基础知识。

(2) 知道组成气源系统各元件的工作原理、图形符号及功能。

技能目标

(1) 会进行空气压缩机的运转操作。

(2) 会调整系统压力。

(3) 会进行气源装置的日常维护。

任务一 认识气压传动中的力学基础知识

压力传递的原理、气体流动时的流速与压力变化的规律、流量的计算等是气压传动技术的基础，正确理解和掌握这些基础知识是合理设计与使用气动系统的理论基础。知道气压传动中的力学基础知识是本次学习任务的要求。

知识连接1 压力传递的原理和气体的状态方程

一、帕斯卡原理

在密封容器中，施加在静止气体或液体上的压力，以等值向所有方向传递，这就是帕斯卡定理，也称静压传递原理。下面是帕斯卡定理的几个应用实例。

水压力机的工作原理图如图 2－1 所示。已知水压力机中水的压力为 p，柱塞断面面积为 A，行程为 L，水压力机输出力为 F_1，忽略高度及摩擦损失的影响，根据帕斯卡定理及力的平衡可得

$$F_1 = p_1A_1,\quad p_1 = p_2 = p,\quad p_2A_2 = p_3A_3 \tag{2-1}$$

所以

$$F_1 = \frac{A_1A_3}{A_2} \times p_3 \tag{2-2}$$

气压计工作原理图如图 2－2 所示。容器侧向有一个竖直管，在容器及管内充以水银，竖直管顶部抽成真空。因

$$p_a = \rho_{水银}gh \tag{2-3}$$

式中　g——重力加速度；

　　　h——水银柱高度。

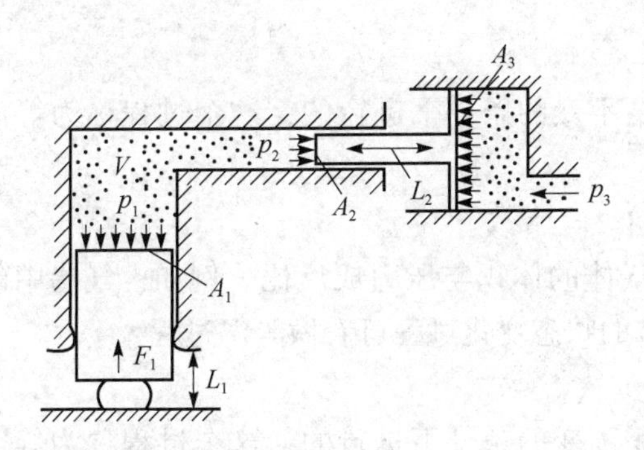

图 2－1　水压力机的工作原理图

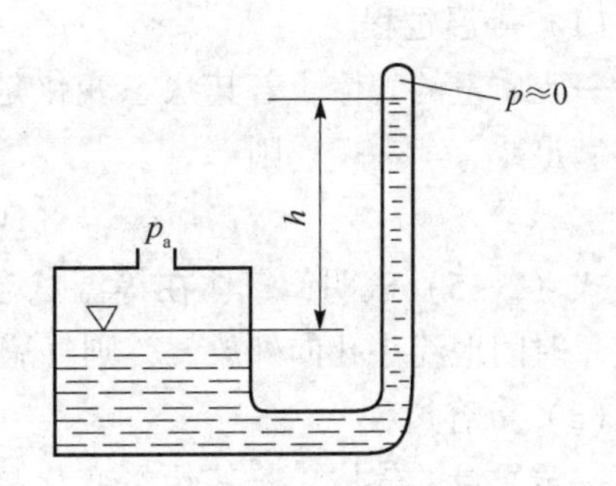

图 2－2　气压计的工作原理图

所以水银柱高度 h 与当地大气压力 p_a 是一一对应的，因此，读出竖直管内水银高度即为当地大气压力 p_a 的大小。

二、完全气体的状态方程

1. 标准状态和基准状态

标准状态：指温度为 20 ℃、相对湿度为 65%、压力为 101.3 kPa 时的空气的状态。在标准状态下，空气的密度 $\rho = 1.185\ kg/m^3$。按国际标准 ISO 8778，标准状态下的单位后面可标注“（ANR）”。

基准状态：指温度为 0 ℃、压力为 101.3 kPa 的干空气的状态。在基准状态下，空气的密度 $\rho = 1.293\ kg/m^3$。

2. 完全气体的状态方程

完全气体是一种假想的气体，它的分子是一些弹性的、不占有体积的质点，分子间除相互碰撞外，没有相互作用力。完全气体在热力学中常译成理想气体。

完全气体的 3 个状态参数满足下列关系：

$$\frac{pV}{T} = 常数\quad 或\quad p/\rho = RT \tag{2-4}$$

式中 p——气体的绝对压力（Pa）；

T——热力学温度（K）；

V——气体体积（m^3）；

ρ——气体密度（kg/m^3）；

R——气体常数，干空气 $R=287.1$ J/（kg·K）；水蒸气 $R=462.05$ J/（kg·K）。

实践证明，压力在1 MPa以下，温度在 -20 ℃ ~50 ℃的实际空气，都可当做完全气体。

对封闭容器中的气体和流动中的气体，气体状态方程都适用。利用气体的状态方程，可将有压状态下的气体体积折算成标准状态下的气体体积。

3. 热力学过程

当气体的密度、压力和温度等发生变化时，气体的状态随之变化。在气动系统中，工作介质的实际变化过程是很复杂的，为了便于分析，通常是突出状态参数变化的主要特征，把复杂的过程简化为一些基本的热力学过程。

（1）等温过程

一定质量的气体，若其状态变化是在温度不变的条件下进行的，这个过程称为等温过程，满足波意耳定理，则

$$p_1V_1 = p_2V_2 = 常数 \tag{2-5}$$

式（2-5）表明，气体在等温状态时，气体的体积与压力成反比。例如，气罐中的气体较长时间地经小孔向外放气，则气罐中气体的状态变化过程可看做等温过程。

（2）等容过程

一定质量的气体，若其状态变化是在体积不变的条件下进行的，这个过程称为等容过程，满足盖·吕萨克定理，则

$$\frac{p_1}{T_2} = \frac{p_2}{T_2} = 常数 \tag{2-6}$$

式（2-6）表明，气体在等容变化过程中，气体的压力与温度成正比。例如，密闭气罐中的气体，由于外界环境温度的变化，使气罐内气体状态变化发生的过程可看做等容过程。

（3）等压过程

一定质量的气体，若其状态变化是在压力不变的条件下进行的，这个过程称为等压过程，满足查理定理，则

$$\frac{V_1}{V_2} = \frac{T_1}{T_2} = 常数 \tag{2-7}$$

式（2-7）表明，在等压变化过程中，气体的体积与热力学温度成正比。例如，负载一定的密闭缸被加热或放热时，缸内气体便在等压过程中改变气缸的容积。

（4）绝热过程

一定质量的气体，若其状态变化是在与外界无热交换的条件下进行的，此过程称为绝热过程。此时气体的状态方程为

$$p_1V_1^K = p_2V_2^K = 常数 \tag{2-8}$$

式中 K——绝热指数，对干空气来说 $K=1.4$。

在绝热过程中，系统靠消耗自身内能对外做功。例如空气压缩机压缩空气、高速气流流过阀口等可视为绝热过程。

知识链接 2 气体流动时的规律

一、常见的流动分类

为了便于研究气体的流动，按流动的特征进行分类，可以分为以下几种。

1. 定常流动和不定常流动

流体（气体、液体）流动时，若流体中任何一点的压力、速度、温度和密度等物理量都不随时间变化而变化，则这种流动就称为定常流动；反之，只要压力、速度、温度和密度中任意一个物理量随时间的变化而变化，这种流动就称为不定常流动。例如，向气罐内充气的过程、气缸的充排气过程、换向阀的启闭过程中的流动等。定常流动也称为稳定流动。

2. 可压缩流动和不可压缩流动

流体都具有程度不同的可压缩性，在流动中，流体速度变化必伴随压力变化，而压力变化又引起密度变化。液体的压缩性很小，流动中的压强变化不足以引起明显的密度变化（水下爆炸、水击等情况除外），因而液体流动一般都属不可压缩流动。

气体流动速度小于 70 m/s 时，其密度的相对变化小于 2%，这种变化可以忽略不计，气体的流动可视为不可压缩流动，但当气体流动速度大于 100 m/s 时，必须考虑密度的变化，此时气体的流动视为可压缩流动。

二、流量与连续性方程

1. 概念

（1）通流截面——垂直于液体或气体流动方向的截面，常用 A 表示，单位为 m^2。

（2）流量——单位时间内流过通流截面的液体或气体的体积，常用 q_V 表示，单位为 m^3/s 或 L/min，换算关系为 $1\ m^3/s = 6\times10^4$ L/min。

（3）平均流速——液体或气体在管道中流动时，由于其具有黏性，所以液体或气体与管道之间存在的摩擦力、液体内存在的内摩擦力，造成液体或气体通过通流截面上各点的速度各不相等，管子中心的速度最大，管壁处的速度最小，为计算和分析简便，假设液体或气体通过通流截面的流速分布是均匀的，其流速称为平均流速，用 v 表示，单位为 m/s。

$$q_V = vA \quad 或 \quad v = \frac{q_V}{A} \tag{2-9}$$

2. 连续性原理

液体或气体在无分支管道内做不可压缩稳定流动时，每一个通流截面上所通过的质量相等。液体如图 2-3 所示的管道中做恒定流动时，若任取 1 和 2 两个通流截面的面积分别为 A_1 和 A_2，并且在这两个通流截面处的液体密度和平均流速分别为 ρ_1、v_1 和 ρ_2、v_2，则

$$\rho_1 v_1 A_1 = \rho_2 v_2 A_2 \tag{2-10}$$

当忽略液体的可压缩性时，$\rho_1=\rho_2$，则

$$v_1 A_1 = v_2 A_2 \tag{2-11}$$

即通过每一个通流截面的流量相等，这就叫做连续性原理，上式称为连续性方程。由此可见，在流量不变的条件下，通过某通流截面的流速与通流截面的大小成反比，即通流截面面积大处流速慢，通流截面面积小处流速快。

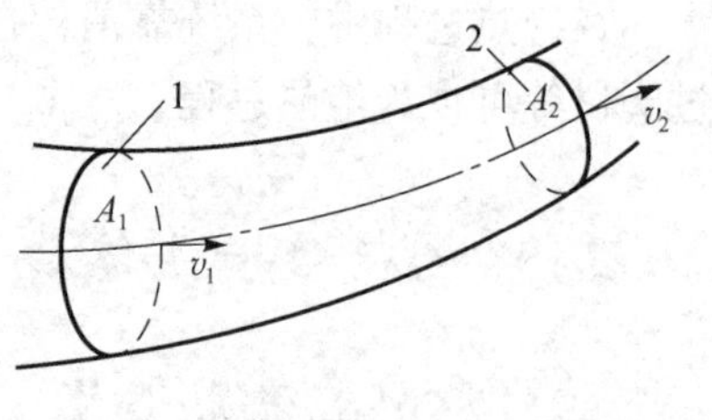

图2-3　液流连续性原理示意图

3. 伯努利方程

无黏性的气体和液体在管道内做稳定流动时，其能量方程即伯努利方程，伯努利方程示意图如图2-4所示，其压力与流速的关系为

$$\frac{p_1}{\rho_1}+gh_1+\frac{v_1^2}{2}=\frac{p_2}{\rho_2}+gh_2+\frac{v_2^2}{2} \tag{2-12}$$

式中

p_1，ρ_1，v_1，h_1——截面1处的压力，密度，流速，高度；

p_2，ρ_2，v_2，h_2——截面2处的压力，密度，流速，高度。

对于同一水平的两截面，$h_1=h_2$，所以式(2-12)可简化为

$$\frac{p_1}{\rho_1}+\frac{v_1^2}{2}=\frac{p_2}{\rho_2}+\frac{v_2^2}{2} \tag{2-13}$$

而对于不可压缩的液体和气体，有$\rho_1=\rho_2$，所以

$$v_2=\sqrt{\frac{2}{\rho}(p_1-p_2)+v_1^2} \tag{2-14}$$

由式（2-14）可知，当流速v越快，则压力p越小。

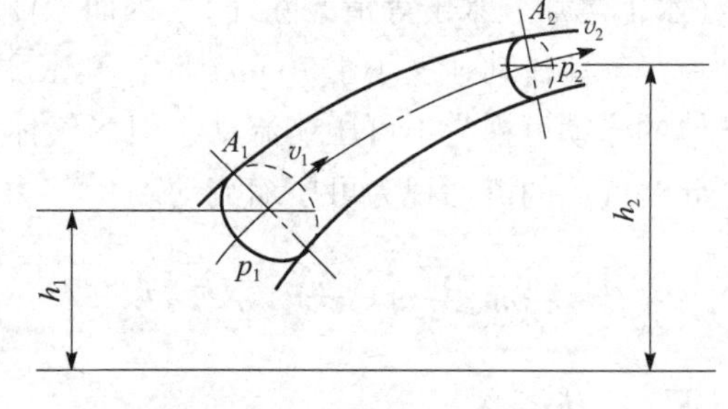

图2-4　伯努利方程示意图

4. 压力损失

由于气体和液体有黏性，它们在管内流动时存在压力损失。压力损失可分成沿程压力损失和局部压力损失。在等截面长直管内流动时引起沿程压力损失，在弯管、阀门内等截面变化处流动时引起局部压力损失。

传动中的压力损失会造成功率的损耗，所以应尽量减少压力损失。通过提高管道内壁的加工质量，尽量缩短管道长度，减少管道截面的突变及弯曲，就能使压力损失控制在较小的范围内。

任务二　认识空气压缩机

空气压缩机是产生压缩空气的装置，它将机械能转化为气体的压力能。空气压缩机是如

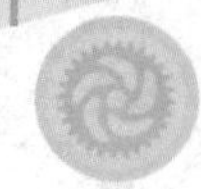

何工作的呢？常用的压缩机有哪些类型呢？使用时要注意什么？本任务要求能解决上述所提出的有关空气压缩机的问题。

知识链接 空气压缩机的分类和工作原理

一、压缩机的分类

空气压缩机是产生压缩空气的装置，按压力高低，空气压缩机分为低压型（0.2 ~ 1 MPa）、中压型（1 ~ 10 MPa）、高压型（10 ~ 100 MPa）和超高压型（>100 MPa）；按流量可分为微型(≤1 m^3/min)、小型（1 ~ 10 m^3/min）、中型（10 ~ 100 m^3/min）和大型（>100 m^3/min）；按工作原理分可分为不同类型，如表 2 - 1 所示。

表 2 - 1 空气压缩机的分类

类 型	不同的结构形式		工作原理
容积型	往复式	活塞式	通过缩小气体的体积，使气体密度增加以提高气体的压力。气动系统中，多采用容积型空气压缩机
		膜片式	
	旋转式	叶片式	
		螺杆式	
速度型	离心式		通过提高气体的运动速度，动能转化为压力能，以提高气体压力
	轴流式		

二、压缩机的工作原理

1. 活塞式压缩机

单级活塞式压缩机的工作原理如图 2 - 5 所示，只要一个行程就能将吸入的空气压缩到所需要的压力。活塞上移，容积增加，缸内压力小于大气压，空气便从进气阀进入缸内。在行程末端，活塞向下移动，进气阀关闭，空气被压缩，同时排气阀被打开，输出压缩空气。

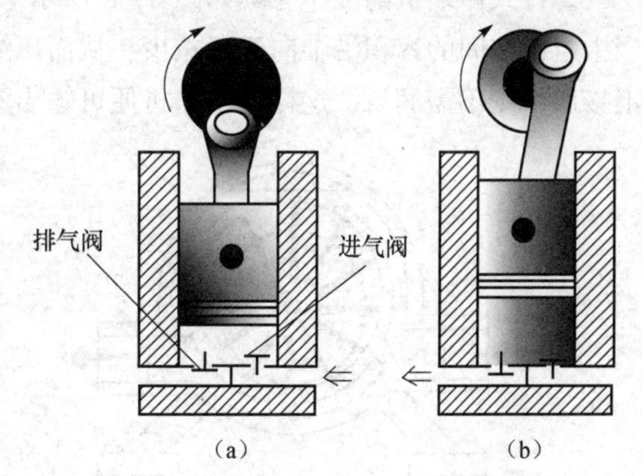

图 2 - 5 单级活塞式压缩机的工作原理图

(a) 吸气过程；(b) 压缩过程

在单级活塞式压缩机中，若空气压力超过 0.6 MPa，由于温度过高，将大大地降低压缩机的效率。因此，工业中使用的活塞式压缩机通常是两级。两级活塞式压缩机的工作原理如图 2 - 6 所示。若最终压力为 0.7 MPa，则第一级气缸通常将气体压缩到 0.3 MPa，然后通过中间冷却器冷却，再进入第二级气缸。压缩空气经冷却后，温度大幅度下降，因此，相对单级压缩机提高了效率。空气压缩机的图形符号如图 2 - 6（b）所示。

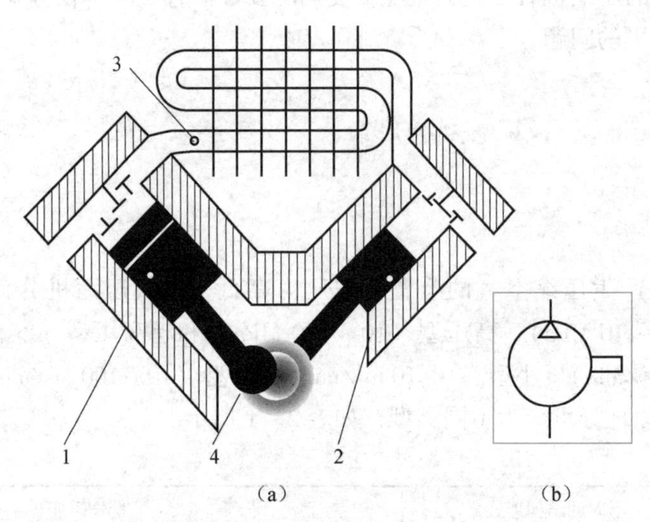

图2-6　两级活塞式压缩机的工作原理

（a）结构原理图；（b）图形符号

1—1级活塞；2—2级活塞；3—中间冷却器；4—曲柄

2. 叶片式压缩机

叶片式压缩机又叫做滑动叶片式压缩机，如图2-7所示。在压缩机机体内，转子1的中心和压缩机定子2的内表面中心有一个偏心量，此偏心量决定了每转的输出量。在转子上面嵌有滑动叶片3，当转子回转时，由于离心力的作用使叶片紧贴定子内壁，两片滑动叶片之间形成一个密封的空间。转子回转时，空气吸入口处的密封空间由小逐渐变大，吸入空气；而在输出口，密封空间由大变小，空气渐渐被压缩而排出。

3. 螺杆式压缩机

螺杆式压缩机的工作原理如图2-8所示。两个啮合的螺旋转子以相反方向转动，它们当中自由空间的容积沿轴向逐渐减少，从而压缩两个转子间的空气。若转子和机壳之间相互不接触，则不需润滑，这样的压缩机便可输出不含油的压缩空气。

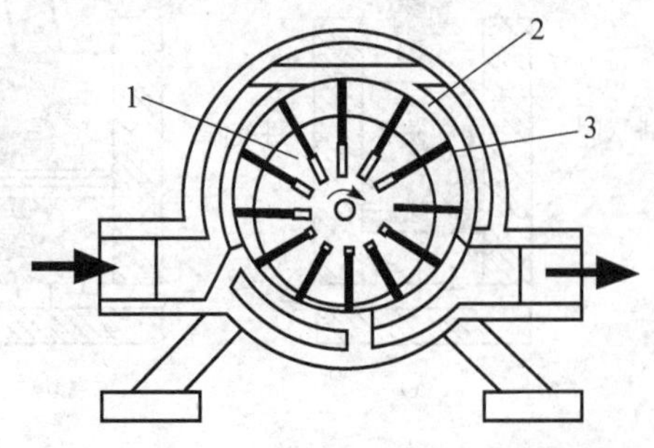

图2-7　滑动叶片式压缩机的工作原理图

1—转子；2—定子；3—滑动叶片

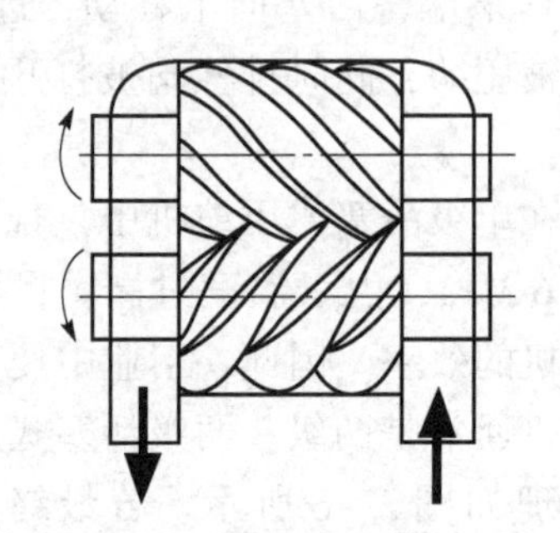

图2-8　螺杆式压缩机的工作原理图

4. 离心式压缩机

离心式压缩机的工作原理如图2-9所示。空气从其中心进入，叶片高速旋转时将气体

加速，气体沿径向离开中心点直到涡形内壁，再沿内壁流动直到从出口排出。由于空气流速降低，所以压力得以升高。

离心式压缩机的输出压力不高，故多采用多级式离心压缩机。当气体离开第一级叶片后再被送入第二级叶片的中心，依此类推，直至完成多级压缩。离心式压缩机在高速回转时易产生噪声，必须注意隔声措施。一般常用于冶炼、采矿、化学工业等。

5. 轴流式压缩机

轴流式压缩机的工作原理如图 2－10 所示。其压缩原理和离心式相似，叶轮高速回转，高速流动的空气沿着转轴轴线方向流动以获得一定的压力。轴流式压缩机主要由一个略呈圆锥形的转子、与转子形状相配合的机体及两者间的许多小叶片组合而成。在转子圆周上装有许多排列整齐的小叶片，随转子回转，在机体内壁与轴垂直的多个圆周上也装有许多排列整齐的小叶片，与转子上的小叶片相间安装。

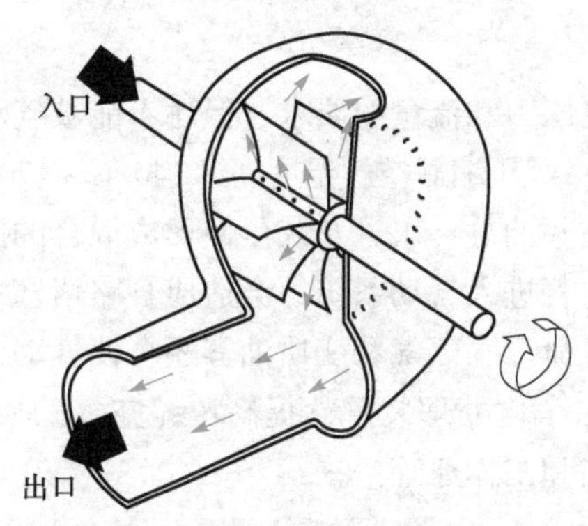

图 2－9　离心式压缩机的工作原理图

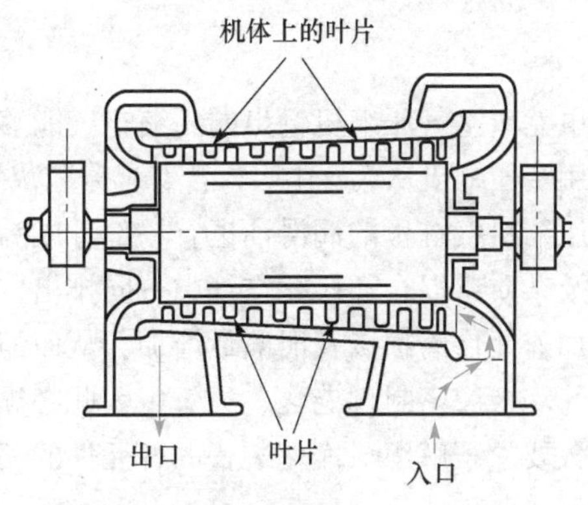

图 2－10　轴流式压缩机的工作原理图

轴流式压缩机可输出大量的压缩空气。但高速运转时噪声大，一般常用在矿场、碎石场及喷射引擎等需高排量的设备上。

三、压缩机的选用和使用要求

1. 空气压缩机的选用

首先，按空气压缩机的性能要求选择类型。活塞式压缩机成本相对低，但其振动大、噪声大，需防振、防噪声。为防止压力脉动，需设储气罐。活塞式压缩机若冷却良好，则排出空气温度为 70 ℃～180 ℃；若冷却不好，则排出空气温度可达到 200 ℃以上，易出现油雾炭化为炭末的现象，故需对压缩空气进行特别处理。螺杆式压缩机能连续排气，不需设置储气罐。螺杆式压缩机传动平稳、噪声小，但成本高。

其次，再根据气压传动系统所需要的工作压力和流量两个参数进行选择。当确定压缩机输出压力时，要考虑系统的总压力损失；当确定流量时，要考虑管路泄漏和各气动设备是否同时用气等因素，加以一定的备用余量。

2. 使用注意事项

(1) 润滑油的使用。

往复式压缩机若冷却良好，排出的空气温度为 70 ℃～180 ℃；若冷却不好，则排出的

空气温度可达到200 ℃以上。为防止高温下因油雾炭化变成铅黑色微细炭粒子，并在高温下氧化而形成焦油状的物质（俗称油泥），必须使用厂家指定的不易氧化和不易变质的压缩机油，并要定期更换。

（2）安装要求。

① 压缩机必须安装在粉尘少、湿度小的专用房内，并对外隔声。

② 厂房要通风，以利于压缩机散热。

③ 避免日光直射及靠近热源。

④ 为使压缩机的保养和检查容易，压缩机周围应留有空间。

任务三　认识气源净化装置

虽然由空气压缩机输出的压缩空气能够满足一定压力和流量的要求，但还不能被气动装置使用。压缩机从大气中吸入含有水分和灰尘的空气，经压缩后空气温度高达140 ℃～170 ℃，这时压缩机气缸里的润滑油也有一部分成为气态。这些油分、水分及灰尘便形成混合的胶体微雾及杂质，混合在压缩空气中一同排出。这些杂质若进入气动系统，会造成管路堵塞和锈蚀、加速元件磨损以及泄漏量增加，从而缩短使用寿命。水蒸气和变质油雾还会使气动元件的膜片和橡胶密封件老化、失效。因此必须设置气源净化处理装置，提高压缩空气的质量。本任务要求了解组成净化装置的各元件的功能、结构和工作原理。

知识链接1　组成净化装置的各元件

一、冷却器

冷却器安装在空气压缩机出口管道上，其作用是将高温高压的空气冷却至40 ℃～50 ℃，将压缩空气中含有的变质油雾和水蒸气冷凝成液态水滴和油滴，以便于油水分离器将它们排出。冷却器有风冷式和水冷式两种。

1. 风冷式冷却器

风冷式冷却器是靠风扇产生的冷空气吹向带散热片的热气管道来降低压缩空气的温度的，其结构及工作原理如图2－11所示。风冷式冷却器不需要冷却水设备，不用担心断水或水冻结。风冷式冷却器占地面积小，质量轻且结构紧凑，运转成本低，易维修，但只适用于进口空气温度低于100 ℃，且处理空气量较小的场合。

2. 水冷式冷却器

水冷式冷却器是靠冷却水与压缩空气的热交换来降低压缩空气的温度的，其结构及工作原理如图2－12所示。热的压缩空气由管内流过，冷却水在管外的水套中沿热空气的反方向流动，通过管壁进行热交换，使压缩空气获得冷却。为了提高降温效果，使用时要特别注意冷却水与压缩空气的流动方向。冷却器最低处应设置自动或手动排水器，以排除冷凝水。水

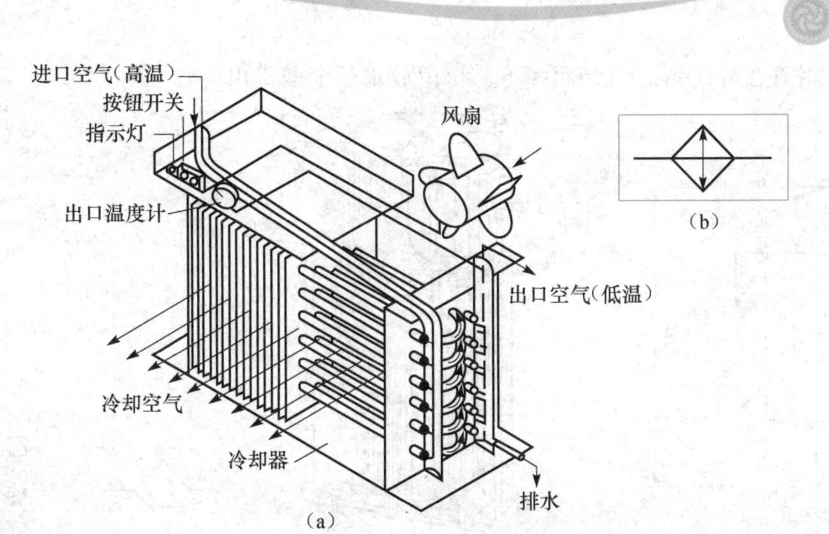

图 2－11　风冷式冷却器的结构及工作原理图

(a) 结构及工作原理图；(b) 图形符号

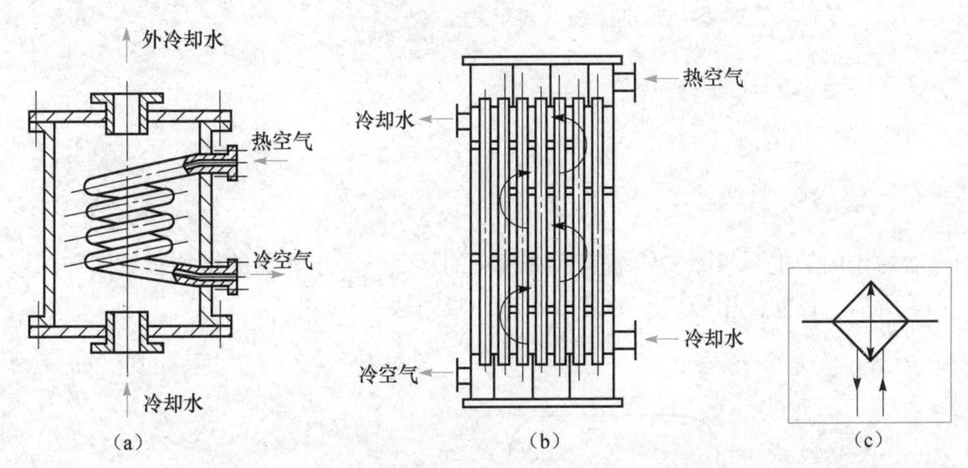

图 2－12　水冷式冷却器的结构、工作原理和图形符号图

(a) 蛇管式；(b) 列管式；(c) 图形符号

冷式冷却器散热面积大、热交换均匀，适用于进口空气温度大于 100 ℃且空气量较大的场合。在使用过程中，要定期检查压缩空气的出口温度，发现冷却性能降低时，应及时找出原因予以排除。同时，要定期排放冷凝水，特别是冬季要防止水冻结。

二、油水分离器

油水分离器安装在后冷却器之后的管道上，其作用是分离并排除压缩空气中所含的水分、油分和灰尘等杂质，使压缩空气得到初步净化。

撞击折回式油水分离器的结构如图 2－13（a）所示。当压缩空气自入口进入分离器后，气流受隔板 2 的阻挡被撞击而折回向下，继而又回升向上，产生环形回转，最后从输出管子排出。此间，压缩空气中的水滴、油滴和杂质受惯性力作用而分离析出，沉降于壳体底部，由放水阀 6 定期排出。旋转离心式油水分离器的结构如图 2－13（b）所示，当压缩空气进入分离器后即产生涡流，由于空气的回旋使压缩空气中的水滴、油滴和杂质因离心力作用被

分离出来并附着在分离器的内壁而滴下，再由放水阀定期排出。

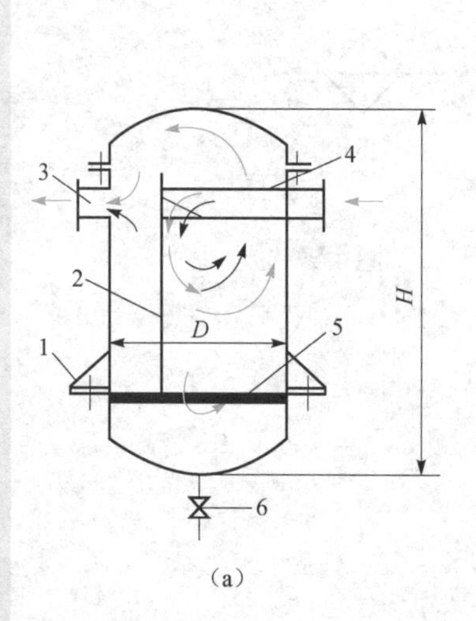

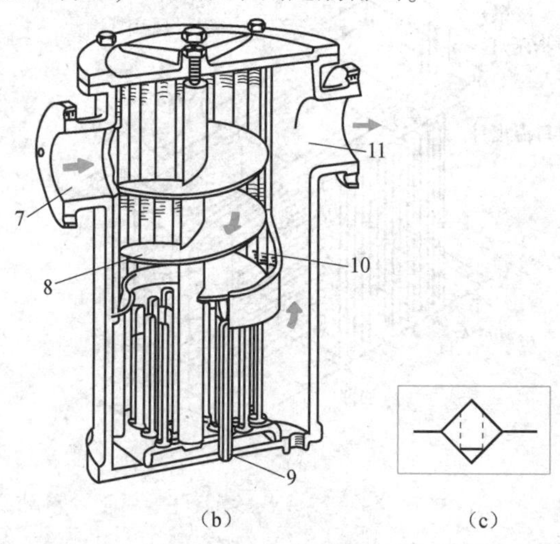

（c）

油水分离器

图2－13　油水分离器示意图

（a）撞击折回式油水分离器的结构；（b）旋转离心式油水分离器的结构；（c）图形符号

1—支架；2—隔板；3—输出管；4—进气管；5—栅板；6—放水阀；7—空气入口；

8—挡板；9—冷凝水排出；10—气缸；11—空气出口

三、干燥器

干燥器的作用是进一步除去压缩空气中含有的水蒸气。干燥器的结构示意图和图形符号如图2－14所示。目前使用最广泛的是冷冻法和吸附法。

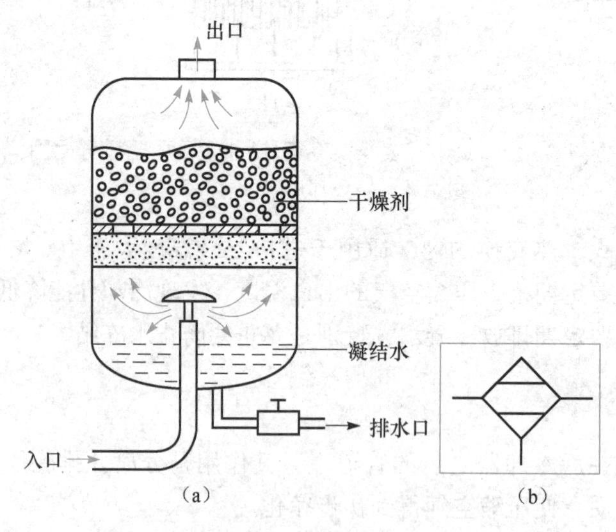

图2－14　干燥器的结构示意图与图形符号

（a）结构示意图；（b）图形符号

冷冻法是利用制冷设备使压缩空气冷却到一定的露点温度，析出空气中的多余水分，从而达到所需要的干燥程度。

吸附法是利用硅胶、活性氧化铝、焦炭或分子筛等具有吸附性能的干燥剂来吸附压缩空

气中的水分，以达到干燥的目的。吸附法的除水效果较好。

四、储气罐

储气罐的主要作用是消除气源输出气体的压力脉动；贮存一定数量的压缩空气，解决短时间内用气量大于空气压缩机输出气量的矛盾，保证供气的连续性和平稳性，进一步分离压缩空气中的水分和油分。

储气罐的安装有直立式和平放式。可移动式压缩机应水平安装；而固定式压缩机因空间大则多采用直立式安装。储气罐安装示意图和图形符号如图 2－15 所示。储气罐上应配置安全阀、压力计、排水阀。容积较大的储气罐应有入孔或清洗孔，以便检查和清洗。

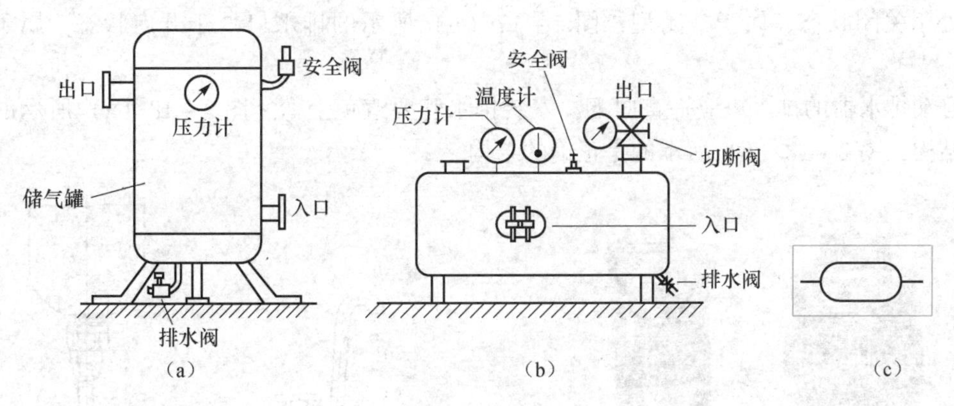

图 2－15　储气罐安装示意图与图形符号

(a) 直立式；(b) 平放式；(c) 图形符号

五、空气过滤器

由外界吸入的灰尘、水分和压缩机所产生的油渣大部分已在进入干燥器以前除去，留存在压缩空气中的少部分尘埃、水分，尚需用空气过滤器加以清除。空气过滤器视工作条件可以单独安装，也可和油雾器、调压阀联合使用。使用时，宜安装在用气设备的附近。

空气过滤器的结构原理图和图形符号如图 2－16 所示。当压缩空气从输入口进入后被引进旋风叶片 1，在旋风叶片上冲制出许多小缺口，迫使空气沿切线方向强烈旋转，在空气中的水滴、油滴和杂质微粒由于离心力的作用被甩向存水杯 3 的内壁，沉积在存水杯底。然后，气体通过滤芯 2，微粒灰尘被滤网拦截而滤除，洁净的空气从输出口流出。挡水板 4 能防止下部的液态水被卷回气流中。聚积在存水杯中的冷凝水，应及时通过手动放水阀或自动排水器 5 排出。

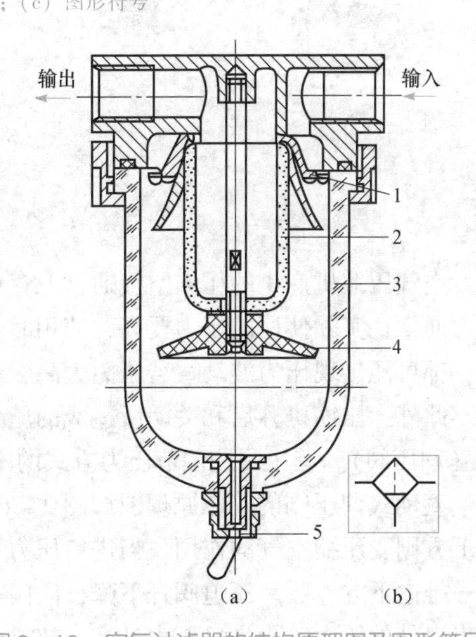

图 2－16　空气过滤器的结构原理图及图形符号

(a) 结构原理图；(b) 图形符号

1—旋风叶片；2—滤芯；3—存水杯；

4—挡水板；5—自动排水器

知识链接2　气源系统中的其他必备元件

一、自动排水器

自动排水器用于自动排除管道低处、油水分离器、储气罐及过滤器底部等处的冷凝水，可安装于不便于进行人工排污的地方，以防止人工排污水时被遗忘而造成压缩空气被冷凝水重新污染。

浮子式自动排水器的外形图如图2-17所示。在无气压时，图2-17（a）所示的排水口处于关闭状态，属于常闭型；图2-17（b）所示的排水口处于开启状态，属于常开型。

自动排水器的排水口应垂直向下，安装排水管要避免上弯，图2-18（a）所示的是错误的结构，图2-18（b）所示的是正确的结构。

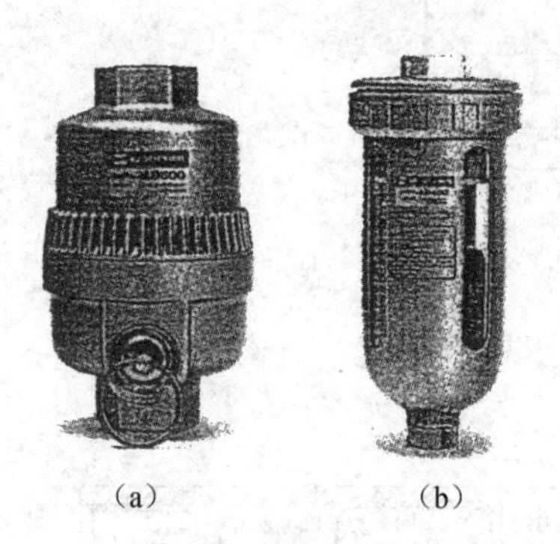

图2-17　浮子式自动排水器的外形图

（a）常闭型；（b）常开型

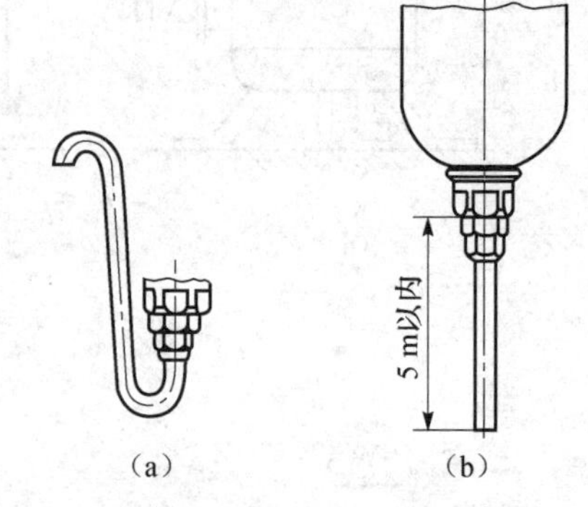

图2-18　自动排水器的排水管的结构示意图

（a）错误的结构；（b）正确的结构

二、调压阀

空气压缩机产生的压缩空气通常贮存在储气罐内，再由管路输送到系统各处，储气罐的压力通常比实际使用的压力要高，使用时必须根据实际使用条件而减压。而在各种气压控制中，都可能出现压力波动。若压力太高，将造成能量损失；压力太低则出力不足，造成低效率。此外，压缩机开启和关闭所造成的压力波动对系统也有不良的影响，因此必须使用减压阀（调压阀）。调压阀按调节压力方式的不同可分为直动式和先导式两类。

直动式调压阀的工作原理图如图2-19所示。膜片上方承受弹簧弹力并与大气相通，膜片下方则受压缩空气的作用。当进口压力下降，弹簧弹力加上大气压力大于系统压力时，膜片被推向下方，膜片压迫阀杆下降，阀门打开的程度加大，允许更多压缩空气进入，提高了输出口处的压力。当进口压力升高，超过弹簧弹力和大气压力时，膜片被顶上，阀杆被底部另一个弹簧顶起，阀门打开的程度减小，进气量减少，降低了输出口压力。调压阀的输出压力是膜片上方的弹簧弹力与大气压力的总和，因此，调节弹簧的弹力，便控制了调压阀输出压力的大小。

三、压力表

所有的调压阀上都装有压力表，用于指示流过调压阀的压缩空气的压力。常用的压力表是波顿管压力表。压力表的工作原理图如图 2－20（a）所示。波顿管压力表有一弧形波顿管 2，此管一端封闭，另一端开口接至系统管路上。当压缩空气进入波顿管内时，波顿管扩张，压力愈大，扩张的半径愈大。管的封闭端向外移动，经由连接杆 3 使扇形齿轮 4 转动，扇形齿轮带动小齿轮 5 使指针 6 发生偏转，偏转角度正比于管路的压力，故由刻度盘 7 上可知压力的大小。

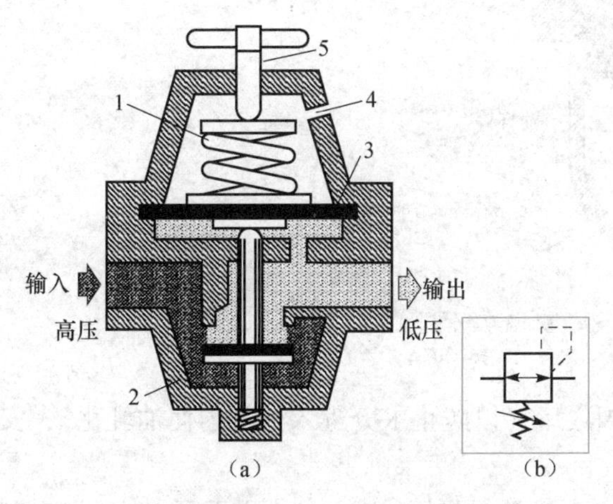

图 2－19　调压阀的工作原理图与图形符号

（a）工作原理图；（b）图形符号

1—弹簧；2—外壳；3—膜片；4—气口；5—调节螺钉

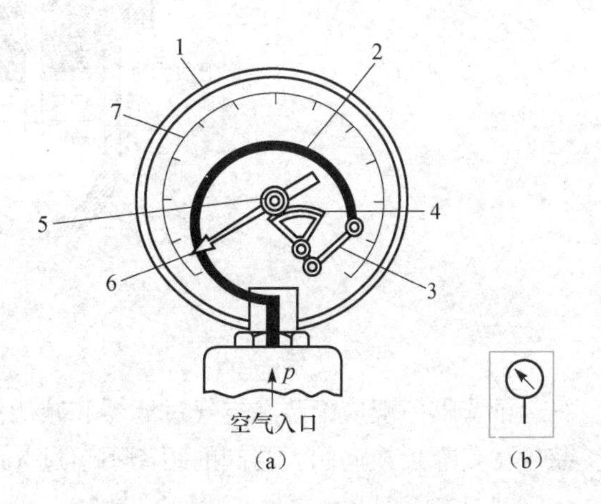

图 2－20　压力表的工作原理图与图形符号

（a）工作原理图；（b）图形符号

1—外壳；2—波顿管；3—连接杆；4—扇形齿轮；5—小齿轮；6—指针；7—刻度盘

四、安全阀

安全阀用以防止系统内压力超过最大允许压力，从而保护回路或气压设备的安全。安全阀的工作原理与调压阀相似。控制系统的管道或容器直接与安全阀的 P 口接通，当系统内压力升高到弹簧调定值时，气体推开阀芯，经过阀口从 T 口排至大气，使系统压力下降。当压力低于调定值时，在弹簧作用下阀口关闭，使系统压力维持在安全阀调定压力值之下，从而保证系统不会因压力过高而发生事故。调整弹簧的压缩量，即可调节安全阀的开启压力。

知识链接 3　气源系统中其他辅助元件

一、油雾器

气动元件内部有许多相对滑动的部分，因此必须保证良好的润滑效果。油雾器是一种特殊的注油装置，它将润滑油雾化并注入空气流中，随着压缩空气流入需要润滑的部位，以达到润滑的目的。

油雾器的工作原理图如图 2－21（a）所示。压缩空气由输入口进入后，一部分进入油杯下腔，使杯内的油面受压，润滑油经吸油管上升到顶部小孔，润滑油滴进入主通道高速气

流中，被雾化后从输出口输出。图 2 - 21 (a) 中，“视油窗”上部的调节旋钮 (节流阀) 用以调整滴油量。油雾器的图形符号如图 2 - 21 (b) 所示。

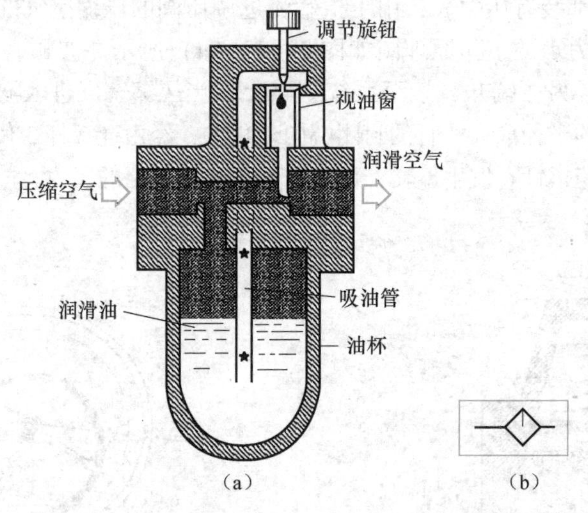

图 2 - 21　油雾器的工作原理图与图形符号

(a) 工作原理图；(b) 图形符号

油雾器一般应配装在空气过滤器和减压阀之后 (以防止水分进入油杯内使油乳化)，安装应尽量靠近换向阀，与阀的距离不超过 5 m。

空气过滤器、减压阀和油雾器被称为气动三大件，是气压传动系统中必不可少的元件，其安装顺序也不能颠倒，它们的组合件称为气源调节装置，其图形符号如图 2 - 22 所示。油雾器的供油量应根据气动设备的情况确定。一般情况下，以每 10 m^3 自由空气供给 1 cm^3 润滑油为准。

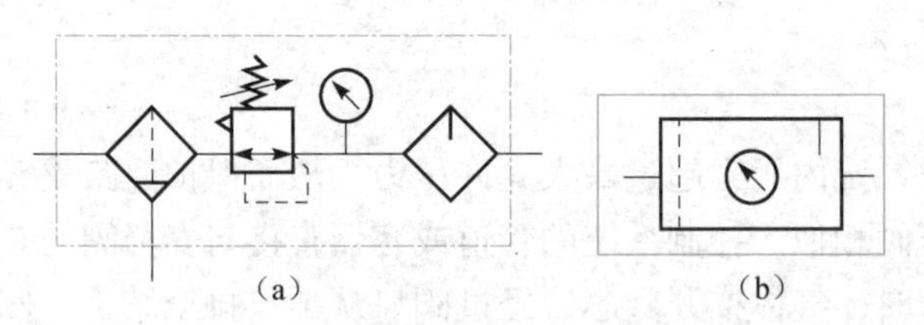

图 2 - 22　气源调节装置图形符号

(a) 详细示意图；(b) 简化图

二、消声器

气压传动系统一般不设置排气管道。当压缩空气急速由阀口排入大气时，常产生极高的频率和极刺耳的噪声。排气的速度和功率越大，则噪声越大，一般可达 100 ~ 120 dB。这种噪声会造成人的工作效率的降低，影响人体的健康，所以必须在换向阀的排气口安装消声器来降低排气噪声。

消声器通过阻尼和增大排气面积来降低排气的速度和压力以降低噪声。图 2 - 23 为消声器的结构及工作原理图。消声器的阻尼材料由烧结塑胶制成。当排放的气体进入消声器时，经由阻尼材料构成的曲折通道能够降低流速和排气压力，从而使排气噪声减弱。

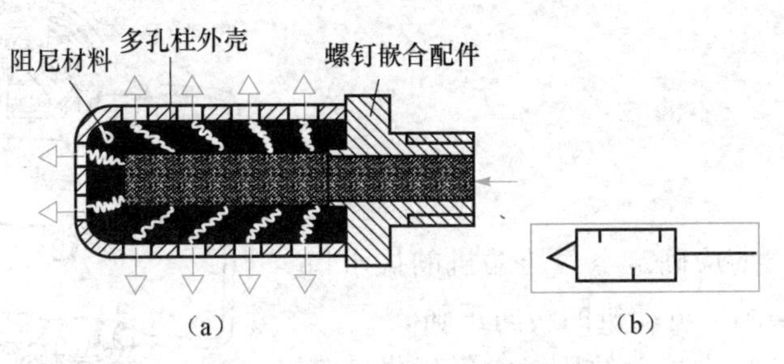

图2-23　消声器的结构及工作原理图

(a) 结构及工作原理图；(b) 图形符号

知识链接4　认识气源设备的配置

空气压缩机产生的压缩空气经一系列处理后进入气压系统中，到底哪些气压系统要加装干燥器，哪些要加装油雾器，可参考气源设备的配置图，如图2-24所示。

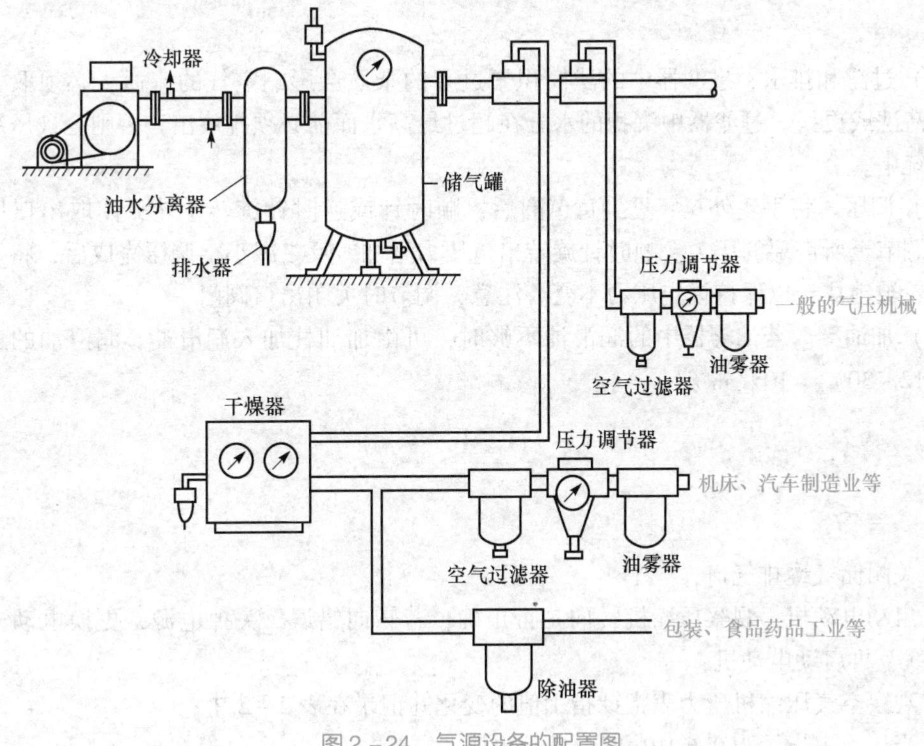

图2-24　气源设备的配置图

任务四　气源设备的调整训练

本任务要求能对图2-25所示的气源装置进行调整，会进行空气压缩机的运转操作，会调整系统的压力，以进一步明确气源装置的组成及各元件的功能，进行气源装置的日常维护。

一、准备工作

1. 了解气源装置的元件组合及功能

2. 学会使用空气压缩机

(1) 蓄气。蓄气前应确定空气压缩机的排水口已拴紧、储气罐未蓄满、电动机的转向正确。

(2) 供气。储气罐中贮存的压缩空气经供气口输送到气压系统，供气口装有止回阀，打开止回阀，气体就可送出，关闭止回阀，供气口则被封闭。

(3) 排水。储气罐中累积的水分，可从排水器中排放。但需待储气罐中无压缩空气时再进行排放。

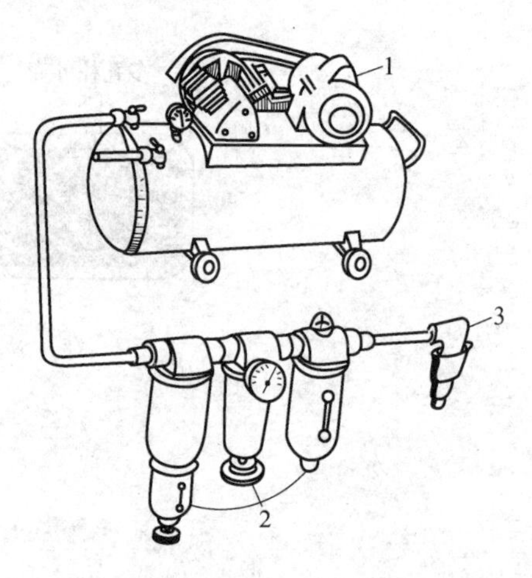

图 2-25　气源装置的元件组合示意图

1—空气压缩机；2—气源调节装置；3—方向控制阀

3. 了解气源调节装置

(1) 过滤和排水。过滤器中的滤筒积聚过多的杂质会影响空气的流通，必须取下过滤器进行清洗或更换。过滤器中沉积的水分在超过最高水面前必须排放出，否则会被压缩空气带入系统中。

(2) 调压。将手轮外拉，见到黄色圈后，顺时针或逆时针旋转手轮，读取出口压力表读数，调节至所需要的压力。顺时针旋转出口压力增加，反之减小。调压完成后，将手轮压回，手轮被锁住，以保持设定压力不变。注意，调节时关闭出口阀门。

(3) 加油雾。若油雾器中的润滑油不够时，可由加油柱加入润滑油，润滑油的运动黏度为 $(12\sim30)\times10^{-6}\ m^2/s$。

二、操作训练

1. 蓄气操作

① 关闭储气罐排气口；

② 启动电动机，观察压缩机转向是否正确，若转向错误，关掉电源，更换电动机任意两条电线，再启动电动机；

③ 观察空气压缩机压力表指针指示值的变化并记录在表 2-2 中；

④ 当压力表指示为 0.6 MPa 时，关掉电源。

2. 系统压力调整

① 关闭方向控制阀，打开储气罐的排气口使压缩空气进入气源调节装置；

② 逆时针旋转减压阀，观察减压阀所附压力表的压力变化并做好记录；

③ 顺时针旋转减压阀，观察减压阀所附压力表的压力变化并做好记录；

④ 调整减压阀，使系统压力为 0.4 MPa，并观察压缩机的压力是否与它相同；

⑤ 打开方向控制阀，观察压缩空气是否溢出，观察和记录各压力表的压力值；

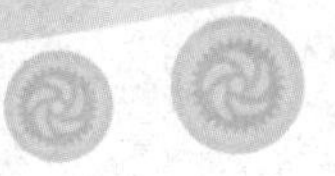

⑥ 关闭方向控制阀。

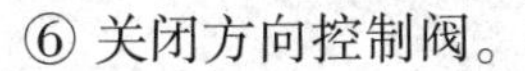

3. 关闭

① 关闭储气罐排气口；

② 打开方向控制阀，观察从排气口到气源调节装置的管路中压缩空气是否溢出，并观察减压阀上压力表的压力变化，记录在表格中。

表2-2 操作结果记录表

操　作	空气压缩机压力	系统压力
蓄气操作		
逆时针旋转减压阀		
顺时针旋转减压阀		
调整减压阀		
打开方向控制阀		
关闭供气口		

三、问题探究

(1) 训练操作中，若空气压缩机输出的压缩空气压力不足 0.4 MPa 或不供应压缩气体时，系统压力怎样变化？减压阀起不起作用？

(2) 储气罐内的空气压力在蓄气过程中是如何变化的？

(3) 为何空气压缩机蓄气时，在储气罐中会累积水分？

要点归纳

一、要点框架

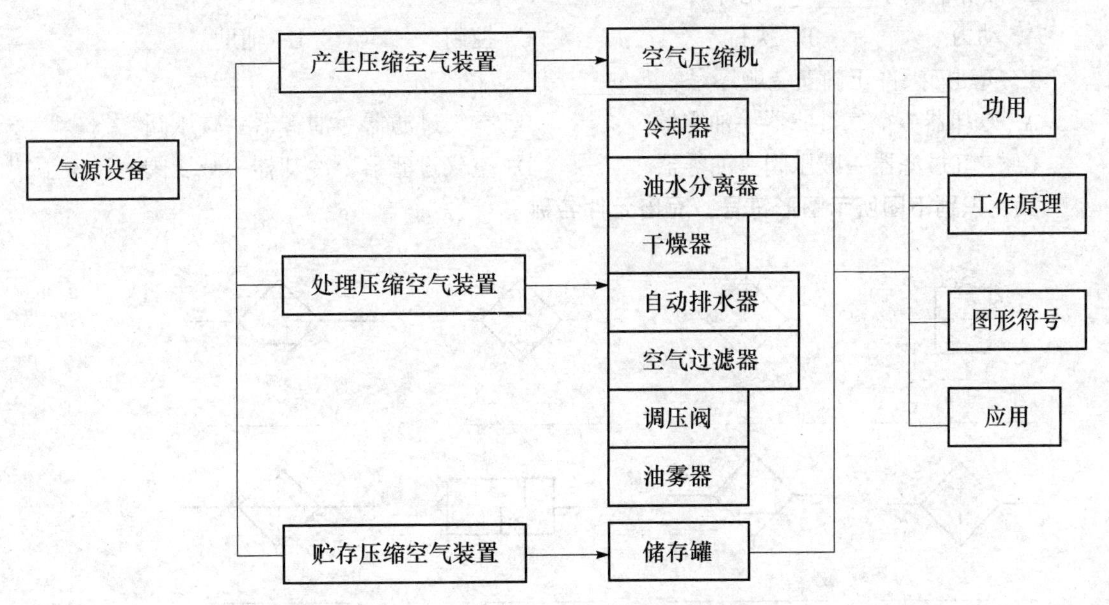

二、知识要点

1. 气源装置

气源装置一般由气压发生装置、净化及贮存压缩空气的装置组成。它为气动系统提供合乎质量要求的压缩空气，是气动系统的一个重要组成部分。具体构成可见要点框架。

2. 气动三大件

空气过滤器、减压阀、油雾器三件联合使用，组合成气源调节装置（通常称气动三大件），具有过滤、减压和油雾润滑的功能。联合使用时，其连接顺序应为空气过滤器—减压阀—油雾器，不能颠倒。

思考与练习

一、判断题

1. 气罐较长时间地经小孔向外放气，气罐中的气体状态的变化过程可看做等压过程。（ ）

2. 气压传动中的动力元件为空气压缩机。（ ）

二、选择题

1. 将冷却后较大的水滴及油滴分离出来的元件是________。

A. 冷却器　　B. 油水分离器　　C. 储气罐　　D. 过滤器

2. 油雾器属于________元件。

A. 动力　　B. 执行　　C. 控制　　D. 辅助

3. 气动三大件正确安装顺序是________。

A. 冷却器→空气过滤器→油雾器　　B. 空气过滤器→油雾器→减压阀

C. 空气过滤器→减压阀→油雾器　　D. 空气过滤器→冷却器→减压阀

三、识别下图所示图形符号，写出元件名称

________　________　________　________

________　________　________　________

项目三　夹紧气缸的设计

学习导航

图 3-1 为某机床上的夹紧装置示意图。它用气缸作为夹紧动力装置，气缸伸出时夹紧工件，气缸收回时松开工件。装置所需的夹紧力为 4 500 N，供气压力为 0.7 MPa，气缸行程为 600 mm，现需确定该夹紧装置选用什么气缸？气缸的缸径及活塞杆直径有多大？本项目分 3 个学习任务，以实现对该装置的夹紧气缸的设计。

图 3-1　夹紧装置示意图

知识目标

(1) 认识气缸的各种类型和分类方法。

(2) 了解缓冲气缸的工作原理和缓冲的方式。

(3) 认识摆动气缸、气—液阻尼缸、气动电动机的工作原理和应用特点。

(4) 了解气缸的选用方法。

技能目标

(1) 能熟练查阅相关资料，根据气缸的工作要求选用气缸类型。

(2) 会根据气缸的工作要求对气缸的参数进行设计。

任务一　认识其他类型气缸

气缸是气压传动中最常用的一种执行元件。它具有结构简单、制造成本低、无污染、便于维修、动作迅速等优点。通过学习，我们认识了单作用活塞式气缸和双作用活塞式气缸的结构、应用特点。气缸的种类很多，结构各异，分类方法也较多。本任务要求能再认识一些常用的其他类型的气缸。

知识链接1　气缸的类型

一、气缸的分类

(1) 按压缩空气在活塞端面作用力的方向不同，气缸可分为单作用气缸和双作用气缸。

(2) 按结构特点不同，气缸可分为活塞式、薄膜式等，具体分类如图 3-2 所示。

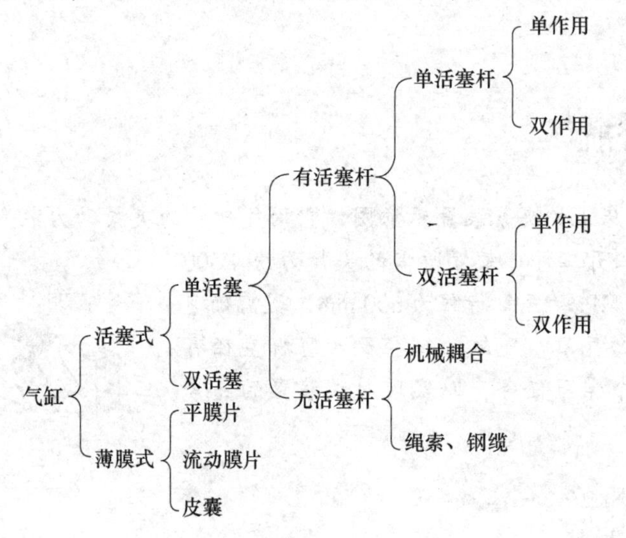

图 3-2　气缸按结构特点分类

(3) 按安装方式不同，分为耳座式、法兰式、耳环式、耳轴式等。

(4) 按有无缓冲装置，分为无缓冲、单侧缓冲、双侧缓冲等。

(5) 按尺寸分类，分为微型气缸（缸径为 2.5~6 mm）、小型气缸（缸径为 8~25 mm）、中型气缸（缸径为 32~320 mm）、大型气缸（缸径大于 320 mm）等。

常用的气缸图形符号如表 3-1 所示。

表 3-1　常用气缸的图形符号

类　型	图形符号	说　明
单活塞杆单作用气缸		靠弹簧力返回行程，弹簧腔室有连接口
单活塞杆双作用气缸		最普通的气缸形式
双活塞杆双作用气缸		往返速度相同

续表

类　型	图形符号	说　明
双活塞杆双作用气缸		活塞杆直径不同，双侧缓冲，右侧带调节
双活塞杆双作用气缸		左右终点带内部限位开关
单作用膜片缸		活塞杆终端带缓冲，不能连接的通气口
摆动气缸		限制摆动角度，双向摆动

二、其他气缸的结构和工作原理

1. 双活塞杆双作用气缸

双活塞杆双作用气缸的结构与单活塞杆双作用气缸基本相同，只是活塞两侧都装有活塞杆，其结构和图形符号如图 3－3 所示。因两端活塞杆直径相同，所以活塞往复运动的速度和输出力相等，这种气缸常用于气动加工机械及包装机械设备上。

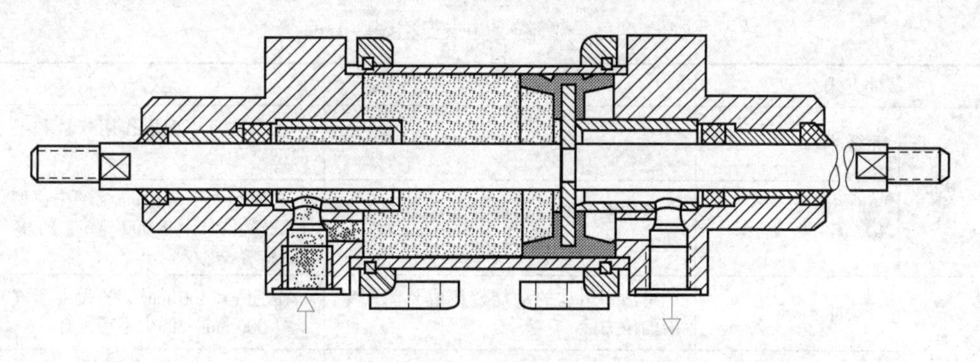

图 3－3　双活塞杆双作用气缸的结构

2. 膜片式气缸

膜片式气缸如图 3－4 所示。它由膜片取代了活塞，活塞杆连接在膜片的正中央。气缸利用膜片的变形使活塞杆前进，活塞杆的位移较小。

这种气缸的特点是结构紧凑，质量轻，维修方便，密封性能好，制造成本低，广泛应用于生产过程的调节器上。

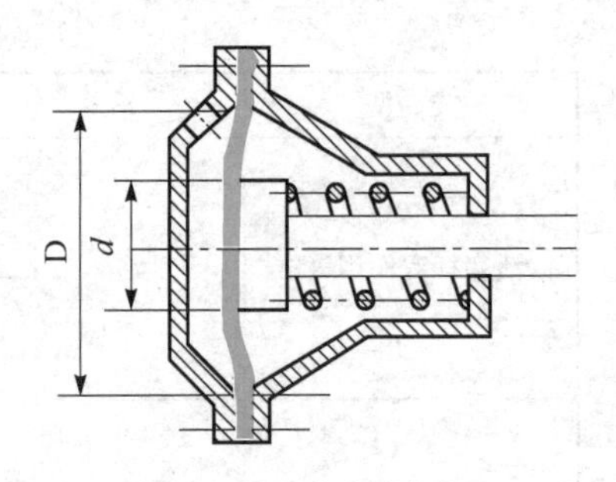

图3-4 膜片式气缸

3. 缓冲气缸

气缸在行程末端的运动速度较大时，为了防止活塞与气缸端盖发生碰撞，必须设置缓冲装置。

在图3-5所示的缓冲气缸中，气缸两侧都设置了缓冲装置。在活塞到达行程终点前，缓冲柱塞将柱塞孔堵死。当活塞再向前运动时，被封闭在缸内的空气因被压缩而吸收运动部件的惯性力所产生的动能，从而使运动速度减慢。在实际应用中，常使用节流阀将封闭在气缸内的空气缓慢地排出。当活塞反向运动时，压缩空气经单向阀进入气缸，因而能正常启动。

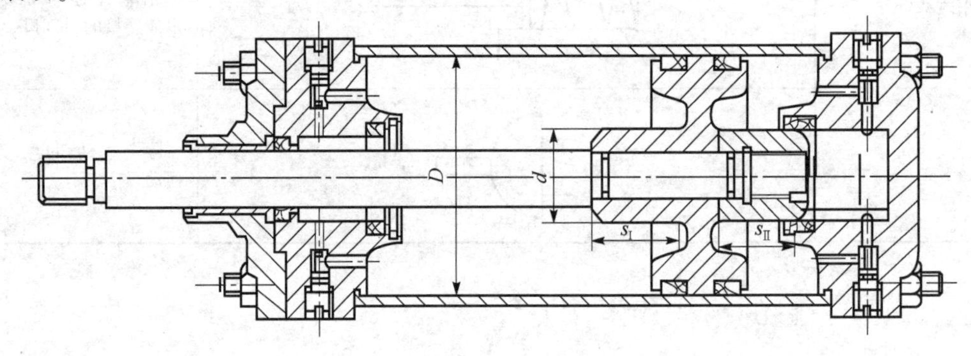

图3-5 缓冲气缸的结构示意图

调节节流阀打开的程度，可调节缓冲效果，控制气缸行程终端的运动速度，因而称为可调缓冲气缸；若为固定节流口，其开口度不可调，即为固定缓冲气缸。

气缸的缓冲方式和缓冲原理如表3-2所示。

表3-2 气缸的缓冲方式和缓冲原理

缓冲方式		缓冲原理	适合气缸
固定缓冲	无缓冲		微型缸、小型单作用气缸和中小型薄型缸
	垫缓冲	在活塞两侧设置聚氨酯橡胶垫吸收动能	缸速不大于750 mm/s的中小型气缸和缸速不大于1 000 mm/s的单作用气缸
可调缓冲	气缓冲	将活塞运动的动能转换成封闭气室内的压力能	缸速 $v \leqslant 500$ mm/s的大中型气缸和 $v \leqslant 1\,000$ mm/s的中小型气缸
	设置液压缓冲器	将活塞运动的动能传递给液压缓冲器，转换成热能和油液的弹性能	缸速 $v > 1\,000$ mm/s的气缸和缸速不大的高精度气缸

4. 摆动气缸

摆动气缸是将压缩空气的压力能转变为气缸输出轴的有限回转机械能的一种气缸。它多用于安装位置受到限制或转动角度小于360°的回转工作部件，如夹具的回转、阀门的开启、转

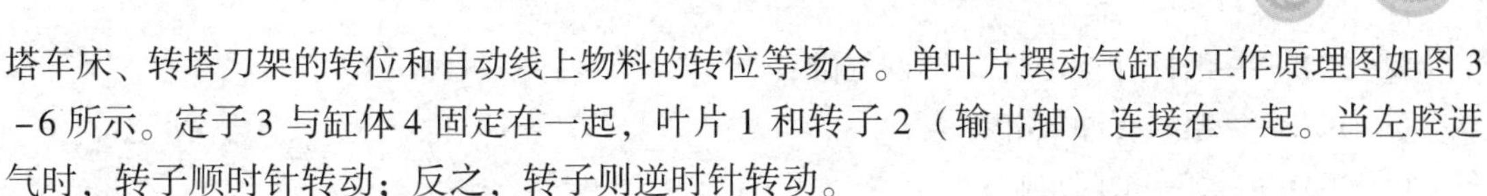

塔车床、转塔刀架的转位和自动线上物料的转位等场合。单叶片摆动气缸的工作原理图如图 3-6 所示。定子 3 与缸体 4 固定在一起，叶片 1 和转子 2（输出轴）连接在一起。当左腔进气时，转子顺时针转动；反之，转子则逆时针转动。

5. 气—液阻尼缸

气—液阻尼缸由气缸和液压缸组合而成，以压缩空气为动力，利用油液的不可压缩性和控制流量来获得活塞的平稳运动并调节活塞的运动速度。与普通气缸相比，它传动平稳、定位精确、噪声小；与液压缸相比，它不需要液压源且经济性好。由于它同时具有气缸和液压缸的优点，因此得到了越来越广泛的应用。串联型气—液阻尼缸的工作原理图如图 3－7 所示。它将液压缸和气缸串联成一个整体，两个活塞固定在一根活塞杆上。当气缸右腔供气时，活塞克服外载并带动液压缸活塞向左运动。此时液压缸左腔排油，油液只能经节流阀 1 缓慢流回右腔，对整个活塞的运动起到阻尼作用。因此，调节节流阀就能达到调节活塞运动速度的目的。当压缩空气进入气缸左腔时，液压缸右腔排油，此时单向阀 3 开启，活塞能快速返回。油箱 2 的作用只是用来补充液压缸因泄漏而减少的油量，因此改用油杯也可以。

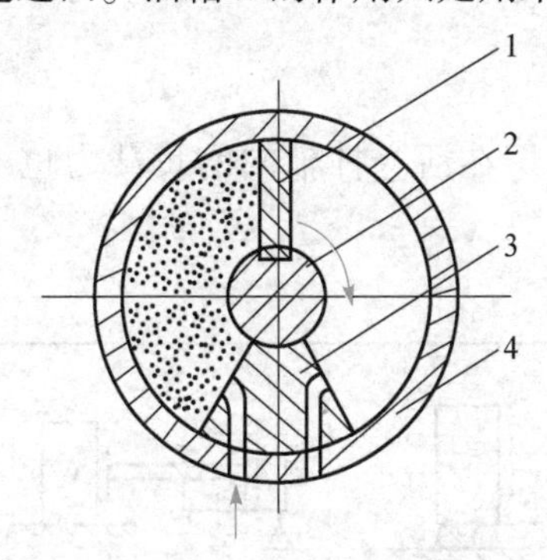

图 3－6　摆动气缸的工作原理图

1—叶片；2—转子；3—定子；4—缸体

气动马达（叶片式）

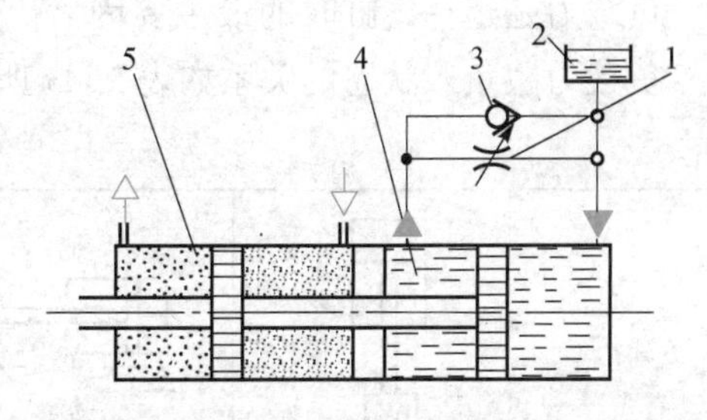

图 3－7　串联型气—液阻尼缸的工作原理图

1—节流阀；2—油箱；3—单向阀；4—液压缸；5—气缸

三、标准气缸简介

标准气缸是指气缸的功能和规格是普遍使用的、结构容易制造的、制造厂通常作为通用产品供应市场的气缸。这种气缸从结构到参数都已标准化、系列化。

1. 标准气缸的主要参数

标准气缸的主要参数是缸径 D 和行程 L。因为在一定的气源压力下，缸径 D 标记气缸活塞杆的理论输出力，行程 L 标记气缸的作用范围。

2. 标准气缸的标记和系列

标准气缸使用的标记是用符号“QG”表示气缸，用符号“A、B、C、D、H”表示 5 种系列。具体的标记方法是：

QG	A、B、C、D、H	缸径×行程

5 种标准化气缸系列为：

① QGA——无缓冲普通气缸；

② QGB——细杆（标准杆）缓冲气缸；

③ QGC——粗杆缓冲气缸；

④ QGD——气—液阻尼缸；

⑤ QGH——回转气缸。

例如，气缸标记为QGA100×125，表示直径为100 mm、行程为125 mm的无缓冲普通气缸。

标准化气缸系列有11种规格：

缸径 D/mm：40，50，63，80，100，125，160，200，250，320，400；

行程 L/mm：无缓冲气缸 $L=(0.5\sim2)D$；有缓冲气缸 $L=(1\sim10)D$。

知识链接2　气缸的选用

一、预选气缸的缸径

1. 根据气缸的负载状态，确定气缸的轴向负载力 F

负载力是选择气缸时的最主要因素。负载状况不同，作用在活塞杆轴向的负载力也不同。负载力跟负载状态的关系如表3-3所示。

表3-3　负载状态与负载力的关系

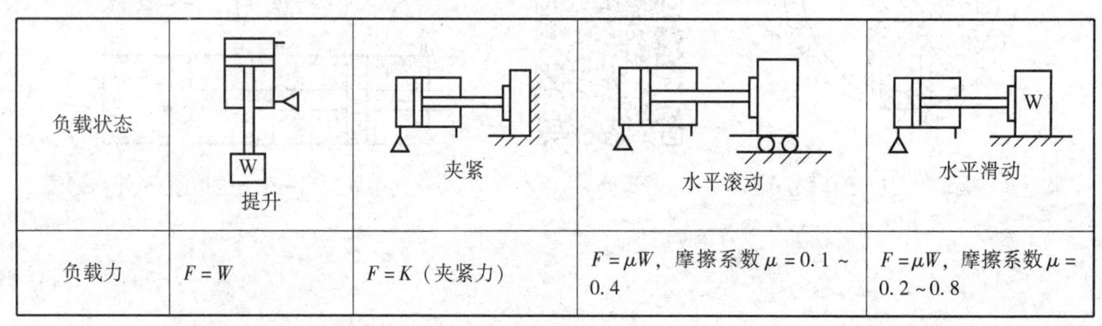

负载状态	提升	夹紧	水平滚动	水平滑动
负载力	$F=W$	$F=K$（夹紧力）	$F=\mu W$，摩擦系数 $\mu=0.1\sim0.4$	$F=\mu W$，摩擦系数 $\mu=0.2\sim0.8$

2. 根据负载的运动状态，预选气缸的负载率 η

气缸的负载率 η 是指气缸活塞杆受到的轴向负载力 F 与气缸的理论输出力 F_0 之比。

$$\eta=\frac{F}{F_0}\times100\% \tag{3-1}$$

气缸的负载率 η 跟负载的运动状态有关，可参考表3-4选取。

表3-4　负载率与负载的运动状态

负载的运动状态	静载荷	动载荷	
		气缸速度=50~500 mm/s	气缸速度>500 mm/s
负载率 η/%	≤70	≤50	≤30

3. 根据气源供气条件，确定气缸的使用压力 p

p 应小于减压阀进口压力的85%。

4. 选定缸径 D

已知 F、η 和 p，对单作用气缸，预设杆径与缸径之比 $d/D=0.5$，根据气缸理论输出力的计算公式和负载率计算公式，选定缸径 D；对双作用气缸预设杆径与缸径之比 $d/D=0.3\sim0.4$，同样使用气缸理论输出力的计算公式和负载率计算公式，选定缸径 D。缸径 D 的尺寸应标准化。

表3－5　缸径的圆整值　mm

8	10	12	16	20	25	32	40	50	63	80	(90)	100	(110)
125	(140)	160	(180)	200	(220)	250	(280)	320	(360)	400	(450)	500	
备注：圆括号内尺寸为非优先选用值。													

气缸的理论输出力是指气缸处于静止状态时，空气压力作用在活塞有效面积上产生的推力或拉力，计算公式如表3－6所示。

表3－6　气缸的理论输出力

气缸类型	理论输出力 F_0		备　注
	杆伸出	杆缩回	
单杆单作用气缸弹簧压回型	推力 $F_0=\frac{\pi}{4}D^2p-F_2$	拉力 $F_0=F_1$	D—缸径；d—活塞杆直径；F_1—安装状态时的弹簧力；F_2—压缩空气进入气缸后，弹簧处于被压缩状态时的弹簧力；p—气缸的工作压力
单杆单作用气缸弹簧压出型	拉力 $F_0=\frac{\pi}{4}(D^2-d^2)p-F_2$	推力 $F_0=F_1$	
单杆双作用气缸	推力 $F_0=\frac{\pi}{4}(D^2-d^2)p$	拉力 $F_0=\frac{\pi}{4}D^2p$	
双杆双作用气缸	推力 $F_0=\frac{\pi}{4}(D^2-d^2)p$	拉力 $F_0=\frac{\pi}{4}(D^2-d^2)p$	

5. 选定活塞杆直径

对单作用气缸，预设杆径与缸径之比 $d/D=0.5$；对双作用气缸，预设杆径与缸径之比 $d/D=0.3\sim0.4$。活塞杆直径 d 应圆整，圆整值如表3－7所示。

表3－7　活塞杆直径圆整值　mm

4	5	6	8	10	12	14	16	18	20	22	25
28	32	36	40	45	50	56	63	70	80	90	100
110	125	140	160	180	200	220	250	280	320	360	

二、预选气缸行程

根据气缸的操作距离及传动机构的行程比来预选气缸的行程。为便于安装调试，对计算出的行程要留有适当余量。应尽量选为标准行程，降低成本。

三、选择气缸的品种

根据气缸承担任务的要求来选择气缸的类型。例如，要求气缸到达行程终端无冲击现象和撞击噪声，应选缓冲气缸；要求安装空间窄且行程短，可选薄型缸；有横向负载，可选带

导杆气缸；要求制动精度高，应选锁紧气缸；除活塞杆做直线往复运动外，还需缸体做摆动，可选耳轴式或耳环式安装方式的气缸等。

选好气缸类型和尺寸后，还要验算是否有横向负载超过活塞杆的承受能力，确定气缸的安装方式，选择接头、配管以及元件等。

例1：用双作用气缸水平推动台车，负载质量 $M=150$ kg，台车与床面间摩擦系数为0.3，气缸行程 $L=300$ mm，要求气缸的动作时间 $t=0.8$ s，工作压力 $p=0.5$ MPa。试选定缸径。

解：轴向负载力

$$F=\mu mg=0.3\times 150\times 9.8\approx 450\ (\mathrm{N})$$

气缸的平均速度

$$v=\frac{s}{t}=\frac{300}{0.8}=375\ (\mathrm{mm/s})$$

理论输出力

$$F_0=\frac{F}{\eta}=\frac{450}{0.5}=900\ (\mathrm{N})\quad （选取负载率0.5）$$

双作用气缸缸径

$$D=\sqrt{\frac{4F_0}{\pi p}}=\sqrt{\frac{4\times 900}{\pi\times 0.5}}=47.9\ (\mathrm{mm})$$

故选取双作用气缸缸径为50 mm。

知识链接3　气缸的维护

(1) 要使用清洁干燥的压缩空气，空气中不得含有有机溶剂的合成油、盐分、腐蚀性气体等，以防止缸、阀动作不良。

(2) 给油润滑气缸应配置流量合适的油雾器；不给油润滑气缸因缸内预加了润滑脂，则可以长期使用。

(3) 缸筒和活塞杆的滑动部位不得受损伤，以防止气缸动作不良、损坏活塞杆密封圈等造成漏气。

(4) 缓冲阀处应留出适当的维护调整空间，而磁性开关等应留出适当的安装调整空间。

(5) 气缸若长期放置不用，应一个月动作一次，并涂油保护以防锈。

(6) 若气缸用于工作频繁、振动大的场合，安装螺钉和各个连接部位要采用防松措施。

任务二　认识气压马达

气压马达属于气动执行元件，它把压缩空气的压力能转换为机械能，实现回转运动并输出力矩，驱动构件进行旋转运动。

早期，气压马达一般被用在矿坑、化学工厂、船舶等易发生爆炸的场所以取代电动机。近年来，由于低速高扭矩型气压马达的问世，气压马达在其他领域的需求也在不断增加。本任务要求能认识气压马达的结构、工作原理及特点，并会根据设备工作要求选择马达。

知识链接1　气压马达的类型

气压马达因结构不同，可分为容积型和速度型，如图3-8所示。容积型气压马达是利用压力空气的压力能量；速度型气压马达是利用压缩空气的压力和速度的能量。容积型气压马达使用在一般机械上；速度型气压马达用在超高速回转装置上。

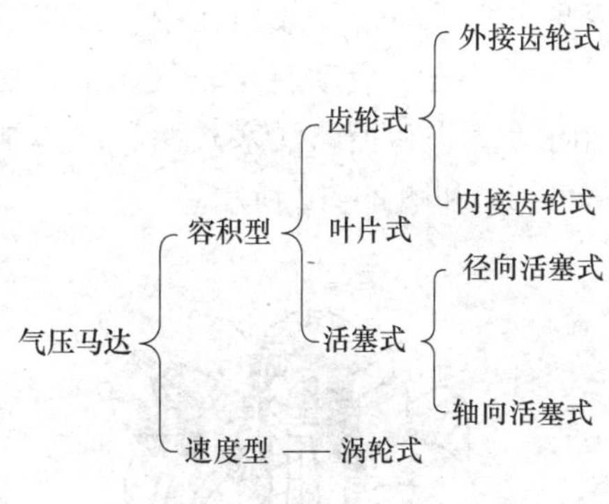

图3-8　气压马达的分类

一、叶片式气压马达

叶片式气压马达的旋转转子的中心和外毂中心有一个偏心量，转子上有槽孔，叶片（3~10片）插入转子圆周的槽孔内。叶片在径向方向滑动并与内毂表面密封，利用流入叶片和叶片之间的空气使转子旋转。槽孔底部装有弹簧或加以预紧力以使叶片在马达启动之前得以与内毂表面密接，适当的离心力更可得到较好的气密性。叶片式气压马达结构示意图如图3-9所示。

叶片式气压马达构造简单，价格低廉，适用于中容量高速的地方。

二、齿轮式气压马达

齿轮式气压马达是使压缩空气作用在两个啮合的齿轮的齿廓，迫使齿轮旋转产生扭矩。齿轮式气压马达可作为极高功率（44 kW）的传动机器使用，正逆转容易。最高转速可达10 000 r/min。齿轮式气压马达结构示意图如图3-10所示。

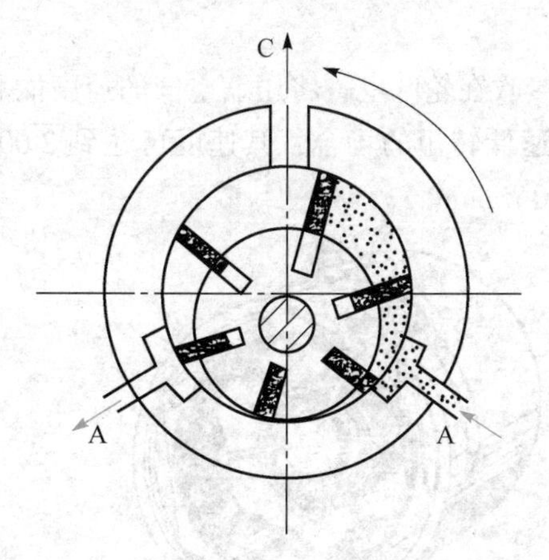

图3-9　叶片式气压马达结构示意图

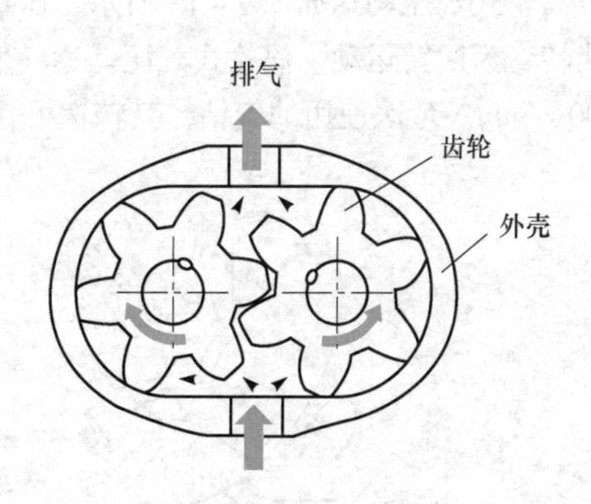

图3-10　齿轮式气压马达结构示意图

三、活塞式气压马达

活塞式气压马达是利用压缩空气作用在活塞端面上，借助连杆、曲轴等构件将活塞力转变为马达轴的回转，其输出功率的大小与输入空气压力、活塞的数目、活塞面积、行程长度、活塞速度等因素有关。

活塞式气压马达一般用在中、大容量及需要低速回转的地方，启动转矩较好。依其构造，可分为轴向活塞式和径向活塞式两种，其结构图分别如图3-11和图3-12所示。

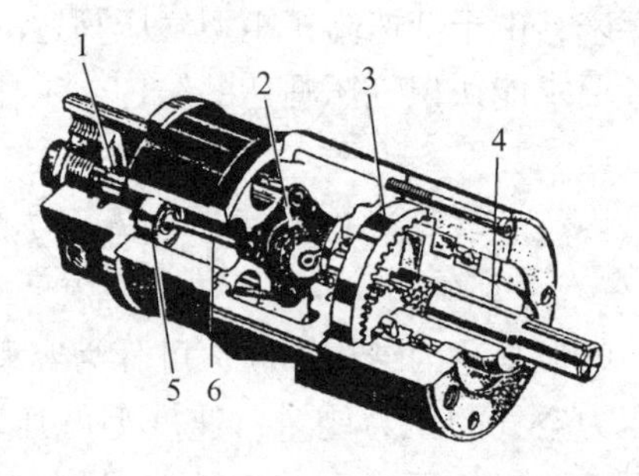

图3-11　轴向活塞式气压马达的结构示意图

1—旋转分配阀；2—斜盘；3—行星齿轮系；4—输出轴；5—活塞；6—活塞杆

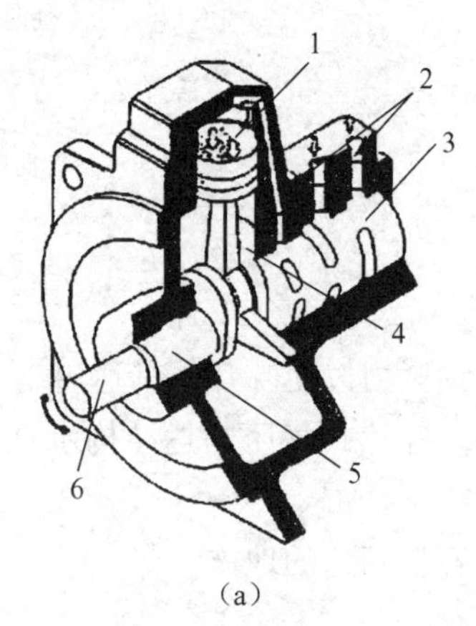

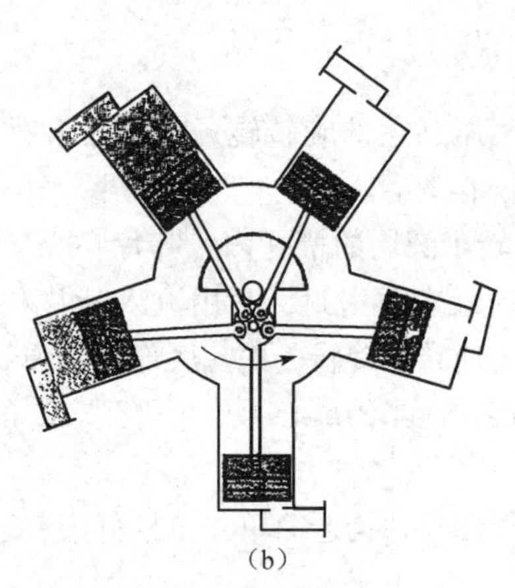

（a）　　　　（b）

图3-12　径向活塞式气压马达的结构示意图

（a）结构图；（b）示意图

1—活塞；2—进、出气口；3—旋转分配阀；4—连杆；5—曲轴；6—输出轴

四、涡轮式气压马达

涡轮式气压马达如图3-13所示。压缩空气直接吹在轮叶上，将压缩空气的速度能和压力能转变为回转运动。涡轮式气压马达一般用于高速低转矩的场合，其速度可达到2 000～4 000 r/min。牙医使用的气钻，其转速可达到15 000 r/min。

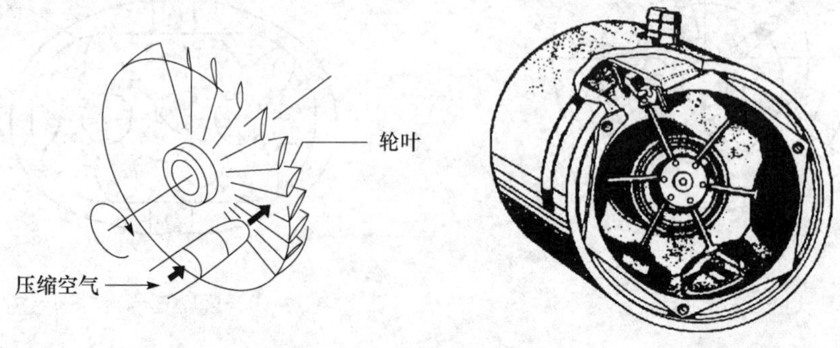

图3-13　涡轮式气压马达

知识链接2　气压马达的特点与选用

一、气压马达的特点

① 具有过载保护作用。过载时马达降低转速或停止，过载解除后即可重新正常运转；

② 可以实现无级调速。通过调节节流阀的打开程度控制调节压缩空气的流量，就能控制调节马达的转速；

③ 能够正反向旋转。改变进气和排气方向就能实现马达正反向的转换，而且换向时间短、冲击小；

④ 启动力矩较高。可直接带动负载启动，启停迅速，而且可长时间满载运行，温升较小；

⑤ 工作安全且能适应恶劣的工作环境。在易燃、易爆、高温、振动、潮湿、粉尘等不利条件下都能正常工作；

⑥ 功率范围及转速范围较宽，功率小到几百瓦，大到几万瓦；

⑦ 耗气量大，效率低，噪声大。

二、气压马达的选择方法和使用要求

1. 气压马达的选择

不同类型的气压马达具有不同的特点和适用范围，主要根据负载的状态要求来选择适用的气压马达。不同类型的气压马达的特点和适用范围如表3－8所示。

表3－8　常用气压马达的特点和适用范围

类型	转矩	速度	功率	适用范围
叶片式	低转矩	高速度	小	适用于低转矩、高转速的场合，如手提工具、传送带、升降机等中小功率的机械
齿轮式	中高转矩	低速和中速	大	适用于中高转矩和中低速场合
活塞式	中高转矩	低速和中速	大	适用于中高转矩和中低速场合，例如起重机、绞架、绞盘、拉管机等载荷较大且启动要求高的机械
涡轮式	低转矩	高速度	小	适用于高速、低转矩的场合

2. 气压马达的使用要求

① 应不间断地进行润滑，否则会因发热而降低功率；

② 应尽量减少排气一侧的背压。

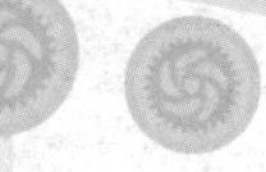

任务三　夹紧气缸的设计

图3－1为某机床上的夹紧机构示意图，它用气缸作为夹紧动力装置，气缸伸出时夹紧工件，气缸收回时松开工件。所需的夹紧力为4 500 N，供气压力为0.7 MPa，气缸行程为600 mm，要求确定该气缸的类型、缸径及活塞杆直径。

一、任务分析

在选择这个夹紧装置时一般先确定气动执行元件的类型，是选择气缸还是气动马达，再确定它的种类及具体的结构。为使选出的执行元件正确、合理，必须掌握执行元件的类型、工作原理、结构及选择的方法。选择图3－1所示夹紧机构元件的步骤为：确定气动执行元件类型→计算气缸内径及活塞杆直径→对计算出的直径进行圆整→根据圆整值确定气缸型号。

二、设计步骤

（1）熟悉气缸的种类和结构特点。

（2）小组根据设计要求讨论和确定设计方案。

（3）完成相关的设计报告。

三、设计参考方案

因为该夹紧机构需要实现往复直线运动，所以选择活塞式气缸作为夹紧动力装置。

已知夹紧力 $K=4\ 500$ N，供气压力 $p=0.7$ MPa，气缸行程为600 mm，则负载力 $F=K=4\ 500$ N，选用 $\eta=50\%$。

根据公式 $D=\sqrt{\dfrac{4F_0}{\pi p}}=\sqrt{\dfrac{4\times 9000}{\pi\times 0.7}}=127.98$ mm，缸径 $D=127.98$ mm。

圆整后取 $D=160$ mm。

因为双作用气缸预设杆径与缸径之比 $d/D=0.3\sim 0.4$，所以，活塞杆直径 $d=(0.3\sim 0.4)D=(0.3\sim 0.4)\times 160=(48\sim 64)$ mm，圆整取 $d=50$ mm。

最后，根据缸径 D 和活塞杆直径 d 选择某一厂家的气缸的具体型号，其中有效行程为600 mm。

四、问题探究

（1）缸径和活塞杆直径为什么需要标准化？

（2）查询资料，试确定气缸的安装方式。

要点归纳

一、要点框架

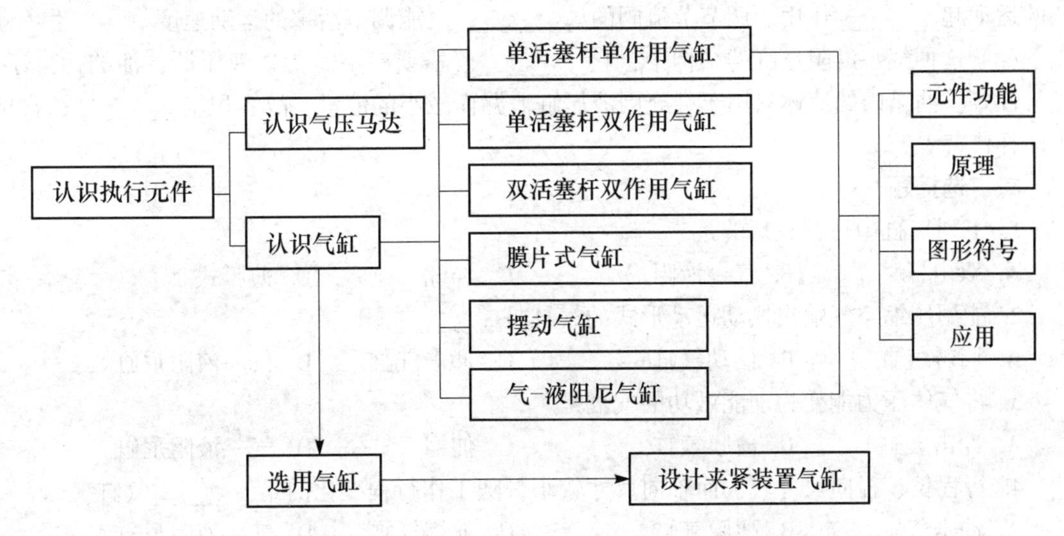

二、知识要点

（1）气动执行元件是将压缩空气的压力能转换为机械能的装置，包括气缸和气压马达。这两者的不同点在于：气缸将空气的压力能变成直线运动或摆动的机械能，气压马达将空气的压力能变成连续回转的机械能。气缸有普通气缸如活塞式，还有特殊气缸如冲击气缸、气—液阻尼缸等。

（2）气缸的主要参数是缸径 D 和行程 L。在一定的气源压力下，缸径 D 标记气缸活塞杆的理论输出力，行程 L 标记气缸的作用范围。

（3）普通气缸选择的主要步骤为：确定气缸类型→计算气缸内径及活塞杆直径→对计算出的直径进行圆整→根据圆整值确定气缸型号。

思考与练习

一、填空题

1. 气动执行元件是将压缩空气的________能转化为________能的元件，它根据输出运动形式不同可分为________和________。

2. 按压缩空气作用在活塞端面上的方向，可分为________气缸和________气缸。

3. 气缸 QGA80 × 100 中，80 表示________，100 表示________。

4. 分析图 3－7 所示的串联式气—液阻尼缸，回答下列问题：

（1）气液阻尼缸是由气缸和液压缸________而成的，动力缸是________缸，阻尼缸是________缸。

（2）当气缸右端供气时，活塞克服外载荷并带动液压缸的活塞同时向________运动。液压缸________腔排液，单向阀________，液体只能经________缓缓流入液压缸的右腔，对活塞的运动起________作用。调节节流阀的________，就能调节活塞的运动速度。

（3）这种气—液阻尼缸的结构中，它________（需要、不需要）液压源，油的污染小，经济性好，油箱内的液体只用于补充因液压缸泄漏而减小的液量，故容积较________，常可用油杯代替。

二、选择题

1. 下列气缸中行程较短的是________气缸。

A. 双出杆　　B. 气—液阻尼　　C. 伸缩　　D. 薄膜式

2. 能用压缩空气输出摆动运动形式的气缸是________。

A. 回转气缸　　B. 摆动气缸　　C. 冲击气缸　　D. 气—液阻尼缸

3. 将气体压力能变为动能做功的气缸是________。

A. 冲击气缸　　B. 薄膜气缸　　C. 伸缩气缸　　D. 气—液阻尼缸

4. 行程长、径向尺寸较大而轴向尺寸较小，随工作行程变化的是________气缸。

A. 冲击气缸　　B. 薄膜气缸　　C. 伸缩气缸　　D. 气—液阻尼缸

5. 下列气动马达中，________输出转矩大，速度低。

A. 叶片式　　B. 活塞式　　C. 薄膜式　　D. 涡轮式

项目四　折边装置的设计与调试

学习导航

折边装置的示意图如图4－1所示。该装置要求通过双手同时操作两个气动换向阀的按钮开关，使装置的成型模具向下锻压，将平板折边；同时松开两个或仅松开一个换向阀的按钮开关，都能使气缸快速退回到初始位置。为了适应加工不同的材料，要求系统的压力可以调节。本项目分4个学习任务，以实现对该装置的气动回路的设计与调试的要求。

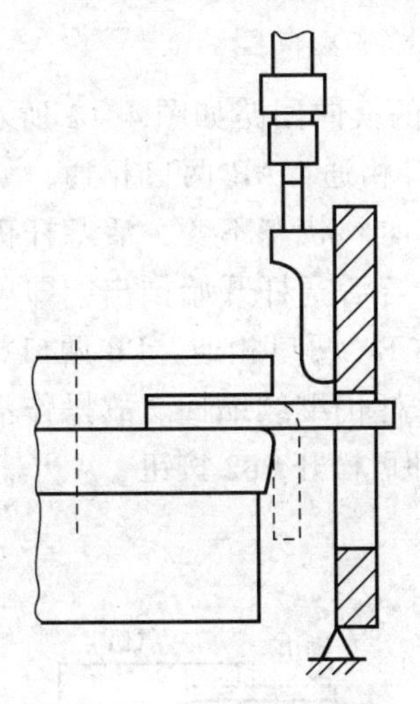

图4－1　折边装置示意图

知识目标

(1) 学会分析各种换向回路。

(2) 认识或门型梭阀和与门型梭阀的工作原理和图形符号。

(3) 知道快速排气阀的工作原理、功能和使用方法。

技能目标

(1) 学会构建各种换向回路，并能进行调试。

(2) 能根据折边装置的要求进行气动回路的设计与调试。

任务一　认识双气控换向阀控制的换向回路

为完成各种不同的控制功能，机械设备的气压传动系统有不同的组织形式。但不论气压传动系统如何复杂，它们都是由一些气压基本回路组成的。气压基本回路包括控制气压执行元件运动方向的方向控制回路、控制气压执行元件运动速度的速度控制回路、控制气压系统全部或局部压力的压力控制回路及具有特殊功能的控制回路。熟悉和掌握这些基本回路的结构组成、工作原理和功能，是分析、设计和维护气压传动系统的基础。本任务要求能读懂图4－2和图4－3所示双气控换向阀控制的换向回路，并能搭建换向回路，完成相关的调试。

知识链接　双气控换向阀控制的换向回路

1. 二位五通双气控换向阀控制的换向回路

二位五通双气控换向阀控制的换向回路如图4－2所示。按压手动按钮PB1（前进按钮），二位五通换向阀内PB两口相通，AR两口相通，如图4－2（a）所示，活塞杆推出；松开PB1按钮，二位五通换向阀状态不变，活塞杆仍继续推出。故操作活塞杆伸出的正确方法是，手压PB1按钮，若活塞杆开始推出，即可松开PB1按钮。按压按钮PB2（后退按钮），二位五通换向阀内PA两口相通，PB两口相通，如图4－2（b）所示，活塞杆缩回；松开PB2按钮，活塞杆仍继续缩回。故操作活塞杆缩回的正确方法是，手压PB2按钮，若活塞杆开始缩回，即可松开PB2按钮。从上述可知，二位五通双气控换向阀具有记忆特性。

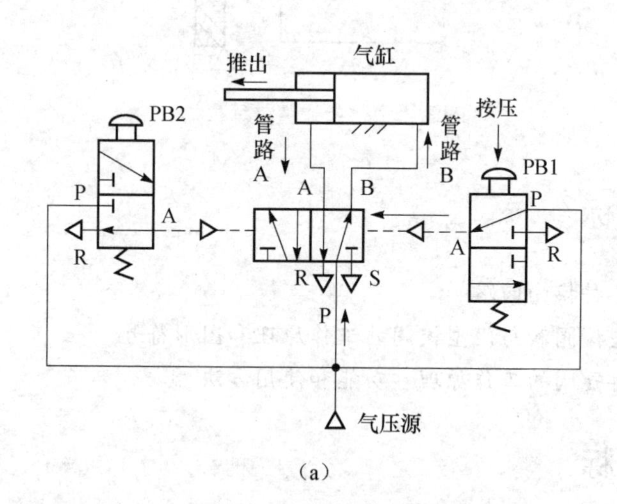

图4－2　二位五通双气控换向阀控制的换向回路

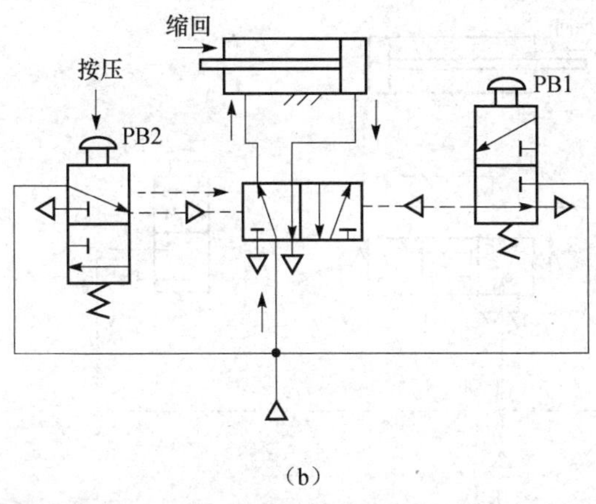

(b)

图4-2 二位五通双气控换向阀控制的换向回路（续）

(a) 按压 PB1，活塞杆推出；(b) 按压 PB2，活塞杆缩回

方向控制-双作用
汽缸换向回路3

2. 三位五通双气控换向阀控制的换向回路

三位五通双气控换向阀控制的换向回路如图4-3所示。与图4-2换向回路相比，回路在按压按钮时，气缸活塞杆才运动；松开按钮，三位五通双气控换向阀阀内弹簧复位，活塞杆静止不动。

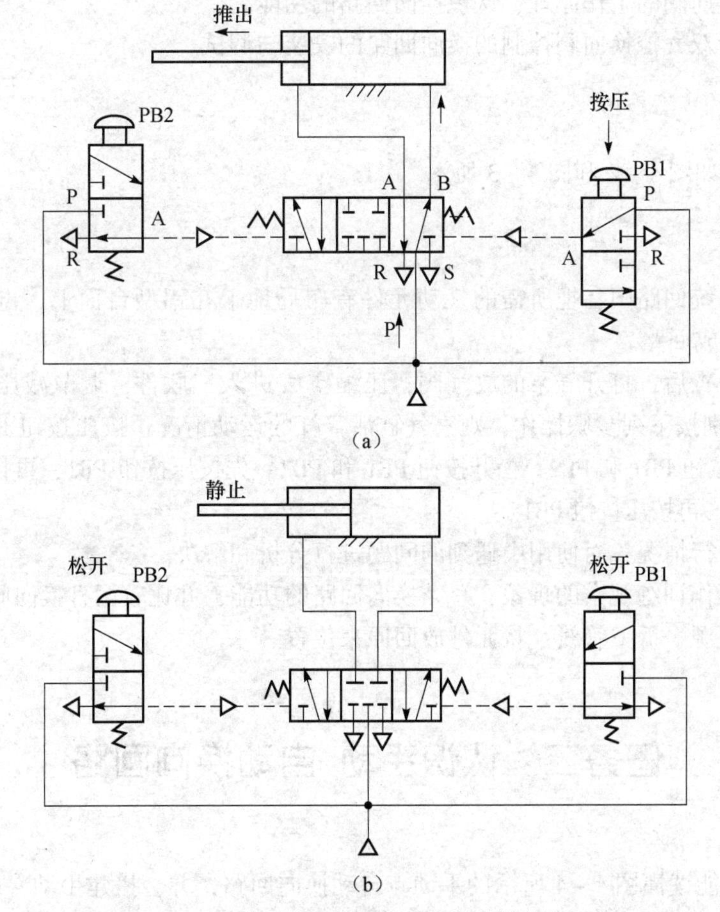

图4-3 三位五通双气控换向阀控制的换向回路

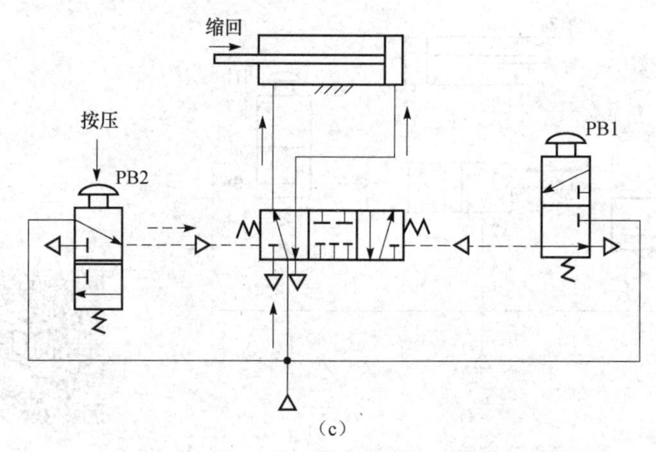

(c)

图4-3 三位五通双气控换向阀控制的换向回路(续)

(a) 按压 PB1, 活塞杆推出; (b) 松开 PB1, 活塞杆静止; (c) 按压 PB2, 活塞杆缩回

技能操作 双气控换向阀控制的换向回路训练

一、训练目的

(1) 理解换向阀的工作原理, 认识换向回路的功能。

(2) 能进行双气控换向阀控制的换向回路的安装与调试。

二、训练回路图

训练回路图如图 4-2 和图 4-3 所示。

三、训练步骤

(1) 根据系统回路图, 把所需的气动元件有布局地卡在铝型台面上, 再用气管将它们连接在一起, 组成回路。

(2) 仔细检查后, 打开气泵的放气阀, 压缩空气进入三联件, 调节减压阀, 使压力为 0.4 MPa 后, 分别按下列步骤操作, 观察气缸活塞杆的运动情况: 按压按钮 PB1→按压按钮 PB2→同时按压按钮 PB1 和 PB2→松开按钮 PB1 和 PB2→先按压按钮 PB1, 再按压按钮 PB2→先按压按钮 PB2, 再按压按钮 PB1。

(3) 观察运行情况, 对使用中遇到的问题进行分析和解决。

(4) 根据操作训练观察的现象, 总结换向回路的功能, 并比较两种换向阀的差异。

(5) 关闭气源, 拆下管线, 将元件放回原来位置。

任务二 认识手动-自动换向回路

本任务要求能读懂图 4-4 所示的手动-自动换向回路, 并会搭建手动-自动换向回路, 完成相关的调试。

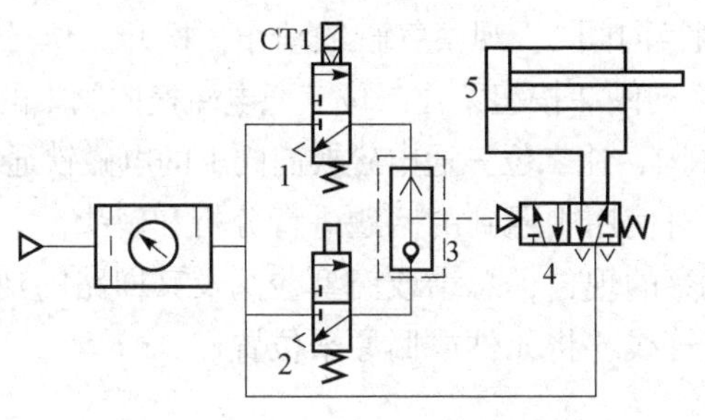

图 4 –4　手动 – 自动换向回路

知识链接　或门型梭阀的工作原理与图形符号

图 4 –4 所示的手动 – 自动换向回路中，元件 3 为或门型梭阀，它属于方向控制阀。

方向控制阀有单向型方向控制阀和换向型方向控制阀。换向型方向控制阀简称换向阀，其功能、操作方式、职能符号等在前面已学习过。单向型方向控制阀包括单向阀、或门型梭阀、与门型梭阀和快速排气阀。

或门型梭阀的工作原理图如图 4 –5 所示。当通路 P_1 进气时，将阀芯推向右边，通路 P_2 被关闭，于是气流从 P_1 进入通路 A，如图 4 –5（a）所示；反之，气流从 P_2 进入通路 A，如图 4 –5（b）所示；当 P_1 和 P_2 同时进气，哪端压力高，A 就与哪端相同，另一端就自动关闭。

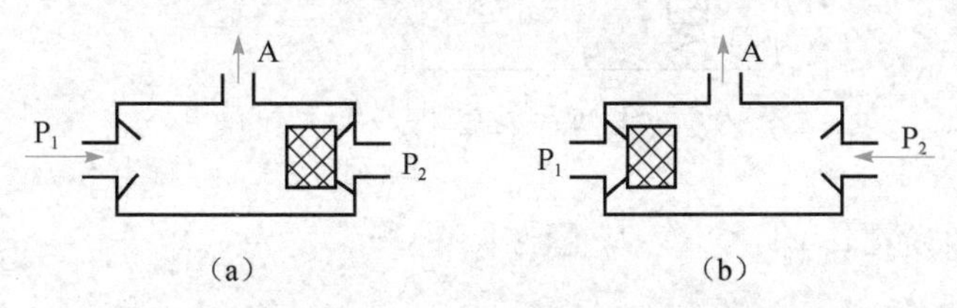

图 4 –5　或门型梭阀工作原理图

（a）气流从 P_1 进入通路 A；（b）气流从 P_2 进入通路 A

或门式梭阀

技能操作　手动 – 自动换向回路训练

一、训练目的

（1）认识或门型梭阀的工作原理和手动 – 自动换向回路的功能。

（2）能进行手动 – 自动换向回路的安装与调试。

二、训练回路图

训练回路图如图 4 –4 所示。

三、训练步骤

（1）根据系统回路图，把所需的气动元件有布局地卡在铝型台面上，再用气管将它们连接在一起，组成回路。

（2）仔细检查后，打开气泵的放气阀，压缩空气进入三联件，调节减压阀，使压力为

0.4 MPa 后，打开二位三通换向阀 2，观察气缸的动作；松开二位三通换向阀 2 按钮，观察气缸的动作；松开二位三通换向阀 2 按钮，让二位三通电磁换向阀 1 的电磁铁通电，观察气缸的动作；打开二位三通换向阀 2，让二位三通电磁换向阀 1 的电磁铁通电，观察气缸的动作。

（3）观察运行情况，对使用中遇到的问题进行分析和解决。

（4）根据操作训练观察的现象，总结或门型梭阀及其回路的功能。

（5）关闭气源，拆下管线，将元件放回原来位置。

任务三　认识双压阀回路

本任务要求能读懂图 4-6 所示的双压阀回路，并会搭建双压阀回路，完成相关的调试。

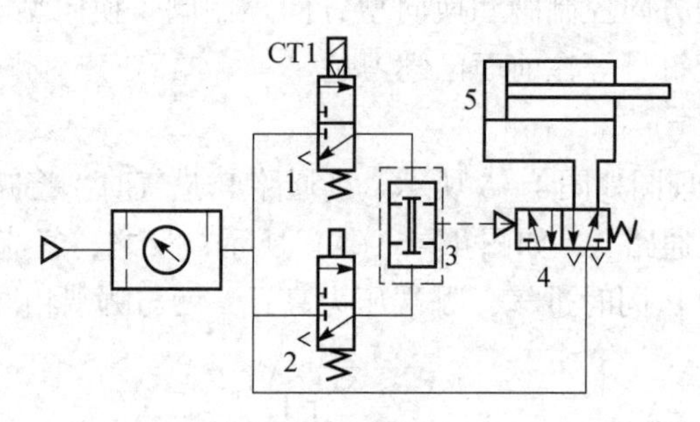

图 4-6　双压阀回路示意图

知识链接　双压阀的工作原理与图形符号

双压阀也称与门型梭阀，双压阀的工作原理图如图 4-7 所示。

与门梭阀

当气压单独由 P_1 或 P_2 输入时，其压力促使阀芯移动，封锁了与输出口的通道，即 A 口无气体输出。若 P_1 口先输入气压，P_2 口随后也有气压输入，则 P_2 口的气体由 A 口输出；若气压先由 P_2 口进入时，情况亦然。当 P_1 和 P_2 口输入的压力不等时，压力高的一侧被封锁，而低压侧的气体将通过 A 口输出。因此，双压阀只有当两个输入口 P_1 和 P_2 同时进气时，A 口才能输出。在逻辑控制上，双压阀又称为与门逻辑元件。

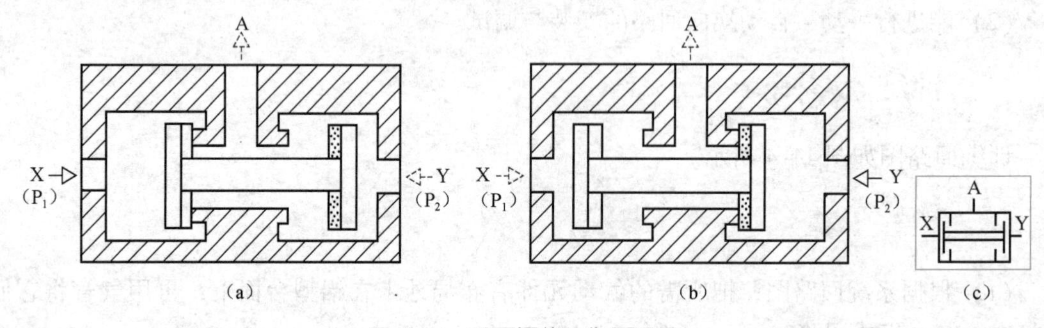

图 4-7　双压阀的工作原理图

(a) P_1 口输入，P_2 口不输入；(b) P_1 口不输入，P_2 口输入；(c) 图形符号

技能操作　双压阀回路训练

一、训练目的

（1）认识双压阀的工作原理和双压阀回路的功能。

（2）能进行双压阀回路的安装与调试。

二、训练回路图

训练回路图如图 4－6 所示。

三、操作步骤

（1）根据系统回路图，把所需的气动元件有布局地卡在铝型台面上，再用气管将它们连接在一起，组成回路。

（2）仔细检查后，打开气泵的放气阀，压缩空气进入三联件，调节减压阀，使压力为 0.4 MPa 后，打开二位三通换向阀 2，观察活塞杆运动情况；松开二位三通换向阀 2，让二位三通电磁换向阀 1 的电磁铁通电，观察活塞杆运动情况；同时按下两按钮，观察活塞杆运动情况，再松开二位三通换向阀 2，观察活塞杆运动情况；先后启动二位三通换向阀，观察活塞杆运动情况。

（3）观察运行情况，对使用中遇到的问题进行分析和解决。

（4）根据操作训练观察的现象，总结双压阀及其回路的功能。

（5）关闭气源，拆下管线，将元件放回原来位置。

任务四　认识快速排气阀应用回路

本任务要求能认识图 4－8 所示的快速排气回路，并会搭建快速排气阀应用回路，完成相关的操作。

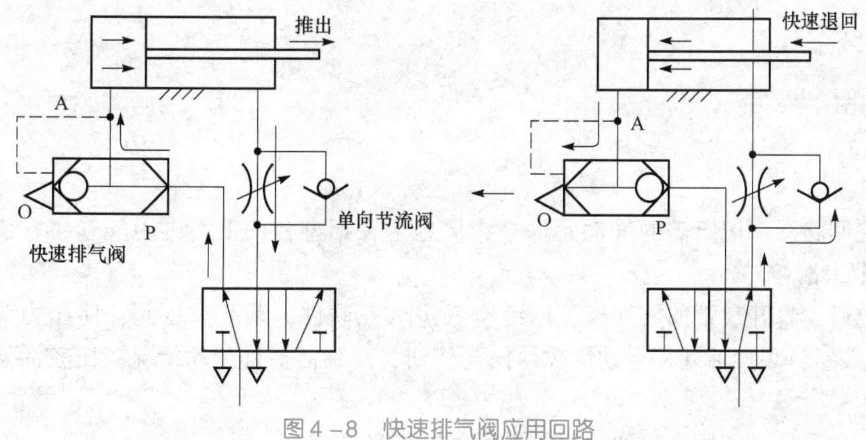

图 4－8　快速排气阀应用回路

气动快速排气阀应用回路

知识链接　快速排气阀应用回路

有些气压系统要求气缸必须快速返回其原位置，为达此目的，可以使用快速排气阀。快速排气阀又称快排阀。膜片式快速排气阀如图 4－9（a）所示。当 P 口进气时，膜片 1 被压下封住排气口，气流经膜片四周小孔由 A 口流出，同时关闭下口；当气流反向流动时，A 口气压将膜片顶起封住 P 口，A 口气体经 O 口迅速排掉。图 4－9（b）为快速排气阀的图形符号。

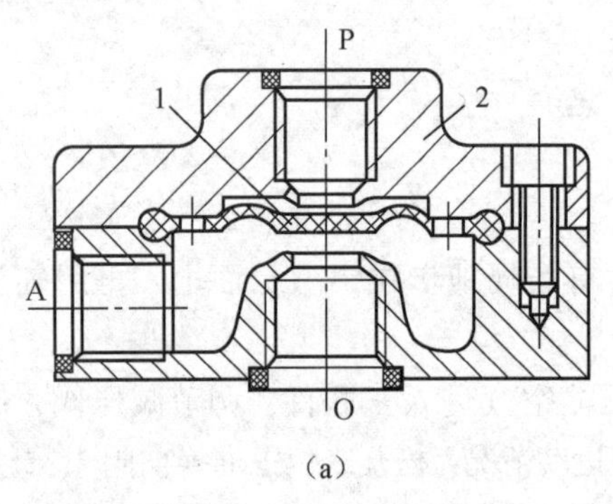

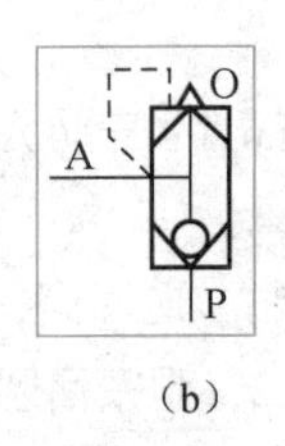

图 4－9　膜片式快速排气阀的结构示意图与图形符号

（a）结构示意图；（b）图形符号

1—膜片；2—阀体

快速排气阀

快速排气阀装在换向阀和气缸之间，它使气缸的排气不用通过换向阀而快速排出，从而加快了气缸往复的运动速度，缩短了工作周期。

技能操作　快速排气阀应用回路训练

一、训练目的

（1）认识快速排气阀的工作原理和快速排气阀应用回路的功能。

（2）会搭建快速排气阀应用回路，并进行相关调试。

二、训练回路图

训练回路图如图 4－8 所示。

三、操作过程

（1）根据系统回路图，把所需的气动元件有布局地卡在铝型台面上，再用气管将它们连接在一起，组成回路。

（2）仔细检查后，打开气泵的放气阀，压缩空气进入三联件，调节减压阀，使压力为 0.4 MPa 后，按下按钮，观察活塞杆运动情况；松开按钮，观察活塞杆运动情况，比较活塞杆运动的快慢。

（3）观察运行情况，对使用中遇到的问题进行分析和解决。

（4）根据操作训练观察的现象，总结快速排气阀及其回路的功能。

（5）关闭气源，拆下管线，将元件放回原来位置。

任务五　折边装置的设计与调试

根据折边装置的动作要求设计和绘制出气动系统图，并能搭建气动回路，完成相关的运行调试。

该装置要求通过双手同时操作两个气动换向阀的按钮开关，使装置的成型模具向下锻压，将平板折边；同时松开两个或仅松开一个换向阀的按钮开关，都能使气缸快速退回到初始位置。为了适应加工不同的材料，系统的压力可以调节。

一、任务分析

分析折弯机的工作要求，要完成对折弯机系统回路的设计，需主要解决好：系统压力的调节与控制问题、气缸快速返回的问题和活塞杆伸出时的控制三个问题。在气动控制中一般用调压阀完成系统压力的调节与控制；用快速排气阀来控制气缸的快速退回；用双压阀来协调控制启动按钮与工件位置。因而必须掌握双压阀、快速排气阀、换向阀等方向控制阀的结构原理及使用方法。

二、操作步骤

（1）根据任务要求，设计折弯机的控制系统回路图。

（2）正确选择元器件，在实验台上合理布局，连接出正确的控制系统。

（3）观察运行情况，检验气缸的动作是否符合装置动作要求，对使用中遇到的问题进行分析和解决。

（4）在老师检查评估后，关闭气源，拆下管线，将元件放回原来位置。

三、设计参考方案

折边装置气动回路设计参考图如图 4－10 所示。

四、问题探究

（1）当使用冲床等机器时，若一手拿冲料，另一手操作启动阀，则极易造成工伤事故。若改用两手同时操作冲床才动作的话，就可保护双手安全。试用两个二位三通换向阀代替双压阀，实现双手同时操作功能，并比较两种方法的优缺点。

（2）在上述回路中，若其中一个手动阀因弹簧失效而不复位，当不小心碰到另一个手动阀按钮时，气缸便会动作，故该回路的安全性差，试设计安全性更好的两手同时操作回路。

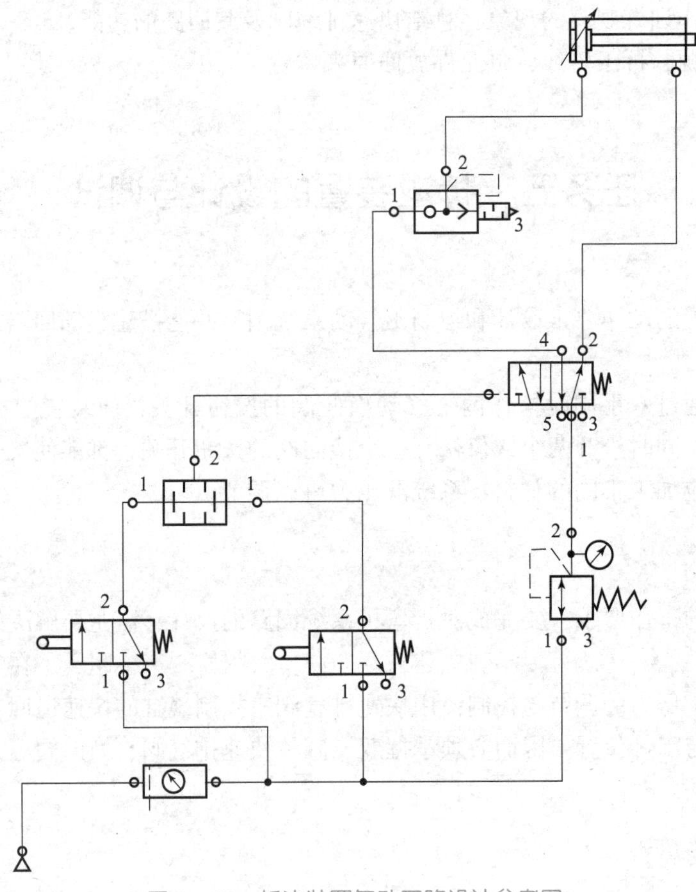

图4－10　折边装置气动回路设计参考图

要 点 归 纳

一、要点框架

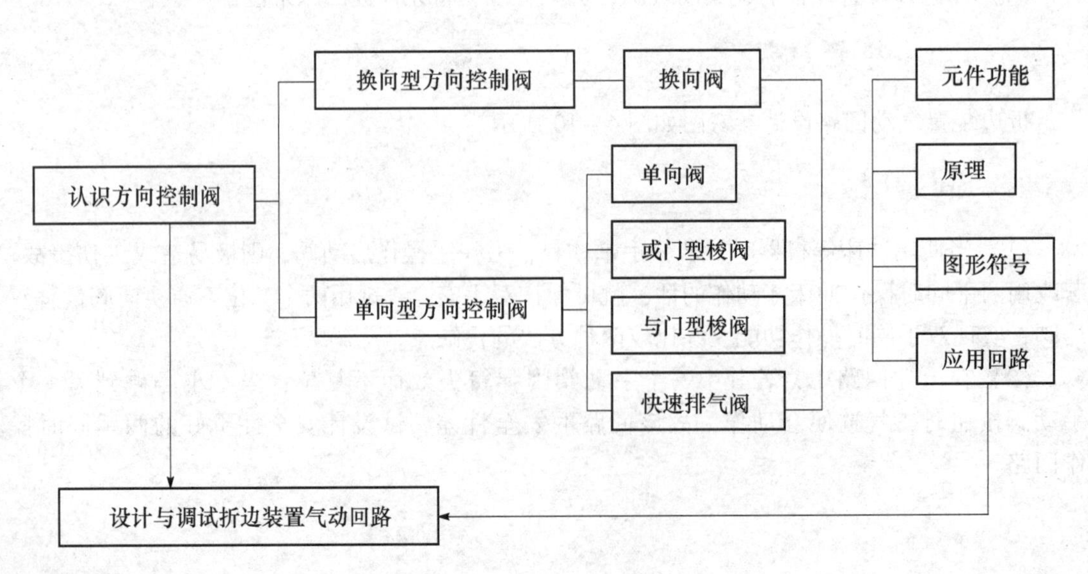

二、知识要点

（1）方向控制阀有单向型方向控制阀和换向型方向控制阀。换向型方向控制阀简称换向阀，单向型方向控制阀包括单向阀、或门型梭阀、与门型梭阀和快速排气阀。

（2）换向回路用于控制气动系统中压缩空气的流动方向，从而改变执行元件的运动方向。换向回路一般可采用各种换向阀来实现。

思考与练习

一、填空题

1. 气动系统中方向控制阀按其作用特点可分为________控制阀和________控制阀。

2. 气动单向型控制阀包括________、________、________和与门型梭阀。与门型梭阀又称________。

二、阅读分析题

1. 看懂题图1，回答下列问题：

（1）元件1名称是________________，元件4名称是________________。

（2）元件3名称是________________，该回路的功能是________________。

2. 看懂题图2，回答下列问题：

（1）元件1的名称是________，元件2的名称是________。

（2）当启动元件1，阀2换向处于________位，活塞杆________；元件1复位，阀2换向处于________位，活塞杆________。

（3）该回路具有________________功能。

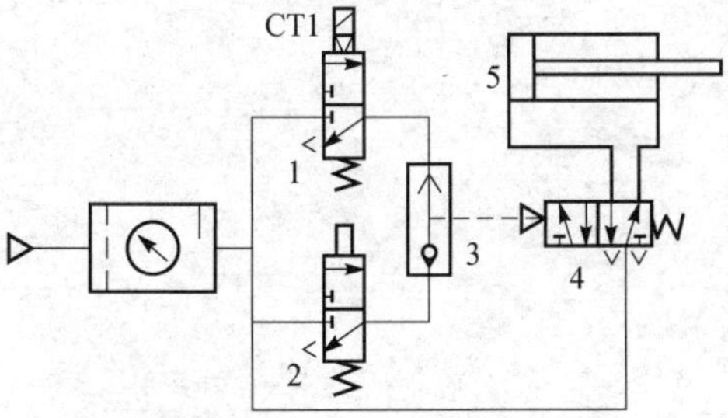

题图1

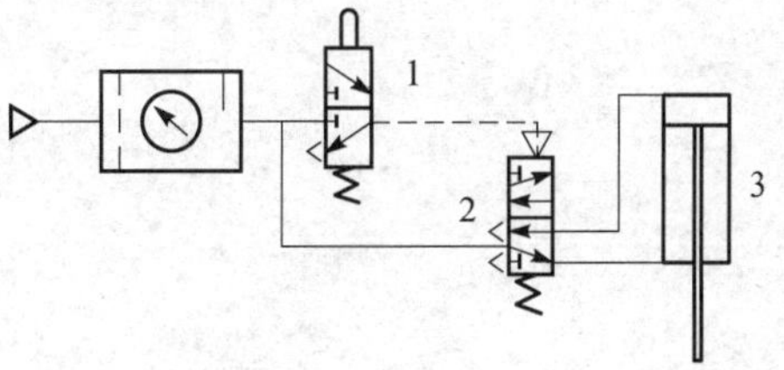

题图2

3. 看懂题图3，回答下列问题：

（1）元件1的名称是________，元件2的名称是________。

（2）当启动元件1，阀2换向处于________位，阀3换向处于________位，活塞杆________，元件1复位，阀2换向处于________位，阀3换向处于________位，活塞杆________。

（3）该回路具有________________功能。

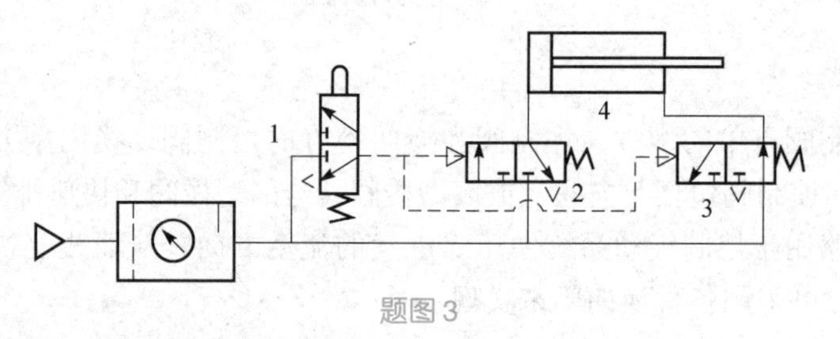

题图 3

三、画出下列元件的图形符号

① 二位三通电磁换向阀（常开）;

② 二位五通双电控换向阀;

③ 快速排气阀;

④ 或门型梭阀;

⑤ 与门型梭阀。

项目五　双缸动作气动系统的分析

学习导航

任何复杂的气动系统都是由一些能够完成某种特定功能的基本回路组成。气动基本回路包含方向控制回路、速度控制回路、压力控制回路及其他基本回路，它们主要是由一些控制阀来实现回路的特定功能。

本项目主要通过气动基本回路的理论学习和训练操作，明确基本回路的组成、工作原理和功能，并能完成图 5－1 所示的双缸动作气动系统的分析。

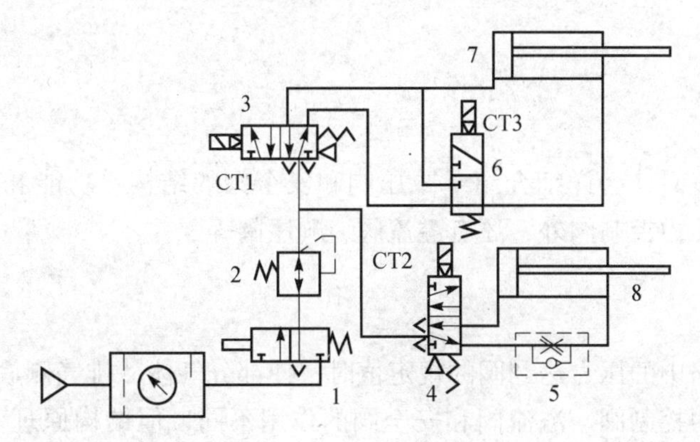

图 5－1　双缸动作气动系统

1—二位三通阀；2—减压阀；3，4—二位五通电磁阀；5—二位三通电磁阀；6—单向节流阀；7，8—双作用气缸

知识目标

（1）知道压力控制阀及其控制回路的类型和功能。
（2）知道流量控制阀和速度控制回路的功能。
（3）学会分析各种基本回路的功能和工作原理。

技能目标

（1）完成各种基本回路的相关操作训练。
（2）能对双缸动作气动系统进行回路的分析。

任务一　认识高低压转换回路及压力控制阀

本任务要求能认识图5-2所示的高低压转换回路，并会搭建该回路，完成相关的操作训练。

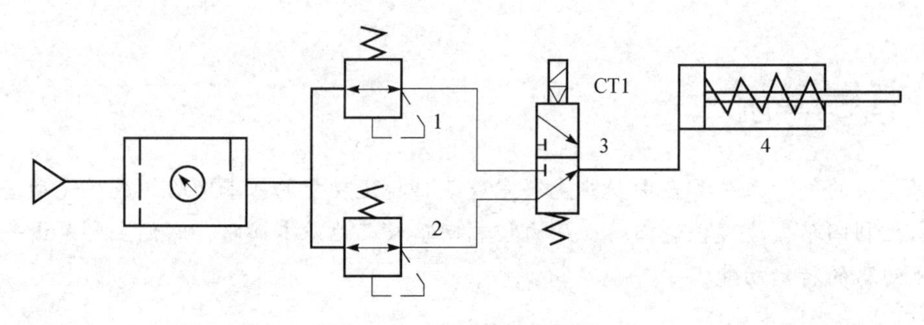

图5-2　高低压转换回路

1，2—减压阀；3—二位三通电磁换向阀；4—气缸

知识链接1　压力控制阀

在介绍气源装置时，已详细介绍了减压阀和安全阀的结构、功能和应用。在气动系统中，除了上述两类压力控制阀外，还有溢流阀、顺序阀等。

一、溢流阀

溢流阀是在回路中的压力达到阀的规定值时，使部分气体从排气侧放出以保持回路内的压力在规定值的压力控制阀。溢流阀和安全阀的作用不同，但结构原理基本相同。图5-3所示压力控制回路中，溢流阀1用于控制储气罐内的压力。当储气罐内压力超过规定压力值时，溢流阀开启，压缩机输出的压缩空气由溢流阀排入大气，使储气罐内压力保持在规定范围内。

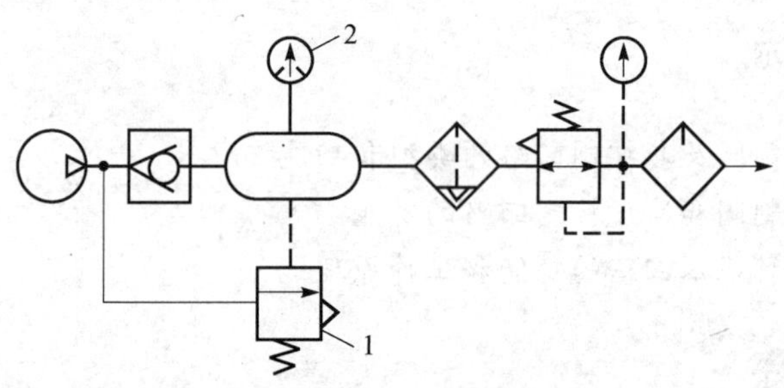

图5-3　压力控制回路

1—溢流阀；2—压力计

二、顺序阀

顺序阀是依靠气路中压力的变化来控制各执行元件按顺序动作的压力控制阀。直动型顺序阀的工作原理和图形符号如图5－4所示。它根据调节弹簧的压缩量来控制其开启压力。当输入压力达到顺序阀的调整压力时，阀口打开，压缩空气从P到A才有输出；反之A无输出。

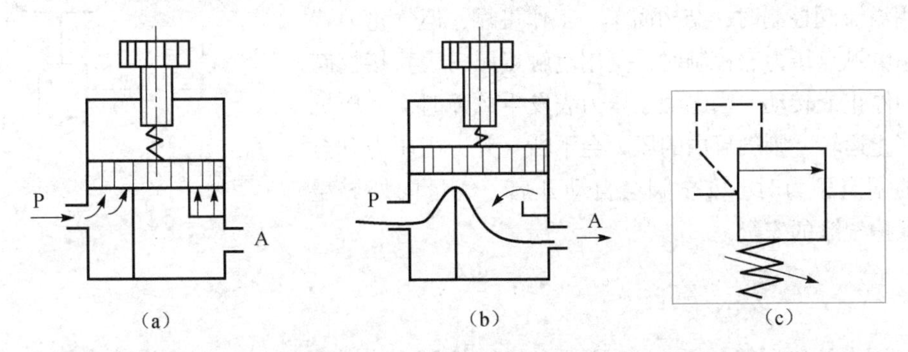

图5－4　直动型顺序阀的工作原理图与图形符号

(a) 关闭状态；(b) 开启状态；(c) 图形符号

顺序阀一般很少单独使用，往往与单向阀组合在一起构成单向顺序阀。单向顺序阀的工作原理和图形符号如图5－5所示。当压缩空气进入气腔4后，作用在活塞3上的气压超过压缩弹簧2上的力，将活塞顶起。压缩空气从P经气腔4和5到A输出，如图5－5（a）所示。此时单向阀6在压差力及弹簧力的作用下处于关闭状态。当反向流动时，输入侧P变成排气口，输出侧压力将顶开单向阀6由T口排气，如图5－5（b）所示。调节旋钮1就可以改变单向顺序阀的开启压力，以便在不同的开启压力下，控制执行元件的顺序动作。

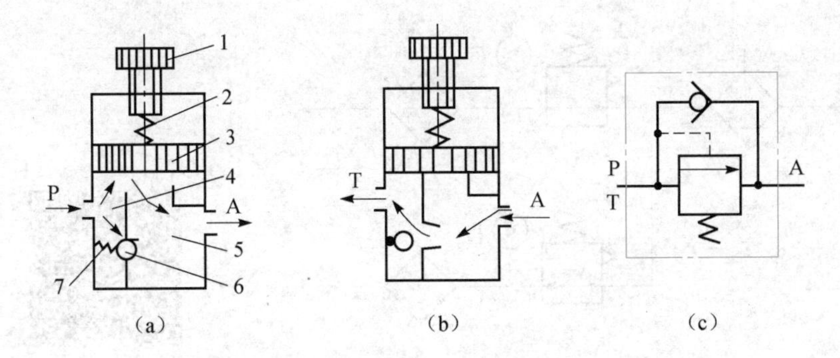

图5－5　单向顺序阀的工作原理图与图形符号

(a) 开启状态；(b) 关闭状态；(c) 图形符号

1—旋钮；2，7—弹簧；3—活塞；4，5—气腔；6—单向阀

知识链接2　压力控制回路

压力控制包括两个方面，一是控制气源的压力，避免出现过高压力，造成配管或元件损坏，确保气动系统的安全；二是控制系统的使用压力，给元件提供必要的工作条件，维持元件的性能和气动回路的功能，控制气缸所要求的输出力和运动速度。

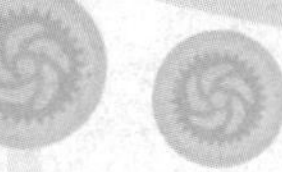

一、一次压力控制回路

一次压力控制回路可以采用溢流阀或电触点压力表来控制。一次压力控制回路如图5－6所示，它采用溢流阀1来控制储气罐内的压力。

采用溢流阀控制时，结构简单、工作可靠，但气量浪费大；采用电触点压力表控制时，是用电触点压力表直接控制压缩机的停止或转动。当电触点压力表发生故障时，空压机若不能停止运转，则气罐内的压力会不断上升，当压力升至安全阀的调定压力时，安全阀会自动开启，气量向外界溢流，以保护气罐的安全。

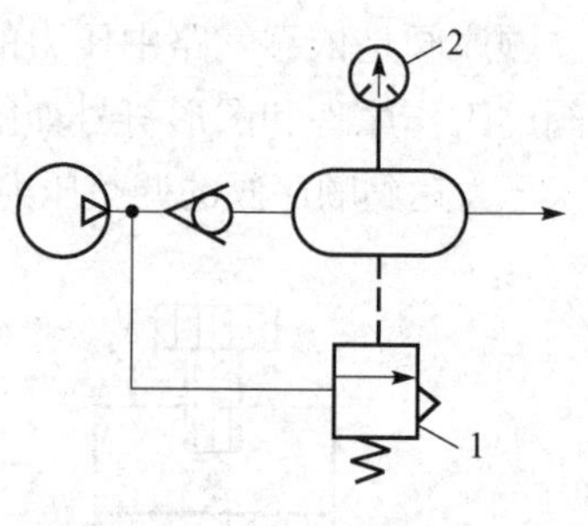

图5－6　一次压力控制回路

1—溢流阀；2—压力计

二、二次压力控制回路

二次压力控制回路如图5－7所示，气缸的压力由减压阀2调整。若回路中需要多种不同的工作压力，可采用图5－8所示的回路。

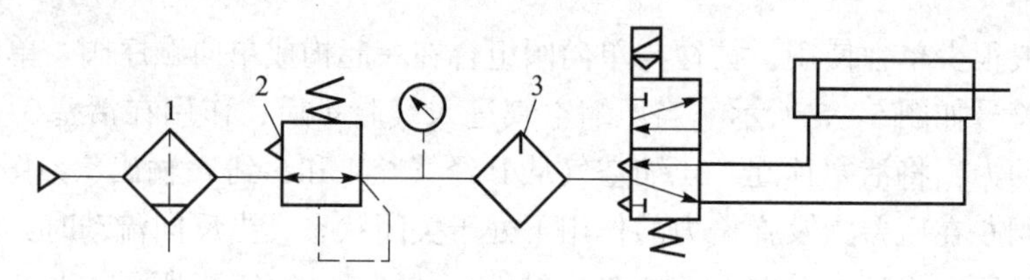

图5－7　二次压力控制回路示意图

1—空气过滤器；2—减压阀；3—油雾器

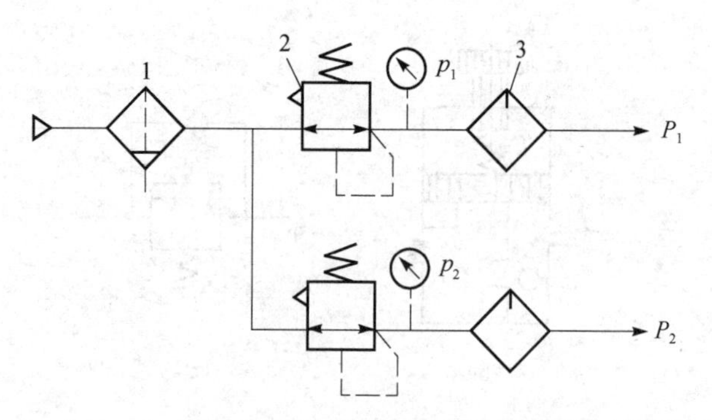

图5－8　需要不同工作压力的二次压力控制回路

1—空气过滤器；2—减压阀；3—油雾器

压力控制回路－一次压力控制回路

三、高低压转换回路

在实际应用中，某些气压控制系统需要有高、低压力的选择。高低压转换回路如图5－9所示。该回路由两个减压阀分别调出 p_1 和 p_2 两种不同的压力，再利用方向控制阀构成高压力 p_1 和低压力 p_2 的自动转换。

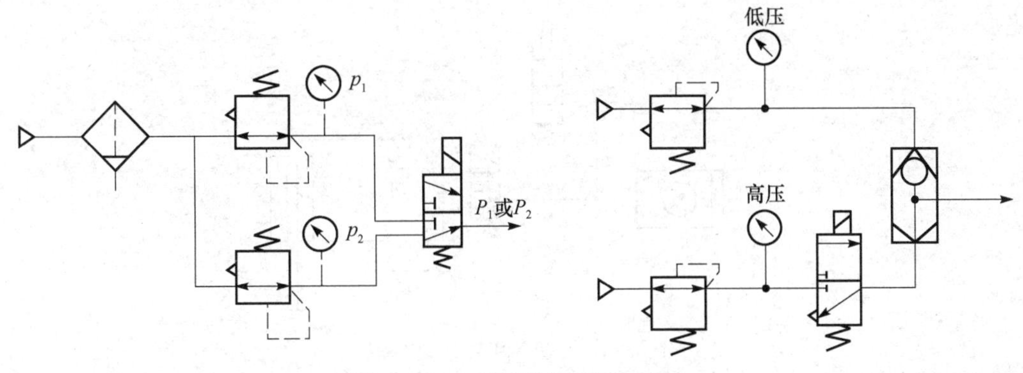

图5－9　高低压转换回路示意图

操作训练　高低压转换回路

压力控制回路－
二次压力控制回路

一、训练要求

（1）气缸的夹紧力因工件材料的不同而需要高、低压转换。

（2）采用元件及数量：气泵及三联件1套、减压阀2只、手旋阀1只、单作用气缸1只。

二、训练回路图

训练回路图如图5－2所示。

三、操作步骤

（1）根据系统回路图，把所需的气动元件有布局地卡在铝型台面上，再用气管将它们连接在一起，组成回路。

（2）仔细检查后，打开气泵的放气阀，压缩空气进入三联件，调节三联件中减压阀，使压力为0.5 MPa，再调节减压阀1和2至不同压力，通过手旋旋钮式二位三通阀3使系统得到不同的压力，来满足系统的不同需求。

（3）观察运行情况，对使用中遇到的问题进行分析和解决。

（4）关闭气源，拆下管线，将元件放回原来位置。

任务二　认识流量控制阀及速度控制回路

本任务要求能读懂图5－10所示的进气节流调速回路，认识流量控制阀的工作原理和类型，完成回路的相关训练操作。

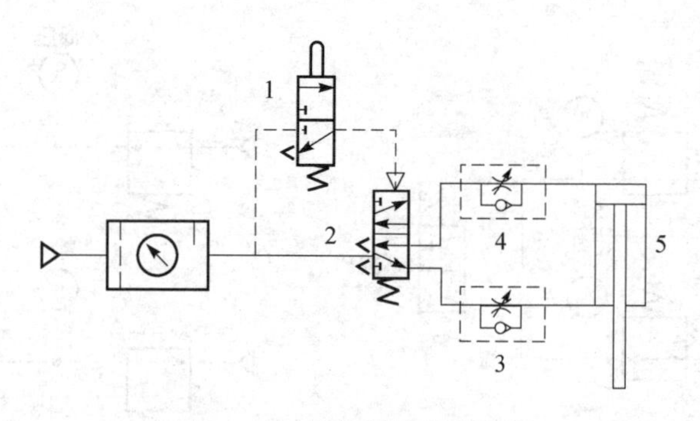

图5-10　进气节流调速回路

1—二位三通手动换向阀；2—二位五通气控换向阀；3，4—单向节流阀；5—气缸

知识链接1　流量控制阀的类型和工作原理

控制与调节压缩空气流量大小的阀称为流量控制阀。

一、节流阀

节流阀是改变空气的通流截面以改变压缩空气的流量的控制阀。节流阀的工作原理图如图5-11所示。阀体上有一个调整螺钉，用来调整流通口的面积大小，从而起到调节气缸活塞运动速度的作用。注意节流阀两个方向皆有节流作用，使用节流阀时通流面积不宜太小，因为空气中的冷凝水、尘埃等塞满阻流口通路时，会引起节流量的变化。

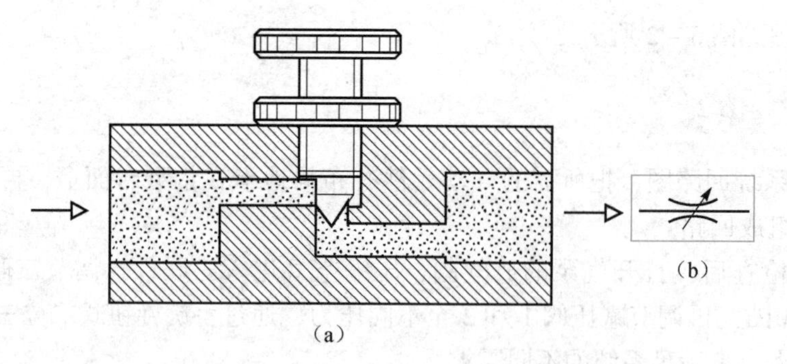

图5-11　节流阀的工作原理图与图形符号

(a) 工作原理图；(b) 图形符号

二、单向节流阀

单向节流阀是由单向阀和节流阀并联而成的流量控制阀。单向节流阀的工作原理图、图形符号及外形图如图5-12所示。当气体由左边进入时，膜片被顶开，流量不受节流阀限制。当气体由右边进入时，膜片被顶住，气体只能由节流间隙通过，流量被节流阀阻流口的大小所限制。单向节流阀通常用在单方向速度控制的气缸或系统中进行单向流量的控制。

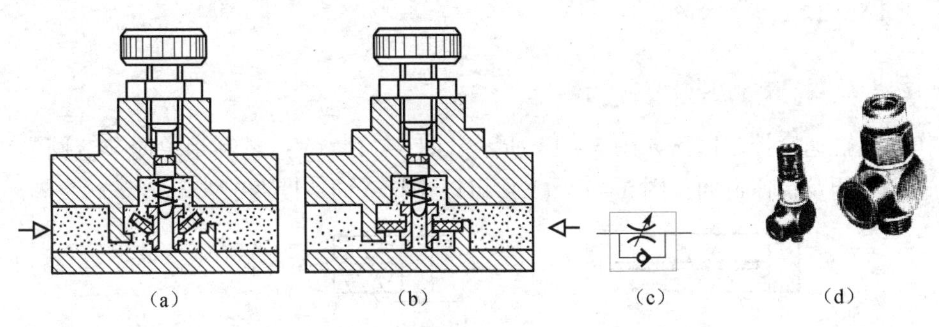

图5－12　单向节流阀的工作原理、图形符号及外形图

(a) 不受节流作用；(b) 单向节流作用；(c) 图形符号；(d) 外形图

三、排气节流阀

排气节流阀的工作原理与节流阀相似。它通过调节节流口的通流面积来调节排入大气的流量，以改变气缸的运动速度。排气节流阀常带有消声器，通常安装在执行元件的排气口处。带消声器的排气节流阀的结构原理和图形符号如图5－13所示。

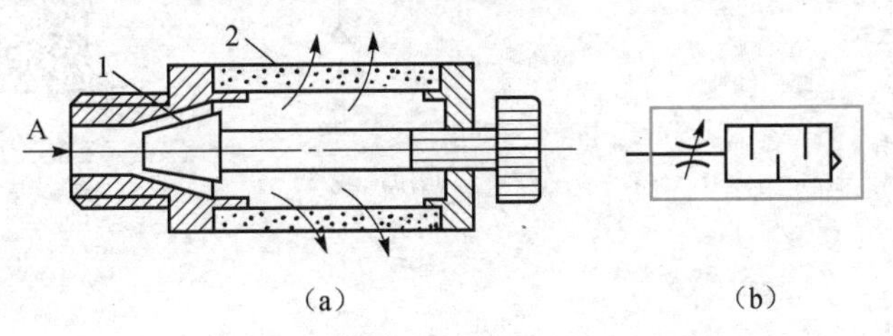

图5－13　排气节流阀的结构原理图与图形符号

(a) 结构原理图；(b) 图形符号

1—节流口；2—消声套

知识链接2　流量控制阀的使用和维护

由于气体具有较大的可压缩性，所以应用气控流量阀对气缸进行调速的速度控制较难，易产生爬行。在使用中应注意以下几点：

① 安装时应确认阀的流动方向没有装反，以避免气缸出现急速伸出而造成事故；

② 流量阀应尽量安装在气缸附近，以减少气体压缩对速度的影响；

③ 气缸和活塞间的润滑要好；

④ 气缸的负载要稳定，在外负载变化很大的情况下，可采用气液联动以便较准确地进行调速；

⑤ 管道不存在漏气现象。

知识链接3　速度控制回路的类型

速度控制回路就是通过控制流量的方法来控制气缸的运动速度的气动回路。

一、调速回路

1. 单作用气缸速度控制回路

单作用气缸速度控制回路如图 5－14 所示。图 5－14（a）是利用单向节流阀实现活塞杆伸出速度可调及快速返回；图 5－14（b）可以进行双向速度调节。

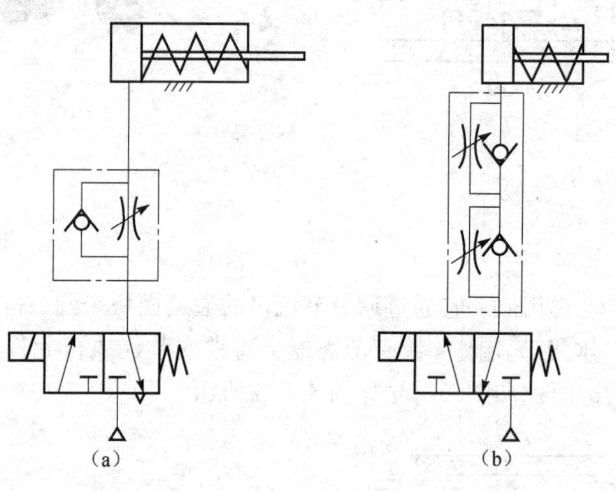

图 5－14　单作用气缸速度控制回路示意图

（a）慢进－快退调速回路；（b）双向调速回路

速度控制回路－单向调速回路 1

2. 双作用气缸速度控制回路

按照单向节流阀安装方向的不同，有进气节流和排气节流两种速度控制方式。排气节流调速与进气节流调速如图 5－15 所示。两种调速方式的特点如表 5－1 所示。

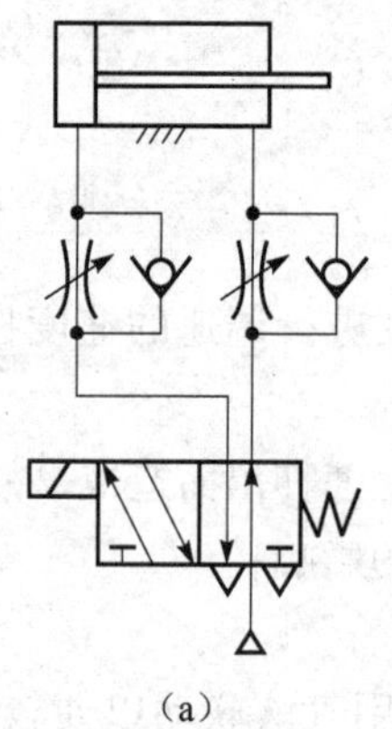

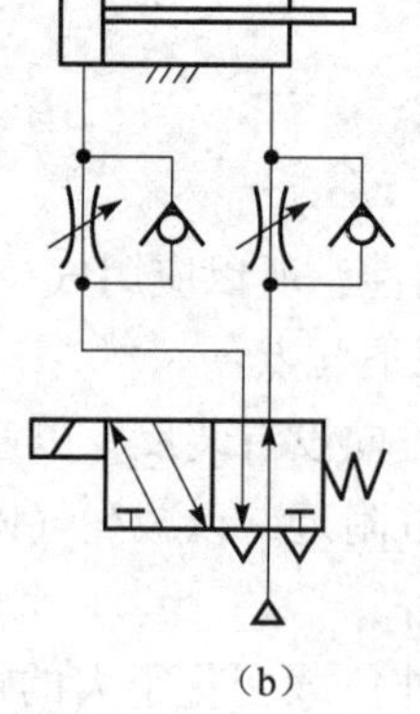

图 5－15　进气、排气节流调速

（a）排气节流调速；（b）进气节流调速

速度控制回路－双向调速回路 1

表 5－1　两种调速方式的比较

特性项目	进气节流调速	排气节流调速
低速平稳性	易产生低速爬行	好
阀的打开程度及速度	没有比例关系	有比例关系
惯性的影响	对调速特性有影响	对调速特性影响很小

续表

特性项目	进气节流调速	排气节流调速
启动延时	小	与负载率成正比
启动加速度	小	大
行程终点速度	大	约等于平均速度
缓冲能力	小	大

由于排气节流调速的调速特性和低速平稳性较好，故在实际应用中大多采用排气节流调速方式。但对于单作用气缸、夹紧气缸、低摩擦力气缸，进气节流调速方式能防止气缸启动时活塞杆的“急速伸出”现象；而小型气缸和短行程气缸因不能很快在排放气体一侧积蓄压力，所以也必须采用进气节流调速方式。

二、速度换接回路

行程开关控制的快慢速换接回路

1. 慢进－快退回路

如图4－8 所示，电磁阀通电，受排气节流式调速阀的作用，气缸慢进。当电磁阀断电时，经快速排气阀迅速排气，气缸快退。当换向阀与气缸距离较远时，可用此回路。若将图中排气节流阀与快速排气阀对换即可实现快进－慢退调速回路。

2. 双速驱动回路

在气动系统中，常要求实现气缸高低速驱动。双速驱动回路如图5－16 所示。回路中二位三通电磁阀上有两条排气通路，一条是利用排气节流阀实现快速排气，另一条是通过单向节流阀采用排气节流调速方式，再经主换向阀排气实现慢速排气。使用时应注意，如果快速和慢速的速度相差太大，气缸速度在转换时则容易产生“弹跳”现象。

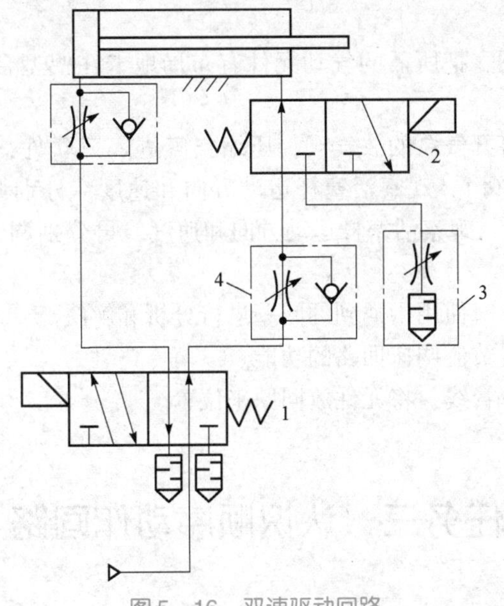

图5－16　双速驱动回路

1—主换向阀；2—二位三通电磁换向阀；3—排气节流阀；4—单向节流阀

3. 行程中途变速回路

将两个二位二通阀与速度控制阀并联，如图 5－17 所示，活塞运动至某位置，令二位二通电磁阀通电，气缸背压腔气体便排入大气，从而改变了气缸的运动速度。

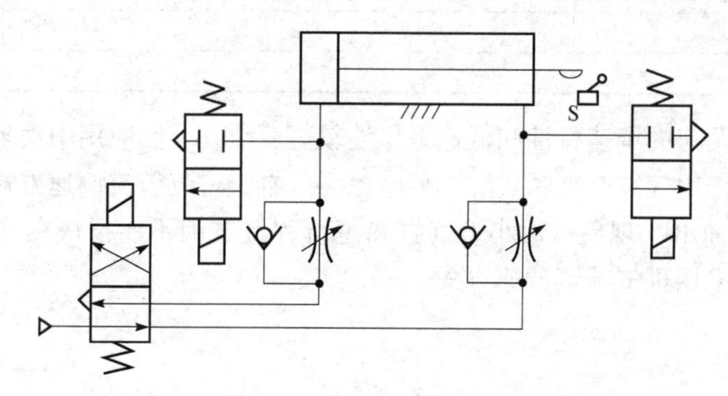

图 5－17　行程中途变速回路

操作训练　进气节流调速回路训练

一、训练目的

（1）学会使用单向节流阀。

（2）会分析进气节流调速回路的功能和工作原理。

二、训练回路图

训练回路图如图 5－10 所示。

三、操作步骤

（1）根据系统回路图，把所需的气动元件有布局地卡在铝型台面上，再用气管将它们连接在一起，组成回路。

（2）仔细检查后，打开气泵的放气阀，压缩空气进入三联件，调节减压阀，使压力为 0.4 MPa 后，手旋旋钮式阀 1，观察活塞杆运动方向和速度，分别调节阀 3 和阀 4，观察活塞杆运动速度。阀 1 复位，观察活塞杆运动方向和速度，再分别调节阀 3 和阀 4，观察活塞杆运动速度。

（3）观察运行情况，对使用中遇到的问题进行分析和解决。

（4）分析与思考进气节流调速回路的功能。

（5）关闭气源，拆下管线，将元件放回原来位置。

任务三　认识顺序动作回路

本任务要求能读懂图 5－18 所示的单缸连续往复动作回路，认识顺序动作回路的功能和

类型，并能完成相关的操作训练。

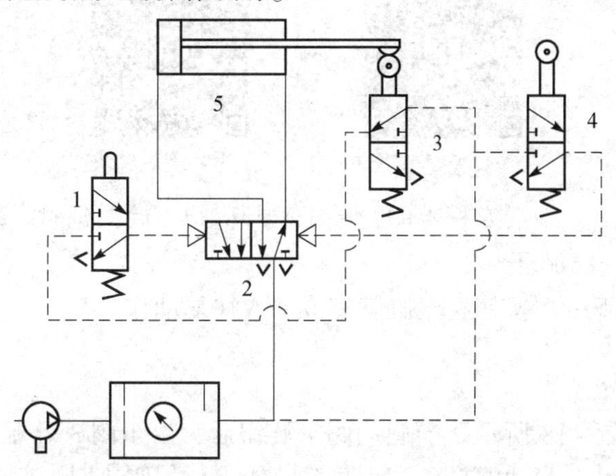

图5－18　单缸连续往复动作回路

1—手动阀；2—主换向阀；3，4—行程阀；5—气缸

连续往复回路

知识链接　顺序动作回路

顺序动作是指在气动回路中，各个气缸按一定程序完成各自的动作。例如，单缸有单往复动作、二次往复动作和连续往复动作等；双缸及多缸有单往复和多往复顺序动作等。

一、单往复动作回路

三种单缸单往复动作回路如图5－19所示。行程阀控制的单往复回路如图5－19（a）所示。当按下阀1的按钮后，压缩空气使阀3换向，活塞杆伸出，当活塞杆上的挡铁压下行程阀2时，阀3复位，活塞杆返回，完成一次循环。

压力控制的单往复动作回路如图5－19（b）所示。当按下阀1的按钮后，阀3的阀芯右移，气缸无杆腔进气，活塞杆伸出，同时气压还作用在顺序阀上，当活塞到达终点后，无杆腔内压力升高，打开顺序阀，使阀3换向，活塞杆返回，完成一次循环。

利用延时回路形成的时间控制单往复动作回路如图5－19（c）所示。当按下阀1的按

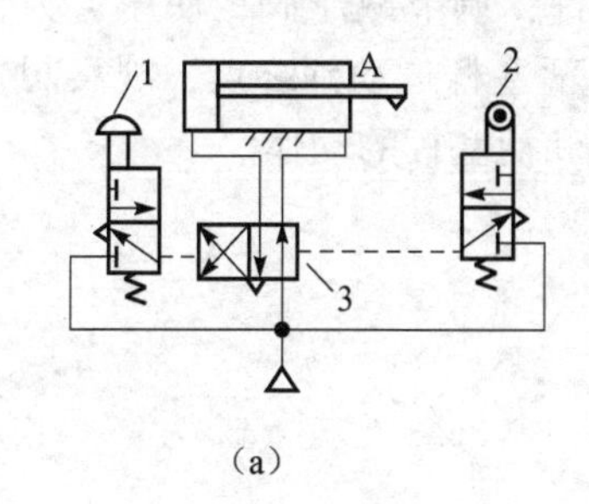

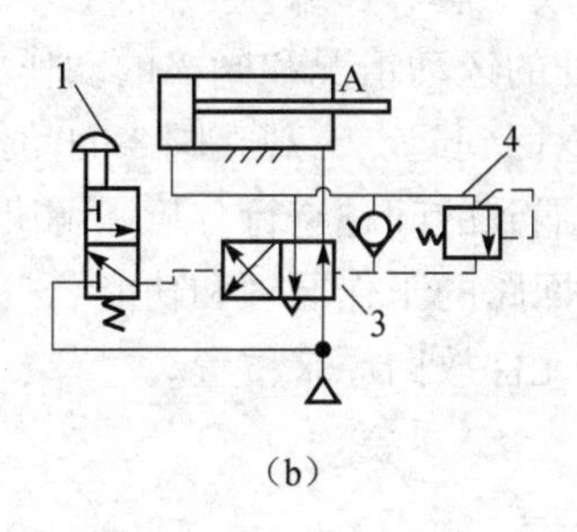

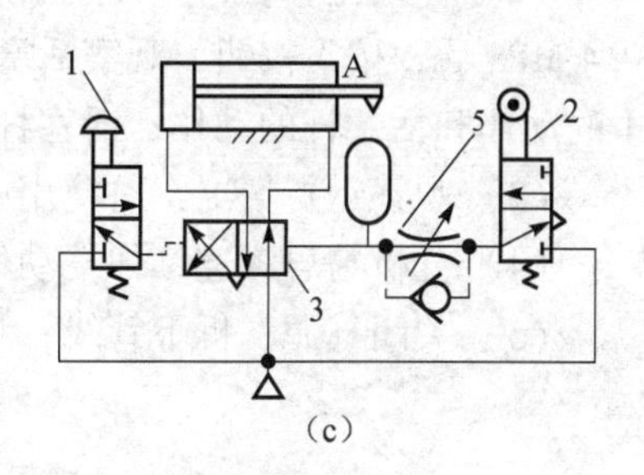

图5－19　单往复动作回路

（a）行程阀控制；（b）压力控制；（c）时间控制

1—手动阀；2—行程阀；3—主控阀；4—顺序阀；5—单向节流阀

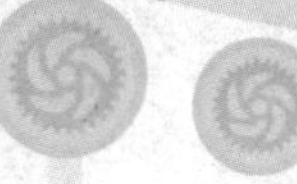

单往复回路1

单往复回路2

单往复回路3

钮后，阀3换向，气缸活塞杆伸出，当活塞杆上的挡铁压下行程阀2后，延时一段时间，阀3才换方向，活塞杆返回，完成一次循环。

在单往复动作回路中，每按下一次按钮，气缸就完成一次往复动作。

二、连续往复动作回路

单缸连续往复动作回路如图5－18所示。当旋动阀1旋钮后，由于阀3处于上位，阀2换向，处于左位，活塞杆向前运动。当活塞杆到达行程终点压下行程阀4时，阀2换向，处于右位，活塞杆返回。当活塞杆在起点压下阀3后，阀2又换向，活塞杆再次向前运动，就这样活塞杆在阀3和阀4之间不断地进行连续往复动作。只有当阀1复位后，阀4复位，活塞杆返回才停止运动。

操作训练　连续往复动作回路训练

一、训练要求

（1）认识单缸连续往复顺序动作的控制方式。

（2）会分析单缸连续往复动作回路的功能和工作原理。

二、训练回路图

训练回路图如图5－19所示。

三、操作步骤

（1）根据系统回路图，把所需的气动元件有布局地卡在铝型台面上，再用气管将它们连接在一起，组成回路。

（2）仔细检查后，打开气泵的放气阀，压缩空气进入三联件，调节减压阀，使压力为0.4 MPa后，按下按钮，观察活塞杆的运动情况和阀3的动作；活塞杆运动到终点，观察阀4的动作和活塞杆的动作；活塞杆返回到起点，观察阀3的动作和活塞杆的动作。

（3）观察运行情况，对使用中遇到的问题进行分析和解决。

（4）分析与思考连续往复动作回路的工作原理和功能。

（5）关闭气源，拆下管线，将元件放回原来位置。

任务四　认识其他基本回路

本任务要求能认识安全保护回路中的双手同时操作回路（如图5－20所示）、过载保护

回路（如图 5－21 所示）、计数回路（如图 5－22 所示），明确回路的功能，并能完成相关操作训练。

知识链接 1　双手同时操作回路

当使用冲床等机器时，若一手拿冲料而另一手操作启动阀，极易造成工伤事故。若改用两手同时操作冲床才动作的话，可保护双手安全。双手同时操作回路如图 5－20 所示。

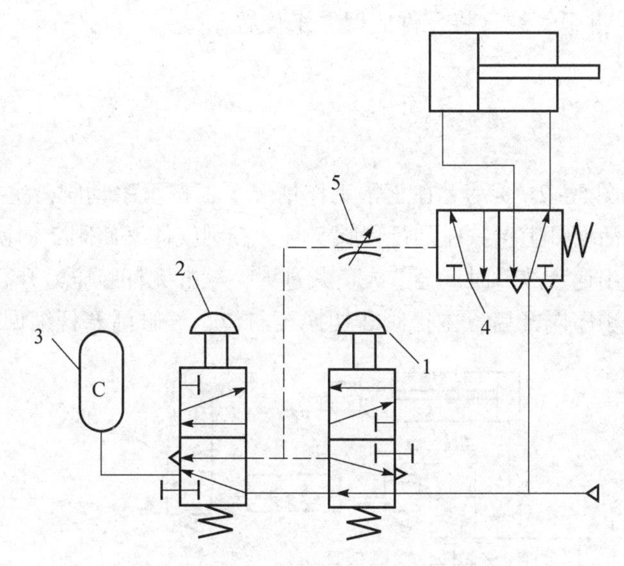

图 5－20　双手同时操作回路

1，2—手动阀；3—气罐；4—主控阀；5—节流阀

该回路需要双手在很短时间间隔内“同时”操作，气缸才能动作。若双手不同时按下，气罐 3 中的气将从阀 1 的排气口排空，主控阀 4 就不能换向，则气缸不能动作。此外，若阀 1 或阀 2 因弹簧失效而未复位时，气罐 3 得不到充气，气缸也不会动作，因此该回路的安全性好。

操作训练 1　双手同时操作回路训练

一、训练要求

（1）认识安全操作的重要性。

（2）会分析双手同时操作回路的功能和工作原理。

二、训练回路图

训练回路图如图 5－20 所示。

三、操作步骤

（1）根据系统回路图，把所需的气动元件有布局地卡在铝型台面上，再用气管将它们

连接在一起，组成回路。

（2）仔细检查后，打开气泵的放气阀，压缩空气进入三联件，调节减压阀，使压力为0.4 MPa后，按下按钮1，观察活塞杆的运动情况；按下按钮2，观察活塞杆的运动情况；按下按钮1，再按下按钮2，观察活塞杆的运动情况；同时按下按钮1和按钮2，观察活塞杆的运动情况。

（3）观察运行情况，对使用中遇到的问题进行分析和解决。

（4）分析与思考该回路的工作原理和功能。

（5）关闭气源，拆下管线，将元件放回原来位置。

知识链接2　过载保护回路

过载保护回路如图5－21所示。在正常工作情况下，按下手动阀，主控阀2切换至左位，气缸活塞杆右行，当活塞杆上挡铁碰到行程阀5时，控制气体又使阀2切换至右位，活塞杆缩回。当气缸活塞杆伸出遇到故障时，会造成负载过大，气缸无杆腔压力升高；当压力超过顺序阀3的设定压力时，顺序阀开启，主控阀2切换至右位，气缸活塞杆缩回，实现过载保护。

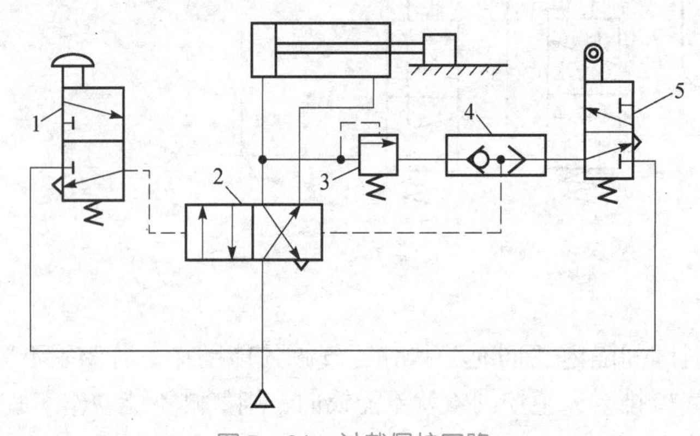

图5－21　过载保护回路

1—手动阀；2—主控阀；3—顺序阀；4—或门型梭阀；5—行程阀

安全保护回路—过载保护回路

操作训练2　过载保护回路训练

一、训练要求

（1）认识安全操作的重要性。

（2）会分析过载保护回路的功能和工作原理。

二、训练回路图

训练回路图如图5－21所示。

三、操作步骤

（1）根据系统回路图，把所需的气动元件有布局地卡在铝型台面上，再用气管将它们连接在一起，组成回路。

（2）仔细检查后，打开气泵的放气阀，压缩空气进入三联件，调节减压阀，使压力为0.4 MPa后，按下按钮，观察活塞杆的运动情况；气缸挡铁碰到行程阀，观察活塞杆的运动情况；松开按钮，观察活塞杆的运动情况。再次按下按钮，观察气缸在伸出遇到故障时的运动情况。

（3）观察运行情况，对使用中遇到的问题进行分析和解决。

（4）分析与思考该回路的工作原理和功能。

（5）关闭气源，拆下管线，将元件放回原来位置。

知识链接3　计数回路

计数回路可以组成二进制计数器。在图5－22所示计数回路中，按下阀1按钮，则气信号经阀2至阀4的左或右控制端使气缸推出或退回。阀3的换向取决于阀2的位置，而阀2的换位又取决于阀4和阀5。如图5－22所示，按下阀1，气信号经阀2至阀3的右控制口，阀3处于右位使气缸后退，同时阀5换至左位切断气路；当阀1复位后，原通入阀3右控制口的气信号经阀1排空，阀5复位，于是气缸有杆腔的气经阀5至阀2左控制口，使阀2换至左位等待阀1的下一次信号输入。当阀1第二次按下后，气信号经阀2的左位至阀3的左控制口使阀3换至左位，气缸前进，同时阀4换至右位将气路切断。待阀1复位后，阀3左控制信号经阀2、阀1排空，阀4复位并将气导至阀2右控制口使其换至右位，又等待阀1下一次信号输入。这样，第1，3，5，…次（奇数）按压阀1，则气缸退回；第2，4，6，…次（偶数）按压阀1，则气缸前进。

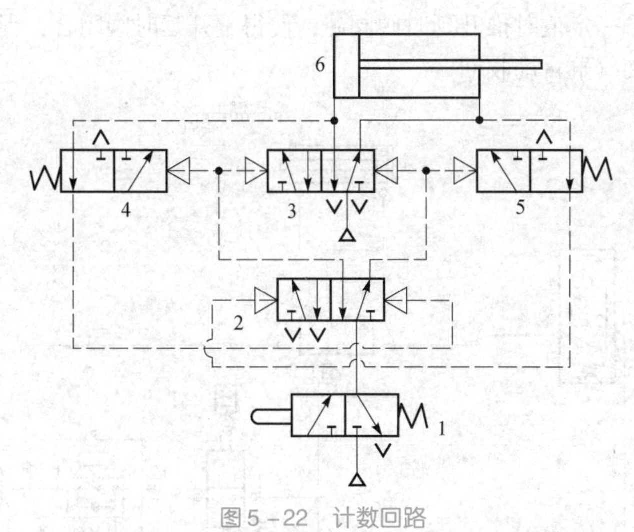

图5－22　计数回路

1—手动阀；2，3—双气控换向阀；4，5—单气控换向阀；6—气缸

操作训练3　计数回路训练

一、训练要求

（1）认识计数回路的功能。

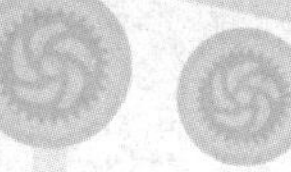

（2）会分析计数回路的工作原理。

二、训练回路图

训练回路图如图 5－22 所示。

三、操作步骤

（1）根据系统回路图，把所需的气动元件有布局地卡在铝型台面上，再用气管将它们连接在一起，组成回路。

（2）仔细检查后，打开气泵的放气阀，压缩空气进入三联件，调节减压阀，使压力为 0.4 MPa 后，按下阀 1 按钮，观察活塞杆的运动情况；松开按钮，观察活塞杆的运动情况。再次按下阀 1 按钮，观察活塞杆的运动情况；松开按钮，观察活塞杆的运动情况。如此按压第 3，4，5，6，…次，观察活塞杆的运动情况。

（3）观察运行情况，对使用中遇到的问题进行分析和解决。

（4）分析与思考该回路的工作原理和功能。

（5）关闭气源，拆下管线，将元件放回原来位置。

知识链接 4　延时回路

可通过延时阀来进行回路的延时回路。在图 5－23 所示延时回路中，按下手动阀按钮，气缸伸出。当气缸伸出到终了位置，压下行程阀 S1，行程阀 S1 压下后，气体进入延时阀的控制口，当压力达到一定值时推开延时阀阀芯，使得常开延时阀闭合，促使二位五通双气控换向阀换位，从而使气缸自动收回。

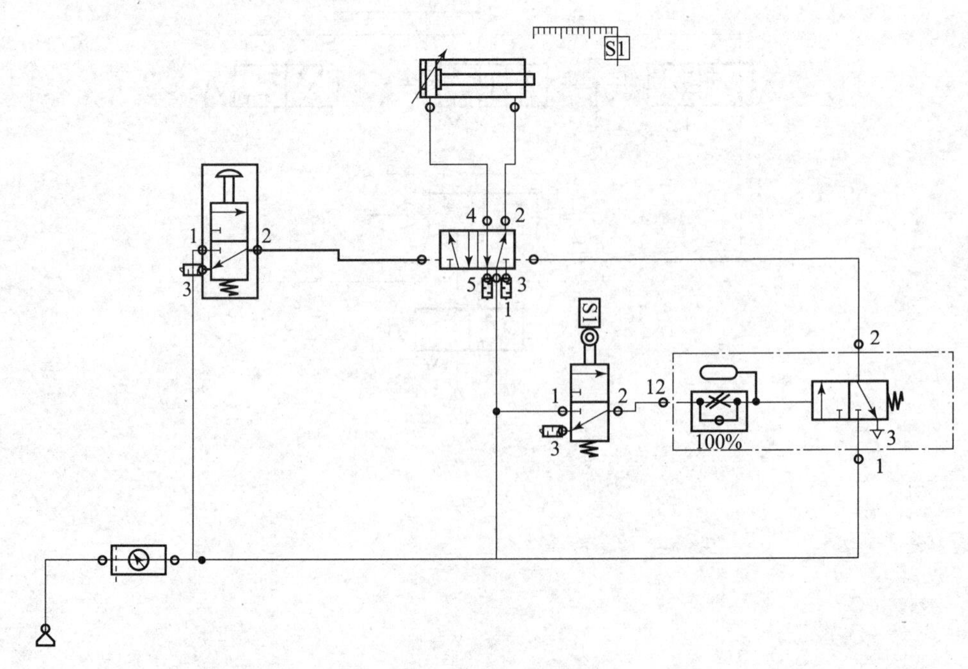

图 5－23　延时回路

操作训练 4

一、训练要求

（1）通过查询资料了解延时阀功能。

（2）会分析延时回路的工作原理。

二、训练回路图

训练回路图如图 5－23 所示。

三、操作步骤

（1）根据系统回路图，将所需的气动元件有布局的卡在铝型台面上，再用气管将它们连接在一起组成回路。

（2）仔细检查后，打开气泵的放气阀，压缩空气进入三联件，调节减压阀，使得压力为 0.4 MPa，按下阀 1 的按钮并松开，观察气缸运动情况，调节行程阀 S1 位置，保证其能自动往返。

（3）观察运行情况，对使用中的遇到问题进行分析和解决。

（4）分析和思考该回路的工作原理和功能。

（5）关闭气源，拆下管线，将元件放回原来位置。

任务五　双缸动作气动系统的分析

本任务要求能完成图 5－1 所示的双缸动作气动系统的构建和相关操作，能分析出组成该系统的基本回路。

一、任务分析

要分析双缸动作气动系统，首先必须掌握基本回路的组成、功能和工作原理。压力的调节主要用减压阀来实现，基本回路有一次压力控制回路、二次压力控制回路、高低压转换回路；气缸的运动速度一般用节流阀、快速排气阀、排气节流阀来控制，基本回路有调速回路、速度换接回路；用换向阀构成的换向回路能控制气缸的运动方向。因而在进行双缸动作气动系统的分析时，可从组成该系统的元件入手分析元件的功能，以及分析由该元件为核心构成的基本回路。

二、实施步骤

（1）正确选择元器件，在实验台上合理布局，连接出正确的气动系统。

（2）根据要求，分析双缸动作气动系统中的基本回路。

(3) 通过调试和观察运行情况，检验气缸的动作是否符合要求，同时对使用中遇到的问题进行分析和解决。

(4) 在老师检查评估后，关闭气源，拆下管线，将元件放回原来位置。

三、基本回路动作演示参考方案

1. 调压回路

打开气泵的放气阀，首先调节三联件的减压阀调节旋钮，得到一个压力值（即系统压力），然后调节系统中减压阀 2 的调节旋钮，系统的压力随之变化（但压力值比系统压力值低）。

2. 换向回路

打开气泵的放气阀，CT1 得电，缸 7 前进；CT1 失电，缸 7 后退。CT2 得电，缸 8 前进；CT2 失电，缸 8 后退。

3. 节流调速回路

打开气泵的放气阀，调节节流阀 5 的开度，缸 8 在退回时可实现不同的运动速度。

4. 差动快速回路

当 CT1 和 CT3 同时得电时，缸 7 将实现快速前进。

5. 双缸顺序动作回路

通过控制不同的电磁铁的得失电，可实现缸 7 和缸 8 的多种顺序动作控制。例如，实现“缸 7 前进→缸 8 前进→缸 7 后退→缸 8 后退→停止”的双缸单往复顺序动作，其对应的电磁铁得失电情况如表 5－2 所示（“＋”表示电磁铁得电，“－”表示电磁铁失电）。

表 5－2　电磁铁动作顺序表

动作 \ 电磁铁	CT1	CT2
缸 7 前进	+	−
缸 8 前进	+	+
缸 7 后退	−	+
缸 8 后退	−	−

6. 双缸同步回路

当 CT1 和 CT2 同时得电时，缸 7、缸 8 将同时前进，当 CT1 和 CT2 同时失电时，缸 7 缸 8 将同时后退，并停止在原位。

四、问题探究

(1) 若要实现“缸 7 前进→缸 7 后退→缸 8 前进→缸 8 后退”的单往复顺序动作，需

要进行怎样的操作？

（2）若要实现“缸 7 前进→缸 7 后退→缸 8 前进→缸 8 后退”的连续往复顺序动作，需要如何控制？

要点归纳

一、要点框架

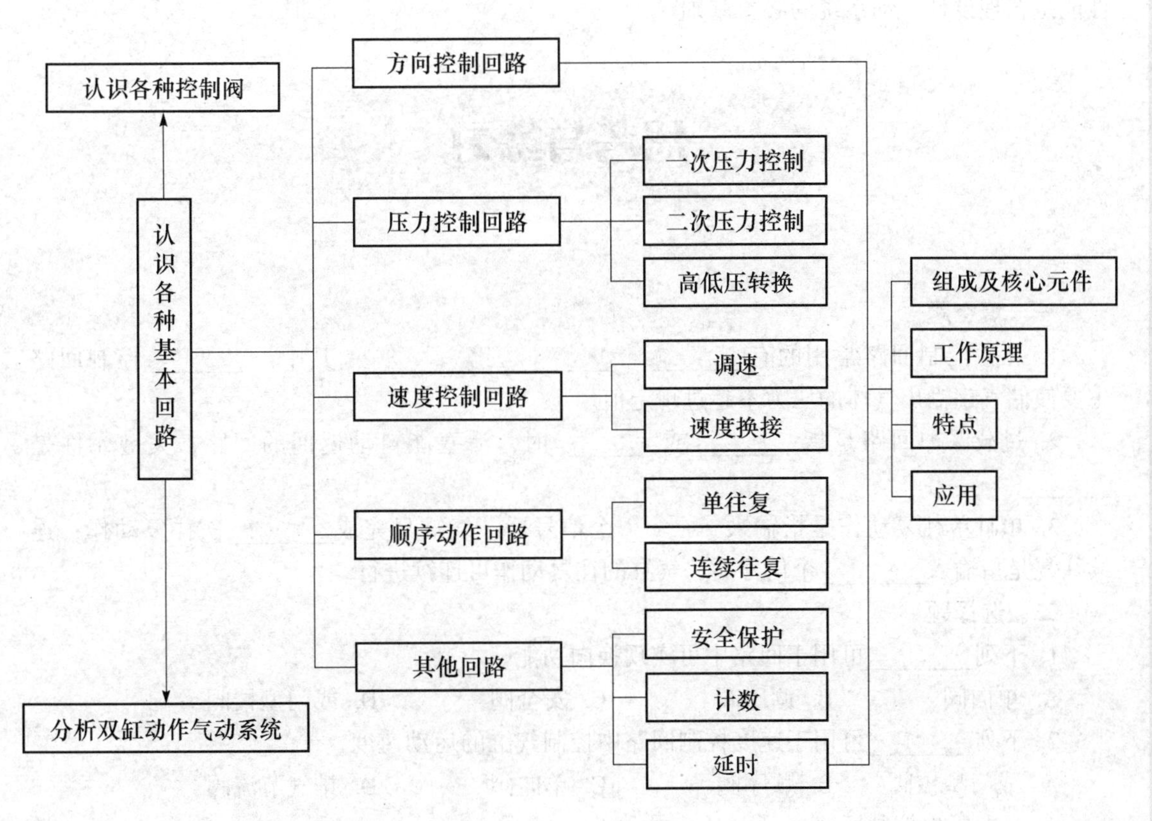

二、知识要点

1. 一次压力与二次压力控制回路

一次压力控制回路控制气源的压力，避免出现过高压力，造成配管或元件损坏，确保气动系统的安全。常采用溢流阀或电触点压力计来控制。

二次压力控制回路控制系统的使用压力，给元件提供必要的工作条件，维持元件的性能和气动回路的功能，控制气缸所要求的输出力和运动速度。常采用减压阀来控制。

2. 进气节流调速和排气节流调速

进气节流与排气节流调速的判断依据是单向节流阀的安装方向。由于排气节流调速的调速特性和低速平稳性较好，故在实际应用中大多采用排气节流调速方式。进气节流调速方式适用于单作用气缸、夹紧气缸、低摩擦力气缸、小型气缸、短行程气缸等。

3. 顺序动作回路

在气动回路中，一个或多个气缸需要按一定的程序完成动作，这时可利用行程阀或顺序阀来实现顺序动作。

4. 其他常用基本图路

在一些设备中，需要实现一些特殊的功能要求，如保护操作的双手、机器过载时的安全保护、计数要求等，这就需要不同的基本回路来实现。熟悉和掌握基本回路的功能、组成和性能是合理设计气动系统的必要基础。

思考与练习

一、填空题

1. 压力控制回路常用的有________、________、________。其中，________控制回路主要使储气罐输出气体的压力不超过规定值。

2. 过载保护回路是指________或________时，活塞能自动返回的回路，关键元件是________。

3. 单缸单往复动作是指输入________个信号后，气缸只完成________次往复动作；连续往复是指输入________个信号后，气缸的往复动作可连续进行。

二、选择题

1. 下列________可用于回路中可实现换向功能。

A. 单向阀　　B. 调压阀　　C. 安全阀　　D. 或门型梭阀

2. 下列________可用于速度控制回路中控制气缸的运动速度。

A. 或门型梭阀　　B. 顺序阀　　C. 单向阀　　D. 排气节流阀

3. 二次压力控制回路多采用________。

A. 溢流阀　　B. 压力表　　C. 调压阀　　D. 气动三大件

三、分析题

1. 题图1所示回路为________基本回路。该回路元件1的名称是________，元件3的名称是________。回路的作用是________________。

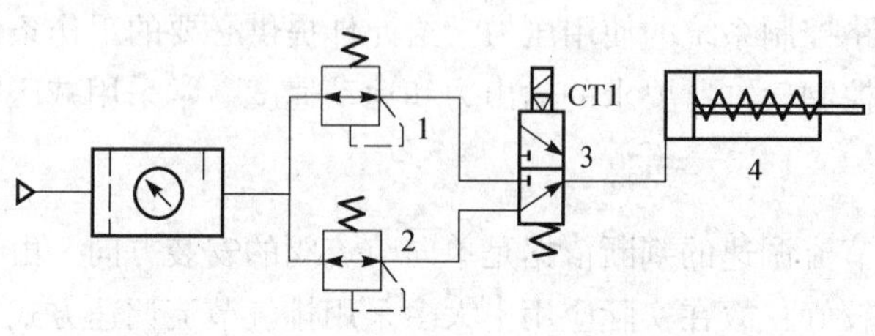

题图1

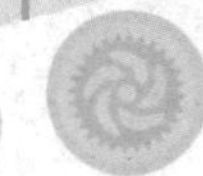

2. 分析题图 2 所示回路，回答问题：

（1）元件 3、4、5 的名称分别是________、________、________。

（2）该回路的功能是________、________、________。

3. 分析题图 3 所示回路，回答问题：

（1）三种回路都能实现单缸________顺序动作回路。

（2）图（a）实现主换向阀 3 换向的核心元件是________，图（b）实现主换向阀 3 换向的核心元件是________，图（c）实现主换向阀 3 换向的核心元件是________。

（3）还能起到延时控制的回路是________。

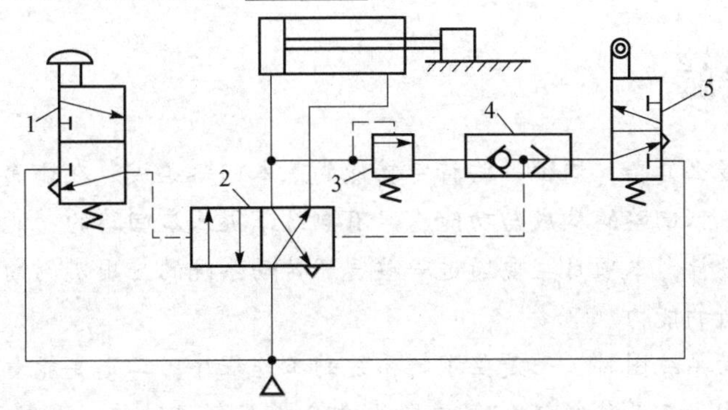

题图 2

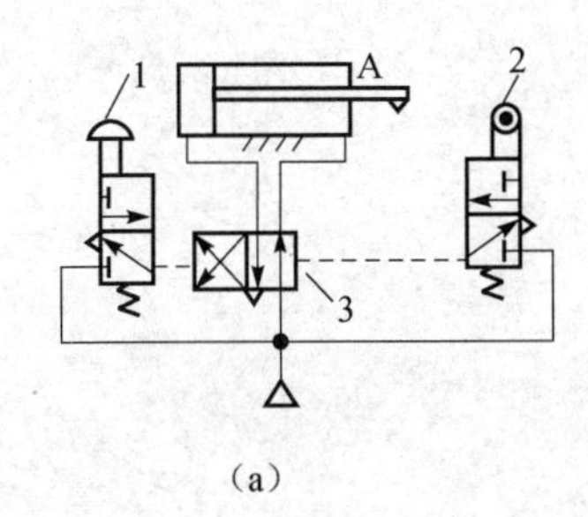

（a）

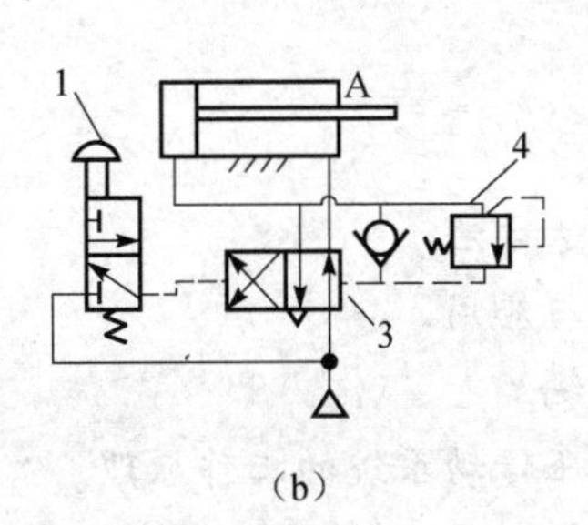

（b）

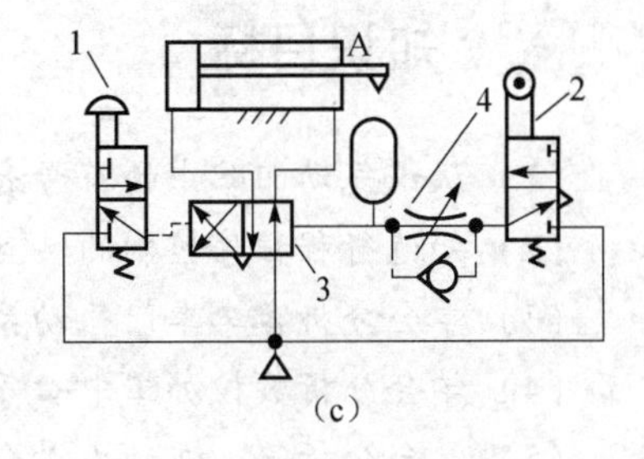

（c）

题图 3

项目六　典型气动系统的分析与维护

学习导航

气动系统无论多么复杂，均由一些特定功能的基本回路组成。在前面的学习中，我们已经认识了一些气动基本回路的构成与功能，只有熟练掌握基本回路的功能，才能更好地进行气动系统的分析与设计。本项目主要通过一些气压传动系统的应用实例的分析和训练，进一步提高气动系统分析的能力。

在阅读气压传动系统图时，一是要了解系统的工作程序；二是要能看懂图中各元件的图形符号，了解其功能；三是能按工作程序图逐个分析其程序动作，了解程序转换的控制元件，以加深对气压传动系统的理解。

知识目标

（1）认识气动回路中的符号表达方法。
（2）知道行程程序控制的特点与应用。
（3）学会分析客车车门气动系统。
（4）学会分析数控加工中心气压传动系统的工作原理。
（5）学会分析气—液动力滑台气压传动系统的工作原理。
（6）认识换向阀和气缸常见的故障及排除方法。

技能目标

（1）培养分析各种气压传动系统的能力。
（2）会搭建和运行客车车门气动系统。
（3）能判断换向阀出现故障的原因，并能及时排除故障。

任务一　认识气动回路中的符号及行程程序控制

各种自动化机械或自动生产线大多是依靠程序控制来工作的。程序控制也称为顺序控制，它是根据生产过程的要求，使被控制的执行元件按预先规定的顺序协调动作的一种自动

控制方式。本任务要求能认识气动回路中的符号及行程程序控制的方式，知道分析和设计气压传动系统的基础知识。

知识链接1 气动回路中的符号

一、定位回路图与不定位回路图

工程上，以图形符号所绘制的回路图可分为定位和不定位两种表示法。定位回路图以系统中元件实际的安装位置绘制，如图6－1（a）所示，这种方法使工程技术人员容易看出阀的安装位置，便于维修保养。

不定位回路图不按元件的实际位置绘制，而是根据信号流动方向，从下向上绘制，各元件按其功能分类排列，依次顺序为气源系统、信号输入元件、信号处理元件、控制元件、执行元件，如图6－1（b）所示。前面所学的基本回路主要采用不定位回路表示法。

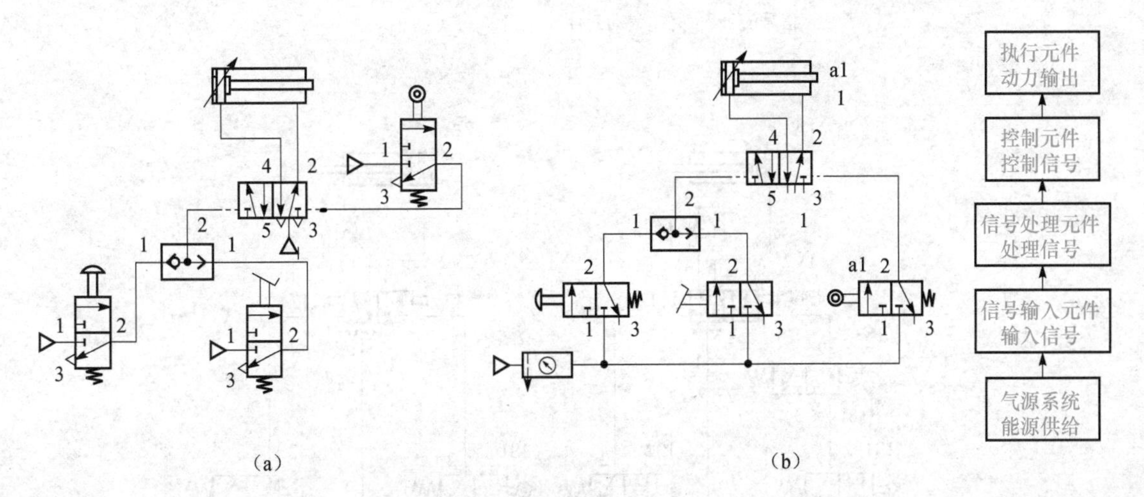

图6－1 回路图的两种表示法

（a）定位回路图；（b）不定位回路图

为了便于分析和设计气动程序控制系统，必须明确气动元件与气动回路的对应关系，图6－2给出了全气动系统的控制链中信号流和元件之间的对应关系。

二、元件的编号

在前面所学的基本回路中，为便于分析，元件上常加以编号。目前，在气动技术中对元件的命名或编号的方法很多，没有统一的标准。其中有一些企业用数字或字母对元件进行编号，下面我们结合不定位图（如图6－3所示）了解其中编号的方法。

元件按控制链分组，每一个执行元件连同相关的阀称为一个控制链，0组表示能源供给元件，用数字进行分组表示独立的控制链数。每组执行元件用A表示，控制元件用V表示，输入元件用S表示，气源系统用Z表示。如图6－3所示，两个气缸分别用1A和2A命名，在第一条控制链中，控制气缸运动速度的单向节流阀用1V1命名，控制气缸运动方向的主换向阀用1V2命名，用于处理信号的三个二位三通换向阀分别用1S1、1S2、1S3命名。

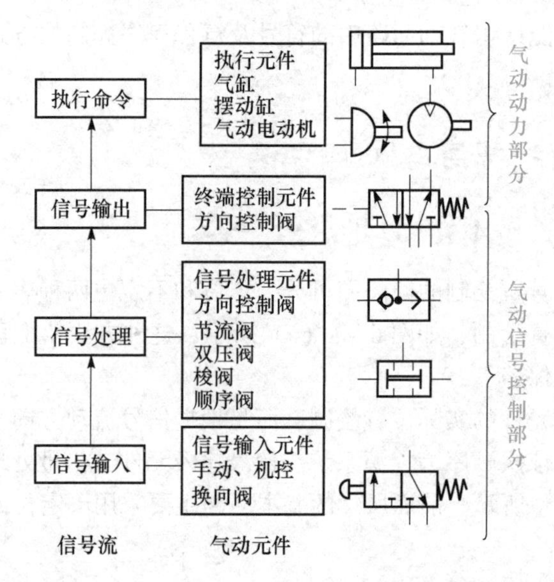

图6-2　全气动系统中信号流和气动元件的关系

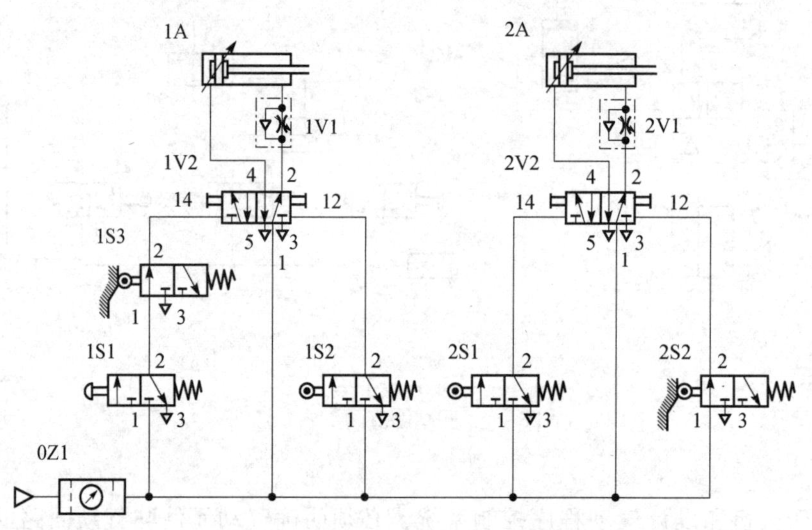

图6-3　不定位回路图

阀已安装在系统中并已通气供压后，阀芯所处的位置应标明。如图6-3所示的回路中2S1、1S2行程阀（信号元件），阀芯未操纵时的正常位置为关闭阀位。1S3、2S2所示的行程阀，表示在系统中已被活塞杆上的挡块压下，其起始位置为开启阀位。

在图6-1（b）所示回路中，气缸的右侧有一个小写的字母a1，它代表执行元件在伸出位置时的行程阀编号。在设计气动系统时，如果用大写字母A、B、C表示执行元件，小写字母则表示对应的信号元件。

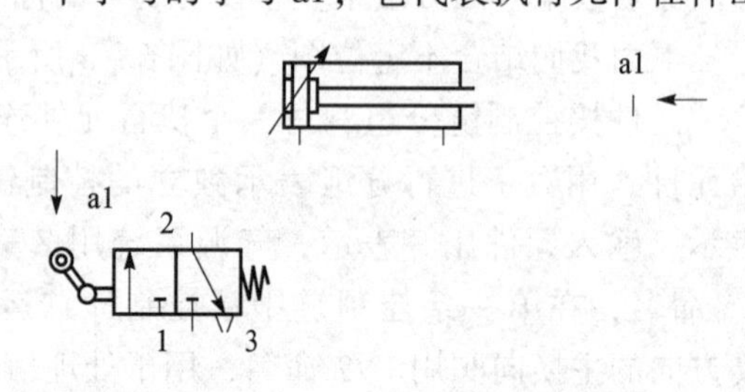

图6-4　单向滚轮杠杆阀的表示

对于单向滚轮杠杆控制的阀，因其只能在单方向发出控制信号，因此在回路图中必须以箭头表示出对元件发生作用的方向，逆向箭头表示无作用，如图6-4所示。

有些企业用数字对元件进行编号，表6-1为系统回路中元件的数字编号规定，从中不但能清楚地表示各个元件，而且能表示出各个元件在系统中的作用及对应关系。

表6-1　系统回路中元件的数字编号规定

数字符号	含义及规定
1.0，2.0，3.0…	表示各执行元件
1.1，2.2，3.1…	表示各个执行元件的末级控制元件（主控阀）
1.2，1.4，1.6… 2.2，2.4，2.6… 3.2，3.4，3.6… …	表示控制各个执行元件前冲的控制元件
1.3，1.5，1.7… 2.3，2.5，2.7… 3.3，3.5，3.7… …	表示控制各个执行元件回缩的控制元件
1.02，1.04，1.06… 2.02，2.04，2.06… 3.02，3.04，3.06… …	表示各个主控阀与执行元件之间的控制执行元件前冲的控制元件
1.01，1.03，1.05… 2.01，2.03，2.05… 3.01，3.03，3.05… …	表示各个主控阀与执行元件之间的控制执行元件回缩的控制元件
0.1，0.2，0.3…	表示气源系统的各个元件

知识链接2　行程程序控制

根据控制方式的不同，程序控制可分为时间程序控制、行程程序控制和混合程序控制。时间程序控制是指各执行元件的动作顺序按时间顺序进行的一种自动控制方式。行程程序控制是指前一个执行元件动作完成并发出信号后，才允许下一个动作进行的一种自动控制方式。混合程序控制通常是在行程程序控制系统中包含了一些时间信号，实质上是把时间信号看做行程信号处理的一种行程程序控制。

行程程序控制的优点是结构简单、维护容易、动作稳定，特别是当程序运行中某节拍出现故障时，整个程序动作就停止而实现自动保护。因此，行程程序控制方式在气动系统中被广泛采用。

如何表示执行元件的动作顺序和发信装置的作用状态呢？可借助运动图来表示执行元件的动作顺序及状态。运动图按其坐标的表示不同可分为位移-步骤图和位移-时间图。

一、运动图

1. 位移－步骤图

位移－步骤图描述了控制系统中执行元件的状态随控制步骤的变化规律。图中的横坐标表示步骤，纵坐标表示位移（气缸的动作）。如图 6－5 所示的位移－步骤图，表示 A、B 两个气缸的动作顺序为 A＋B＋B－A－（“A＋”表示 A 气缸伸出，“A－”表示 A 气缸退回，“B＋”表示 B 气缸伸出，“B－”表示 B 气缸退回）。

2. 位移－时间图

位移－步骤图仅表示执行元件的动作顺序，而执行元件动作的快慢，则无法表示出来。位移－时间图描述了控制系统中执行元件的状态随时间的变化规律。如图 6－6 所示的位移－时间图，图中的横坐标表示动作时间，纵坐标表示位移（气缸的动作），从该图中可清楚地看出执行元件动作的快慢。

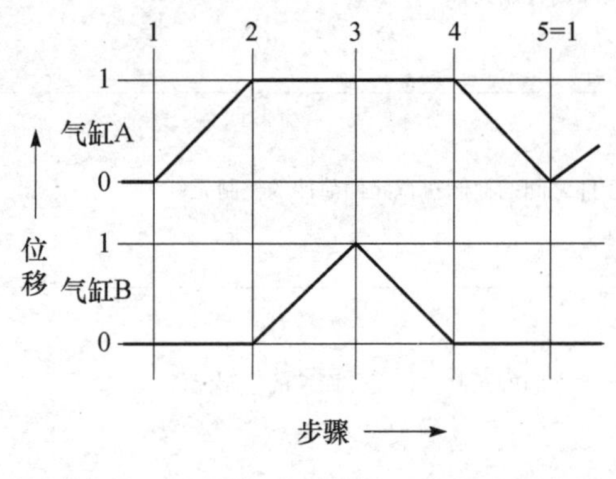

图 6－5　位移－步骤图

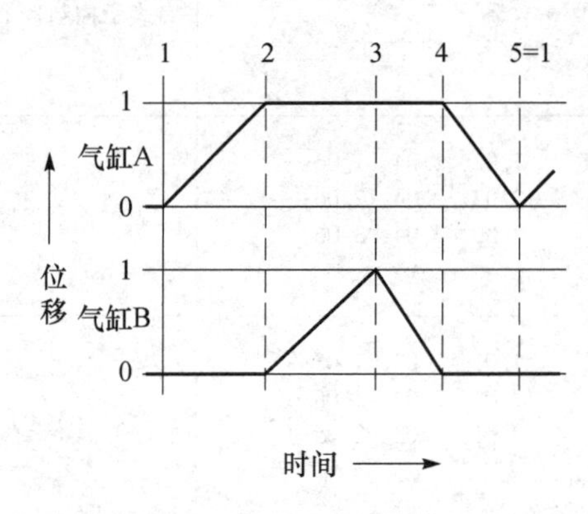

图 6－6　位移－时间图

二、控制图

控制图用于表示信号元件及控制元件在各步骤中的接转状态，接转时间不计。如图 6－7 所示的控制图，表示控制元件在步骤 2 开启，在步骤 4 关闭。

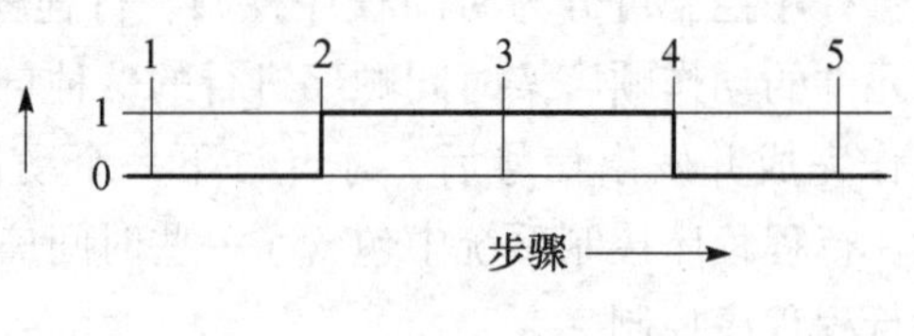

图 6－7　控制图

三、全功能图

通常可在一个图上同时表示出运动图和控制图，这种图称为全功能图，如图 6－8 所示。借助于全功能图，按照直觉法将很容易地设计出气动回路图，如图 6－9 所示。

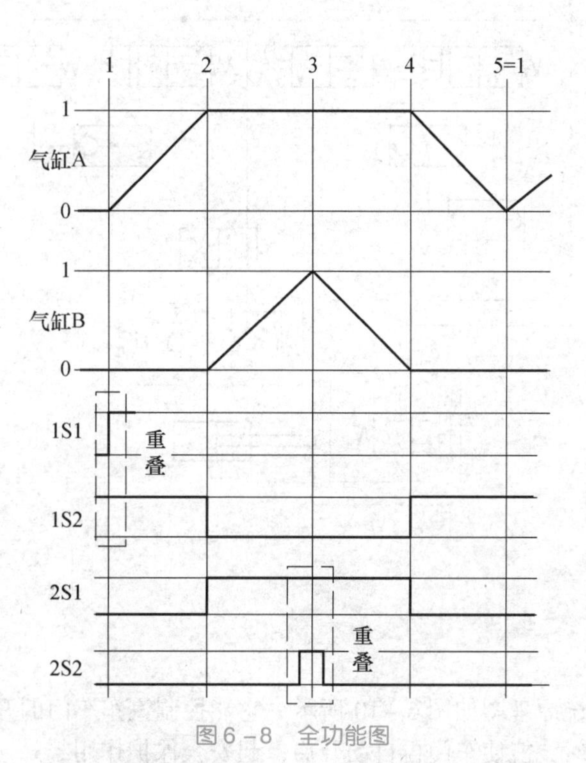

图6-8　全功能图

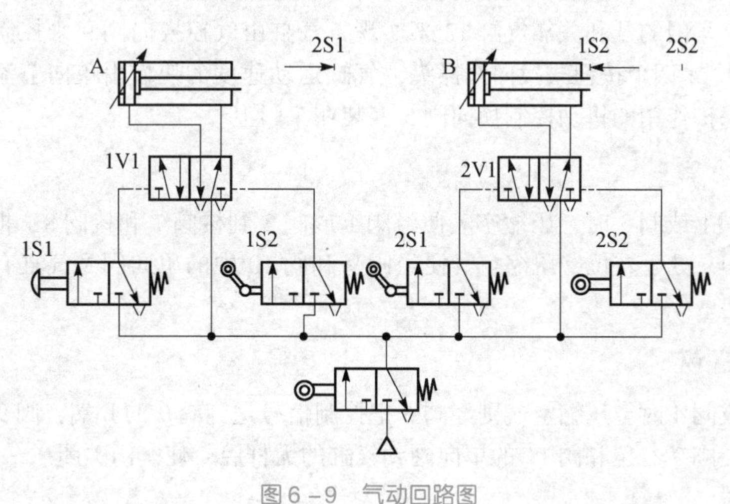

图6-9　气动回路图

任务二　客车车门气动系统的分析与运行调试

本任务要求能读图6-10所示的客车车门气动系统，会分析客车车门气动系统的功能，并能完成相关的运行调试。

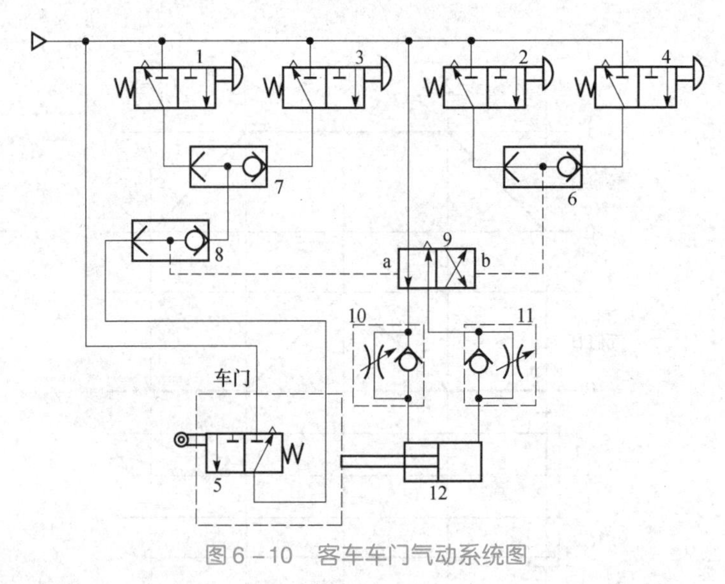

图6－10　客车车门气动系统图

知识链接　客车车门气动系统的分析

客车车门气动系统原理图如图6－10所示。它能控制汽车车门的开和关，而且当车门在关闭过程中遇到故障时，能使车门再自动开启，起安全保护作用。

该系统中，车门的开和关靠气缸12来实现，气缸由气控换向阀9来控制，而气控换向阀又由1、2、3、4四个按钮式换向阀操纵，气缸运动速度的快慢由单向节流阀10或11来调节。起安全保护作用的机动控制换向阀5安装在车门上。

1. 车门的开启

操纵手动阀1或阀3时，压缩空气便经阀1或阀3到梭阀7和梭阀8，把控制信号送到阀9的a端，阀9处于左位，压缩空气便经阀9和阀10中的单向阀到气缸有杆腔，推动活塞而使车门开启。

2. 车门的关闭

操纵阀2或阀4时，压缩空气则经阀6把控制信号送到阀9的b端，阀9处于右位，此时压缩空气便经阀9右位和阀11的单向阀到气缸的无杆腔，使车门关闭。

3. 安全保护

车门在关闭过程中若碰到障碍物，便推动机动换向阀5使压缩空气经阀5把控制信号由阀8送到阀9的a端，使车门重新开启。但若阀2或阀4仍然保持按下状态，则阀5不起自动开启车门的安全作用。

技能训练　客车车门气动系统的构建与运行调试

一、训练目的

(1) 进一步学会使用气动元件：梭阀、单向节流阀。

（2）熟练搭建和运行客车车门气动系统。

（3）感知一种气动安全保护的方式。

二、训练示意图

训练示意图如图 6－10 所示。

三、训练步骤

（1）根据系统回路图，把所需的气动元件有布局地卡在铝型台面上，再用气管将它们连接在一起，组成回路。

（2）仔细检查后，打开气泵的放气阀，压缩空气进入三联件，调节减压阀，使压力为 0.4 MPa 后，按下手动阀 1，观察活塞杆运动方向，并调节活塞杆运动速度；按下手动阀 2，观察活塞杆运动方向，并调节活塞杆运动速度；按下手动阀 3，观察活塞杆运动方向，并调节活塞杆运动速度；按下手动阀 1，观察活塞杆运动方向，并调节活塞杆运动速度；按下手动阀 4，观察活塞杆运动方向，并调节活塞杆运动速度。

（3）观察运行情况，对使用中遇到的问题进行分析和解决。

（4）分析与思考客车车门气动系统的安全保护功能。

（5）关闭气源，拆下管线，将元件放回原来位置。

任务三　卧式加工中心气动换刀系统的分析与故障排除

气动系统在数控机床及加工中心上均得到了广泛的运用，如在 XH754 卧式加工中心（如图 6－11 所示）的换刀装置中，其换刀过程如下。

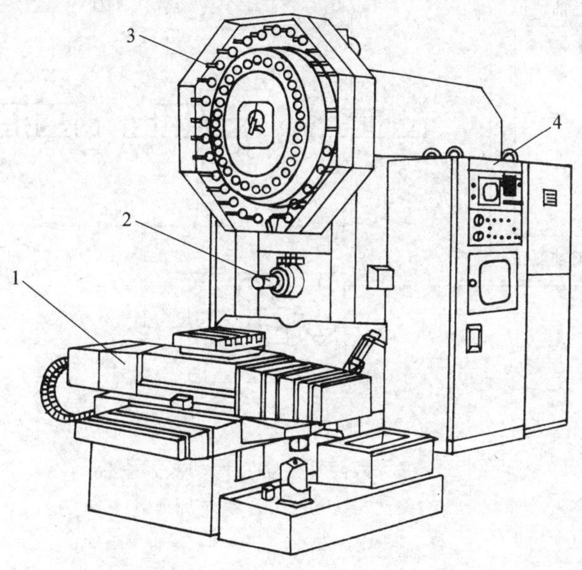

图 6－11　XH754 卧式加工中心

1—工作台；2—主轴；3—刀库；4—数控柜

(1) 主轴定位。主轴2准确停转，然后主轴箱上升，待卸刀具插入刀库3的空挡位置，刀具即被刀库中的定位卡爪钳住。

(2) 主轴松刀。主轴内刀杆自动夹紧装置放松刀具。

(3) 拔刀。刀库伸出，从主轴锥孔中将待卸刀具拔出。

(4) 刀库转位。将选好的刀具转到最下面的位置。

(5) 主轴锥孔吹气。压缩空气将主轴锥孔吹净。

(6) 插刀。刀库退回，将新刀插入主轴锥孔中。

(7) 刀具夹紧。主轴内夹紧装置将刀杆拉紧。

(8) 主轴复位。主轴下降到加工位置，开始下一步的加工。

这种换刀机构不需要机械手，结构比较简单。刀库转位由伺服电动机通过齿轮、蜗杆蜗轮的传动来实现。气压传动系统在换刀过程中实现主轴的定位、松刀、拔刀、向主轴锥孔吹气和插刀等动作。

本任务要求能对图6-12所示数控加工中心气动换刀系统进行全面分析，能正确选择气动元件组装完整的系统，进行调试和维护，学会正确分析、判断气压传动系统中的常见故障，具有动手排除常见故障的能力。

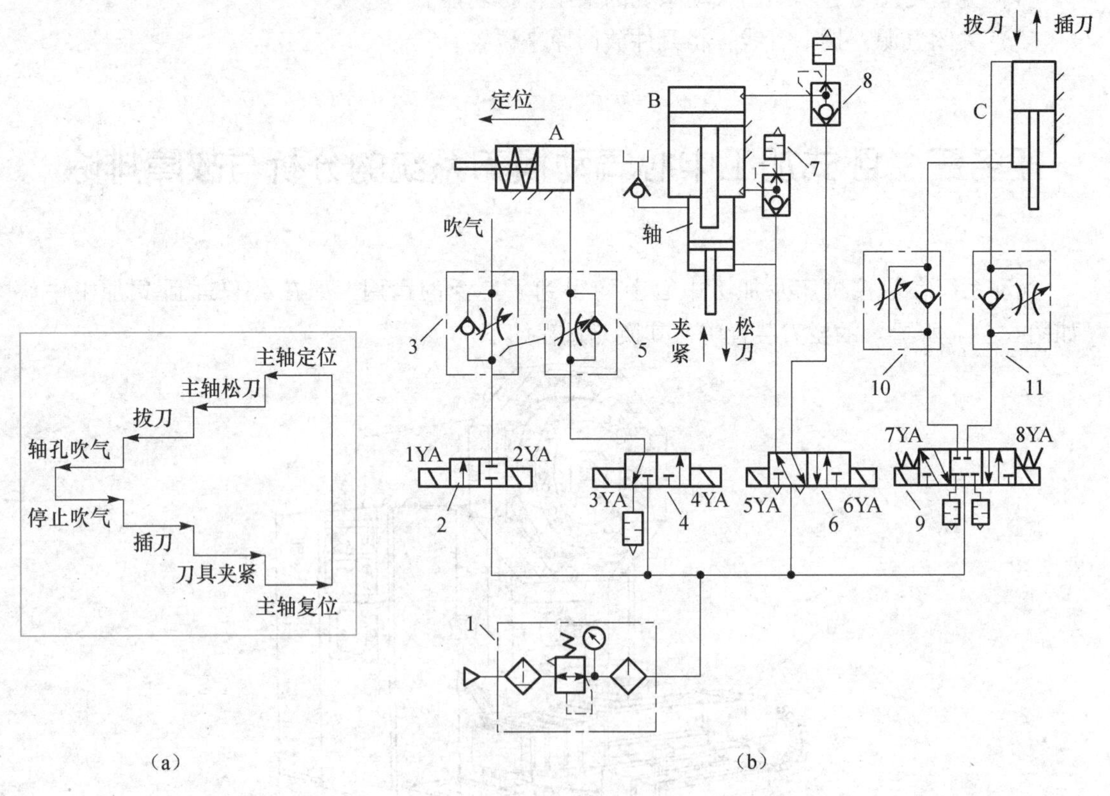

图6-12 数控加工中心气动换刀系统

(a) 工作循环图；(b) 工作原理图

1—气动三大件；2，4，6，9—换向阀；3，5，10，11—单向节流阀；7，8—快速排气阀

知识链接　数控加工中心气动换刀系统的分析

气动换刀系统的工作原理是：当数控系统发出换刀指令，主轴停转，同时4YA通电，压缩空气经气动三大件1→换向阀4→单向节流阀5→主轴定位缸A的右腔，缸A活塞左移，使主轴自动定位。定位后压下无触点开关，使6YA通电，压缩空气经换向阀6→快速排气阀8→气液增压缸B的上腔→增压缸的活塞伸出，实现主轴松刀，同时使8YA通电，压缩空气经换向阀9→单向节流阀11→缸C的上腔，活塞下移实现拔刀。回转刀库转位，同时1YA通电，压缩空气经换向阀2通过单向节流阀3向主轴锥孔吹气。稍后1YA断电，2YA通电，停止吹气。8YA断电，7YA通电，压缩空气经换向阀9→单向节流阀10→缸C的下腔，活塞上移，实现插刀。6YA断电，5YA通电，压缩空气经换向阀6→气液增压缸B的下腔，活塞上移，主轴的机械机构使刀具夹紧。4YA断电，3YA通电，缸A的活塞在弹簧力的作用下复位，恢复到开始状态，换刀结束。

表6-2为工作循环中各电磁阀的电磁铁动作顺序表。

表6-2　电磁阀的电磁铁动作顺序表

动作＼电磁铁	1YA	2YA	3YA	4YA	5YA	6YA	7YA	8YA
主轴定位				+				
主轴松刀				+		+		
拔刀				+		+		+
主轴锥孔吹气	+			+		+		+
吹气停	−	+		+		+		+
插刀				+		+	+	−
刀具夹紧				+	+	−		
主轴复位			+	−				

技能训练1　数控加工中心气动换刀系统的连接与运行

一、训练目的

（1）根据系统图进一步理解各元件的作用及整个系统回路的组成。

（2）进一步熟悉气动系统回路的连接方法，学会调节各元件。

二、训练回路图

训练回路图如图6-12所示。

三、训练步骤

（1）正确选择元件，连接组合成数控加工中心气动换刀系统，并仔细检查回路连接情况。

（2）打开气泵，根据工况要求改变电磁铁的得失电并调节单向节流阀，分别观察系统的动作情况是否正确、速度调节是否正常等。

（3）根据观察运行的情况，对使用中遇到的问题进行分析和解决。

（4）经老师检查评价后，关闭气源，拆下管线，将元件放回原来位置。

技能训练2　数控加工中心气动换刀系统的常见故障的查找及排除

一、训练目的

（1）根据系统要求，能正确判断出数控加工中心气动换刀系统中常见故障的产生原因。

（2）根据系统要求，能正确解决数控加工中心气动换刀系统中出现的故障。

二、训练回路图

训练回路图如图6－12所示。

三、训练步骤（教师可人为设置故障，让学生排查故障）

（1）根据系统原理图，分析数控加工中心气动换刀系统中各元件在系统中的作用。

（2）根据系统原理图，分析压力故障可能是由哪些元件引起的。

（3）根据系统原理图，分析执行元件运动方向故障可能是由哪些元件引起的。

（4）根据系统原理图，分析执行元件运动速度故障可能是由哪些元件引起的。

（5）用排除法找出故障并排除。

（6）对训练过程中取得的数据和观察到的现象进行分析总结，得出结论。

（7）完成任务后，经老师检查评价，关闭气源，拆下管线，将元件放回原来位置。

任务四　气—液动力滑台气压传动系统的分析与故障排除

气—液动力滑台是采用气—液阻尼缸作为执行元件，由于在它的上面可安装单轴头、动力箱或工件，因而在机械设备中常用来作为实现进给运动的部件。

本任务要求能对图6－13所示气—液动力滑台气压传动系统进行全面分析，能正确选择气动元件组装完整的系统，进行调试和维护，学会正确分析、判断气压传动系统中的常见故障，具有动手排除常见故障的能力。

知识链接1　分析实现“快进→慢进（工进）→快退→停止”工作循环的工作原理

实现该工作循环时，图6－13中手动阀4必须处于图示状态，其工作原理如下：

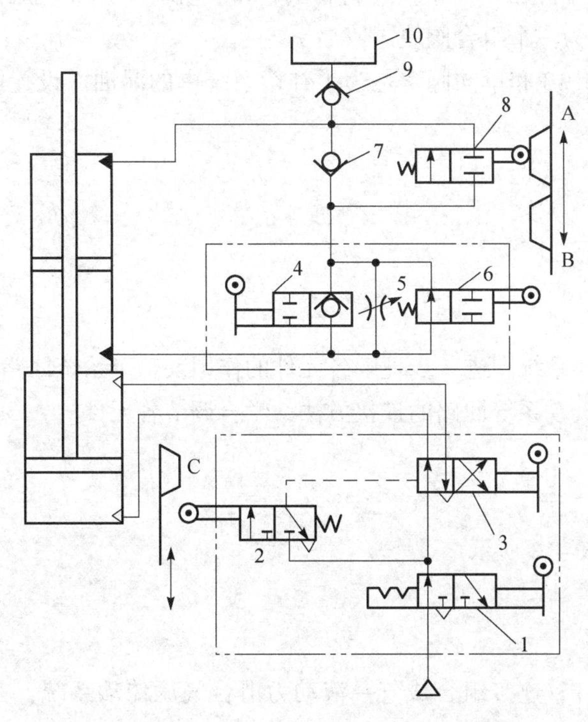

图 6－13　气—液动力滑台气压传动系统图

1，3，4—手动阀；2，6，8—行程阀；5—节流阀；7，9—单向阀；10—补油箱

当手动阀 3 切换到右位时，实际上就是给予进刀信号，在气压作用下，气缸中活塞开始向下运动，液压缸中活塞下腔的油液经行程阀 6 的左位和单向阀 7 进入液压缸活塞的上腔，实现了快进；当快进到活塞杆上的挡铁 B 切换行程阀 6（使它处于右位）后，油液只能经节流阀 5 进入活塞上腔，调节节流阀的开度，即可调节气—液阻尼缸运动速度，所以活塞开始慢进（工作进给）；当慢进到挡铁 C 使行程阀 2 复位时，输出气信号使阀 3 切换到左位，这时气缸活塞开始向上运动。液压缸活塞上腔的油液经阀 8 的左位和手动阀 4 中的单向阀进入液压缸下腔，实现了快退；当快退到挡铁 A 切换阀 8 至图示位置而使油液通道被切断时，活塞便停止运动。所以改变挡铁 A 的位置，就能改变“停”的位置。

知识链接 2　分析实现“快进→慢进→慢退→快退→停止”工作循环的工作原理

实现该工作循环时，图 6－13 中手动阀 4 必须关闭（处于左侧），其工作原理如下：

该工作循环中的快进→慢进的动作原理与上述相同。当慢进至挡铁 C 切换行程阀 2 至左位时，输出气信号使阀 3 切换到左位，气缸活塞开始向上运动，这时液压缸活塞上腔的油液经行程阀 8 的左位和节流阀 5 进入活塞下腔，亦即实现了慢退（反向进给）；慢退到挡铁 B 离开阀 6 的顶杆而使其复位（处于左位）后，液压缸活塞上腔的油液就经阀 8 的左位、阀 6 的左位而进入活塞下腔，开始快退；快退到挡铁 A 切换阀 8 至图示位置时而使油液通路被切断时，活塞就停止运动。

图6-13中带定位机构的手动阀1、行程阀2和手动阀3实际上被组合成一个组合阀块,阀4、5和6也被组合为一个组合阀块。

图6-13中补油箱10和单向阀9是为了补偿系统中的漏油而设置的,因此可用油杯来代替。

技能训练1 气—液动力滑台气压传动系统的连接与运行

一、训练目的

(1)根据图6-13系统图进一步理解各元件的作用及整个系统回路的组成。

(2)进一步熟悉气动系统回路的连接方法,学会调节各元件。

二、训练回路图

训练回路图如图6-13所示。

三、训练步骤

(1)正确选择元件,连接组合成气—液动力滑台气压传动系统,并仔细检查回路连接情况。

(2)打开气泵,根据工况要求操纵手动阀和调节节流阀,观察系统的动作情况是否正确,速度调节是否正常。

(3)根据观察运行的情况,对使用中遇到的问题进行分析和解决。

(4)经老师检查评价后,关闭气源,拆下管线,将元件放回原来位置。

技能训练2 气—液动力滑台气压传动系统的常见故障的查找及排除

一、训练目的

(1)根据系统要求,能正确判断出气—液动力滑台气压传动系统中常见故障的产生原因。

(2)根据系统要求,能正确解决气—液动力滑台气压传动系统中出现的故障。

二、训练回路图

训练回路图如图6-13所示。

三、训练步骤(教师可人为设置故障,让学生排查故障)

(1)根据系统原理图,分析气—液动力滑台气压传动系统中各元件在系统中的作用。

(2)根据系统原理图,分析压力故障可能是由哪些元件引起的。

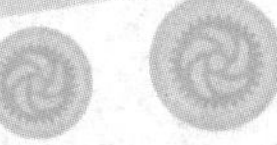

（3）根据系统原理图，分析执行元件运动方向故障可能是由哪些元件引起的。

（4）根据系统原理图，分析执行元件运动速度故障可能是由哪些元件引起的。

（5）用排除法找出故障并排除。

（6）对训练过程中取得的数据和观察到的现象进行分析总结，得出结论。

（7）完成任务后，经老师检查评价，关闭气源，拆下管线，将元件放回原来位置。

任务五　认识气动系统常见故障及其排除方法

在气动系统操作训练和实际应用中，有时某些元件会出现故障，特别是换向阀出现故障的次数较多，这就需要了解换向阀发生故障的原因和排除方法，以便及时解决问题。

气动系统常见故障及其排除方法如表6-3、表6-4所示。

表6-3　方向阀常见故障及其排除方法

故障现象	产生原因	排除方法
不能换向	阀的滑动阻力大，润滑不良	进行润滑
	O形密封圈变形	更换密封圈
	粉尘卡住滑动部分	消除粉尘
	弹簧损坏	更换弹簧
	阀操纵力小	检查操纵部分
	活塞密封圈磨损	更换密封圈
阀产生振动	空气压力低（先导型）	提高操纵压力，采用直动型
	电源电压低（电磁阀）	提高电源电压，使用低电压线圈
交流电磁铁有蜂鸣声	I型活动铁芯密封不良	检查铁芯的接触情况和密封性，必要时更换铁芯组件
	粉尘进入I、T型活动铁芯的润滑部分，使活动铁芯不能密切接触	清除粉尘
	T型活动铁芯的铆钉脱落，铁芯叠层分开不能吸合	更换活动铁芯
	短路环损坏	更换固定铁芯
	电源电压低	提高电源电压
	外部导线拉得太紧	引线长度应宽裕
电磁铁动作时间偏差大，或有时不能动作	活动铁芯锈蚀，不能移动；在湿度高的环境中使用气动元件时，由于密封不完善而向铁磁部分泄漏空气	铁芯除锈，修理好对外部的密封，更换损坏的密封件
	电源电压低	提高电源电压或使用与电压相符合的线圈
	粉尘进入活动铁芯的滑动部分	清除粉尘

续表

故障现象	产生原因	排除方法
线圈烧损	环境温度高	按产品规定温度范围使用
	快速循环使用	使用高速电磁阀
	因为吸引时电流大，单位时间耗电多，温度升高，使绝缘损坏而短路	使用气动逻辑回路
	粉尘夹在阀和铁芯之间，不能吸引活动铁芯	清除粉尘
	线圈上残余电压	使用正常的电源电压，使用符合电压的线圈
切断电源，活动铁芯不能退回	粉尘夹入活动铁芯的滑动部分	清除粉尘

表6-4　气缸的常见故障及其排除方法

故障现象	产生原因	排除方法
外泄漏： (1) 活塞杆与密封衬套间漏气； (2) 气缸与端盖间漏气； (3) 从缓冲装置的调节螺钉处漏气	衬套密封圈磨损	更换衬套密封圈
	活塞杆偏心	重新安装，使活塞杆不受偏心负荷
	活塞杆有伤痕	更换活塞杆
	活塞杆与密封衬套配合面内有杂质	除去杂质，安装防尘盖
	密封环损坏	更换密封圈
内泄漏： 活塞两端串气	活塞密封圈损坏	更换活塞密封圈
	润滑不良，活塞被卡住	重新安装，使活塞杆不受偏心负荷
	活塞配合面有缺陷，杂质挤入密封面	缺陷严重者更换零件，除去杂质
输出力不足，动作不平稳	润滑不良	调节或更换油雾器
	活塞或活塞杆被卡住	检查安装情况，消除偏心
	气缸体内表面有锈蚀或缺陷	视缺陷大小再决定排除故障的办法
	进入了冷凝水、杂质	加强对空气过滤器和除油器的管理并定期排放污水
缓冲效果不好	缓冲部分的密封圈密封性能差	更换密封圈
	调节螺钉损坏	更换调节螺钉
	气缸速度太快	研究缓冲机构的结构是否合适
损伤： (1) 活塞杆折断； (2) 端盖损坏	有偏心负荷	调整安装位置，消除偏心，使轴销摆动角一致
	摆动气缸安装轴销的摆动面与负荷摆动面不一致；摆动轴销的摆动角过大，负荷很大，摆动速度又快，有冲击装置的冲击加到活塞杆上；活塞杆承受负荷的冲击；气缸的速度太快	确定合理的摆动速度，冲击不得加在活塞杆上，设置缓冲装置
	缓冲机构不起作用	在外部或回路中设置缓冲机构

要点归纳

一、要点框架

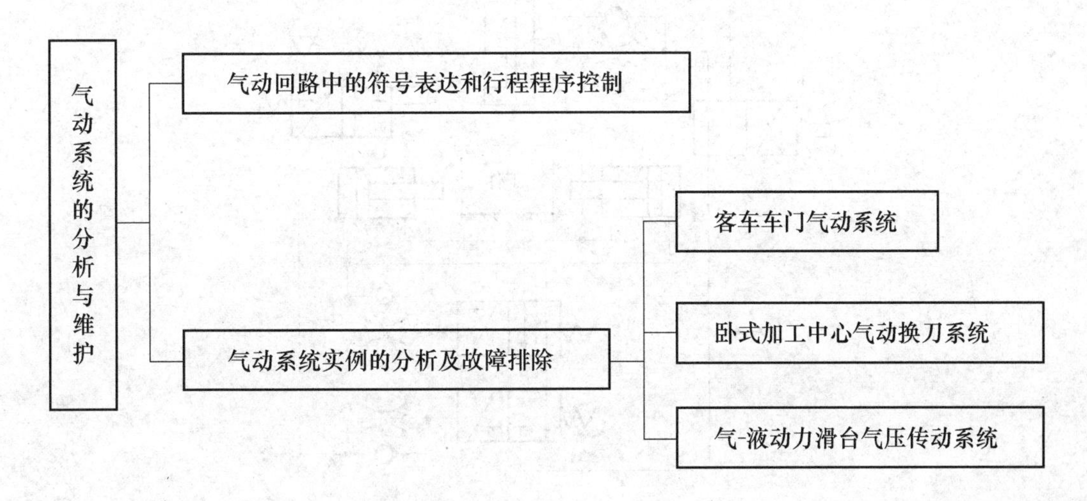

二、知识要点

在分析气压传动系统工作原理时，首先要了解系统的工作程序，其次要识读图中各图形符号所代表的元件名称和功能，再次要按工作程序图逐个分析其程序动作，明确实现该动作的信号输入元件、信号处理元件、控制元件，以此理解整个气动系统的功能。

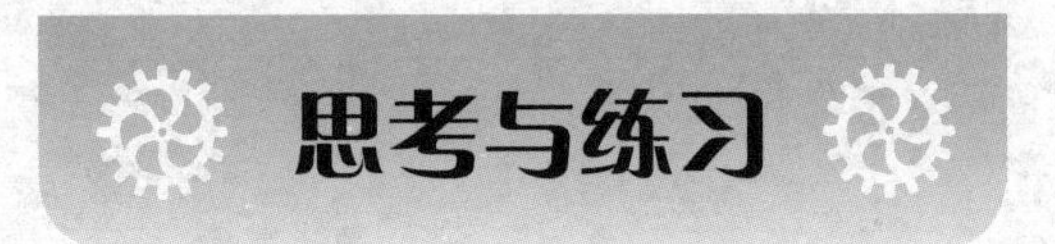

一、问答题

1. 根据图 6－10 所示的客车车门气动系统，回答下列问题：

（1）系统由哪些基本回路组成？

（2）车门开启、关闭、安全操纵的动作分别由哪些阀来控制？

（3）指出防止夹伤的动作过程。

2. 根据图 6－13 所示的气—液动力滑台气压传动系统，回答下列问题：

（1）指出该系统能实现两种工作循环转换的控制元件。

（2）分别指出实现“快进”“慢进”“慢退”“快退”“停止”动作的发令元件。

二、分析题

题图 1 为组合机床中的工件夹紧气压传动系统图，试分析和回答相关问题：

（1）指出各元件的名称。

(2) 该系统能实现怎样的工作循环。

(3) 写出工件夹紧的进、排气路线。

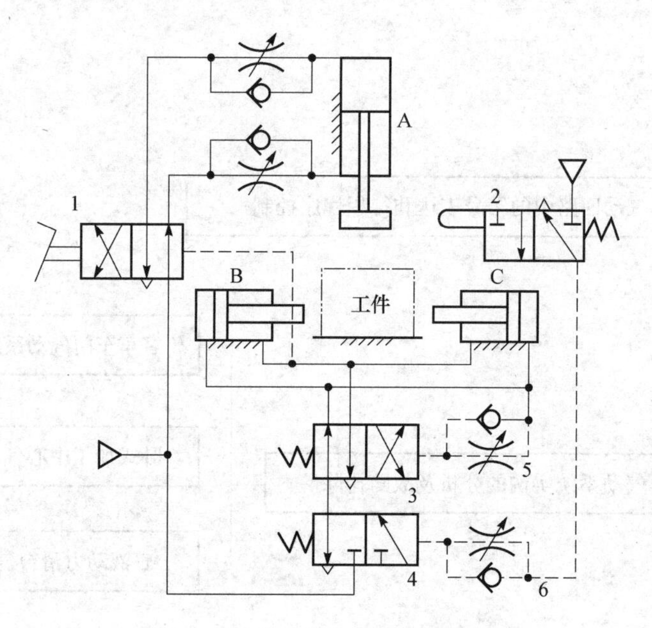

题图1 工件夹紧气压传动系统图

项目七　电气–气动程序控制回路的设计

学习导航

一个气动系统的实现方式有多种，在气动自动化应用中，采用电气–气动程序控制系统相当广泛。电气–气动程序控制主要是控制电磁阀的换向，其控制响应快，动作准确。本项目主要学习用继电器来实现对单电控和双电控电磁阀的控制，进而完成对汽车自动开门装置的设计和调试。

知识目标

（1）认识常用的电气元件符号。

（2）认识电气基本回路的组成和功能。

（3）知道电气回路图绘图原则。

（4）认识设计电气回路的直觉法和串级法。

技能目标

（1）会识读电气–气动程序控制回路。

（2）能根据气动回路用直觉法和串级法设计电气回路。

（3）能设计汽车自动开门装置的气动回路和电气回路，并进行相关的调试。

任务一　认识常用的电气元件和电气基本回路

电气–气动控制回路图包括气动回路和电气回路两部分。通常在设计电气回路之前，一定要先设计出气动回路，然后按照动力系统的要求，选择采用何种形式的电磁阀来控制气动执行元件的运动，从而设计电气回路。在设计中气动回路图和电气回路图必须分开绘制。在整个系统设计中，气动回路图按照习惯放置于电气回路图的上方或左侧。本任务主要认识常用的电气元件符号和电气基本回路的功能。

知识链接1　电气-气动控制回路中常用的电气元件

电气控制回路主要由按钮开关、行程开关、继电器、电磁阀线圈等组成。电气控制回路通过按钮或行程开关使电磁铁通电或断电，控制触点接通或断开被控制的主回路，这种回路也称为继电器控制回路。电路中的触点有动合（常开）触点和动断（常闭）触点。

电气-气动控制回路中常用的电气图形符号如表7-1所示。

表7-1　电气-气动控制回路中常用的电气图形符号（GB/T 4728—2005）

名　称	图形符号	名　称	图形符号
动合（常开）触点		旋钮开关	
动断（常闭）触点		位置开关	动合　动断
延时闭合的动合（常开）触点	或	磁控接近开关	
延时断开的动断（常闭）触点	或	继电器线圈电磁铁线圈	
手动开关的一般符号		缓吸继电器线圈	
按钮开关	动合	缓放继电器线圈	

知识链接2　基本电气回路

一、电气回路图绘图原则

电气回路图通常以一种层次分明的梯形法表示，也称梯形图。它是利用电气元件符号进行顺序控制系统设计的最常用的一种方法。梯形图表示法可分为水平梯形回路图及垂直梯形回路图两种。控制电路常采用水平梯形回路图绘制。

如图 7 – 1 所示为水平型电路图，图形上下两平行线代表控制回路图的电源线，称为母线。

梯形图的绘图原则为：

① 图形上端为电源进线，下端为接地线；

② 电路图的构成是由左而右进行。为便于读图，接线上要加上线号；

③ 控制元件的连接线，接于电源母线之间，且应力求直线；

④ 连接线与实际的元件配置无关，其由上而下，依照动作的顺序来决定；

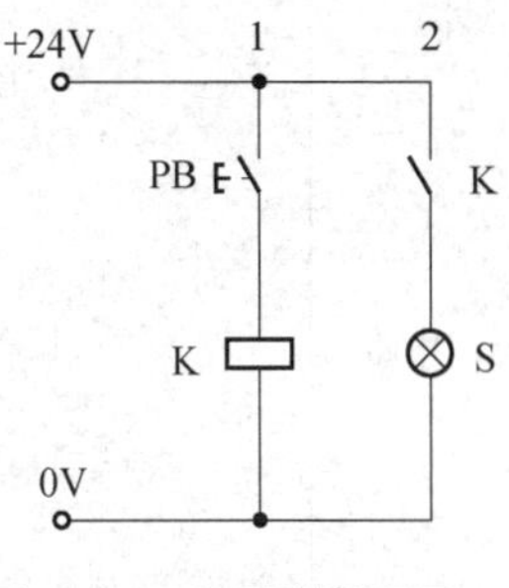

图 7 – 1　水平型电路图

⑤ 连接线所连接的元件均以电气符号表示，且均为未操作时的状态；

⑥ 在连接线上，所有的开关、继电器等的触点位置由水平电路的上侧的电源母线开始连接；

⑦ 一个梯形图网络由多个梯级组成，每个输出元素（继电器线圈等）可构成一个梯级；

⑧ 在连接线上，各种负载、如继电器、电磁线圈、指示灯等的位置通常是输出元素，要放在水平电路的下侧；

⑨ 在以上的各元件的电气符号旁注上文字符号。

二、基本电气回路

常用的基本电气回路及具有同种功能的气动元件或回路如表 7 – 2 所示。

表 7 – 2　常用的基本电气回路及具有同种功能的气动元件或回路

基本回路	电气回路	气动元件与回路
是门电路	+24V　1　2 PB　K K　S 0V	2　s a 1　3
或门电路	+24V　1　2　3 PB1　PB2　PB3 K 0V	s 2 a　1　1　b 或 2　s a 1　b　3

续表

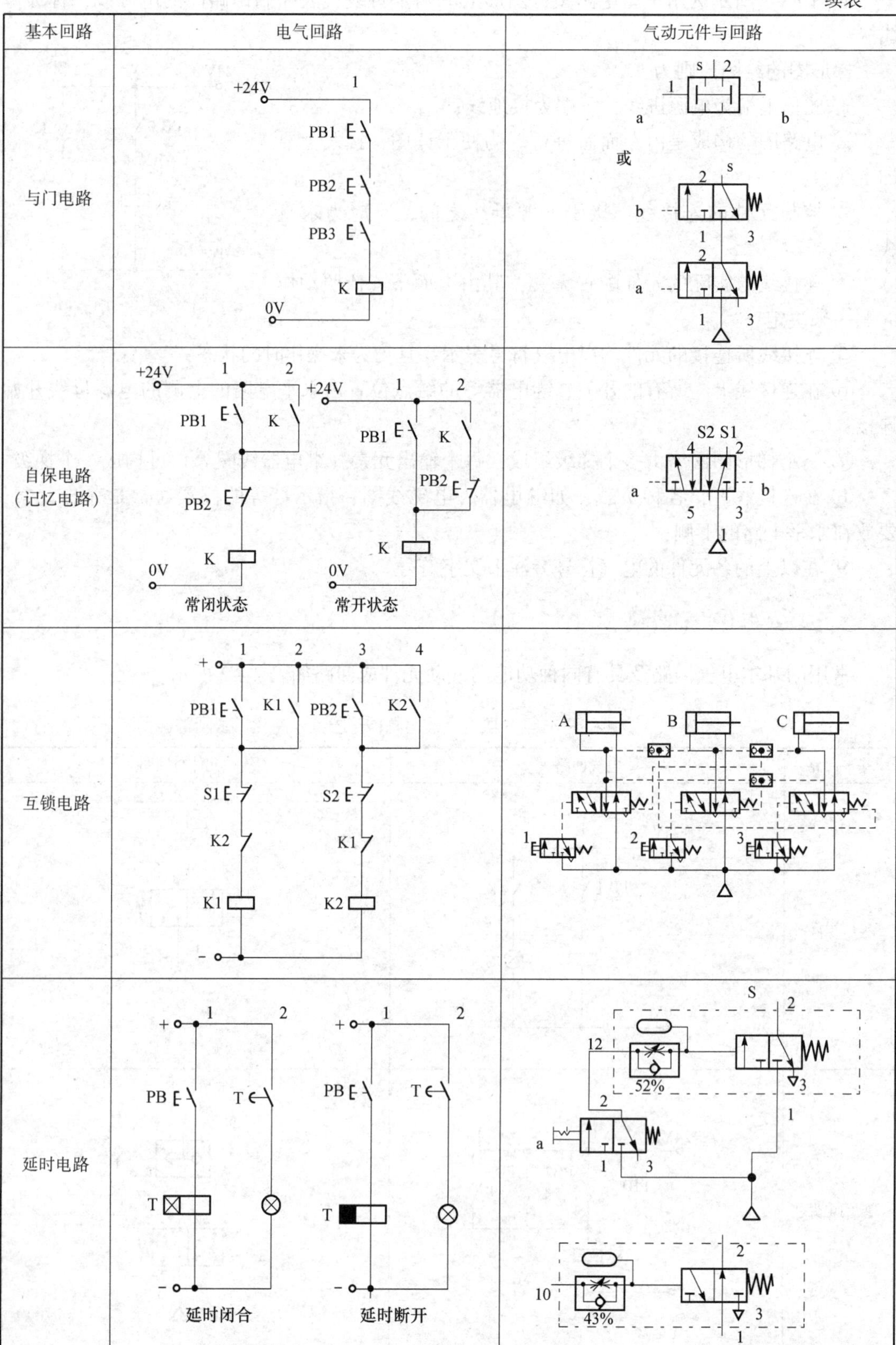

基本回路	电气回路	气动元件与回路
与门电路	+24V 1 PB1 PB2 PB3 K 0V	s 2 1 1 a b 或 s 2 b 1 3 2 a 1 3
自保电路（记忆电路）	+24V 1 2 PB1 K PB2 K 0V 常闭状态；+24V 1 2 PB1 K PB2 K 0V 常开状态	S2 S1 4 2 a b 5 3 1
互锁电路	+ 1 2 3 4 PB1 K1 PB2 K2 S1 S2 K2 K1 K1 K2 -	A B C 1 2 3
延时电路	+ 1 2 PB T T - 延时闭合；+ 1 2 PB T T - 延时断开	S 2 12 52% 3 2 1 a 1 3；2 10 43% 3 1

任务二　用直觉法（经验法）设计电气回路图

电气控制回路的设计方法有多种，常用的有直觉法和串级法。直觉法设计电气回路图是应用气动的基本控制方法和自身的经验来设计电气回路。因设计方法较主观，直觉法适用于较简单回路的设计，不宜较复杂的控制回路的设计。本任务要求学会用直觉法（经验法）设计电气回路图，并能进行电气回路的连接和运行调试。

在设计电气回路图之前，必须首先设计好气动回路，确定与电气回路图有关的主要技术参数。在气动自动化系统中常用的主控阀有单电控二位三通换向阀、单电控二位五通换向阀、双电控二位五通换向阀、双电控三位五通换向阀四种。设计时，电气控制回路图和气动回路图上的文字符号应一致，以便对照。

知识链接1　用二位五通单电控换向阀控制单气缸做自动单往复运动

一、动作要求与流程

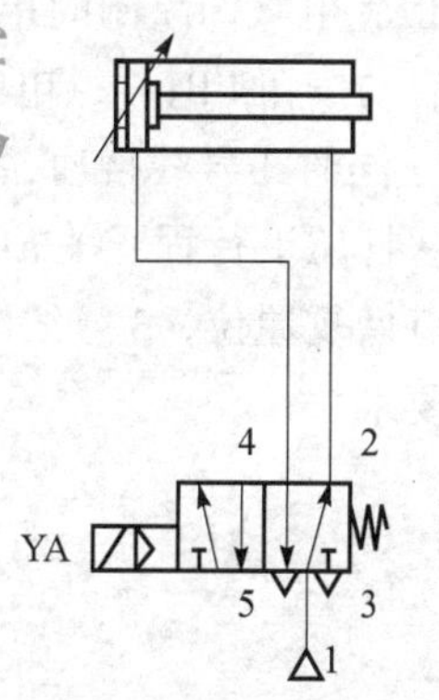

图7–2　单气缸自动单往复气动回路

图7–2为单气缸自动单往复气动回路图。回路要求能利用手动按钮控制单电控二位五通电磁阀来操纵单气缸实现单个循环动作。

根据回路动作要求，可以画出该回路的动作流程，如图7–3所示。利用动作流程图可快速、准确地进行电气回路的设计。

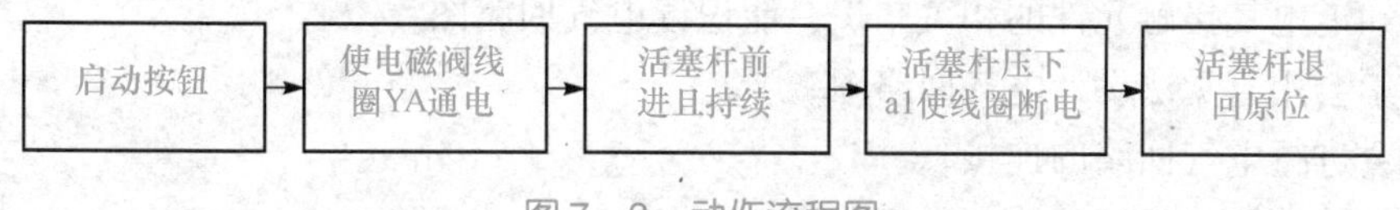

图7–3　动作流程图

二、设计步骤

（1）将启动按钮PB1及继电器K置于1号线上，继电器的常开触点K及电磁阀线圈YA置于3号线上。这样当PB1一按下，电磁阀线圈YA通电，电磁阀换向，活塞前进，完成启动按钮后电磁阀线圈YA通电的要求。电气回路图如图7–4（a）所示。

（2）由于PB1为点动按钮，一旦手放开，电磁阀线圈YA就会断电，则活塞后退。为使活塞保持前进状态，必须将继电器K所控制的常开触点接于2号线上，形成自保电路，这样就完成活塞杆前进且持续的要求。电气回路图如图7–4（b）所示。

（3）将行程开关a1的常闭触点接于1号线上，当活塞杆压下a1，切断自保电路，电磁

阀线圈 YA 断电，电磁阀复位，活塞退回至原位。在 1 号线上再增加一个停止按钮 PB2，设计的完整的电气回路图如图 7－4（c）所示。

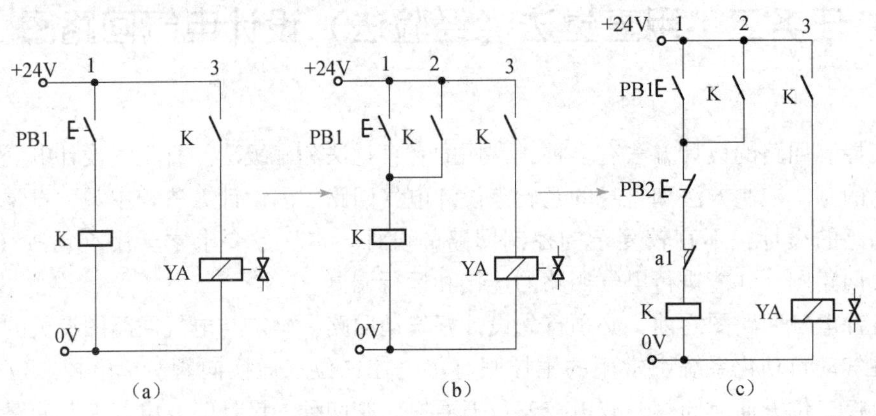

图 7－4　电气回路图的设计

（4）检验电气回路图的正确性。

按下启动按钮 PB1，继电器线圈 K 通电，使 2 和 3 号线上所控制的常开触点闭合，继电器 K 自保，同时 3 号线接通，电磁阀线圈 YA 通电，活塞前进。

当活塞杆压下行程开关 a1，切断自保电路，1 和 2 号线断路，继电器线圈 K 断电，K 所控制的触点恢复原位，3 号线断路，电磁阀线圈 YA 断电，活塞后退。该电气回路实现了既定的动作要求。

操作训练 1　用二位五通单电控换向阀控制单气缸做自动单往复运动

一、训练目的

（1）知道电气接触元件的相关知识，能识读电气回路图。

（2）学会用直觉法设计电气回路图。

（3）会进行电气回路的连接。

（4）能熟练搭建气动回路并进行调试。

二、训练回路图

训练回路图如图 7－2、图 7－4（c）所示。

三、训练步骤

（1）根据回路图，选择所需的气动元件，将它们有布局地卡在铝型材上，再用气管将它们连接在一起，组成回路。

（2）设计电气回路图，把电气回路连接好。

（3）仔细检查后，按下主面板上的启动按钮，打开气泵的放气阀，压缩空气进入三联件，调节减压阀，使压力为 0.4 MPa 后，按下 PB1，观察气缸的运动情况；按下 PB2，观察

气缸的运动情况。

（4）完成调试，经老师检查评估后，关闭气源，拆下管线，将元件放回原来位置。

知识链接2　用二位五通单电控换向阀控制单气缸自动连续往复动作

一、动作要求与流程

图7-5为单气缸自动连续往复气动回路图。回路要求能利用手动按钮控制单电控二位五通电磁阀来操纵单气缸实现连续循环动作。

根据回路动作要求，可以画出该回路的动作流程，如图7-6所示。利用动作流程图可快速、准确地进行电气回路的设计。

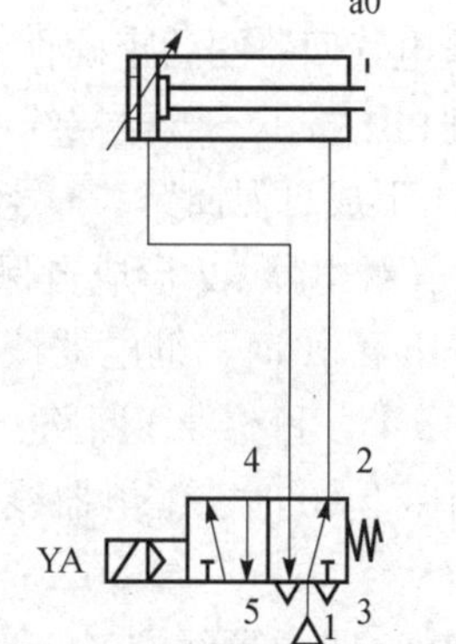

图7-5　单气缸自动连续往复气动回路

二、设计步骤

（1）将启动按钮PB1及继电器K1置于1号线上，继电器的常开触点K1置于2号线上并与PB1并联，和1号线形成自保电路。在火线上加一个继电器K1的常开触点。这样当PB1按下时，继电器K1线圈所控制的常开触点K1闭合，3号线接通，完成启动按钮后电磁阀线圈YA持续通电、活塞前进的要求，如图7-7（a）所示。

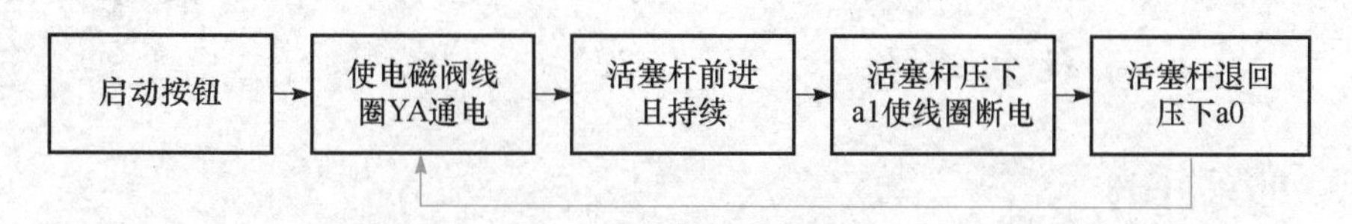

图7-6　动作流程图

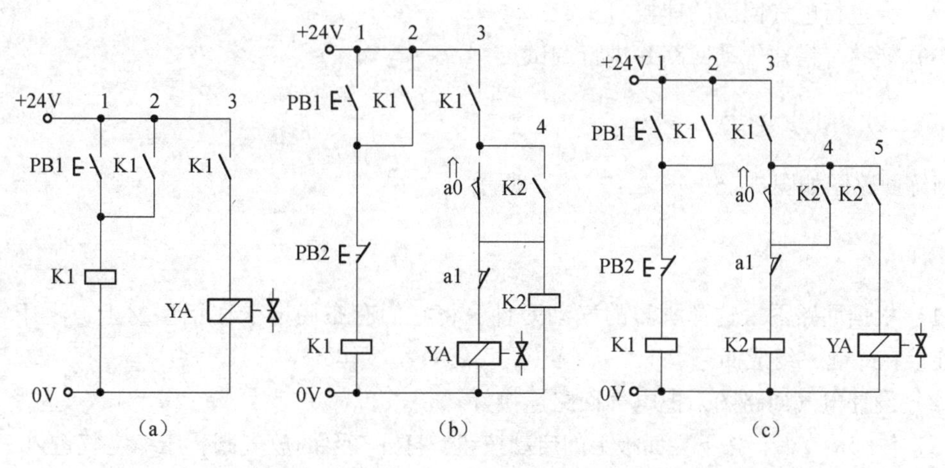

图7-7　电气回路图

(2) 常闭触点 a1 接于 3 号线上。当活塞杆压下 a1，3 号线断路，电磁阀线圈 YA 断电，电磁阀复位，活塞退回。

为得到下一次循环的开始，必须多加一个行程开关，使活塞杆退回压到 a0，再次使电磁阀通电。为完成这一功能，a0 以常开触点形式接于 3 号线上，系统在未启动之前活塞杆压在 a0 上，故 a0 的起始位置是接通的。但一旦活塞前进，a0 触点就断开，所以再利用继电器 K2 形成自保回路，如图 7－7（b）所示。

(3) 分析图 7－7（b），4 号线接通，在活塞杆压下 a1 退回后，a1 立即复位，使电磁阀线圈 YA 通电，活塞杆前进。所以用继电器 K2 的触点控制电磁阀线圈 YA 的通断电，修改后的电气回路图如图 7－7（c）所示。

(4) 检验电气回路图的正确性。

启动按钮 PB1 按下，继电器线圈 K1 通电，2 号线和火线上的 K1 所控制的常开触点闭合，继电器 K1 形成自保回路。3 号线接通，继电器 K2 通电，4 和 5 号线上的继电器 K2 的常开触点闭合，继电器 K2 形成自保回路。5 号线接通，电磁阀线圈 YA 通电，活塞前进。

当活塞杆压下 a1 时，继电器线圈 K2 断电，K2 所控制的常开触点复位，继电器 K2 的自保电路断开，4 号和 5 号线断路，电磁阀线圈 YA 断电，活塞后退。

活塞退回压下 a0 时，继电器线圈 K2 通电，电磁阀线圈 YA 通电，活塞前进，开始循环往复动作。

若按下 PB2，继电器线圈 K1 和 K2 断电，活塞后退。PB2 为急停或后退按钮。该电气回路实现了既定的动作要求。

操作训练 2　用二位五通单电控换向阀控制单气缸自动连续往复动作

一、训练目的

(1) 学会用直觉法设计电气回路图。

(2) 会进行电气回路的连接。

(3) 能熟练搭建气动回路并进行调试。

二、训练回路图

训练回路图如图 7－5、图 7－7（c）所示。

三、操作步骤

(1) 根据回路图，选择所需的气动元件，将它们有布局地卡在铝型材上，再用气管将它们连接在一起，组成回路。

(2) 设计电气回路图，把电气回路连接好。

(3) 仔细检查后，按下主面板上的启动按钮，打开气泵的放气阀，压缩空气进入三联件，调节减压阀，使压力为 0.4 MPa 后，按下 PB1，观察气缸的运动情况；按下 PB2，观察气缸的运动情况。

（4）完成调试，经老师检查评估后，关闭气源，拆下管线，将元件放回原来位置。

知识链接3　用二位五通双电控电磁换向阀控制单气缸运动

使用单电控电磁阀控制气缸运动，由于电磁阀的特性，控制电路上必须有自保电路。而二位五通双电控电磁阀有记忆功能，且阀芯的切换只要一个脉冲信号即可，控制电路上不必考虑自保，电气回路的设计就比较简单。

一、单气缸自动单往复回路

1. 动作要求与流程

用二位五通双电控电磁换向阀控制单气缸自动单往复气动回路图如图7－8所示。回路要求利用手动按钮使气缸前进，到达预定位置后自动后退。动作流程图如图7－9所示。

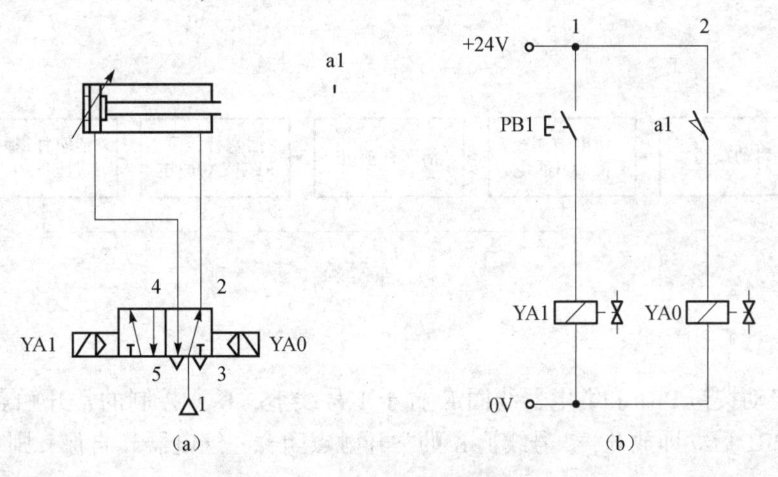

图7－8　单气缸自动单往复回路图

（a）气动回路图；（b）电气回路图

启动按钮 → 使电磁阀线圈YA1通电 → 活塞杆前进 → 活塞杆压下a1使YA0通电 → 活塞杆退回

图7－9　动作流程图

2. 设计步骤

将启动按钮PB1和电磁阀线圈YA1置于1号线上。按下PB1并立即放开，线圈YA1通电，电磁阀换向，活塞前进。将行程开关a1以常开触点的形式和线圈YA0置于2号线上。当活塞前进压下a1时，YA0通电，电磁阀复位，活塞后退。电气回路如图7－8（b）所示。

二、单气缸自动连续往复回路

1. 动作要求与流程

用二位五通双电控电磁换向阀控制单气缸自动连续往复气动回路图如图7－10（a）所示。动作流程如图7－11所示。

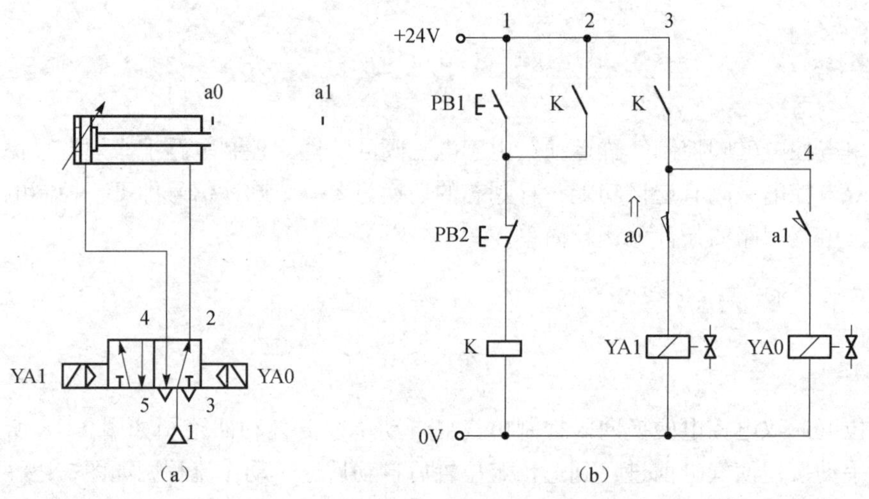

图7-10 单气缸自动连续往复回路图

(a) 气动回路图；(b) 电气回路图

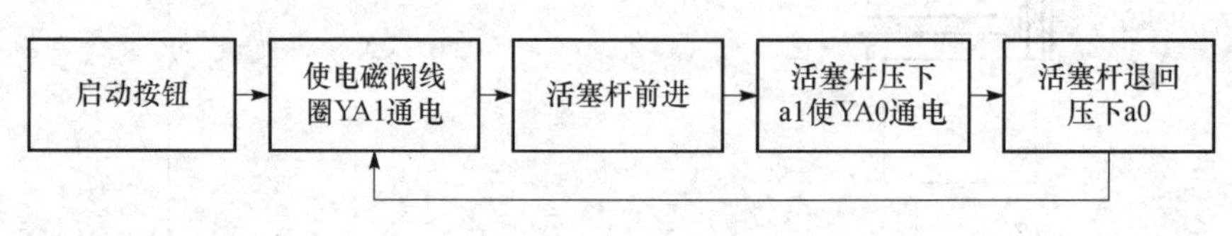

图7-11 动作流程图

2. 设计步骤

(1) 将启动按钮PB1和继电器线圈K置于1号线上，K所控制的常开触点接在2号线上。当按下PB1后立即放开，2号线上K的常开触点闭合，继电器K自保，则3号和4号线有电。

电磁铁线圈YA1置于3号线上。当按下PB1，线圈YA1通电，电磁阀换向，活塞前进。

(2) 行程开关a1以常开触点的形式和电磁铁线圈YA0接于4号线上。当活塞杆前进压下a1时，线圈YA0通电，电磁阀复位，气缸活塞后退。

(3) 为得到下一次循环，必须加一个起始行程开关a0，使活塞杆后退，压下a0时，将信号传给线圈YA1，使YA1再通电。为完成此项工作，a0以常开触电的形式接在3号线上。系统在未启动之前，活塞在起始点位置，a0被活塞杆压住，故其起始状态为接通状态。PB2为停止按钮。电路如图7-10(b)所示。

3. 检验电气回路图的正确性

启动按钮PB1按下，继电器线圈K通电，2号线和火线上的K所控制的常开触点闭合，继电器K形成自保回路。3号线接通，线圈YA1通电，电磁阀换向，活塞前进。

当活塞杆前进压下a1时，4号线接通，线圈YA0通电，电磁阀复位，气缸活塞后退。当活塞杆后退压下a0时，3号线接通，YA1再通电，活塞前进，开始下一轮往复动作。该电气回路实现了既定的动作要求。但还存在一个缺陷：当活塞前进，按下停止按钮PB2，活塞杆前进且压在行程开关a1上时，活塞无法退回起始位置。

4. 回路的修改

为使按下停止按钮 PB2，无论活塞处于前进还是后退状态，均能使活塞马上退回起始位置，将按钮开关 PB2 换成按钮转换开关，其电路图如图 7－12 所示。

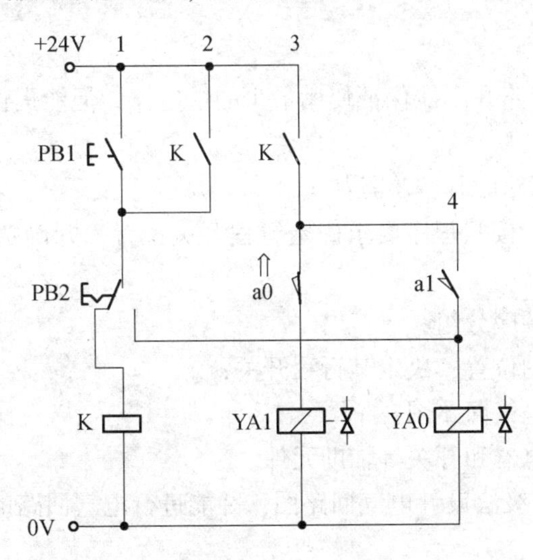

图 7－12　在任意位置均可复位的单气缸自动连续往复回路图

操作训练 3　用二位五通双电控电磁换向阀控制单气缸自动连续往复动作

一、训练目的

（1）学会用直觉法设计电气回路图。

（2）会进行电气回路的连接。

（3）能熟练搭建气动回路并进行调试。

二、训练回路图

训练回路图如图 7－10（a）、图 7－12 所示。

三、操作步骤

（1）根据回路图，选择所需的气动元件，将它们有布局地卡在铝型材上，再用气管将它们连接在一起，组成回路。

（2）设计电气回路图，把电气回路连接好。

（3）仔细检查后，按下主面板上的启动按钮，打开气泵的放气阀，压缩空气进入三联件，调节减压阀，使压力为 0.4 MPa 后，按下 PB1，观察气缸的运动情况；按下 PB2，观察气缸的运动情况。

（4）完成调试，经老师检查评估后，关闭气源，拆下管线，将元件放回原来位置。

任务三　用串级法设计电气回路图

用串级法设计电气回路并不能保证使用最少的继电器，但能提供一种方便而有规律可依的方法。

用串级法设计电气回路的基本步骤如下。

① 画出气动回路图，按照程序要求确定行程开关位置，并确定使用双电控电磁阀或单电控电磁阀；

② 按照气缸动作的顺序分组；

③ 根据各气缸动作的位置，决定其行程开关；

④ 根据步骤③画出电气回路图；

⑤ 加入各种控制继电器和开关等辅助元件。

本任务要求学会用串级法设计电气回路图，并能进行电气回路的连接和运行调试。

知识链接1　用双电控电磁换向阀控制双缸顺序动作的电气回路图的设计

一、动作要求

A、B 两缸的动作顺序为：A 伸出→B 伸出→B 缩回→A 缩回（A + B + B - A -），两缸的位移 - 步骤图如图 7 - 13（a）所示，其气动回路如图 7 - 13（b）所示，试设计其电气回路图。

二、设计步骤

（1）将两缸的动作按顺序分组，如图 7 - 13（c）所示。由于动作顺序只分成两组，故只用 1 个继电器控制。第 1 组由继电器常开触点控制，第 2 组由继电器常闭触点控制。

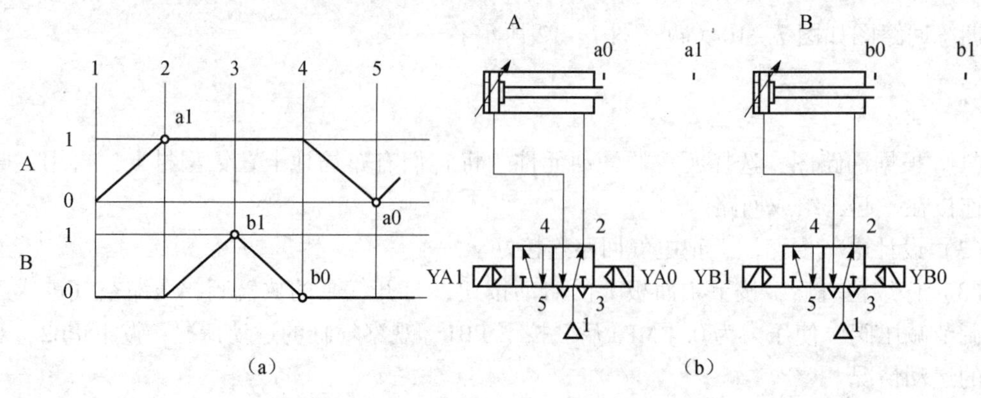

图 7 - 13　用串级法设计电气回路图

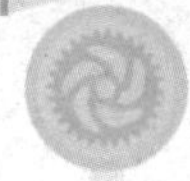

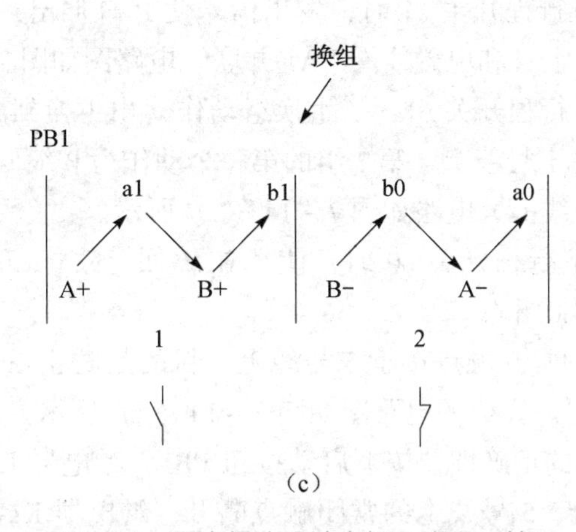

图 7－13　用串级法设计电气回路图（续）

（a）位移－步骤图；（b）气动回路图；（c）气缸动作分组图

（2）建立启动回路。将启动按钮 PB1 和继电器线圈 K1 置于 1 号线上，继电器 K1 的常开触点置于 2 号线上且和启动按钮并联。这样，当按下启动按钮 PB1，继电器线圈 K1 通电并自保。

（3）第 1 组的第一个动作为 A 缸伸出，故将 K1 的常开触点和电磁线圈 YA1 串联于 3 号线上。这样，当 K1 通电，A 缸即伸出。电路图如图 7－14（a）所示。

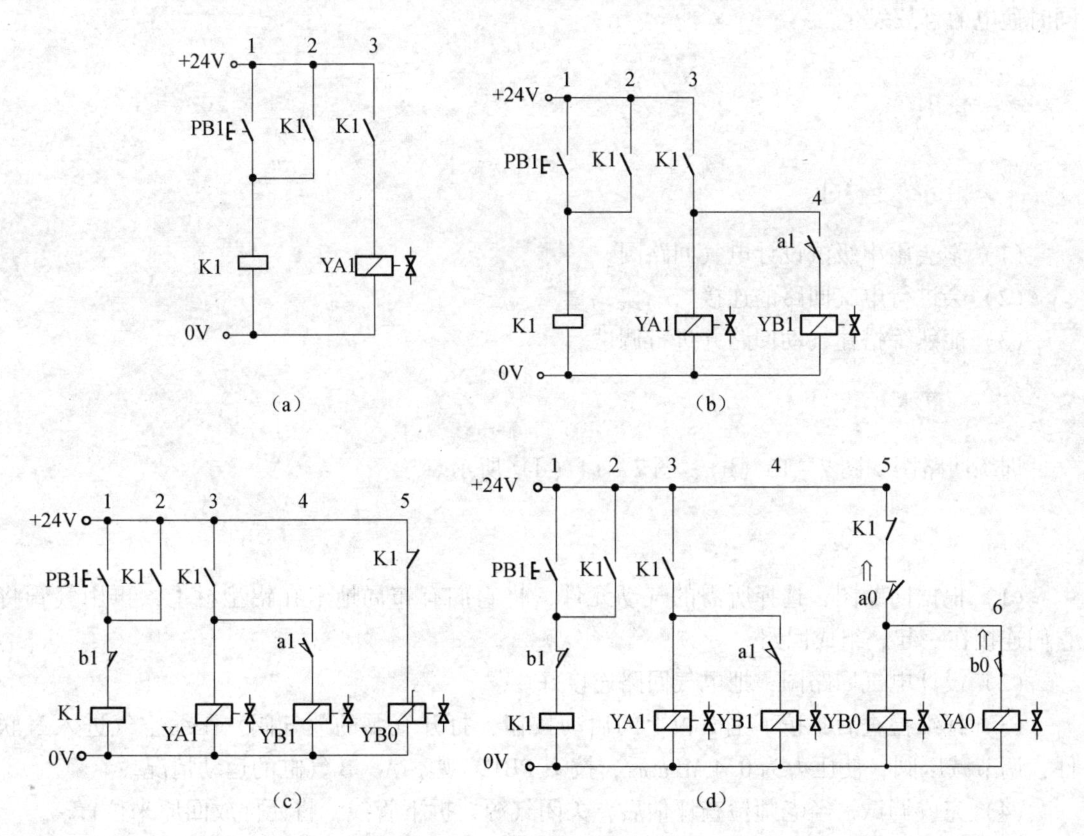

图 7－14　电气回路图的设计

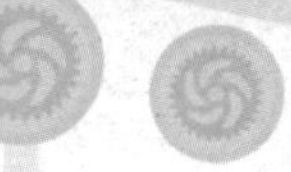

(4) 当A缸前进压下行程开关a1时，发出信号使B缸伸出，故将a1的常开触点和电磁线圈YB1串联于4号线上且和电磁线圈YA1并联。电路图如图7-14 (b) 所示。

(5) 当B缸伸出压下行程开关b1，产生换组动作（由1换到2)，即线圈K1断电，故必须将b1的常闭触点接于1号线上。第2组的第一个动作为B缩回，故将K1的常闭触点和电磁线圈YB0串联于5号线上。电路如图7-14 (c) 所示。

(6) 当B缸缩回压下行程开关b0时，使A缸缩回，故将b0的常开触点和电磁线圈YA0串联且和电磁线圈YB0并联。

(7) 将行程开关a0的常开触点接于5号线上，目的是防止在未按下启动按钮PB1前，电磁线圈YA0和YB0通电。完成的电路图如图7-14 (d) 所示。

(8) 检验电气回路图的正确性。按下启动按钮PB1，继电器K1通电，2号和3号线上K1所控制的常开触点闭合，5号线上的常闭触点断开，继电器K1形成自保回路。此时，3号线通路，5号线断路。电磁线圈YA1通电，A缸前进。A缸伸出压下行程开关a1，a1闭合，4号线通路，电磁线圈YB1通电，B缸前进。

B缸前进压下行程开关b1，b1断开，电磁线圈K1断电，K1控制的触点复位，继电器K1的自保消失，3号线断路，5号线通路。此时电磁线圈YB0通电，B缸缩回。B缸缩回压下行程开关b0，b0点闭合，6号线通路，电磁线圈YA0通电，A缸缩回。A缸后退压下a0，a0断开。该电气回路实现了既定的动作要求。

由以上动作可知，采用串级法设计控制电路可防止电磁线圈YA1和YA0及YB1和YB0同时通电的事故发生。

操作训练1　用双电控电磁换向阀控制双缸顺序动作

一、训练目的

(1) 学会用串级法设计电气回路图。

(2) 会进行电气回路的连接。

(3) 能熟练搭建气动回路并进行调试。

二、训练回路图

训练回路图如图7-13 (b)、图7-14 (d) 所示。

三、操作步骤

(1) 根据回路图，选择所需的气动元件，将它们有布局地卡在铝型材上，再用气管将它们连接在一起，组成回路。

(2) 设计电气回路图，把电气回路连接好。

(3) 仔细检查后，按下主面板上的启动按钮，打开气泵的放气阀，压缩空气进入三联件，调节减压阀，使压力为0.4 MPa后，按下PB1，观察A、B气缸的运动情况。

(4) 完成调试，经老师检查评估后，关闭气源，拆下管线，将元件放回原来位置。

知识链接2　用单电控电磁阀控制双缸顺序动作的电气回路图的设计

用单电控电磁阀的电气回路，是让电磁线圈通电而使方向控制阀换向，从而使气缸活塞杆伸出。要使气缸缩回，则使电磁阀断电，电磁阀复位即可达到。

因此，在串级法中，当新的一组动作进行时，前一组的所有主阀断电。对于输出动作需延续到后续各组再动作的，主阀必须在后续各组中再次被激活。

单电控电磁阀的控制回路在设计步骤上与双电控电磁阀的控制回路相同，但通常将控制继电器线圈集中在回路左方，而控制输出电磁阀线圈放在回路右方。

一、动作要求

A、B 两缸的位移 – 步骤图如图 7 – 15（a）所示，其气动回路如图 7 – 15（b）所示，试设计其电气回路图。

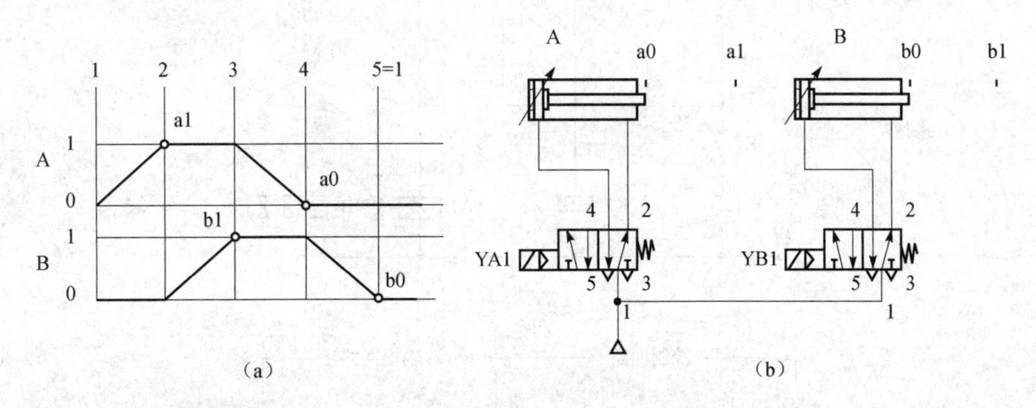

图 7 – 15　单电控电磁阀的控制回路

（a）位移 – 步骤图；（b）气动回路图

二、设计步骤

（1）写出气缸的顺序动作并按串级法分组，确定每个动作所触动的行程开关，如图 7 – 16 所示。为表示电磁线圈的动作延续到后续各组中，在动作顺序下方画出水平箭头来说明线圈的输出动作必须维持至该点。如图 7 – 15 所示，电磁线圈 YA1 通电必须维持到 B 缸前进行程完成，电磁线圈 YB1 通电必须维持到 A 缸后退行程完成。

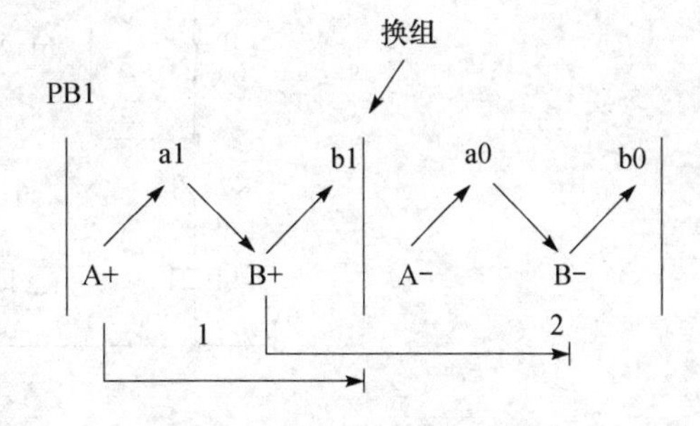

图 7 – 16　气缸动作分组图

（2）动作分为两组，分别由两个继电器掌管。将启动按钮 PB1、行程开关 b0 及继电器线圈 K1 置于 1 号线上。K1 的常开触点置于 2 号线上且和 PB1、b0 并联。将 K1 的常开触点和电磁线圈 YA1 串联于 5 号线上。这样当按下 PB1 时，电磁线圈 YA1 通电，继电器 K1 形成自保回路。电路图如图 7 – 17（a）所示。

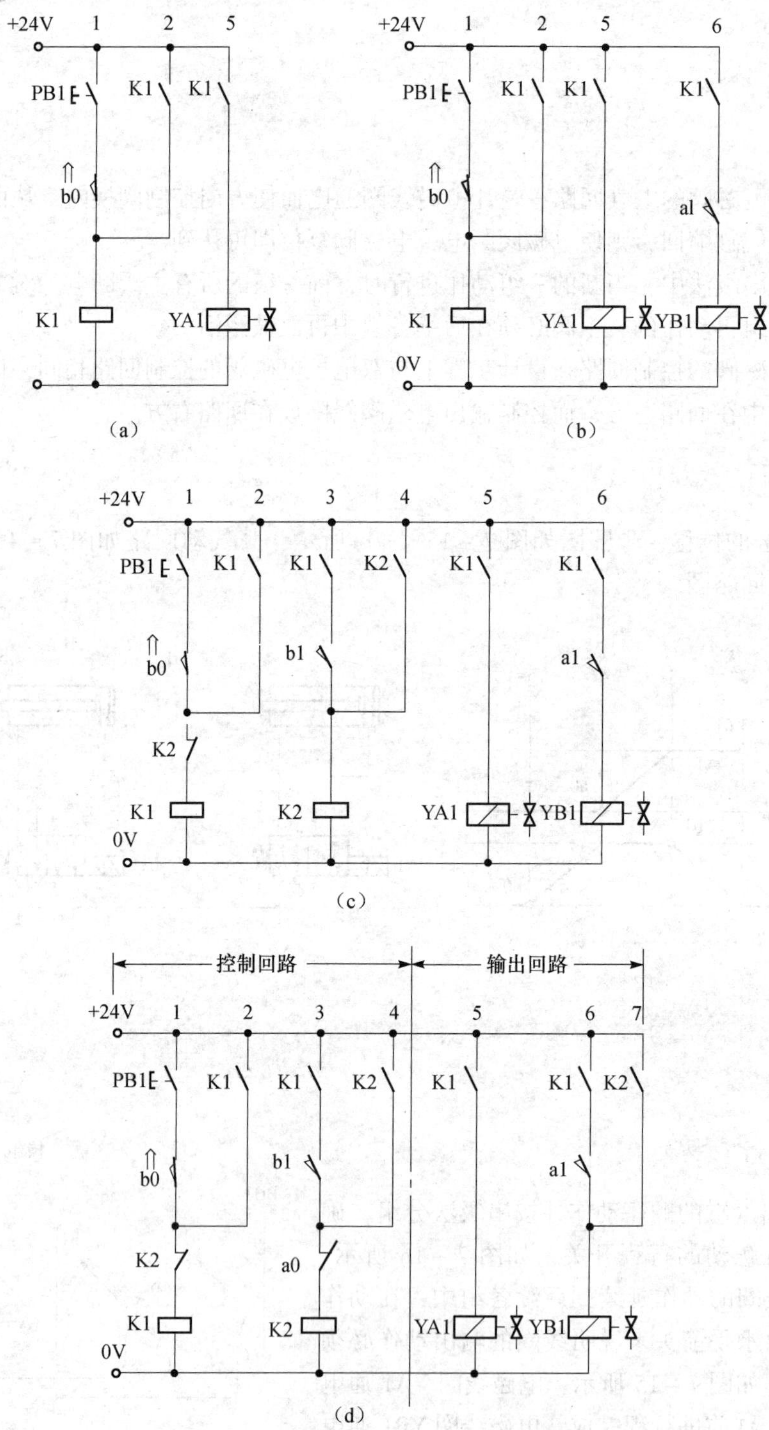

图7－17 电气回路图的设计

(3) A缸伸出，压下行程开关a1，导致B缸伸出。因此，将继电器K1的常开触点、行程开关a1和电磁线圈YB1串联于6号线上。这样，当A缸伸出压下a1时，电磁线圈YB1通电，B缸伸出。电路图如图7－17 (b) 所示。

(4) B缸伸出，压下行程开关b1，要产生换组动作。将继电器K1的常开触点、行程开

关 b1 及继电器线圈 K2 串联于 3 号线上，继电器线圈 K2 的常开触点接于 4 号线上且和常开触点 K1 和行程开关 b1 并联。这样，当 B 缸伸出压下行程开关 b1 时，继电器线圈 K2 通电，且形成自保回路，同时 1 号线上的继电器线圈 K2 的常闭触点分离，继电器线圈 K1 断电，顺序动作进入第 2 组。电路图如图 7－17（c）所示。

（5）由于继电器 K1 断电，则 5 号线断路，A 缸缩回。为防止动作进入第 2 组时 B 缸与 A 缸同时缩回，必须在 7 号线上加上继电器 K2 的常开触点，以延续电磁线圈 YB1 通电。

（6）A 缸缩回，压下行程开关 a0，导致 B 缸缩回。因此，将行程开关 a0 的常闭触点串联于 3 号线上。这样当 A 缸退回压下 a0，则继电器线圈 K2 断电，B 缸缩回。电路图如图 7－17（d）所示。

（7）检验电气回路图的正确性。

按下启动按钮 PB1，1 号线通路，继电器线圈 K1 通电，1、2、3、5 及 6 号线上所控制的常开触点闭合，继电器线圈 K1 形成自保回路。5 号线上电磁线圈 YA1 通电，A 缸伸出。A 缸伸出压下 a1，6 号线形成通路，使电磁线圈 YB1 通电，B 缸前进。

B 缸前进压下 b1，3 号线形成通路，使继电器线圈 K2 通电，4 和 7 号线上 K2 的常开触点闭合，1 号线上 K2 的常闭触点分离，1 号线断电，继电器线圈 K1 断电，K1 所控制的触点复位，5 号线断电，电磁线圈 YA1 断电，A 缸缩回。

当 A 缸缩回压下 a0，切断 3 号和 4 号线所形成的自保回路。故继电器线圈 K2 断电，K2 所控制的触点复位。7 号线断路，电磁线圈 YB1 断电，B 缸缩回。该电气回路实现了既定的动作要求。

操作训练 2　用单电控电磁换向阀控制双缸顺序动作

一、训练目的

（1）学会用串级法设计电气回路图。

（2）会进行电气回路的连接。

（3）能熟练搭建气动回路并进行调试。

二、训练回路图

训练回路图如图 7－15（b）、图 7－17（d）所示。

三、操作步骤

（1）根据回路图，选择所需的气动元件，将它们有布局地卡在铝型材上，再用气管将它们连接在一起，组成回路。

（2）设计电气回路图，把电气回路连接好。

（3）仔细检查后，按下主面板上的启动按钮，打开气泵的放气阀，压缩空气进入三联件，调节减压阀，使压力为 0.4 MPa 后，按下 PB1，观察 A、B 气缸的运动情况。

（4）完成调试，经老师检查评估后，关闭气源，拆下管线，将元件放回原来位置。

任务四　汽车自动开门装置的设计与调试

汽车自动开门装置要求汽车车门的开启和关闭由气缸控制，气缸伸出实现车门的开启，气缸退回实现车门的关闭。系统操作时还要求首先将气缸退回即关上车门，然后操作车门开启按钮、关闭按钮，周而复始地开门、关门。为了避免误操作，汽车到终点站后停靠停车场时需关闭总气源。此外，开门的速度要快于关门的速度。本任务要求能根据汽车自动开门装置的动作要求设计出气动回路图和电气回路图，并会进行运行调试。

一、任务分析

分析汽车自动开门装置的动作要求，要完成回路的设计，需要解决以下3个问题：车门开启与关闭速度的问题；只有关上车门后才能运行的问题；点动按钮控制气缸的伸出与退回的问题。在气动控制中，气缸的运动速度可用单向节流阀、快速排气阀以及差动连接来控制；气缸要实现自动伸出与退回，必须采用电磁换向阀控制气缸的换向；因采用单电控换向阀或双电控换向阀，需要采用直觉法或串级法设计电气回路图。所以，在进行设计前，必须清楚气动回路的设计方法和电气回路的设计方法。

二、实施步骤

（1）根据任务要求，设计汽车自动开门装置的气动回路图。

（2）根据设计的气动回路图，设计对应的电气回路图。

（3）正确选择元器件，在实验台上合理布局，连接出正确的气动系统和电气控制系统。

（4）观察运行情况，检验气缸的动作是否符合装置动作要求，对使用中遇到的问题进行分析和解决。

（5）在老师检查评估后，关闭气源，拆下管线，将元件放回原来位置。

三、设计参考方案

汽车自动开门装置的设计参考图如图7－18所示。

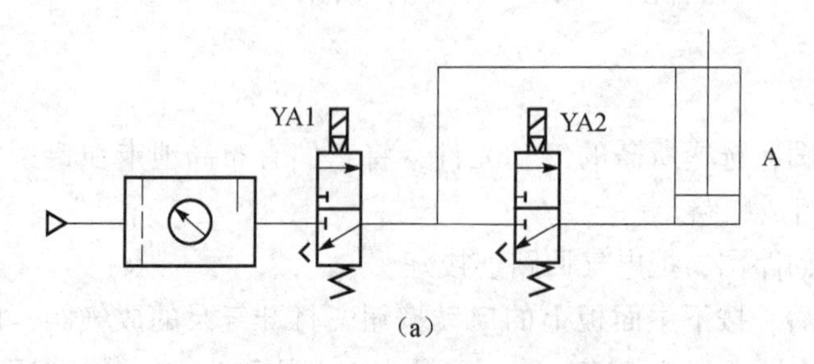

图7－18　汽车自动开门装置的设计参考图

（a）气动回路图

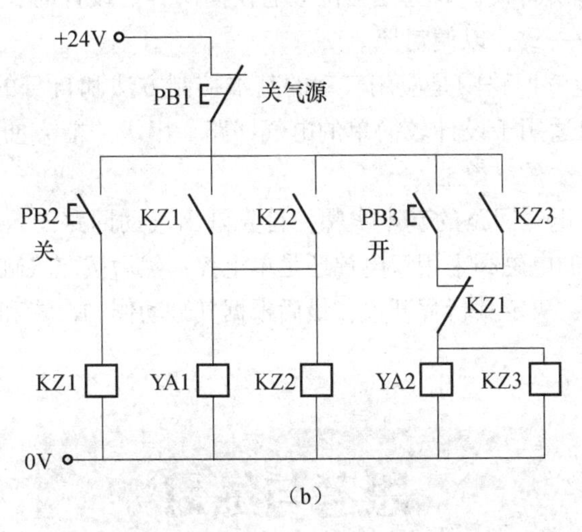

图7－18　汽车自动开门装置的设计参考图（续）

(b) 电气回路图

四、问题探究

(1) 当汽车一旦发生火灾，电气线路损毁，怎么办？

(2) 公交车上的应急开门装置是如何设计的？

要点归纳

一、要点框架

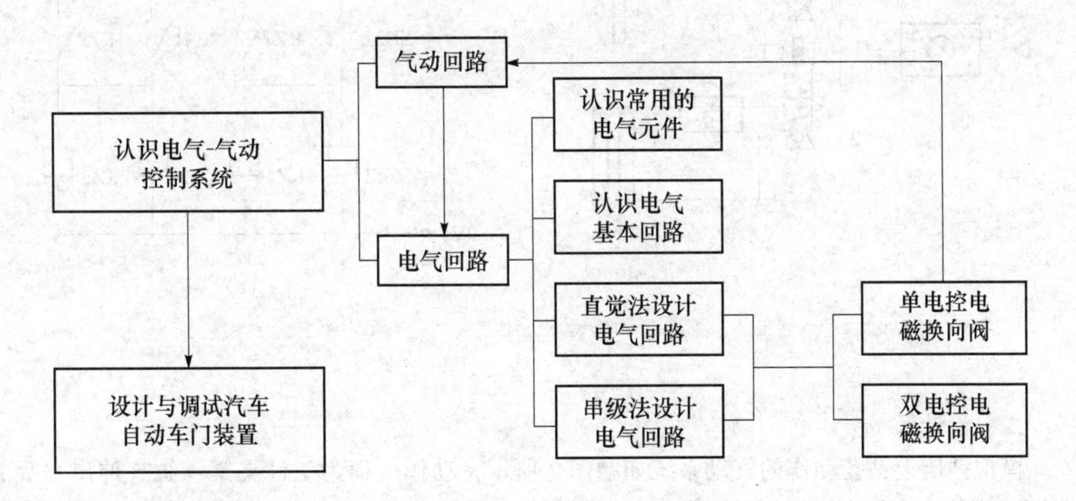

二、知识要点

(1) 电气－气动控制系统主要是控制电磁阀的换向，因此，在设计电气回路图之前，必须首先设计好气动回路。常用的电磁换向阀有单电控二位三通换向阀、单电控二位五通换

向阀、双电控二位五通换向阀、双电控三位五通换向阀等。设计时，电气控制回路图和气动回路图上的文字符号应一致，以便对照。

(2) 直觉法设计电气回路图是应用气动的基本控制方法和自身的经验来设计电气回路。因设计方法较主观，只适用于设计较简单的电气回路。串级法能方便地设计较复杂的电气回路，但不能保证使用最少的继电器。

(3) 用串级法设计电气回路的基本步骤：首先画出气动回路图，按照程序要求确定行程开关位置，并确定使用的电磁阀采用双电控还是单电控；然后按照气缸动作的顺序分组；再次根据各气缸动作的位置，决定其行程开关；最后根据气缸动作的位置和行程开关画出电气回路图。

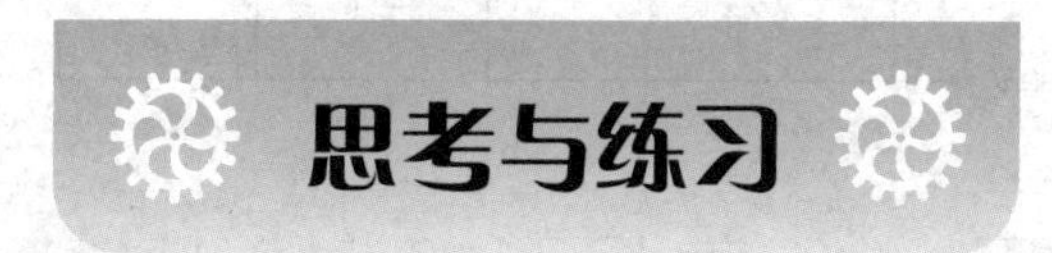

思考与练习

一、分析题

某鼓风炉加料装置的电气－气动控制系统如题图1所示，缸5与上加料门固联在一起，缸6与下加料门固联在一起，试分析并回答该装置能实现的顺序动作是什么？

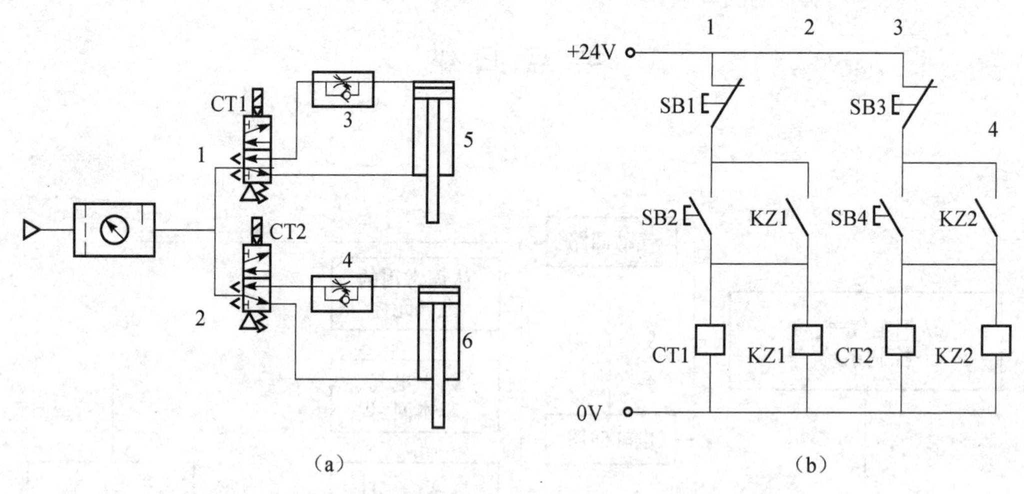

题图1　鼓风炉加料装置的电气－气动控制系统图

(a) 气动回路图；(b) 电气回路图

二、设计题

模拟钻床上钻孔动作的气动系统如题图2所示，动作过程为工件夹紧（缸5伸出）后，钻头下钻（缸6伸出），钻好孔后，钻头退回，最后松开工件，等待下一个工件的加工。气缸上A、B、C、D处分别设置有磁控开关。试根据动作要求设计一个电气回路。

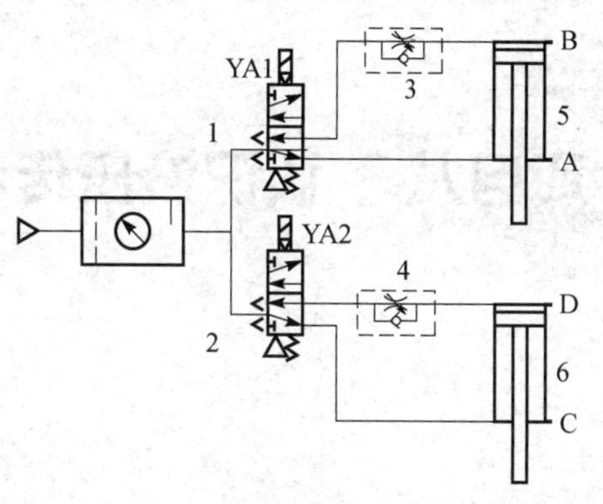

题图 2　模拟钻床上钻孔动作的气动回路图

项目八 认识液压传动

学习导航

用来传递运动和动力的传动装置通常分为机械传动、电气传动和流体传动。流体传动是以流体为工作介质进行能量转换、传递和控制的一种传动方式，它包括液压传动和气压传动。液压传动是以液体作为工作介质并进行能量传递的传动方式。

液压技术自18世纪末英国制成世界上第一台水压机起，已有200余年的历史。液压技术广泛应用于工业、农业和国防等领域的重型、大型、特大型设备中。

知识目标

(1) 认识液压传动系统的组成、特点及工作原理。

(2) 知道液压油的性质和选用方法。

(3) 了解液压系统中的液压冲击和空穴现象。

技能目标

学会使用液压千斤顶。

任务一 认识液压千斤顶

千斤顶是一种起重高度小的最简单的起重设备，有机械式和液压式两种。机械式千斤顶因起重量小，操作费力，一般只用于机械维修工作。液压千斤顶结构紧凑，工作平稳，有自锁作用，故使用广泛。本任务要求能读懂图8-1所示的液压千斤顶的工作原理图，说出其工作过程，并了解液压传动系统的组成，了解液压油的性质与选用方法。

知识链接1 液压千斤顶的工作原理

由液压千斤顶的工作原理图可知，液压千斤顶由杠杆1、小缸体2、小活塞3等组成的

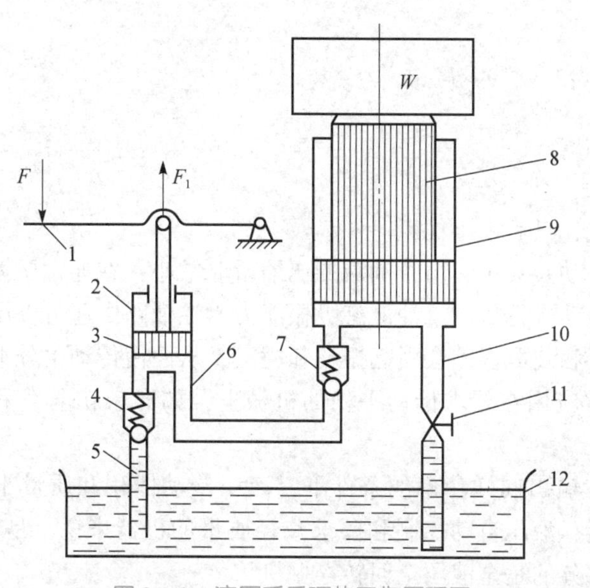

图8－1　液压千斤顶的工作原理图

1—杠杆；2—小缸体；3—小活塞；4，7—单向阀；5—吸油管；6，10—管道；8—大活塞；9—大缸体；11—截止阀；12—油箱

液压千斤顶

手动柱塞液压泵和由大活塞8、大缸体9等组成的液压缸构成。提起杠杆1使小活塞3向上移动，小缸体2下腔容积增大，形成局部真空，油箱12中的油液在大气压力的作用下，通过吸油管5推开单向阀4进入缸体2的下腔。压下杠杆1，小活塞3向下移动，缸体2的密封容积减小，油压升高，单向阀4关闭，油液经管道6推开单向阀7中的钢球，进入大缸体9的下腔，推动大活塞8将重物*W*举起。反复提压杠杆1，可使重物不断上升，达到起重的目的。当工作完毕，打开截止阀11，缸体9下腔的油液通过管道10、截止阀11流回油箱，大活塞8在重物和自重作用下向下移动，回到原来位置。由此可见，液压千斤顶利用油液作为工作介质实现了能量的传递。

液压传动是以密闭系统内液压油的压力能来传递运动和动力的一种传动形式，其过程是先将原动机的机械能转换为便于输送的液体的压力能，再将液体的压力能转换为机械能，从而对外做功。

一个完整的液压系统要能正常工作，一般要包括5个组成部分。液压传动系统组成部分如表8－1所示。

表8－1　液压传动系统的组成

组　成	作　用	常用液压元件
动力部分	将电动机输入的机械能转换为液压能	液压泵
执行部分	将液体的压力能转换为机械能，输出直线或旋转运动	液压缸、液压马达
控制部分	控制传动系统中液体的压力、流量和方向	各类控制阀
辅助部分	输送或储存油液	油管、管接头等
工作介质	传递能量的载体，同时起到润滑的作用	液压油

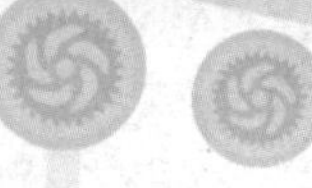

知识链接2 液压传动的特点与应用

一、液压传动的优点

液压传动与其他传动相比，具有以下优点。

（1）传动平稳。在液压传动装置中，由于油液的压缩量非常小，在通常压力下可以认为不可压缩，依靠油液的连续流动进行传动。油液有吸振能力，在油路中还可以设置液压缓冲装置，故不像机械机构因加工和装配误差会引起振动和撞击，从而使传动十分平稳，便于实现频繁的换向；因此它广泛地应用在要求传动平稳的机械上，如磨床就全都采用了液压传动。

（2）质量轻、体积小。在输出同样功率的条件下，液压传动体积和质量小，因此惯性小、动作灵敏；这对液压仿形、液压自动控制和要求减轻质量的机器来说，是特别重要的。例如，现今的挖掘机占绝大部分的是全液压全回转挖掘机。

（3）承载能力大。液压传动易于获得很大的力和转矩，因此广泛用于压制机、隧道掘进机、万吨轮船操舵机和万吨水压机、集装箱龙门吊等。

（4）容易实现无级调速。在液压传动中，调节液体的流量就可实现无级调速，并且调速范围很大，最大可达2 000∶1。

（5）易于实现过载保护。液压系统中采取了很多安全保护措施，能够自动防止过载，避免发生事故。

（6）液压元件能够自动润滑。由于采用液压油作为工作介质，使液压传动装置能自动润滑，因此元件的使用寿命较长。

（7）容易实现复杂的动作。采用液压传动能获得各种复杂的机械动作，如仿形车床的液压仿形刀架、数控铣床的液压工作台，可加工出不规则形状的零件。

（8）简化机构。采用液压传动可大大地简化机械结构，从而减少了机械零部件数目。

（9）便于实现自动化。液压系统中，液体的压力、流量和方向是非常容易控制的，再加上电气装置的配合，很容易实现复杂的自动工作循环。目前，液压传动在要求比较高的组合机床和自动线上应用得很普遍。

二、液压传动的缺点

液压传动具有以下缺点。

（1）工作过程中常有较多的能量损失（如摩擦损失、泄漏损失等），不易保证严格的传动比。

（2）对油温变化比较敏感，工作稳定性很容易受到温度的影响，不宜在很高或很低的温度条件下工作。

（3）为了减少泄漏，液压元件在制造精度上的要求较高，造价较贵，对工作介质的污染比较敏感。

（4）液压传动出现故障时查找困难。

液压传动在各类机械行业中的应用实例如表8－2所示。

表8－2　液压传动在各类机械行业中的应用实例

行业名称	应用举例
起重机械	汽车吊、叉车、运输机等
矿山机械	凿岩机、开掘机、破碎机、提升机、液压支架等
建筑机械	打桩机、液压千斤顶、平地机等
冶金机械	压力机、模锻机、空气锤等
汽车工业	高空作业机、自卸式汽车、汽车起重机等
工程机械	挖掘机、装载机、推土机等
智能机械	模拟驾驶舱、机器人等

知识链接3　液压油

液压油在液压系统中起着能量传递、系统润滑、防腐、防锈、冷却等作用。液压油的质量直接影响液压系统的工作性能。液压传动中涉及的液压油最主要的性质是黏性和可压缩性。

一、黏性与可压缩性

1. 黏性

当液体在外力作用下流动（或有流动趋势）时，由分子间的内聚力阻止分子相对运动而产生一种内摩擦力，这种性质叫做液体的黏性。液体只有在流动（或有流动趋势）时才会呈现黏性，静止的液体是不呈现黏性的。正是由于液体具有黏性才导致液体在流动时的能量损失。

液体的黏性可用动力黏度μ来表示，其单位是Pa·s。

在实际工程中，常用运动黏度γ作为液体黏度的标志。运动黏度是动力黏度μ与液体密度ρ的比值，其单位为m^2/s或mm^2/s。液压油的黏度等级是以其在温度为40 ℃时运动黏度的平均值来表示的。例如，L－HM32液压油的黏度等级为32，表示其在温度为40 ℃时运动黏度的平均值为32 mm^2/s。

温度对液压油的黏度的变化极为敏感，温度升高，黏度下降。不同种类的液压油的黏度随温度变化的程度各不相同。除温度对黏度有影响外，压力对黏度也有影响。液体所受压力增大时，其内聚力增大，黏度也随之增大，但对于一般的液压系统，当压力在32 MPa以下时，压力对黏度的影响不大，可以忽略不计。当压力较高时或压力变化较大时，黏度的变化则不容忽视。

2. 可压缩性

液体受压力作用后发生体积变化的性质称为可压缩性。对于一般的液压系统，当压力不大时，液体的可压缩性很小，因此可认为液体是不可压缩的；而在压力变化很大的高压系统中，就必须考虑对液体可压缩性的影响，因为在液压系统的实际工作中油液里常常存在游离

气泡，而气体的可压缩性比液体大得多，所以当受压体积较大、工作压力过高时，液体的可压缩性显著提高，将严重影响液压系统的工作性能。因此，在液压系统中应使油液中的空气含量减小到最低。

二、液压油的选用

合理地选择和使用液压油，是保证液压系统正常和高效率工作的条件。选用液压油时通常采用两种方法：一是按液压元件生产厂所提供的说明书中推荐的油类品种和规格选用液压油；二是根据液压系统的具体情况，例如工作压力高低、工作温度高低、运动速度大小、液压元件的种类等因素，全面考虑选用液压油。在选用时，主要是确定液压油的黏度范围、品种及系统工作时的特殊要求。

黏度是液压油的最重要的性能指标之一。它对液压系统的运动平稳性、工作可靠性、系统效率等有显著影响，所以必须根据具体要求选择合适的黏度。

1. 环境温度

矿物油的黏度受温度的影响变化很大。为保证在工作温度时有较适宜的黏度，在选用过程中，当环境温度较高时宜采用黏度较大的液压油；当环境温度较低时宜采用黏度较小的液压油。

2. 液压系统工作压力

当系统工作压力较高时，宜选用黏度较大的液压油，以免系统泄漏过多，效率过低；当系统工作压力较低时，宜选用黏度较小的液压油，以减少压力损失。

3. 运动速度

当工作部件运动速度较高时，为减少由于与液体摩擦而造成的能量损失，宜选用黏度较小的液压油；反之，当工作部件运动速度较低时，宜选用黏度较大的液压油。

4. 设备的特殊要求

精密设备和一般机械对黏度的要求不同，精密设备宜选用黏度较小的液压油。

5. 液压泵的类型

液压泵是液压系统的重要元件，它对液压油黏度的要求较高。一般情况下，可将液压泵要求的黏度作为选择液压油的基准。液压泵用油黏度范围如表 8-3 所示。

表 8-3 液压泵用油黏度范围

液压油黏度等级 / 环境温度 / 液压泵类型	5 ℃~40 ℃	40 ℃~80 ℃
叶片泵（压力≤7 MPa）	32，46	46，68
叶片泵（压力>7 MPa）	46，68	68
齿轮泵	32，46，68	68，100，150
柱塞泵	46，68	68，100，150
螺杆泵	32，46	46，68

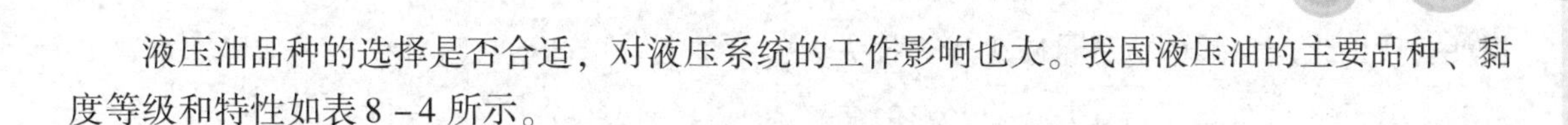

液压油品种的选择是否合适，对液压系统的工作影响也大。我国液压油的主要品种、黏度等级和特性如表8－4所示。

表8－4　我国液压油的主要品种、黏度等级和特性

类　型	名　称	代　号	黏度等级	特性和用途
矿物型	普通液压油	L—HL	15，22，32，46，68，100	抗氧防锈，适用于一般设备的中低压系统
	抗磨液压油	L—HM	15，22，32，46，68，100，150	抗氧防锈、抗磨，适用于工程机械、车辆液压系统
	低温液压油	L—HV	15，22，32，46，68	抗氧防锈、抗磨、黏－温特性较好，可用于环境温度在－20 ℃～－40 ℃的系统
	液压导轨油	L—HG	32，68	抗氧防锈、抗磨、防爬，适用于机床中液压和导轨润滑合用的系统
乳化型	水包油乳化液	L—HFA	10，15，22，32	难燃、黏－温特性好、防锈、润滑性差，适用于有抗燃要求、油液流量大的系统
	油包水乳化液	L—HFB	22，32，46，68，100	防锈、抗磨、抗燃，适用于有抗燃要求的中压系统
合成型	水－乙二醇液	L—HFC	15，22，32，46，68，100	难燃、黏－温特性好、抗蚀性好，适用于有抗燃要求的中低压系统
	磷酸酯液	L—HFDR	15，22，32，46，68，100	难燃、润滑、抗磨抗氧性好、有毒，适用于有抗燃要求的高压精密系统

任务二　认识液压传动中的能量损失和两种现象

能量守恒是自然界的客观规律，没有黏性和不可压缩的液体（理想液体）的流动过程也遵守能量守恒定律。实际液体在管道中流动时，由于液体存在黏性，同时管道局部形状和尺寸的变化，必然会造成能量的损失。本任务主要认识液压传动中的能量损失和两种现象。

知识链接1　管路中液体的压力损失和流量损失

一、压力损失

压力损失分为沿程压力损失和局部压力损失两种。沿程压力损失是当液体在直径不变的直管中流过一段距离时，因摩擦而产生的压力损失。局部压力损失是由于管子截面形状突然变化、液流方向改变或其他形式的液流阻力而引起的压力损失。总的压力损失等于沿程压力损失与局部压力损失之和。

要准确地计算出总的压力损失的数值是比较困难的，但传动中的压力损失会造成功率的

损耗，所以生产实践中应尽量减少压力损失。通过提高管道内壁的加工质量，尽量缩短管道长度，减少管道截面的突变及弯曲，就能使压力损失控制在较小的范围内。

二、流量损失

在液压系统正常工作的情况下，从液压元件的密封间隙漏过少量油液的现象称为泄漏。在液压系统中，各液压元件都有相对运动的表面，如液压缸内表面和活塞外表面，它们之间必然存在一定的间隙，当间隙的两端有压力差时，就会有油液从这些间隙中流走。所以，液压系统中泄漏现象总是存在的。

液压系统的泄漏包括内泄漏和外泄漏两种。液压元件内部高、低压腔间的泄漏称为内泄漏。液压系统内部由于液压元件密封不完善而造成的油液漏到系统外部的泄漏称为外泄漏。

液压系统的泄漏必然引起流量损失，使液压泵输出的流量不能全部流入液压缸等执行元件。所以在液压系统中泵的额定流量要略大于系统工作时所需的最大流量。通常也可以用系统工作所需的最大流量乘以泄漏系数来估算。

知识链接2 液压冲击现象与空穴现象

一、液压冲击

在液压系统中，由于某种原因，液体压力在某一瞬时会突然升高，产生很大的压力峰值，这种现象称为液压冲击。液压冲击的压力峰值往往比正常工作压力高许多倍，且伴有巨大的震动和噪声，有时也会对液压元件或管件造成较大的损伤，特别是在高压、高速及大流量的系统中其后果更严重。因此在操作液压设备时要尽力避免液压冲击的形成。

1. 液压冲击的原因

(1) 管路中阀口突然关闭。

当阀门开启时设管路中压力恒定不变，若阀门突然关死，则管路中液体立即停止运动，此时油液流动的动能将转化为油液的挤压能，从而使压力急剧升高，造成液压冲击。液压冲击的实质主要是，管路中液体因突然停止流动而导致其动能向压力能的瞬间转变。

(2) 高速运动的部件突然被制动。

高速运动的工作部件的惯性力也会引起系统中的压力冲击。例如，油缸部件要换向时，换向阀迅速关闭油缸原来的排油管路，这时油液不再排出，但活塞由于惯性作用仍在运动，从而引起压力急剧上升造成压力冲击。液压缸活塞在行程中途或缸端突然停止或反向、主换向阀换向过快等，也会产生液压冲击。

(3) 某些元件动作不够灵敏。

液压系统中某些元件的动作不够灵敏，也会产生液压冲击。例如，系统压力突然升高，但溢流阀反应迟钝，不能迅速打开时，便产生压力超调，也称压力冲击。

2. 减小液压冲击的措施

(1) 缓慢关闭阀门，削减冲击波的强度。

(2) 在容易产生液压冲击能力的地方设置蓄能器，以减小冲击波传播的距离。

(3) 应将管中流速限制在适当范围内，或采用橡胶软管，吸收液压冲击能量，降低液压冲击力。

(4) 在液压缸端部设置缓冲装置。

(5) 在液压缸回油控制油路中设置平衡阀或背压阀，以控制工作装置下降时或水平运动时的冲击速度，并可适当调高背压压力。

二、空穴现象

在液压系统中，当某处压力低于油液工作温度下的空气分离压力时，油液中的空气会分离出来形成大量气泡，这些气泡混杂在油液中，产生空穴，使原来充满管道或液压元件中的油液成为不连续状态，这种现象称为空穴现象。当油液中压力进一步降低到油液工作温度下的饱和蒸气压时，油液会迅速汽化形成大量的蒸气气泡，使空穴现象更严重。

液压系统中出现空穴现象后，气泡随油液流到高压区时，在高压作用下气泡会迅速破裂，周围液体质点以极快速度来填补这一空穴，液体质点间高速碰撞而形成局部液压冲击，使局部的压力和温度均急剧升高，产生强烈的振动和噪声。在气泡凝聚处附近的管壁和元件表面，因长期承受液压冲击及高温作用，以及油液中逸出气体的较强腐蚀作用，使管壁和元件表面金属颗粒被剥落，这种因空穴现象而产生的表面腐蚀称为气蚀。

空穴现象一般发生在阀口和液压泵的进油口处。油液流过阀口的狭窄通道时，液流速度增大，压力大幅度下降，就可能出现空穴现象。液压泵的安装高度过高、吸油管道内径过小、吸油阻力太大或液压泵转速过高、吸油不充足等，均可能产生空穴现象。

为了防止空穴现象的产生，要防止液压系统中的压力过度降低，一般可采取的措施：减小流经节流小孔前后的压力差，小孔前后的压力比 $p_1/p_2<3.5$；正确设计液压泵的结构参数，适当加大吸油管内径，使吸油管中液流速度不致太高；降低液压泵的吸油高度，尽量减小吸油管路中的压力损失；尽量避免急剧转弯或存在局部狭窄处；管接头应有良好密封；过滤器要及时清洗或更换滤芯以防堵塞；对高压泵宜设置辅助泵向液压泵的吸油口供应足够的低压油；通过增加零件的机械强度、采用抗腐蚀能力强的金属材料和提高零件的表面加工质量等方法提高液压元件的抗气蚀能力。

任务三　液压千斤顶的使用

在了解液压传动系统的组成和液压千斤顶的工作原理后，进一步通过液压千斤顶的使用训练加深对液压传动的特点及应用的理解，同时学会正确使用液压千斤顶。

一、训练目的

(1) 认识液压千斤顶的组成。

(2) 学会使用手动分离式液压千斤顶。

二、操作方法

1. 安装与拆卸

分离式液压千斤顶的泵与液压缸是分离的，中间用高压软管相连。具有轻便灵活、携带方便、顶力大的特点。

(1) 查看液压千斤顶的技术参数、液压油的品种和黏度等级。

(2) 将油泵上高压胶管的接头与千斤顶上的接头配合，再分别旋紧油泵千斤顶上的放油螺钉，如图 8－2 所示。注意连接高压管时要在无压力的基础上连接。

图 8－2　手动分离式液压千斤顶

(3) 泵体的油量若不足，需加油。卸下油泵尾部的螺钉，即可加入经充分过滤后的液压油。

(4) 千斤顶工作完后，将各螺钉旋松，各部分归放在工具箱指定位置。

2. 使用方法

(1) 使用时应严格遵守主要参数中的规定，切忌超高超载，否则当起重高度或起重吨位超过规定时，油缸顶部会发生严重漏油。

(2) 合理选择千斤顶的着力点，底面垫平，同时要考虑到地面软硬条件，是否要衬垫坚韧的木材，以免负重下陷。

(3) 重物的重心要选择适中，以免负重倾斜。

(4) 使用时如出现空打现象，可先放松泵体上的放油螺钉，将泵体垂直起来头向下空打几下，然后旋紧放油螺钉，即可继续使用。

(5) 千斤顶将重物顶升后，应及时用支撑物将重物支撑牢固，禁止将千斤顶作为支撑物使用。如确实需要长时间支撑重物则选用自锁式千斤顶。

(6) 新的或久置的油压千斤顶，因油缸内存有较多空气，开始使用时，活塞杆可能出现微小的突跳现象，可将油压千斤顶空载往复运动 2～3 次，以排除腔内的空气。

(7) 用户要根据使用情况定期检查和保养。长期闲置的千斤顶，会因为密封件长期不工作而造成密封件的硬化，从而影响油压千斤顶的使用寿命，所以油压千斤顶在不用时，每月要将油压千斤顶空载往复运动 2～3 次。

要点归纳

一、要点框架

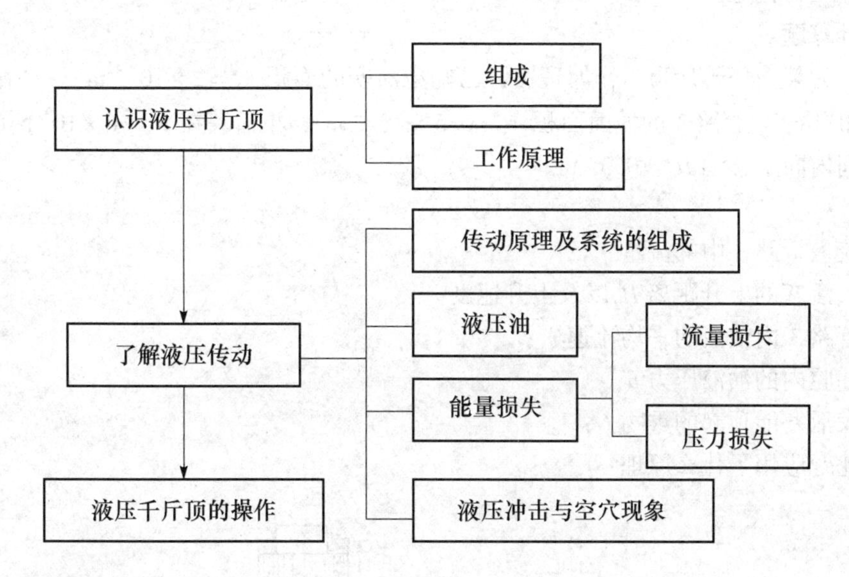

二、知识要点

(1) 液压传动是以油液作为工作介质，通过密封容积的变化来传递运动，通过油液内部的压力来传递动力。

(2) 液压系统除工作介质外，一般由动力部分、执行部分、控制部分和辅助部分组成。各部分的功用如表 8-1 所示。

(3) 液压油是液压系统的工作介质。液压油在一般情况下被认为不可压缩。黏度是液压油的最重要的性能指标之一。它对液压系统的运动平稳性、工作可靠性、系统效率等有显著影响，所以必须根据具体要求选择合适的黏度。

(4) 液压油在管道中流动时，由于其存在黏性，同时液压管道存在局部形状和尺寸的变化，这必然会造成液压系统的压力和流量的损失。

(5) 在液压传动中，液压冲击和空穴现象都会给液压系统的正常工作带来不利影响，因此要了解这些现象产生的原因，并采取相应措施以减少其危害。

思考与练习

一、填空题

1. 液压传动是以________作为工作介质，依靠密封容积的________来传递运动，依靠

油液内部的________来传递动力。

2. 液压系统主要由________、________、________、________和工作介质组成。

3. 油液最主要的两个特性是________和________。

4. 水压机的大活塞上所受的力，是小活塞受力的 50 倍，则小活塞对水的压力通过水传给大活塞的压力比是________。

二、计算题

题图 1 为某液压千斤顶工作原理图，已知小活塞的面积 $A_1=2\times10^{-4}\ \text{m}^2$，大活塞的面积 $A_2=10\times10^{-4}\ \text{m}^2$，管路 3 的截面面积 $A_3=0.5\times10^{-4}\ \text{m}^2$，小活塞在 $F_1=6\times10^3\ \text{N}$ 的作用下，在两秒时间内向下移动 $H_1=0.35\ \text{m}$。

试求：

(1) 流入管路 3 中的流量 q_{V3}；

(2) 大活塞的上升距离 H_2 以及上升速度 v_2；

(3) 管路 3 内油液的平均流速 v_3；

(4) 油腔内的油液压力 p；

(5) 大活塞能顶起的重物 G；

(6) 此题应用了什么原理？

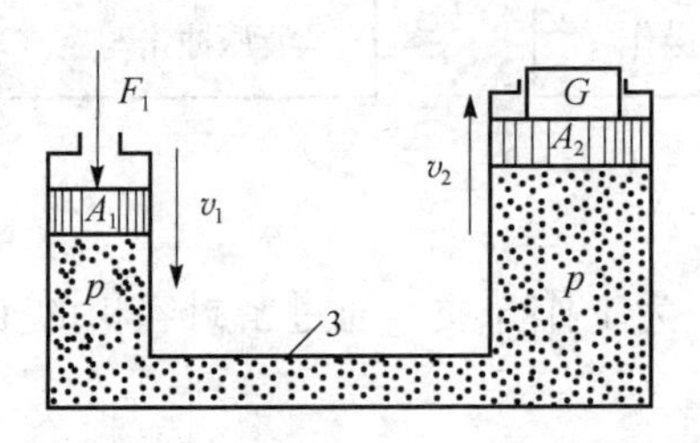

题图 1　某液压千斤顶工作原理图

三、简答题

1. 什么是液压冲击？

2. 怎样避免空穴现象？

项目九　认识液压泵

学习导航

液压泵是液压系统中的动力元件，它能将原动机输入的机械能转变成液压能输出。常用的液压泵有齿轮泵、叶片泵、柱塞泵等。本项目通过三大类液压泵的拆装和选用，达到如下目标。

知识目标

(1) 知道液压泵的作用、分类和性能参数。
(2) 认识齿轮泵、叶片泵、柱塞泵的结构和工作原理。
(3) 知道液压泵的选用方法。

技能目标

(1) 通过泵的拆装训练，不仅增加对各种泵的结构组成、工作原理、主要零件形状的感性认识，更增强动手操作能力。
(2) 会通过型号识别各种泵及泵的规格。

任务一　认识液压泵工作原理和性能参数

液压泵作为液压系统的动力元件，它把原动机输入的机械能转变成液压能输出，即向整个系统提供具有一定压力的油液。液压泵是如何实现能量转换的呢？液压泵是如何衡量工作能力的呢？对液压泵的输出功率和能量转换的效率又如何进行计算呢？本任务要求能解决上述液压泵的相关问题。

知识链接 1　液压泵工作原理和性能参数

一、液压泵的工作原理

图 9－1 为一单柱塞液压泵的工作原理图。当偏心轮 1 被其他动力（如电动机）带动旋

转时，柱塞2在缸体3中往复移动。当柱塞向右移动时，密封油腔a的容积逐渐增大，产生局部真空，油箱中的油液在大气压力作用下顶开单向阀6进入油腔a，完成泵的吸油过程。当柱塞向左移动时，油腔a的容积变小，油腔中油液使单向阀6切断与油箱的通路，并顶开单向阀5进入系统中，完成压油过程。偏心轮不断旋转，泵就不断地吸油和压油。

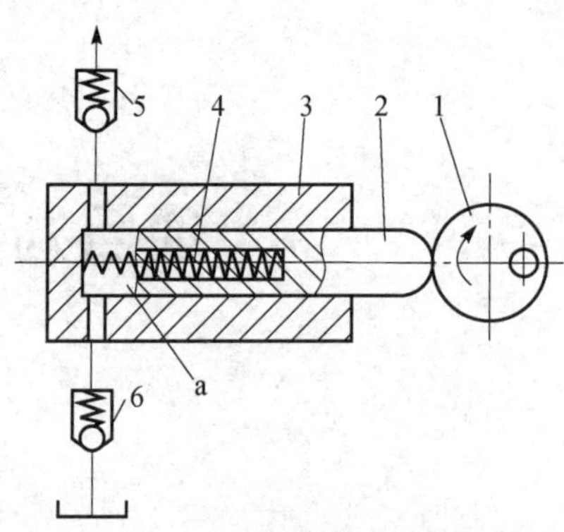

图9-1　单柱塞液压泵的工作原理示意图

1—偏心伦；2—柱塞；3—缸体；
4—弹簧；5，6—单向阀

由此可见，泵是靠密封工作腔的容积变化进行工作的，这种液压泵称为容积式液压泵。其排油量的大小取决于密封工作腔的容积变化量。

容积式液压泵正常工作必须具备的条件如下：

① 具有密封容积。

② 密封容积能交替变化。密封容积由小变大时吸油，由大变小时压油。

单柱塞液压泵工作压力

③ 应有配流装置。其作用是保证密封容积在吸油过程中与油箱相通，同时关闭供油管路；压油时与供油管路相通而与油箱切断。图9-1中的单向阀就是配流装置。配流装置随着泵的结构不同而有不同的形式。

④ 吸油过程中油箱必须和大气相通。

二、液压泵的性能参数

1. 液压泵的压力

液压泵的压力可分为工作压力和额定压力。

(1) 工作压力 p_p 是指液压泵在实际工作时输出油液的压力，其大小取决于工作负载。

(2) 额定压力 p_n 是指泵在正常工作条件下，允许达到的最大工作压力。液压泵必须在额定工作压力之内工作，超过此值将使泵过载。

由于液压传动的用途不同，各种液压系统所需的压力不同，为了便于液压元件的设计、制造和使用，液压泵的压力可分为几个不同的等级，如表9-1所示。

表9-1　液压泵的压力等级

压力等级	低压	中压	中高压	高压	超高压
压力/MPa	≤2.5	>2.5~8	>8~16	>16~32	>32

2. 液压泵的排量

排量 V_p 是指不考虑泄漏情况下泵轴转一周所排出的油液体积，常用单位为mL/r或 cm^3/r，其大小取决于泵的密封容积的变化值。排量可调节的液压泵称为变量泵，排量为常数的液压泵则称为定量泵。

3. 流量

流量是指泵在单位时间内输出的油液体积。流量按工作条件的不同，有理论流量、实际流量和额定流量之分。

(1) 理论流量 q_t是指在不考虑泄漏的情况下，单位时间内输出的油液体积。常用单位为L/min，它等于泵的排量 V_p与其转速 n 的乘积，即

$$q_t = V_p \times n$$

(2) 实际流量 q_p是指泵在实际工作压力下输出的流量。由于泵存在泄漏损失，所以泵的实际流量小于理论流量。

(3) 额定流量 q_n是指泵在额定转速和额定压力下输出的流量，即铭牌上标出的流量。

4. 液压泵的功率

(1) 输入功率。液压泵的输入功率是指作用在液压泵主轴上的机械功率。即

$$p_i = T_i 2\pi n \tag{9-1}$$

式中　T_i——泵轴上的实际输入转矩；

n——泵轴的转速。

(2) 输出功率。液压泵的输出功率 P_o 是泵的工作压力和实际输出流量的乘积，即

$$P_o = p_p \times q_p \tag{9-2}$$

5. 液压泵的效率

液压泵的输出功率总是小于输入功率，两者之差即为功率损失。功率损失又可分为容积损失（泄漏造成的流量损失）和机械损失（摩擦造成的转矩损失）。通常容积损失用容积效率 η_V表示，机械损失用机械效率 η_m表示。

(1) 机械效率 η_m。由于泵体内有各种摩擦损失（如机械摩擦、液体摩擦等），泵的实际输入转矩 T_i总是大于其理论转矩 T_t。

$$\eta_m = \frac{T_t}{T_i} \tag{9-3}$$

由于泵的理论机械功率应无损耗地全部转换为泵的理论液压功率，所以

$$T_t 2\pi n = p_p V n \tag{9-4}$$

得

$$\eta_m = \frac{p_p V}{2\pi T_i} \tag{9-5}$$

(2) 容积效率 η_V。由于泵存在泄漏，泵的实际输出流量 q_p总是小于其理论流量 q_t。

$$\eta_V = \frac{q_p}{q_t} = \frac{q_p}{Vn} \tag{9-6}$$

(3) 总效率 η。总效率是指液压泵的实际输出功率与其输入功率的比值。

$$\eta = \frac{P_o}{P_i} = \frac{p_p q_p}{2\pi T_i n} \tag{9-7}$$

所以，液压泵的总效率为

$$\eta = \eta_V \eta_m \tag{9-8}$$

计算训练　液压泵的功率和效率的计算

一、训练目的

(1) 能表述液压传动系统中液压泵的功率与压力、流量的关系。

(2) 能说出液压泵的效率与功率的关系。

(3) 会进行液压泵的功率和效率的计算。

二、典例导析

某液压泵在转速 $n=950$ r/min 时，理论流量 $q_t=160$ L/min。在同样的转速和压力 $p=29.5$ MPa 时，测得泵的实际流量为 $q_p=150$ L/min，总效率 $\eta=0.87$，求下列性能参数。

(1) 泵的容积效率。

(2) 泵在上述工况下的机械效率。

(3) 泵在上述工况下所需的电动机功率。

分析：本例涉及液压泵的机械效率、容积效率与电动机功率的测算，所以必须清楚液压泵的两种功率的衡量方法以及功率与电动机功率的关系。

解题示范：

解：(1) 泵的容积效率：

$$\eta_V=\frac{q_p}{q_t}=\frac{150\times10^{-3}/60}{160\times10^{-3}/60}\approx0.94$$

(2) 泵的机械效率：

$$\eta_m=\frac{\eta}{\eta_V}=\frac{0.87}{0.94}\approx0.93$$

(3) 泵所需的电动功率：

$$P_i=\frac{pq_p}{\eta}=\frac{29.5\times10^6\times150\times10^{-3}/60}{0.87}(\text{W})\approx84.77(\text{kW})$$

三、演练

1. 概念理解

(1) 判断：液压泵的实际流量是指泵实际工作时的输出量。(　　)

(2) 判断：容积效率是指液压泵的理论流量与实际流量的比值。(　　)

(3) 判断：液压泵的总效率 η 是其实际输出功率和实际输入功率的比值。(　　)

2. 计算

(1) 某液压系统中液压泵的输出工作压力 $p_p=20$ MPa，实际输出流量 $q_V=60$ L/min，容积效率 $\eta_V=0.9$，机械效率 $\eta_m=0.9$。试求驱动液压泵的电动机功率。

(2) 某液压系统，泵的排量 $V=10$ mL/r，电机转速 $n=1\ 200$ rpm，泵的输出压力 $p=3$ MPa，泵容积效率 $\eta_V=0.92$，总效率 $\eta=0.84$。求下列性能参数：

① 泵的理论流量；
② 泵的实际流量；
③ 泵的输出功率；
④ 驱动电动机功率。

任务二　齿轮泵的拆装

液压泵的种类很多，若按结构形式，可分为齿轮泵、叶片泵、柱塞泵、螺杆泵等。齿轮泵的主要优点是结构简单、制造方便、价格低廉、体积小、质量轻、转速高、自吸性能好、对油液污染不敏感、工作可靠、寿命长、维修方便，已广泛应用于低压系统。缺点是流量和压力脉动较大、噪声较大、排量不可调。本任务要求能认识齿轮泵的结构和工作原理。

知识链接　齿轮泵的类型与结构

按结构形式的不同，齿轮泵可分为外啮合式和内啮合式两种。

外啮合齿轮泵

一、外啮合齿轮泵

1. 外啮合齿轮泵的工作原理

外啮合齿轮泵的工作原理图如图 9－2 所示。在泵体内有一对外啮合齿轮，齿轮两端面靠盖板密封，这样泵体、盖板和齿轮的各齿槽形成了多个密封腔，轮齿啮合线又把它们分隔成互不相通的吸油腔和压油腔。当齿轮按图示箭头方向旋转时，右侧油腔由于轮齿逐渐脱开啮合，使密封容积逐渐增大而形成真空，油箱中的油液在大气压力作用下经油管进入油腔，充满齿槽，并随着齿轮的旋转被带到左侧油腔。左侧油腔内的轮齿不断进入啮合，使密封容积逐渐减小，齿槽中的油液受挤压，从压油口排出。随着齿轮不断旋转，吸油腔不断吸油，压油腔不断压油，使供油连续不断。

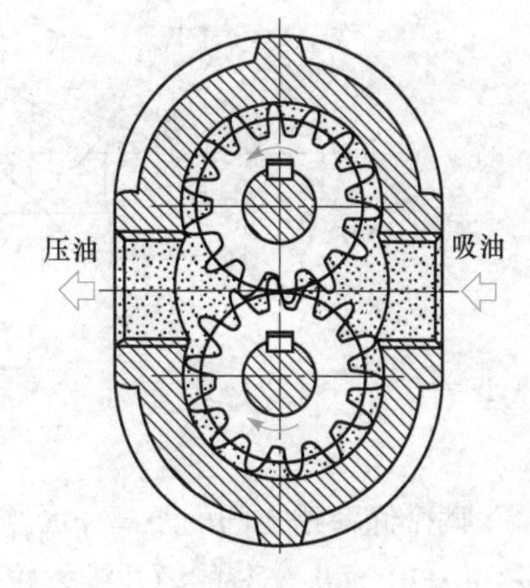

图 9－2　外啮合齿轮泵的工作原理图

2. 外啮合齿轮泵的结构特性

（1）泄漏。齿轮泵压油腔的压力油通过三条途径泄漏到吸油腔，一是齿轮啮合处的间隙；二是齿顶与泵体内壁间的径向间隙；三是齿轮端面与前后端盖间的端面间隙。通过端面间隙的泄漏量最大，占总泄漏量的 75%～80%，且泵的压力越高，间隙泄漏就越大，因此其容积效率很低，一般齿轮泵只适用于低压场合。适当地控制端面间隙的大小是提高齿轮泵容积效率的重要措施。

(2) 困油现象。为使齿轮泵平稳地工作，齿轮啮合的重合度必须大于1，即前一对轮齿尚未脱离啮合时，后一对齿轮已经进入啮合，因此在某一段时间内，会有两对轮齿同时啮合。此时，就有一部分油液被围困在这两对啮合的轮齿之间形成的一个密封容积内，此密封容积称为困油区。随着齿轮的旋转，困油区的容积将发生从大到小又从小到大的变化过程，分别如图9-3（a）、（b）、（c）所示。当容积减小时，困油区的油液受挤压，压力急剧上升，并从一切可能泄漏的缝隙中挤出，造成功率损失，轴承负载也增大。当容积增大时，困油区产生真空度，使油液汽化，油液中的空气析出，形成气泡，气泡被带到液压系统内引起振动、噪声、气蚀。这种困油现象严重影响了齿轮泵的工作平稳性和使用寿命。为了消除困油现象，通常在两端泵盖内侧面上铣出两个卸荷槽，如图9-4所示的双点画线位置。开卸荷槽的原则是：当困油区容积缩小时，油液通过卸荷槽，能与压油腔相通，以便及时将被困油液排出；当困油区容积增大时，通过卸荷槽能与吸油腔相通，以便及时补油。

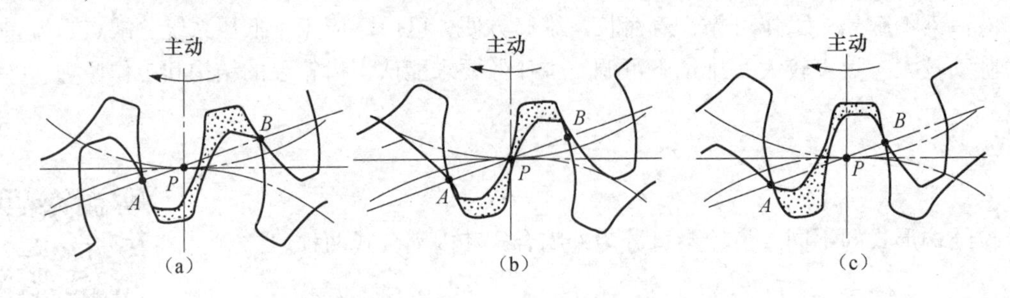

图9-3　齿轮泵的困油现象

P—节点；*A*，*B*—两对轮齿的啮合点

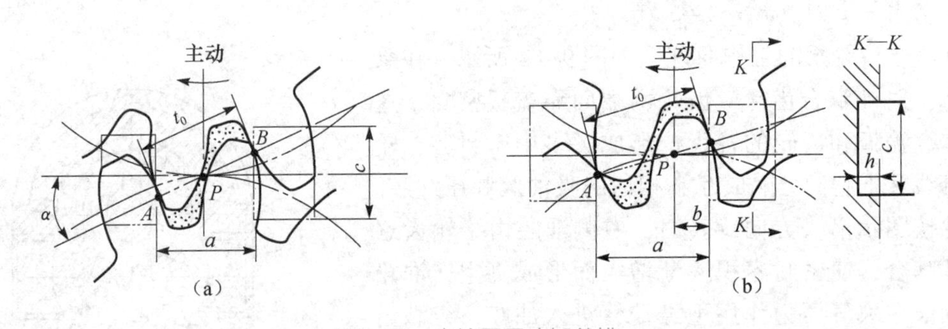

图9-4　齿轮泵困油卸荷槽

(a) 卸荷槽对称布置；(b) 卸荷槽非对称布置

两个卸荷槽之间的距离 a 必须在任何时候都保证不使吸油腔和压油腔相通。对于模数为 m、$\alpha=20°$标准安装的渐开线齿轮，$a=2.78\ m$。当卸荷槽非对称布置时，在压油腔的一侧必须保证 $b=0.8\ m$，如图9-4（b）所示。卸荷槽的槽宽度 $c\geqslant 2.5\ m$，槽的深度 $h\geqslant 0.8\ m$。卸荷槽非对称布置的改进方法比对称布置的效果好。

(3) 径向不平衡力。由于吸油腔和压油腔的压力不同而形成两腔压力差，液体作用在齿轮外缘的压力是不均匀的，压力油由压油腔压力逐渐分级下降到吸油腔压力，如图9-5所示。这些液压的合力作用在齿轮轴上，使齿轮轴分别受到一个径向压力 p_1 和 p_2，它随工作压力的升高而增大，其结果加速了轴承磨损，降低了轴承寿命，甚至使轴变形，造成齿顶与泵体内壁的摩擦等。

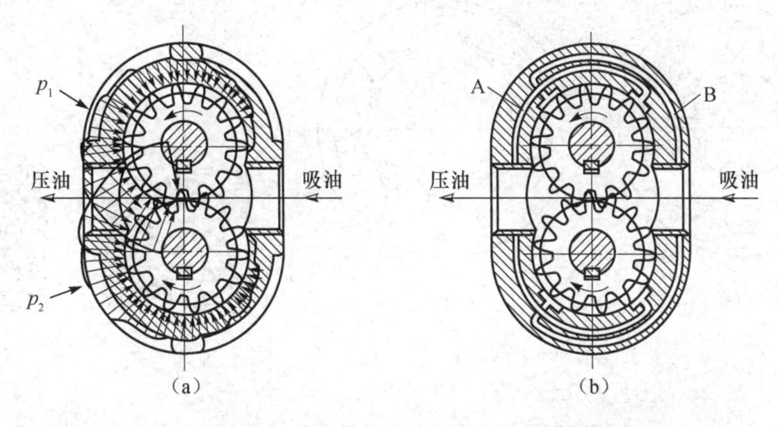

图 9-5　齿轮泵的径向不平衡力示意图

(a) 齿轮泵的径向不平衡力；(b) 齿轮泵径向力液压平衡原理

为了减小径向不平衡力对泵带来的不良影响，CB-B 型齿轮泵采取了缩小压油口的办法，其目的是减小压力油的作用面积。有的齿轮泵则在泵体上开径向力平衡槽 A、B，如图 9-5（b）所示。A 腔与高压腔相通，用来与高压腔形成压力平衡，B 腔与低压腔相通，以便使经过 A 腔的齿轮中的高压油卸压，采用这种方法虽可使作用在齿轮轴上的径向力保持平衡，但易造成内泄漏的增加，使容积效率降低。

3. 高压齿轮泵的结构特点

一般齿轮泵由于泄漏大且存在径向不平衡力，限制了压力的提高。高压齿轮泵针对上述问题采取了一系列措施，例如尽量减小径向不平衡力，提高轴与轴承的刚度，对端面间隙采用自动补偿装置等。端面间隙补偿原理如图 9-6 所示。泵的出口处压力油直接引入到浮动轴套 1 的外侧 A 腔，在液体压力的作用下，使轴套紧贴齿轮 3 的侧面，从而消除端面间隙，在泵启动时，靠弹簧 4 来产生预紧力，保证了启动时的端面密封。采用这种补偿装置的高压齿轮泵，压力可以为 10~16 MPa，容积效率不低于 0.9。

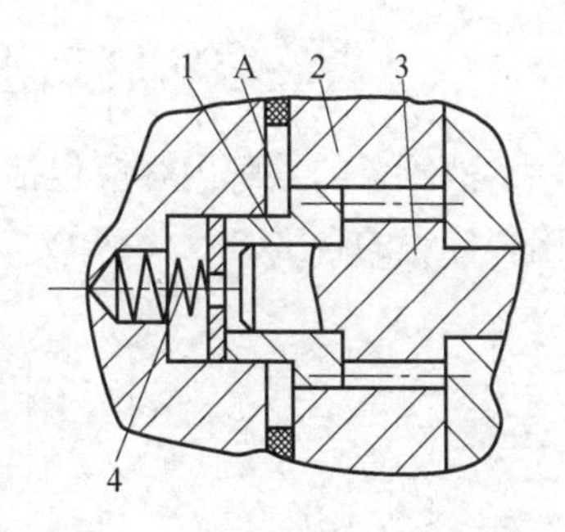

图 9-6　端面间隙补偿原理图

1—轴套；2—泵体；3—齿轮；4—弹簧

二、内啮合齿轮泵

内啮合齿轮泵有渐开线齿形和摆线齿形两种，如图 9-7 所示。它们也是利用齿间密封容积变化实现吸油和压油的。

1. 渐开线齿形内啮合齿轮泵

该泵由小齿轮、内齿环、月牙形隔板等组成。在该泵中，小齿轮是主动轮。当小齿轮按图 9-7（a）所示方向旋转时，轮齿退出啮合，密封容积增大而吸油；轮齿进入啮合，密封容积减小而压油。在渐开线齿形内啮合齿轮泵中，小齿轮和内齿轮之间装有一块月牙形隔板，以便将吸油腔和压油腔隔开。

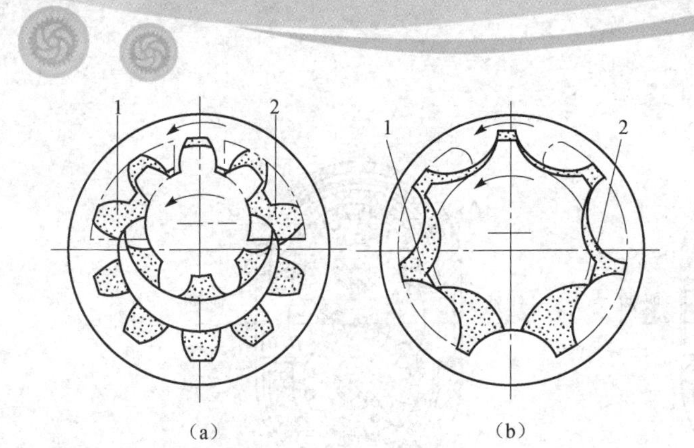

图9－7　内啮合齿轮泵齿形示意图

1—吸油腔；2—压油腔

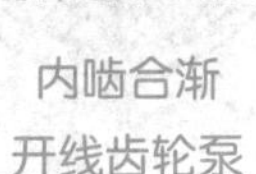

内啮合渐开线齿轮泵

内啮合摆线齿轮泵

2．摆线齿形内啮合齿轮泵

该泵又称摆线转子泵，主要结构是一对内啮合的齿轮（即内、外转子）由于小齿轮和内齿轮相差一齿，故不需设置隔板。两转子之间有一偏心距，工作时内转子带动外转子同向旋转，所有内转子的齿都进入啮合，形成几个独立的密封腔。随着内外转子的啮合旋转，各密封腔的容积将发生变化，进行吸油和压油。

内啮合齿轮泵结构紧凑、尺寸小、质量轻、运转平稳、噪声小，在高转速下工作有较高的容积效率。由于齿轮转向相同，相对滑动速度小、磨损小、使用寿命长，但齿形复杂、加工困难、价格较贵。

三、齿轮泵铭牌识别

液压泵的铭牌内容应包括名称、型号、主要技术参数等。图9－8所示为某齿轮泵上的铭牌标记的含义。

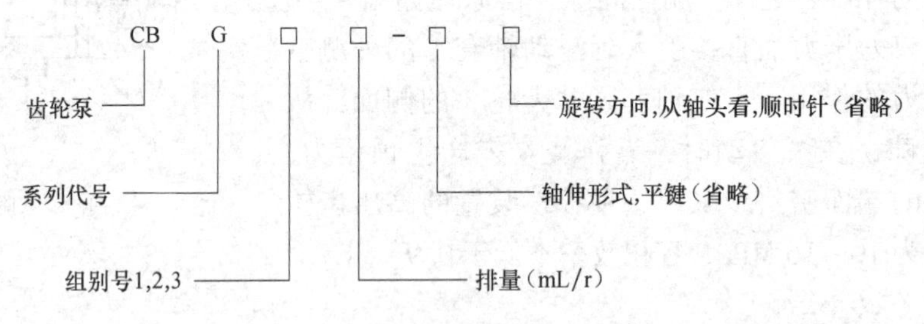

图9－8　某齿轮泵铭牌标记

例如，齿轮泵CBG2050：高压齿轮泵（额定压力为16 MPa），排量为50 mL/r，传动轴的旋转方向为顺时针。不同的生产厂家有不同的系列代号和标记形式。

操作训练　CB－B型齿轮泵的拆装

一、训练目的

（1）通过拆装训练增加对齿轮泵的结构组成、工作原理、主要零件形状的感性认识。

（2）能通过型号识别齿轮泵及其规格。

（3）增强学生的动手操作能力。

二、训练内容

1. 齿轮泵的拆卸

（1）观察齿轮泵的外部形状、记录铭牌标记，确定吸油口和压油口。

（2）松开泵体与泵盖的连接螺栓，取出定位销，将前、后泵盖和泵体分离开。

（3）从泵体中依次取出轴套、主动齿轮、从动齿轮等。如果配合面发卡，可用铜棒轻轻敲击出来，禁止猛力敲打，损坏零件。拆卸后，观察轴套（或侧板）的构造，并记住安装方向。

（4）观察与分析。

① 齿轮泵由哪些零件组成？

② 进入齿轮轴孔间的压力油是怎样回吸油腔的？

③ 进、出油口孔径是否相等？为什么？怎样判别进出油口？

④ 齿轮泵困油卸荷槽在哪个位置？相对高低压腔是否对称布置？

⑤ 齿轮泵内压力油是如何泄漏的？怎样提高其容积效率？

2. 齿轮泵的装配

（1）按拆卸的反顺序进行装配。注意检查泵轴的旋向要与泵的吸压油口吻合。

（2）安装浮动轴套时应将有卸荷槽的端面对准齿轮端面，径向压力平衡槽与压油口处在对角线方向。

任务三　叶片泵的拆装

叶片泵与齿轮泵相比，具有流量均匀、运转平稳、噪声小等优点，但也存在着结构复杂、吸油性能差及对油液污染比较敏感等缺点。叶片泵在机床液压系统中应用较广。本任务要求能认识叶片泵的结构和工作原理。

知识链接　叶片泵的类型与结构

叶片泵按输出流量是否可调，分为定量叶片泵和变量叶片泵；按每转吸油和压油次数不同，分为单作用式和双作用式两种。

一、双作用叶片泵

双作用叶片泵的工作原理图如图 9－9 所示。它主要由定子、转子、叶片、配流盘、传动轴和泵体等组成。定子的内表面是由两段长半径为 R 的圆弧、两段短半径为 r 的圆弧和四段过渡曲线组成的，定子与转子中心重合。转子上开有均布槽，矩形叶片安装在转子槽内，并可在槽内移动。转子旋转时，由于离心力和叶片根部油压的作用，叶片顶部紧贴在定子的内表面上，这样，两叶片之间和转子的外圆柱面、定子内表面及前后配油盘形成了若干个密封工作腔。

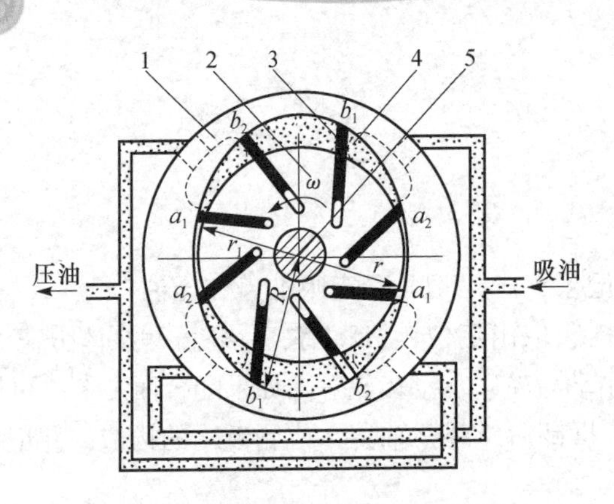

图9-9 双作用叶片泵的工作原理图

1—定子；2—转子；3—叶片；4—配油盘；5—轴

双作用叶片泵

当转子逆时针方向旋转时，密封工作腔的容积在右上角和左下角处逐渐增大，形成局部真空而吸油，为吸油区。在左上角和右下角处逐渐减小而压油，为压油区。吸油区和压油区中间有一段封油区把它们隔开。这种泵的转子每转一周，每个密封工作腔吸油、压油各两次，故称为双作用叶片泵。又因为泵的两个吸油区和压油区是径向对称的，因而作用在转子上的径向液压力平衡，所以又称为卸荷式叶片泵。

二、单作用叶片泵

单作用叶片泵的工作原理图如图9-10所示。它由转子、定子、叶片、配流盘、泵体等组成。与双作用叶片泵不同的是，定子的内表面是圆形，与转子间有一偏心距 e。转子旋转时，叶片依靠离心力使其顶部与定子内表面接触，配油盘上开有吸油和压油窗口各一个。转子每转一周，转子、定子、叶片和配油盘之间形成的密封容积只变化一次，容积增大时通过吸油窗口吸油，容积缩小时则通过压油窗口压油，完成一次吸油和压油，故称为单作用式叶片泵。由于转子单方向承受压油腔油压的作用，径向力不平衡，所以又称为非卸荷式叶片泵，其工作压力不宜太高。

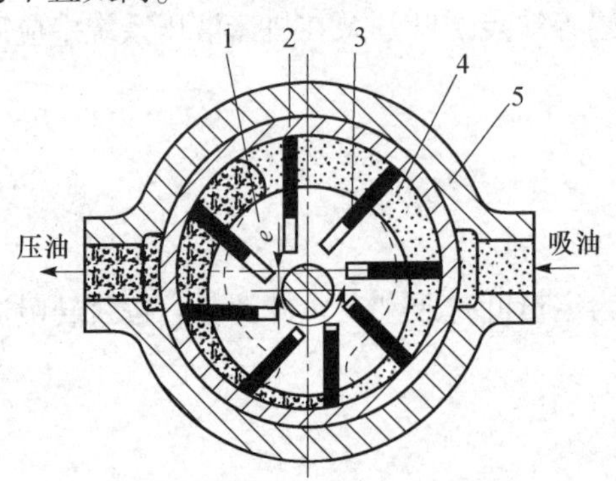

图9-10 单作用叶片泵的工作原理图

1—转子；2—定子；3—叶片；4—配流盘；5—泵体

单作用叶片泵

单作用叶片泵的结构特点如下。

(1) 定子和转子偏心安置。

只要改变转子和定子的偏心距 e 和偏心方向，就可以改变输油量和输油方向，成为双向

变量叶片泵。

(2) 叶片后倾。

为了减小叶片与定子之间的磨损，叶片底部的油槽采取在压油区通压力油、吸油区与吸油腔相通的结构形式，这样，叶片底部和顶部所受的液压力是平衡的。叶片仅靠旋转时所受的离心力作用向外运动顶在定子内表面。据力学分析，叶片后倾一个角度更有利于叶片向外伸出，通常后倾角为24°。

(3) 径向液压力不平衡。

由于转子及轴承上承受的径向力不平衡，所以该泵不宜用于高压系统。

三、限压式变量叶片泵

单作用叶片泵偏心距的调节可手动调节，也可自动调节。自动调节的变量泵根据其工作特性的不同分为限压式、恒压式、恒流量式三类，其中又以限压式应用较多。

限压式变量叶片泵是利用其工作压力的反馈作用实现变量的，它有外反馈和内反馈两种形式。外反馈式变量叶片泵的工作原理如图9-11 (a) 所示。转子2的中心 O_1 固定，定子3可以左右移动。限压弹簧5推压定子与反馈液压缸6的活塞紧靠，这时定子中心 O_2 和转子中心 O_1 之间有一初始偏心距 e_0，它决定于泵需要输出的最大流量。泵工作时，反馈液压缸对定子施加向右的反馈力 p_A，当泵的工作压力达到调定压力 p_B 时，定子所受反馈力与弹簧预紧力平衡；当泵的工作压力 $p<p_B$ 时，定子不动，保持初始偏心距 e_0 不变，泵的输出流量最大且保持基本不变；当泵的工作压力 $p>p_B$ 时，限压弹簧被压缩，定子右移，偏心距减小，泵的输出流量也相应减小；当泵的工作压力达到某一个极限值时，限压弹簧被压缩到最短，定子移到最右端，偏心距趋近于零，这时泵的输出流量为零。

内反馈式变量叶片泵的工作原理如图9-11 (b) 所示。内反馈式变量叶片泵的工作原理与外反馈式相似，但偏心距改变不是靠反馈液压缸，而是靠内反馈液压力的直接作用。内

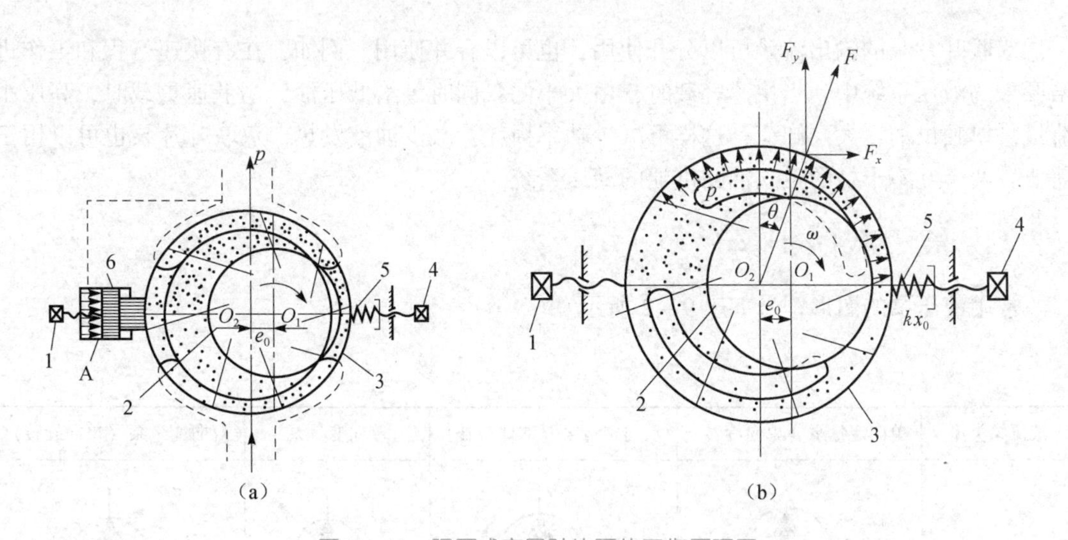

图9-11 限压式变量叶片泵的工作原理图

(a) 外反馈式；(b) 内反馈式

1，4—调节螺钉；2—转子；3—定子；5—限压弹簧；6—液压缸

反馈式变量叶片泵配油盘的吸、压油窗口与泵的中心线不对称，因此压力油对于定子内表面的作用力 F 与泵的中心线不重合，存在一个偏角 θ，液压作用力 F 的水平分力 F_x 就是反馈力，它有压缩限压弹簧、减小偏心距的趋势。当 F_x 大于限压弹簧预紧力时，定子向右移动，减小偏心距，使泵的输出流量相应减小。

限压式变量叶片泵适用于液压设备有“快进”“工进”及“保压”系统的场合。快进时负载小，压力低，流量大；工作进给时负载大，压力高，流量小；保压时提供小流量，补偿系统的泄漏。

四、双联叶片泵

双联叶片泵是由两套双作用叶片泵的定子、转子和配油盘等在一个泵体内组合而成的，通过一根转动轴带动两个泵同时工作。它有一个共同的进油口和两个独立的出油口。双联叶片泵结构如图 9-12 所示。

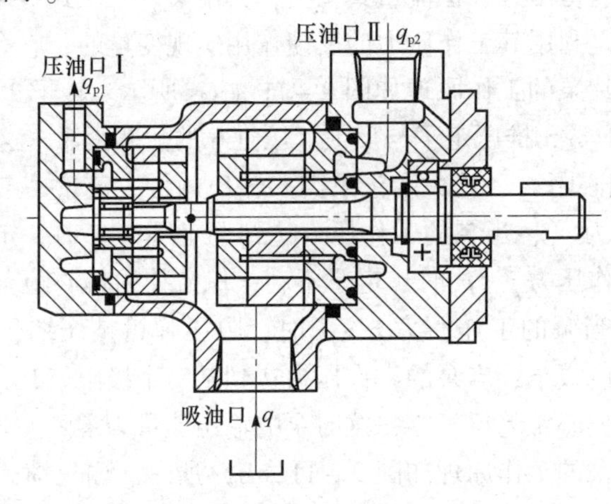

图 9-12　双联叶片泵结构图

双联叶片泵的输出流量可以分开使用，也可以合并使用。例如，在有快速行程和工作进给要求的液压系统中，当快速轻载时，由大小两泵同时供给低压油；当低速重载时，高压小流量泵单独供油，大泵卸荷，这样可减少功率损耗，减少油液发热。双联叶片泵也可以用于需要有两个互不干扰的独立油路供油的液压系统。

五、液压泵的图形符号

常用液压泵的图形符号如表 9-2 所示。

表 9-2　常用液压泵的图形符号

液压泵类型	单向定量泵（单向旋转）	双向定量泵（双向旋转）	单向变量泵	双向变量泵（单向旋转）
图形符号				

操作训练　YB1 型叶片泵的拆装

一、训练目的

（1）通过拆装训练增加对叶片泵的结构组成、工作原理、主要零件形状的感性认识。

（2）能通过型号识别液压泵及其规格。

（3）增强学生的动手操作能力。

二、训练内容

1. 叶片泵的拆卸

（1）观察叶片泵的外部形状、记录铭牌标记，确定吸油口和压油口。

（2）松开左、右泵体上的固定螺钉，依次卸下右泵体、泵盖、轴承挡圈、泵轴。

（3）从左泵体内取出泵芯组件，拔出传动轴，松开固定螺钉，依次取下左配油盘、定子、转子及其叶片、右配油盘。

（4）观察与分析。

① 叶片泵由哪些零件组成？

② 转子每转一周，每个密封工作腔如何实现吸油、压油各两次？

③ 定子内曲线的形状是什么？叶片泵的密封容积是如何形成的？

④ 叶片的数目有多少？叶片的形状、倾角方向又如何？

⑤ 配油盘上环形槽、吸油窗口、压油窗口及三角槽的布置及互通情况。

2. 叶片泵的装配

（1）按拆卸的反顺序进行装配，将泵芯组件（左配油盘、定子、转子及其叶片、右配油盘）按标记装配在一起，拧入固定螺钉。注意配流盘、定子、转子、叶片的装配方向。

（2）将轴承、油封、泵轴依次装入泵盖，拧入泵盖与右泵体固定螺钉。

（3）将泵芯组件装入左泵体，装上右泵体与泵盖，拧入并旋紧泵体固定螺钉。

任务四　柱塞泵的拆装

叶片泵和齿轮泵受使用寿命或容积效率的影响，一般只适合作为中、低压泵。柱塞泵是依靠柱塞在缸体内进行往复运动，使密封容积产生变化而实现吸油和压油的。由于柱塞与缸体内孔均为圆柱表面，因此加工方便，配合精度高，密封性能好，容积效率高。同时，柱塞处于受压状态，能使材料的强度充分发挥，可做成高压泵。而且，只要改变柱塞的工作行程就能改变泵的流量。所以，柱塞泵具有压力高、结构紧凑、效率高、流量调节方便等优点。柱塞泵常用于需要高压大流量和流量需要调节的液压系统，如龙门刨床、拉

床、液压机、起重机械等液压系统。本任务要求能认识柱塞泵的结构和工作原理，知道液压泵的选用方法。

知识链接1　柱塞泵的类型与结构

柱塞泵按柱塞排列方向不同，分为径向柱塞泵和轴向柱塞泵两类。

一、径向柱塞泵

径向柱塞泵的工作原理如图9－13所示。它主要由定子1、转子（缸体）2、柱塞3、配流轴4等零件组成，柱塞沿径向均匀分布在转子柱塞孔中。转子和定子之间有一个偏心距e。配流轴固定不动，上部和下部各做成一个缺口，两个缺口分别通过所在部位的两个轴向孔与泵的吸、压油口连通。当转子按图示方向旋转时，上半周的柱塞在离心力的作用下外伸，通过配流轴吸油；下半周的柱塞则受定子内表面的推压作用而缩回，通过配流轴压油；移动定子改变偏心距e的大小，便可改变柱塞的行程，从而改变泵的排量。若改变偏心距的方向，则可改变吸、压油的方向。因此，径向柱塞泵可以做成单向或双向变量泵。

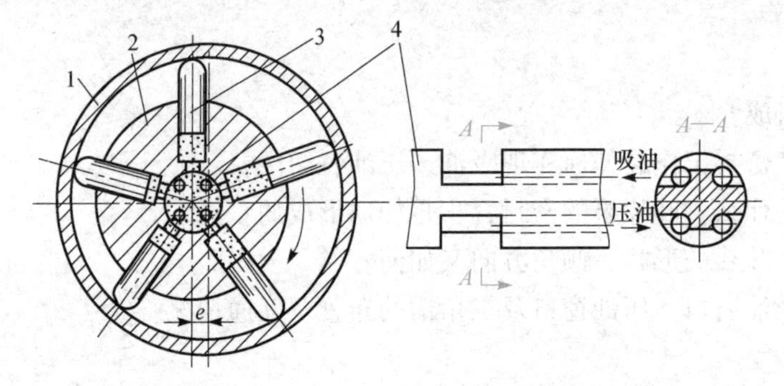

图9－13　径向柱塞泵的工作原理图

1—定子；2—转子；3—柱塞；4—配流轴

径向柱塞泵

径向柱塞泵的优点是流量大，工作压力较高，便于做成多排柱塞的形式，轴向尺寸小，工作可靠等。其缺点是径向尺寸大，自吸能力差，且配流轴受到径向不平衡液压力的作用，易于磨损，泄漏间隙不能补偿。这些缺点限制了泵的转速和压力的提高。

二、轴向柱塞泵

轴向柱塞泵是将多个柱塞配置在一个共同缸体的圆周上，并使柱塞中心线和缸体中心线平行的一种泵。轴向柱塞泵有两种形式，直轴式（斜盘式）和斜轴式（摆缸式）。

轴向柱塞泵的柱塞沿轴向均匀分布在缸体的柱塞孔中，其工作原理如图9－14所示。它主要由缸体7、配流盘10、柱塞5和斜盘1等组成。斜盘1和配流盘10固定不动，斜盘法线与缸体轴线夹角为斜盘倾角γ。缸体由轴9带动旋转，缸体上均布了若干个轴向柱塞孔，孔内装有柱塞5，内套筒4在中心弹簧6的作用下，通过压板3而使柱塞头部的滑履2紧靠在斜盘1上，同时外套筒8在弹簧6的作用下，使缸体7和配流盘10紧密接触，起密封作用。在配流盘10上开有吸、压油窗口。当传动轴带动缸体按图示方向旋转时，在右半

周内，柱塞逐渐向外伸出，柱塞与缸体孔内的密封容积逐渐增大，形成局部真空，通过配流盘的吸油窗口吸油；缸体在左半周旋转时，柱塞在斜盘1斜面作用下，逐渐被压入柱塞孔内，密封容积逐渐减小，通过配流盘的压油窗口压油；缸体每转一周，每个柱塞往复运动一次，吸、压油各一次。若改变斜盘倾角 γ 的大小，就能改变柱塞的行程长度 L，也就改变了泵的排量。如果改变斜盘倾角的方向，就能改变吸、压油的方向，而成为双向变量轴向柱塞泵。

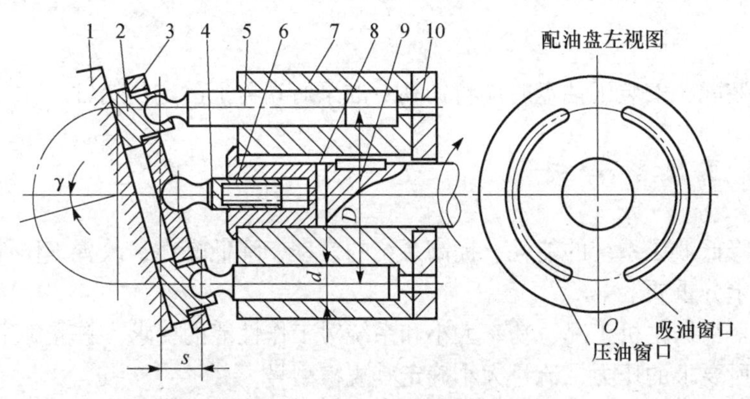

图9－14　轴向柱塞泵的工作原理图

1—斜盘；2—滑履；3—压板；4，8—套筒；5—柱塞；
6—弹簧；7—缸体；9—轴；10—配流盘

斜盘式轴向柱塞泵

设 D 为柱塞分布圆直径，d 为柱塞直径，z 为柱塞数目，泵的转速为 n，柱塞在缸体内的行程 $L = D\tan\gamma$，则泵的理论流量为

$$q_V = \frac{\pi}{4}d^2 Dzn\tan\gamma \tag{9-9}$$

操作训练　轴向柱塞泵的拆装

一、训练目的

（1）通过拆装训练增加对轴向柱塞泵的结构组成、工作原理、主要零件形状的感性认识。

（2）能通过型号识别液压泵及其规格。

（3）增强学生的动手操作能力。

二、训练内容

1. 柱塞泵的拆卸

（1）观察柱塞泵的外部形状、记录铭牌标记，确定吸油口和压油口。

（2）松开泵体与泵盖的连接螺栓，将泵体与泵盖分离开，从泵盖上取下配油盘。

（3）用两个专用长螺栓小心将回转缸体（包括柱塞组件、回程盘）从泵体内取出，松开泵轴与泵体的固定卡环，取出泵轴。

（4）松开螺栓，取出定位弹簧和变量活塞；取出斜盘。

(5) 观察与分析。

① 柱塞泵由哪几部分组成?柱塞泵的密封工作容积由哪些零件组成?

② 轴向柱塞泵是如何完成吸油、压油工作过程的?

③ 如何调节泵的流量?

④ 倾角方向如何?

⑤ 柱塞泵的配流盘上开有几个槽孔?各有什么作用?

2. 柱塞泵的装配

按拆卸的反顺序进行装配,安装配油盘时应将销孔对准泵后端盖上的定位销轴。

知识链接2　液压泵的选用

合理地选择液压泵对降低液压系统的能耗、提高系统的效率、降低噪声、改善工作性能和保证系统可靠地工作都十分重要。

选择液压泵的原则是:根据主机工况、功率大小和系统对工作性能的要求,首先确定液压泵的类型,然后按系统所要求的压力、流量大小确定其规格型号。

一、选择液压泵的类型

一般情况下,齿轮泵多用于低压系统,叶片泵用于中压系统,柱塞泵用于高压系统。在具体选择泵时,可参考表9-3所示的常用液压泵的性能比较,选用合适的结构形式。

表9-3　常用液压泵的性能比较

类型性能	外啮合齿轮泵	双作用叶片泵	限压式变量叶片泵	轴向柱塞泵	径向柱塞泵	螺杆泵
工作压力	低压	中压	中压	高压	高压	低压
流量调节	不能	不能	能	能	能	能
效率	低	较高	较高	高	高	较高
流量脉冲	最大	很小	一般	一般	一般	最小
自吸能力	好	较差	较差	差	差	好
噪声	大	小	较大	大	大	最小
对油污染的敏感性	不敏感	较敏感	较敏感	最敏感	最敏感	不敏感
单位功率成本	最低	中等	较高	高	高	较高

一般来说,由于各类液压泵各自突出的特点,其结构、功用和动转方式各不相同,因此可根据不同的使用场合选择合适的液压泵。一般在机床液压系统中,往往选用双作用叶片泵和限压式变量叶片泵;若用于机床辅助装置,例如送料和夹紧等不重要的场合,可选用价格低廉的齿轮泵;在筑路机械、港口机械以及小型工程机械中往往选择抗污染能力较强的齿轮泵;在负载大、功率大的刨床、拉床、压力机等设备,可选用柱塞泵。

二、选择液压泵参数

1. 确定液压泵的输出流量

液压泵的输出流量应满足液压系统中同时工作的各个执行元件所需最大的流量之和,即

$$q_{p} \geqslant K_{漏} \sum q_{vmax} \quad (9-10)$$

式中　$K_{漏}$——泄漏系数，一般 $K_{漏}=1.1\sim1.3$，系数复杂或管路较大者取大值，反之取小值。

2. 确定液压泵的工作压力

液压泵的工作压力应满足液压系统中执行元件所需的最大工作压力，即

$$p_{p} \geqslant K_{压} \cdot p_{max} \quad (9-11)$$

式中　$K_{压}$——系统的压力损失系数，一般 $K_{压}=1.3\sim1.5$，系数复杂或管路较大者取大值，反之取小值。

三、判别选用的液压泵是否适用

例：某复杂（液压元件较多，管路较长）液压系统，液压缸有效工作面积 $A=0.005\ m^2$，现要求液压缸能克服外负载 $F=20\ kN$，以速度 $v=0.05\ m/s$ 运动，现选用 YB－25 型液压泵，泵的总数率为 0.85。试分析：

（1）该液压泵是否满足要求。

（2）确定与液压泵配套的电动机功率。

（3）计算该系统工作时，电动机的实际输出功率。

分析：液压泵是否满足要求，应从两方面考虑：一是流量是否满足要求，二是压力是否满足要求。同时还要考虑液压缸的功率与液压泵的功率的关系、液压泵的功率与电动机功率的关系、损失系数的选择等。要特别注意的是：对于定量泵，无论是计算实际工作时的电动机功率还是计算与液压泵匹配的电动机功率，流量一律用额定流量。

解题示范：

解：（1）因为该液压系统复杂，故取 $K_{压}=1.5$，$K_{漏}=1.3$。

$$q_{V缸} = v_1 \times A_1$$

$$q_{V泵} = q_{V缸} \times K_{漏} = 0.05 \times 0.005 \times 1.3 = 3.25 \times 10^{-4}(m^3/s)$$

$$p_{缸} = F/A_1$$

$$p_{泵} = p_{缸} \times K_{压} = 1.5 \times 20\,000/0.005 = 6 \times 10^6(Pa)$$

液压泵选用 YB－25 型液压泵，查表并计算可知，$q_{V额}=4\times10^{-4}\ m^3/s$，$p_{额}=6.3\ MPa$。

因为

$$q_{V泵} < q_{V额}，p_{泵} < p_{额}$$

所以该泵能满足要求。

（2）电动机功率 $P=p_{泵额}\times q_{V额}/\eta=6.3\times10^6\times4\times10^{-4}/0.85=2.96\times10^3$（W）$=2.96$（kW）。

（3）实际输出功率 $P=p_{泵}\times q_{V额}/\eta=6\times10^6\times4\times10^{-4}/0.85=2.82\times10^3$（W）$=2.82$（kW）。

要点归纳

一、要点框架

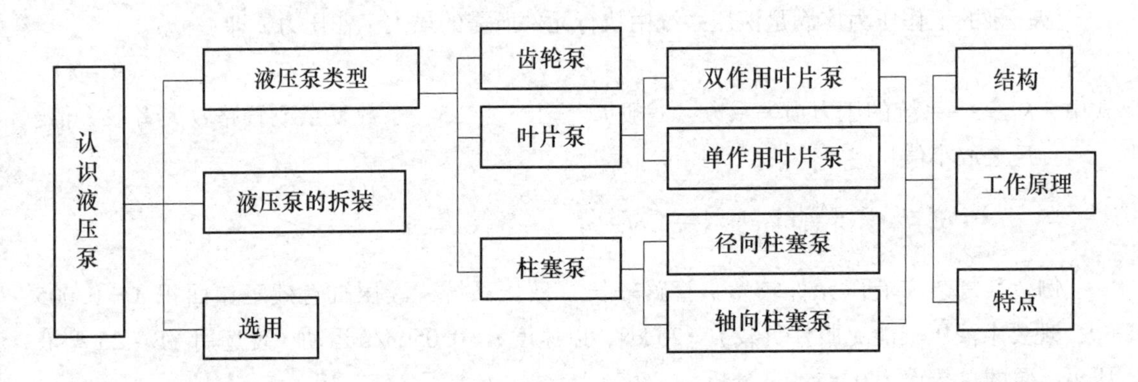

二、知识要点

(1) 容积式液压泵正常工作必须具备以下4个条件。

① 具有密封容积;

② 密封容积能交替变化;

③ 应有配流装置;

④ 吸油过程中油箱必须和大气相通。

(2) 三类液压泵的结构与性能比较,见表9-4。

表9-4　三类液压泵的结构与性能比较

比较项目	齿轮泵	叶片泵		轴向柱塞泵
		双作用叶片泵	单作用叶片泵	
密封腔的组成	两个齿轮的齿面、泵体和两个侧盖板	相邻两个叶片、转子外表面、定子内表面和左右配油盘		缸体内孔和柱塞的端面
密封腔的个数	一个吸油腔,一个压油腔	等于叶片数		等于柱塞数
容积变化原因	齿轮脱开,容积变大;齿轮啮合,容积变小	定子内表面是有规律的单位曲面	转子和定子之间有一个偏心距 e	因倾斜的斜盘作用
配油装置	因吸油和压油分别在不同的腔内进行,没有配油装置	两个配油盘		一个配油盘
排量/流量	定值	定值	可调	可调
压力	低	中		高
效率	低	中		高

(3) 选用液压泵时主要是确定液压泵的流量、工作压力和结构类型。

思考与练习

一、填空题

1. 齿轮泵按其结构形式可分为________和________两种，因其泄漏较大，只适用于________系统。

2. 单作用式叶片泵的转子每转一周，每个密封工作腔吸油、压油________次，输出流量可以改变，属________泵。双作用式叶片泵的转子每转一周，每个密封工作腔吸油、压油各________次，输出流量均匀，但输出流量不可改变，属________叶片泵。

3. 单作用叶片泵只要改变转子和定子的________就可以改变输油量，只要改变转子和定子的________，就可以改变泵的输油方向。

二、分析题

1. 题图1为液压泵工作原理示意图，思考并回答下列问题：

（1）密封容积是由元件________形成的。

（2）当偏心轮1旋转时，柱塞4在缸体3中往复移动。当柱塞向右移动时，密封油腔a的容积________，实现泵的________过程。当柱塞向左移动时，油腔a的容积________，实现________过程，泵是依靠________的变化来实现________和________的，所以称为容积泵。

（3）容积泵的基本工作条件是________、________、________和________。

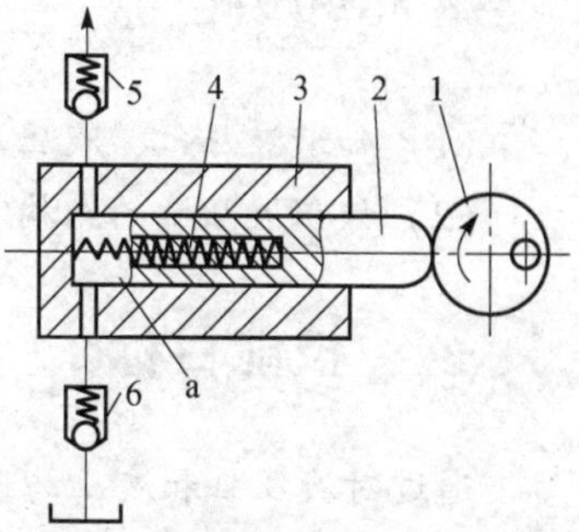

题图1 液压泵工作原理示意图

1—偏心轮；2—柱塞；3—缸体；4—弹簧；5，6—单向阀

三、计算题

某一简单液压系统，拟采用额定压力 $p_{额}=6.3$ MPa、额定流量 $q_{V额}=5.333\times10^{-4}$ m³/s、效率为0.85的定量泵供油，液压缸活塞直径为100 mm，以0.06 m/s的速度克服 $F_1=40$ kN的负载做运动，$K_{压}=1.3$，$K_{漏}=1.1$。试计算：

（1）该液压泵是否适用？

（2）此时拖动该液压泵工作的电动机功率。

（3）与该液压泵配套的电动机功率。

四、简答题

1. 什么是齿轮泵的困油现象？困油现象有什么危害？如何消除？

2. 单作用叶片泵和双作用叶片泵在结构和性能上有何区别？

项目十 认识液压缸与液压马达

学习导航

在液压传动系统中，液压执行元件是把液压能转变成机械能输出的装置。液压执行元件有液压缸和液压马达两种。液压缸一般用于实现直线往复运动或摆动，液压马达用于实现旋转运动。本项目通过液压缸与液压马达的理论学习、拆装训练达到如下目标。

知识目标

(1) 知道液压缸、液压马达的作用、分类和特点。
(2) 认识液压缸的结构及工作原理。

技能目标

通过对液压缸和液压马达的拆装训练，不仅增加对液压缸和液压马达的结构、工作原理、主要零件形状的感性认识，更增强动手操作能力。

任务一 液压缸的拆装

液压缸按其结构特点可分为活塞缸、柱塞缸、摆动缸；按作用方式可分为双作用式液压缸和单作用式液压缸。双作用式液压缸的两个方向的运动都由压力控制实现。单作用式液压缸只能使活塞单方向运动，其反方向必须依靠外力实现。在进行液压缸的拆装前，首先需要具备一些液压缸的基础知识。

知识链接1 液压缸的类型和图形符号

常见液压缸的类型、图形符号和说明如表 10－1 所示。

表 10－1　常见液压缸的类型、图形符号和说明

名　称			图形符号	备注说明
单作用液压缸	活塞缸			靠弹簧力返回行程，弹簧腔带连接油口
	柱塞缸			
	伸缩缸			
	膜片缸			活塞杆终端带缓冲
	增压缸		P1 P2	
双作用液压缸	单杆缸			
	双杆缸	不带限位开关		活塞杆直径不同，双侧缓冲，右侧带调节
		带限位开关	G G	左终端带内部限位开关，右终端有外部限位开关，由活塞杆触发
	膜片缸			带行程限制器
	伸缩缸			

续表

名称			图形符号	备注说明
单作用液压缸	无杆缸	带状无杆缸	G	仅右边终端位置切换
		磁性无杆缸		双侧缓冲

知识链接2 典型液压缸的结构与特点

一、活塞式液压缸

1. 双杆液压缸

双杆液压缸的两端都有活塞杆伸出。它主要由活塞杆压盖、缸盖、缸体、活塞、密封圈等组成，如图10-1所示。若双杆液压缸的缸体固定在机床上，活塞杆与机床工作台相连，则当液压油经油孔a进入液压缸的左腔时，推动活塞带动工作台向右运动；反之，活塞带动工作台向左运动。由于两个活塞杆相同，活塞两端的有效作用面积相同，若供油压力和流量不变，则活塞往复运动时两个方向的作用力相同，活塞往复运动速度相等。

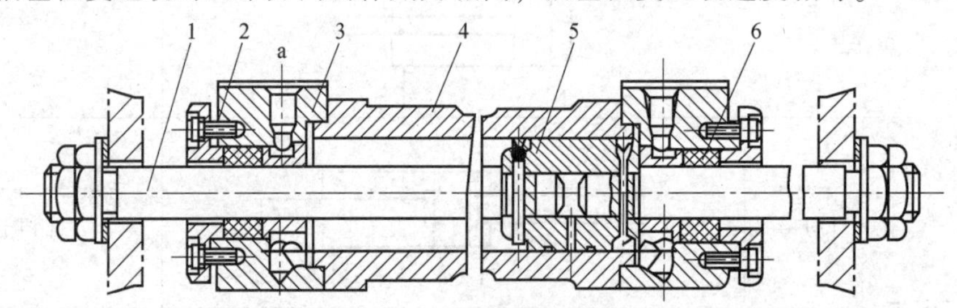

图10-1 双杆液压缸

1—活塞杆；2—压盖；3—缸盖；4—缸体；5—活塞；6—密封圈

双杆液压缸的推力和速度可按下式计算：

$$F = pA = \frac{\pi}{4}(D^2 - d^2)p \tag{10-1}$$

$$V = \frac{q_V}{A} = \frac{4q_V}{\pi(D^2 - d^2)} \tag{10-2}$$

式中 A——液压缸的有效工作面面积；

p——液压缸油液压力；

q_V——进入液压缸的流量；

D——液压缸的内径；

d——活塞杆直径。

双杆液压缸的固定方式除缸体固定方式外，还有活塞杆固定方式。如图10-2（a）所

示缸体固定方式，其运动范围约为活塞有效行程 L 的 3 倍，占地面积较大，一般用于中小型机床或液压设备。

活塞杆固定式结构如图 10－2（b）所示，当压力油经空心活塞杆的中心孔及活塞处的径向孔 c 进入液压缸的左腔，右腔经径向孔 d 和活塞杆中心孔回油时，推动缸体带动工作台向左移动。工作台的运动范围约为缸筒有效行程 L 的两倍，占地面积小，常用于中大型液压设备。

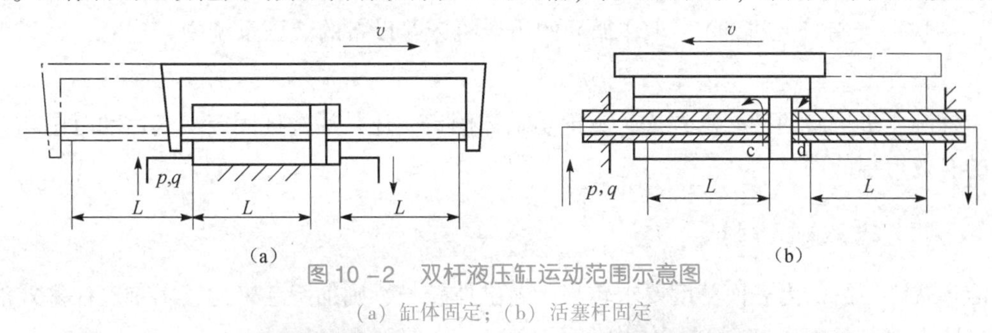

图 10－2　双杆液压缸运动范围示意图

（a）缸体固定；（b）活塞杆固定

双杆活塞缸（缸体固定）

双杆活塞缸（活塞杆固定）

2. 单杆液压缸

单杆液压缸仅一端有活塞杆。由于液压缸两个腔的有效面积不相等，当输入液压缸两个腔的压力和流量相等时，活塞（或缸体）在两个方向上的速度和推力均不相等。

单杆液压缸有 3 种连接方式：图 10－3（a）所示的无杆腔进油、有杆腔回油的连接方式；图 10－3（b）所示的有杆腔进油、无杆腔回油的连接方式；图 10－3（c）所示的两腔同时进油方式（差动连接）。这 3 种不同的连接方式下，活塞运动速度 v 和推力 F 各不相同，如表 10－2 所示。

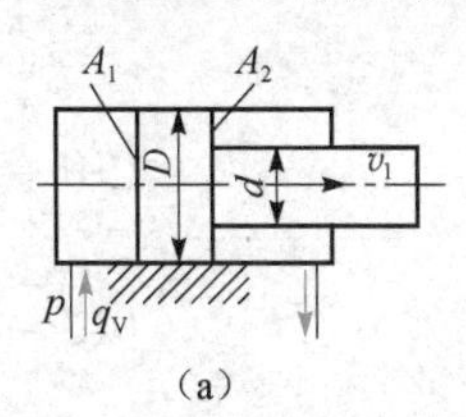

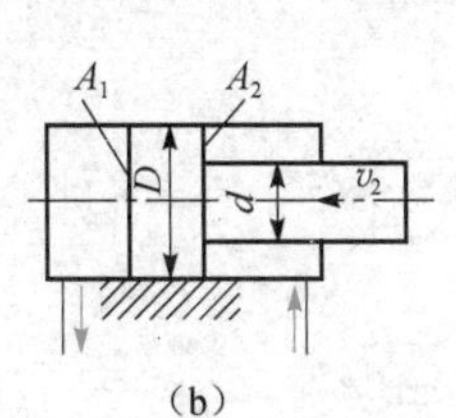

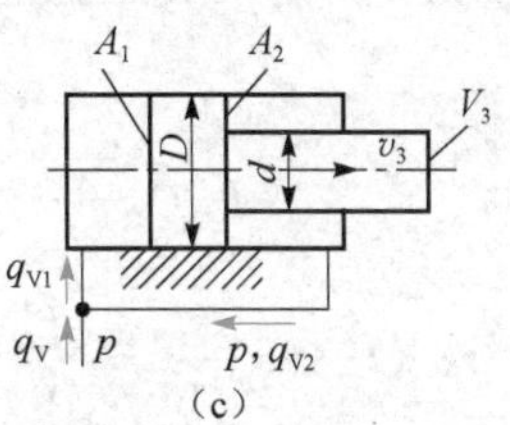

图 10－3　单杆液压缸的 3 种连接方式

（a）无杆腔进油、有杆腔回油的连接方式；

（b）有杆腔进油、无杆腔回油的连接方式；（c）两腔同时进油方式

单杆液压缸

表 10－2　单杆液压缸活塞的推力与运动速度

连接方式	活塞的推力 F	活塞的运动速度 v
无杆腔进油，有杆腔回油	$F_1=\frac{\pi D^2}{4}p$	$v_1=\frac{4q_V}{\pi D^2}$
有杆腔进油，无杆腔回油	$F_2=\frac{\pi}{4}(D^2-d^2)p$	$v_2=\frac{4q_V}{\pi(D^2-d^2)}$
差动连接	$F_3=\frac{\pi d^2}{4}p$	$v_3=\frac{4q_V}{\pi d^2}$

由表 10 - 2 可知，$v_1 < v_2$，$F_1 > F_2$，即无杆腔进油时推力大、速度低；有杆进油时推力小、速度高。因此，单杆液压缸常用于在一个方向上有较大负载但运行速度较低、在另一个方向上空载快速退回的设备，如各金属切削机床、压力机、注塑机、起重机。

由表 10 - 2 还可知，$v_3 > v_1$，$F_3 < F_1$，说明差动连接时，能使运动部件获得较高的速度和较小的推力。因此，单杆液压缸还常用于需要实现“快进（差动连接）—工进（无杆腔进油）—快退（有杆腔进油）”工作循环的组合机床等设备的液压系统中。这时，通常要求“快进”和“快退”的速度相等，则 $D = \sqrt{2}d$。

单杆液压缸也有两种固定方式，不论是缸体固定，还是活塞杆固定，其运动范围均为液压缸的有效行程的两倍。

二、柱塞式液压缸

活塞式液压缸的内表面精度要求较高，若缸体较长，则加工起来比较困难。柱塞式液压缸的缸体内壁与柱塞不接触，缸体内壁不需精加工，甚至可以不加工，只需对柱塞及其支承部分进行加工，因此，柱塞式液压缸结构简单，制造容易，特别适用于行程较长的导轨磨床、龙门刨床和液压机等液压设备中。

柱塞式液压缸的工作原理图如图 10 - 4（a）所示。柱塞与工作部件连接，缸体固定在机体上。当压力油进入缸体时，推动柱塞带动部件向右运动。柱塞缸只能实现单向运动，回程需借助自重（立式缸）或其他外力来实现。在大型设备中，若需实现双向运动，柱塞缸必须成对使用，如图 10 - 4（b）所示。

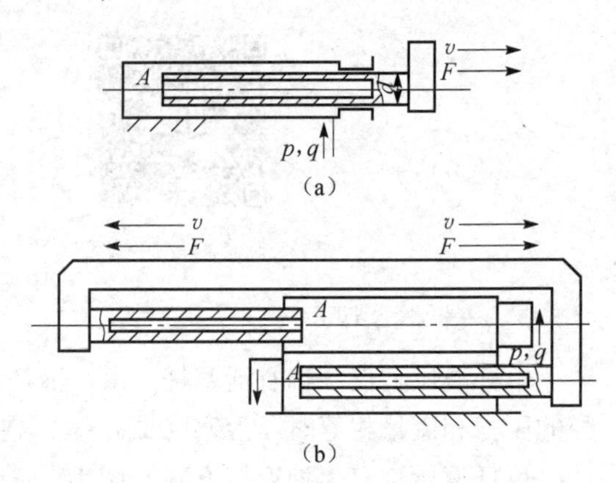

图 10 - 4　柱塞式液压缸的工作原理示意图

（a）工作原理图；（b）柱塞缸成对使用

当柱塞直径为 d，面积为 A，输入液压缸的流量为 q、压力为 p 时，其柱塞上所产生的推力 F 和速度 v 为

$$F = pA = p \cdot \frac{\pi}{4}d^2 \tag{10 - 3}$$

$$v = \frac{q}{A} = \frac{4q}{\pi d^2} \tag{10 - 4}$$

三、摆动式液压缸

摆动式液压缸也称摆动液压马达，是输出转矩并实现往复摆动的液压缸，有单叶片和双叶片两种形式。单叶片式摆动缸如图 10 - 5（a）所示，摆动轴上装有叶片，叶片和封油隔板将缸体内空间分成两腔。当缸的一个油口通压力油时，叶片产生转矩带动摆动轴摆动，摆动角度可达到 300°。双叶片式摆动缸如图 10 - 5（b）所示，它的摆动角度较小，最大达到 150°。相同压力和流量条件下，它的输出转矩是单叶片的两倍，角速度是单叶片式的一半。

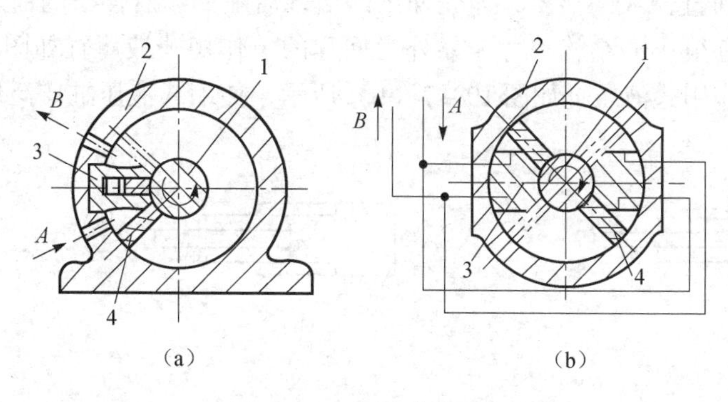

图 10 – 5　摆动式液压缸

（a）单叶片式；（b）双叶片式

1—叶片轴；2—缸体；3—定子；4—回转叶片

单叶片摆动液压马达

摆动式液压缸结构简单紧凑，输出转矩大，但密封困难，常用于机床的送料装置、间歇进给机构、转位装置及机床回转夹具中。

四、其他液压缸

1. 增压缸

增压缸又称增压器，能将输入的低压油转变为高压油，供液压系统中的高压支路使用。增压缸有单作用和双作用两种形式。单作用增压缸由直径不同的两个液压缸串联而成，大缸为原动缸，小缸为输出缸，如图 10 – 6（a）所示。若输入原动缸的油压力为 p_1，输出缸的出油压力为 p_2，则

$$p_2 = p_1\left(\frac{D}{d}\right)^2 \tag{10 – 5}$$

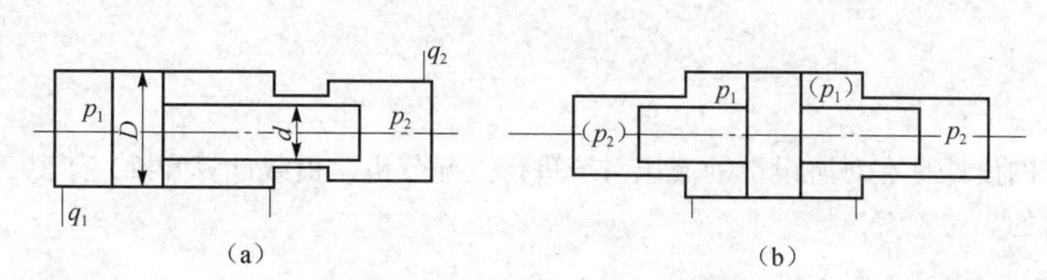

图 10 – 6　增压缸示意图

（a）单作用增压缸；（b）双作用增压缸

单作用增压缸只能在单方向行程中输出高压油，为克服这个缺点，可采用双作用增压缸，如图 10 – 6（b）所示。

2. 伸缩式液压缸

伸缩式液压缸由两个或多个活塞式液压缸套装而成，前一级活塞缸的活塞是后一级活塞缸的缸筒。当各级活塞依次伸出时可获得很长的工作行程。伸缩式液压缸的工作原理图如图 10 – 7 所示。最大直径的活塞先伸出，当活塞外伸到终点后，稍小直径的活塞开始外伸，直至最小直径的活塞伸出，相应的推力由大到小变化，伸出速度由慢到快。活塞缩回时，缩

回的顺序则由直径小的活塞到直径大的活塞，即先伸出的活塞后缩回，后伸出的活塞先缩回。活塞缩回后的液压缸具有很小的结构尺寸。靠外力回程的单作用式液压缸如图 10 - 7（a）所示；靠液压回程的双作用式液压缸如图 10 - 7（b）所示。伸缩式液压缸广泛用于起重运输车辆上。

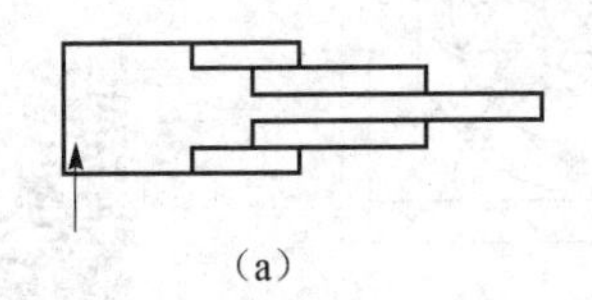

(a)

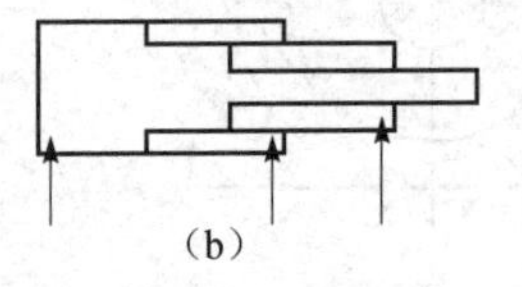

(b)

图 10 - 7　伸缩式液压缸示意图

（a）单作用式液压缸；（b）双作用式液压缸

3. 齿轮液压缸

齿轮液压缸，又称无杆活塞缸，由带有齿条杆的双活塞缸 1 和齿轮齿条机构 2 组成，如图 10 - 8 所示。活塞的往复移动经齿轮齿条机构变为齿轮轴的转动。它多用于机械手、磨床的进给机构、回转工作台的转位机构和回转夹具。

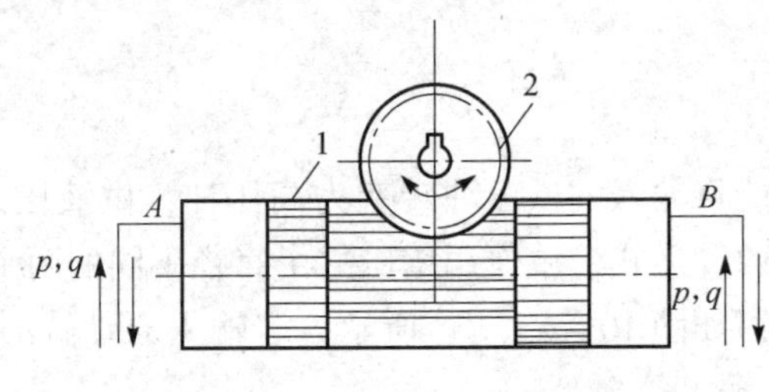

图 10 - 8　齿轮液压缸示意图

1—双活塞缸；2—齿轮齿条机构

知识链接 3　液压缸的设计

液压缸的设计是在对所设计的液压系统进行工况分析、负载计算和确定了其工作压力的基础上进行的。首先根据使用要求确定液压缸的类型，再按负载和运动要求确定液压缸的主要结构尺寸，必要时进行强度验算，最后进行结构设计。

液压缸的主要尺寸包括液压缸的内径 D、缸的长度 L、活塞杆直径 d。这些参数主要根据液压缸的负载 F、活塞运动速度 v 和行程 s 等因素来确定。

一、液压缸工作压力的确定

液压缸的推力 F 是由油液的工作压力 p 和活塞的有效工作面积 A 来确定的，即

$$F = Ap \tag{10-6}$$

式中　F——活塞（或缸）的推力；

p——进油腔的工作压力；

A——活塞的有效作用面积。

由式（10 - 6）可见，当给定的缸的推力 F 一定时，工作压力 p 越高，活塞的有效面积

A 就越小，缸的结构就越紧凑，但液压元件的性能及密封要求要相应提高；若压力 p 取得低，活塞有效面积 A 就大，缸的结构尺寸就大，要使工作机构得到同样的速度就要求有较大的流量，这样会使其他液压泵、液压阀等元件的规格相应增大，整个液压系统的结构庞大。

液压缸的工作压力可按负载大小确定，如表 10－3 所示。液压缸的工作压力也可按液压设备类型确定，如表 10－4 所示。

表 10－3　液压缸负载与工作压力之间的关系

负载 F/kN	<5	5～10	10～20	20～30	30～50	>50
缸工作压力 p/MPa	<0.8～1	1.5～2	2.5～3	3～4	4～5	≥5～7

表 10－4　各类液压设备常用的工作压力

设备类型	磨床	组合机床	车床、铣床、镗床	拉床	龙门刨床	农业机械、小型工程机械	液压机、重型机械、起重运输机械
缸工作压力 p/MPa	0.8～2	3～5	2～4	8～10	2～8	10～16	20～32

二、液压缸主要尺寸的确定

1. 液压缸内径 D 和活塞杆直径 d 的确定

动力较大的液压设备（如拉床、刨床、车床、组合机床等），液压缸的内径通常是根据液压缸的负载来确定的。

当无杆腔进压力油驱动负载时，常初选取回油压力为 0，液压缸的直径 D 与负载 F、工作压力 p 的关系为

$$D = \sqrt{\frac{4F_1}{\pi p}} \tag{10-7}$$

对于有杆腔进压力油驱动负载的液压缸，取回油压力为 0，缸径 D、活塞杆直径 d 与负载 F、工作压力 p 之间的关系式由上可得

$$D = \sqrt{\frac{4F_2}{\pi p} + d^2} \tag{10-8}$$

设 $\lambda = \frac{d}{D}$，并将 $d = \lambda D$ 代入上式，化简整理可得

$$D = \sqrt{\frac{4F_2}{\pi p(1 - \lambda^2)}} \tag{10-9}$$

式中　λ——活塞杆直径与液压缸内径的比值。λ 的数值与活塞杆受力性质及缸的工作压力有关，可参考表 10－5 进行取值。

表 10－5　系数 λ 的推荐表

λ　受力情况＼工作压力/MPa	<5	5～7	>7
活塞杆受拉力	0.3～0.45		
活塞杆受压力	0.5～0.55	0.6～0.7	0.7

动力较小的液压设备（如磨床、研磨机床等），除上述方法外，也可按往复运动速度的比值 Φ 来确定，即

$$\Phi = \frac{v_1}{v_2} = \frac{D^2}{D^2 - d^2} \tag{10-10}$$

整理后得

$$D = \sqrt{\frac{\Phi}{\Phi - 1}}d \quad 或 \quad D = \sqrt{\frac{v_2}{v_2 - v_1}}d \tag{10-11}$$

由式（10－10）和式（10－11）可知，若液压缸的往复速度已定，只要按结构要求选定活塞杆直径 d，即可计算出液压缸的内径 D，或按速比 Φ 值由有关表格直接查出 D 的数值。

不管用哪种方法计算出的缸径 D 和活塞杆直径 d，都必须圆整到标准值。液压缸内径系列和活塞杆直径系列如表 10－6、表 10－7 所示。

表 10－6　液压缸内径尺寸系列　　mm

8	10	12	16	20	25	32		40
50	63	80	(90)	100	(110)	125		(140)
160	180	200	220	250	320	400	500	630
注：括号内数值为非优先使用者。								

表 10－7　活塞杆直径尺寸系列　　mm

4	5	6	8	10	12	14	16	18
20	22	25	28	32	36	40	45	50
55	63	70	80	90	100	110	125	140
160	180	200	220	250	280	320	360	400

2. 液压缸长度 L 的确定

液压缸长度 L 根据所需最大工作行程长度而言，一般长度 L 不大于直径 D 的 20～30 倍。

3. 液压缸壁厚 δ 的确定

在一般中、低压液压系统中，液压缸的壁厚 δ 不用计算方法得出，而是由结构和工艺上

的需要来确定。只有在液压缸的工作压力较高和直径较大时才有必要对其最薄弱部位的壁厚进行强度校核。

当$\frac{D}{\delta}\geqslant 10$时，可按薄壁圆筒的计算公式进行校核，即

$$\delta \geqslant \frac{P_y D}{2[\sigma]} \tag{10-12}$$

当$\frac{D}{\delta}<10$时，可按厚壁圆筒的计算公式进行校核，即

$$\delta \geqslant \frac{D}{2}\left(\sqrt{\frac{[\sigma]+0.4p_y}{[\sigma]-1.3p_y}}-1\right) \tag{10-13}$$

式中　δ——缸筒壁厚；

D——缸筒内径；

P_y——实验压力，比最大压力大20%~50%；

$[\sigma]$——缸筒材料的许用应力。铸铁$[\sigma]$=60~70 MPa；铸钢、无缝钢管$[\sigma]$=100~110 MPa；锻钢$[\sigma]$=110~120 MPa。

4. 液压缸的其他尺寸的确定

活塞的宽度B，根据缸的工作压力和密封方式确定，一般取$B=(0.6\sim1)D$。

导向套滑动面的长度l_1与液压缸的内径D和活塞杆的直径d有关。当$D<80$ mm时，取$l_1=(0.6\sim1)D$；当$D>80$ mm时，取$l_1=(0.6\sim1)d$。

活塞杆的长度l可根据液压缸的长度L、活塞的宽度B、导向套和端盖的有关尺寸及活塞的连接方式确定。对于长径比$l/d>15$的受压活塞杆，应按照材料力学的有关公式进行稳定性校核计算。

液压缸的端盖尺寸、紧固螺钉的个数和尺寸等一般由结构决定。对压力高的液压缸，应验算连接螺钉的强度。

液压缸主要零件的材料和技术条件见《液压传动设计手册》。

由于单杆液压缸在液压传动系统中应用比较广泛，因而他的有关参数计算和结构设计具有一定的典型性。目前，液压缸的供货品种、规格比较齐全，用户可以在市场上购到。厂家也可以根据用户的要求设计、制造，用户一般只要求提出液压缸的结构参数及安装形式即可。

5. 液压缸的结构设计

在液压传动设计当中，除了液压泵和液压阀可选用标准元件外，液压缸往往需要自行设计和制造。除了液压缸的基本尺寸要计算外，还需对结构进行设计。液压缸的结构基本上可分为缸筒和缸盖、活塞和活塞杆、密封装置、缓冲装置和排气装置5个部分。

(1) 缸筒和缸盖。

缸筒和缸盖的连接方式主要有法兰连接式、半环连接式、螺纹连接式、拉杆连接式和焊接连接式。

图10-9所示为缸筒和缸盖的常见结构形式。图10-9（a）所示为法兰连接式，结构简单，容易加工，也容易装拆，但外形尺寸和重量都较大，常用于铸铁制的缸筒上。

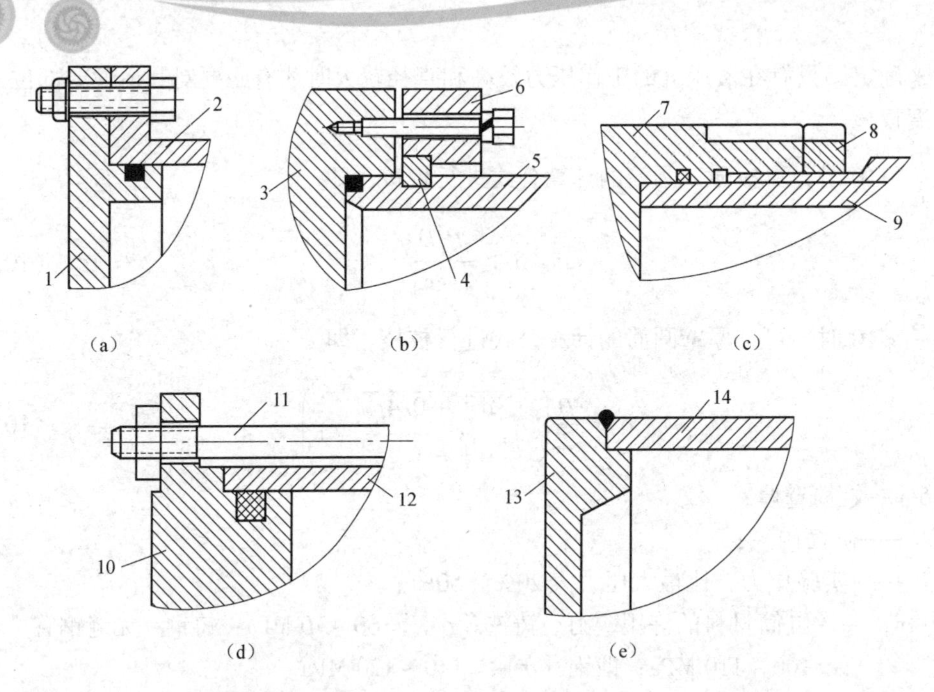

图 10－9　缸筒和缸盖结构示意图

(a) 法兰连接式；(b) 半环连接式；(c) 螺纹连接式；(d) 拉杆连接式；(e) 焊接连接式

1，3，7，10，13—缸盖；2，5，9，12，14—缸筒；4—半环；6—压板；8—防松螺母；11—拉杆

图 10－9（b）所示为半环连接式，它的缸筒壁部因开了环形槽而削弱了强度，为此有时要加厚缸壁，它容易加工和装拆，质量较轻，常用于无缝钢管或锻钢制的缸筒上。

图 10－9（c）所示为螺纹连接式，它的缸筒端部结构复杂，外径加工时要求保证内外径同心，装拆时要使用专用工具，它的外形尺寸和重量都较小，常用于无缝钢管或铸钢制的缸筒上。

图 10－9（d）所示为拉杆连接式，结构的通用性大，容易加工和装拆，但外形尺寸较大，且较重。

图 10－9（e）所示为焊接连接式，结构简单，尺寸小，但缸底处内径不易加工，且易引起变形。

(2) 活塞与活塞杆。

短行程的液压缸的活塞杆可以与活塞做成一体，这是最简单的形式。但当行程较长时，这种整体式活塞组件的加工较费事，所以常把活塞与活塞杆分开制造，然后再连接成一体。图 10－10 所示为几种常见的活塞与活塞杆的连接形式。

图 10－10（a）所示活塞与活塞杆之间采用螺母连接，它适用负载较小，受力无冲击的液压缸中。螺纹连接虽然结构简单，安装方便可靠，但在活塞杆上车螺纹将削弱其强度。

图 10－10（b）和（c）所示为卡环式连接方式。图 10－10（b）中活塞杆 8 上开有一个环形槽，槽内装有两个半圆环 6 以夹紧活塞 7，半环 6 由轴套 5 套住，而轴套 5 的轴向位置用弹簧卡圈 4 来固定。图 10－10（c）中的活塞杆，使用了两个半环 12，它们分别由两个密封圈座 10 套住，半圆形的活塞 11 安放在密封圈座的中间。

图 10－10（d）所示是一种径向销式连接结构，用锥销 13 把活塞 14 固连在活塞杆 15 上。这种连接方式特别适用于双出杆式活塞。

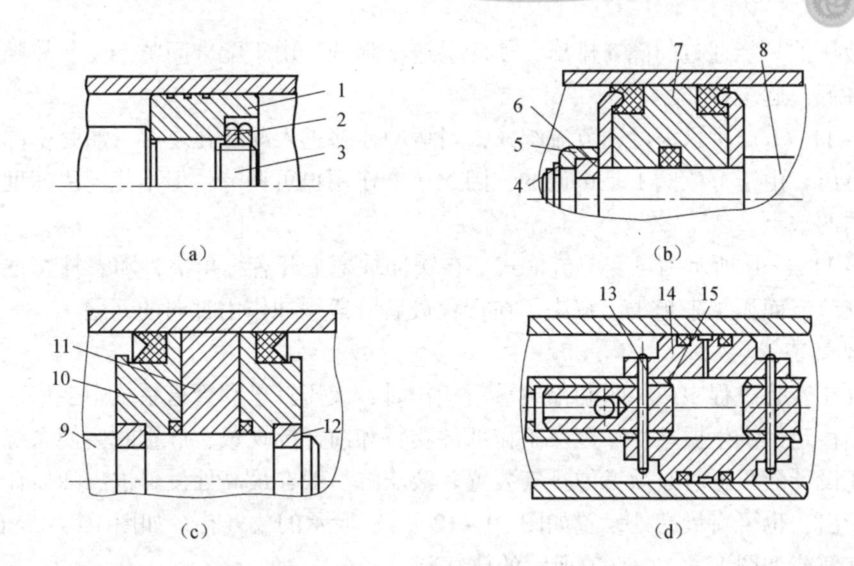

图 10－10　常见的活塞组件结构形式

(a) 螺母连接；(b) (c) 卡环式连接；(d) 径向销式连接

1，7，11，14—活塞；2—螺母；3，8，9，15—活塞杆；4—弹簧卡圈；

5—轴套；6，12—半环；10—密封圈座；13—锥销

(3) 缓冲装置。

液压缸一般都设置缓冲装置，特别是对大型、高速或要求高的液压缸，为了防止活塞在行程终点时和缸盖相互撞击，引起噪声、冲击，必须设置缓冲装置。

缓冲装置的工作原理是利用活塞或缸筒在其走向行程终端时封住活塞和缸盖之间的部分油液，强迫它从小孔或细缝中挤出，以产生很大的阻力，使工作部件受到制动，逐渐减慢运动速度，达到避免活塞和缸盖相互撞击的目的。

图 10－11 (a) 所示为圆柱形环隙式，当缓冲柱塞进入与其相配合的缸盖上的内孔时，

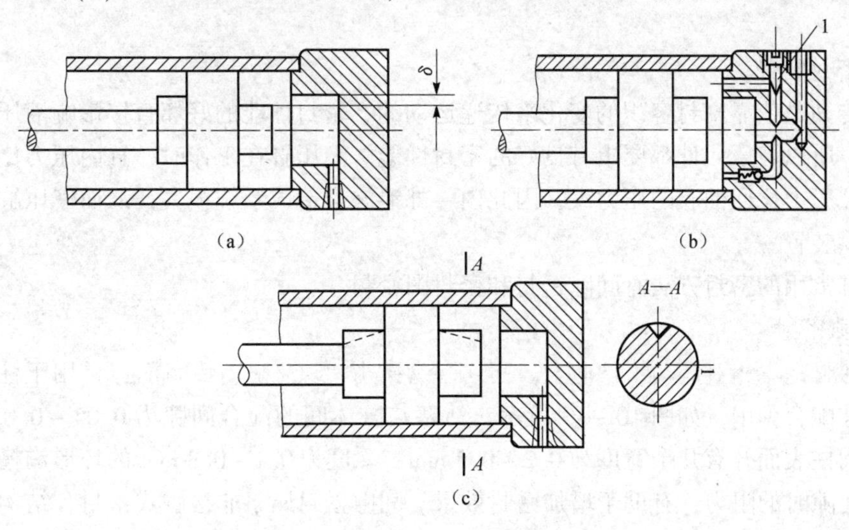

图 10－11　液压缸的缓冲装置

(a) 圆柱形环隙式；(b) 可调节流阀式；(c) 可变节流槽式

1—节流阀

内孔中的液压油只能通过间隙 δ 排出，使活塞速度降低。由于配合间隙不变，故随着活塞运动速度的降低，起缓冲作用。

图 10－11（b）所示为可调节流阀式，当缓冲柱塞进入配合孔之后，油腔中的油只能经节流阀 1 排出，由于节流阀 1 是可调的，因此缓冲作用也可调节，但不能解决速度减低后缓冲作用减弱的缺点。

图 10－11（c）所示为可变节流槽式，在缓冲柱塞上开有三角槽，随着柱塞逐渐进入配合孔中，其节流面积越来越小，解决了在行程最后阶段缓冲作用过弱的问题。

（4）排气装置。

液压缸在安装过程中或长时间停放重新工作时，液压缸里和管道系统中会渗入空气，使系统工作不稳定，产生振动、噪声及工作部件爬行和前冲等现象，严重时会使系统不能正常工作，因此设计液压缸时必须考虑排气装置。液压缸一般在最高处设置进出油口让空气由流出的油液带出，也可在最高处设置如图 10－12（a）所示的放气孔、如图 10－12（b）所示的专门排气塞或如图 10－12（c）所示的放气阀。

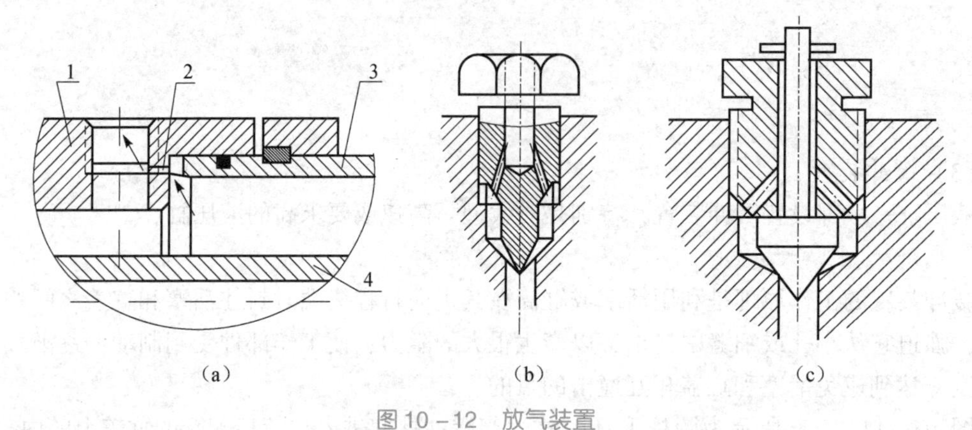

图 10－12　放气装置

1—缸盖；2—放气小孔；3—缸体；4—活塞杆

（5）密封装置。

液压传动是依靠密封容积的变化来传递运动的，密封性能的好坏直接影响液压系统的性能和效率，所以液压元件都要求有良好的密封性能。液压缸在工作时，缸内压力比缸外压力大，进油腔压力比回油腔的压力大，因此内、外泄漏会造成系统损失，从而液压缸要求合理地设置密封装置。

液压缸常用的密封方法有间隙密封和密封圈密封。

① 间隙密封。

间隙密封是靠相对运动零件配合表面之间的微小间隙来进行密封的，常用于柱塞、活塞或阀的圆柱配合副中。如图 10－13 所示，活塞与缸体间的配合间隙为 0.02～0.05 mm，同时活塞的圆柱表面开有几个宽度为 0.2～0.5 mm、深度为 0.1～0.3 mm 的环形沟槽，来增加油液流经间隙时的阻力，有助于增加密封效果。间隙密封属于非接触式密封，结构简单、摩擦阻力小、使用寿命长，但密封效果较差，难以完全消除泄漏，磨损后不能自动补偿。因此，它只适用于低压、小直径、快速运动的场合。

② 密封圈密封。

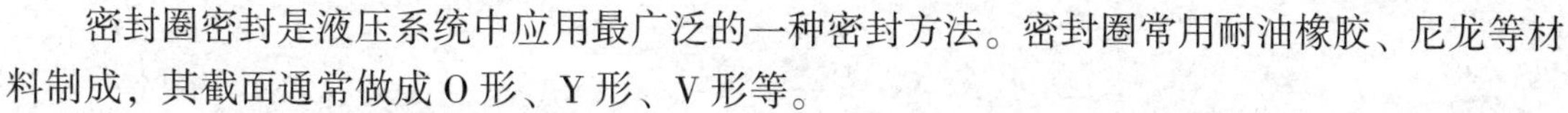

密封圈密封是液压系统中应用最广泛的一种密封方法。密封圈常用耐油橡胶、尼龙等材料制成，其截面通常做成 O 形、Y 形、V 形等。

O 形密封圈的截面为圆形，如图 10－14 所示。O 形密封圈一般用耐油橡胶制成，它是靠橡胶的初始变形及油液压力作用引起的变形来消除间隙而实现密封的。其结构简单，制造容易，密封可靠，摩擦力小，因此应用广泛，但密封处的精度要求高。

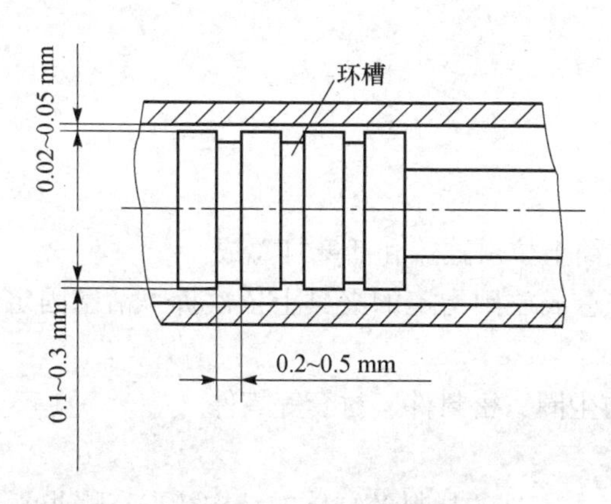

图 10－13　间隙密封示意图

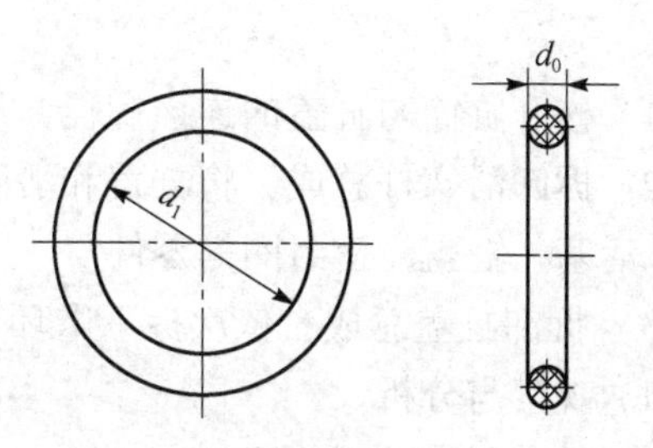

图 10－14　O 形密封圈示意图

Y 形密封圈的截面形状为 Y 形，用耐油橡胶制成，如图 10－15 所示。工作时，利用油的压力使两唇边紧压在配合件的两个结合面上实现密封。其密封性能随压力的升高而提高，并且在磨损后有一定的自动补偿能力，常用于液压缸与活塞及活塞杆之间的密封。装配时，其唇边应对着有压力的油腔。当压力变化较大、运动速度较高时，要采用支承环来固定 Y 形密封圈。

V 形密封圈的截面形状为 V 形，其结构形式如图 10－16 所示。它由支承环 1、密封环 2 和压环 3 组合而成。当压环压紧密封环时，支承环使密封环变形而起到密封作用。安装时，V 形环的唇边应面向压力高的一侧。V 形密封圈密封可靠、耐高压、寿命长，但密封装置的摩擦力和结构尺寸大，检修、拆换不方便。它主要用于大直径、高压、高速柱塞或活塞和低速运动的活塞杆的密封。

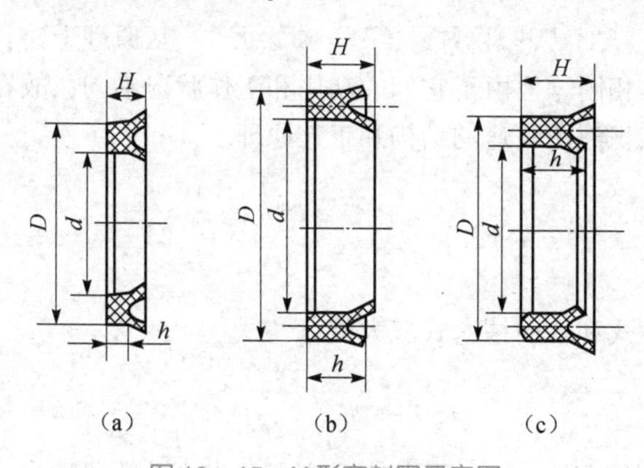

图 10－15　Y 形密封圈示意图

(a) 等高唇通用型；(b) 轴用型；(c) 孔用型

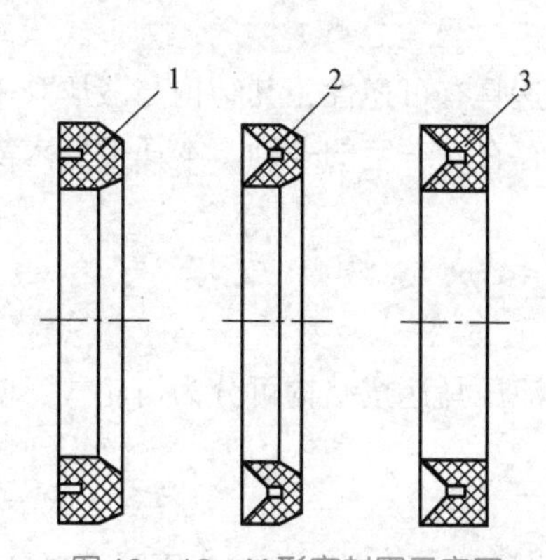

图 10－16　V 形密封圈示意图

1—支承环；2—密封环；3—压环

拆装训练　单杆活塞缸的拆装

一、训练目的

(1) 通过拆装训练增加对单杆活塞缸的结构组成、工作原理、主要零件形状的感性认识。
(2) 增强学生的动手操作能力。

二、训练内容

1. 活塞缸的拆卸

(1) 松开缸筒与缸盖的连接螺栓，从缸筒上拉出缸盖和活塞杆总成。
(2) 拆卸活塞杆总成，将缸盖和活塞杆总成放到指定的夹具上依次拆下活塞固定螺母、挡圈、活塞、缸盖、密封圈等零件。
(3) 拆卸缸盖总成，依次拆下卡环、防尘圈、密封件、衬套等零件。
(4) 观察与分析。
① 液压缸由哪些零件组成？液压缸中各类零件的材料及缸体的结构特点有哪些？
② 活塞与缸体、端盖与缸体、活塞杆与端盖间采用的密封方式是什么？
③ 知道缸体内孔、活塞、活塞杆的加工精度的要求。

2. 活塞缸的装配

(1) 按拆卸的反顺序进行装配。注意用液压油涂抹所有滑动表面，小心安装，不要损害活塞杆、密封圈、防尘圈等。
(2) 需保证活塞与活塞杆的同轴度。

任务二　液压马达的拆装

液压马达是将液体的压力能转换为连续回转的机械能的液压执行元件。从原理上讲，泵和马达具有可逆性，其结构与液压泵基本相同。但由于它们的功用和工作状况不同，故在结构上存在着一定的差别。本任务要求能认识液压马达的结构和工作原理。

知识链接　液压马达的类型与结构

液压马达按结构可分为齿轮式、叶片式和轴向柱塞式三大类。

一、齿轮式液压马达

图 10-17 为齿轮式液压马达的工作原理图。P 为两齿轮啮合点，齿高为 h，啮合点 P 到齿根的距离分别为 a 和 b。由于 a 和 b 都小于 h，所以压力油 p 作用在齿面上时，两个齿轮就分别产生了作用力 $pB(h-a)$ 和 $pB(h-b)$（p 为输入压力，B 为齿宽），使两齿轮按

图示方向旋转，并将油排至低压腔。

齿轮式液压马达具有与齿轮泵相似的优点，例如结构简单、体积小、质量轻、价格低等。缺点是效率低、启动性差、输出转速脉动严重，故其应用较少。

二、叶片式液压马达

图 10－18 为叶片式液压马达的工作原理图。图示状态下输入压力油后，位于压油腔中的叶片 2 和 6 因两侧面均作用有压力油而不产生转矩，而叶片 1 和 3 及 5 和 7 的一个侧面作用有压力油，而另一侧与回油口相通，叶片所受作用力不平衡，故叶片推动转子转动。由于叶片 1 和 5 伸出部分面积大于叶片 3 和 7，因而使转子产生顺时针方向的转动。当改变输油方向时，液压马达反转。

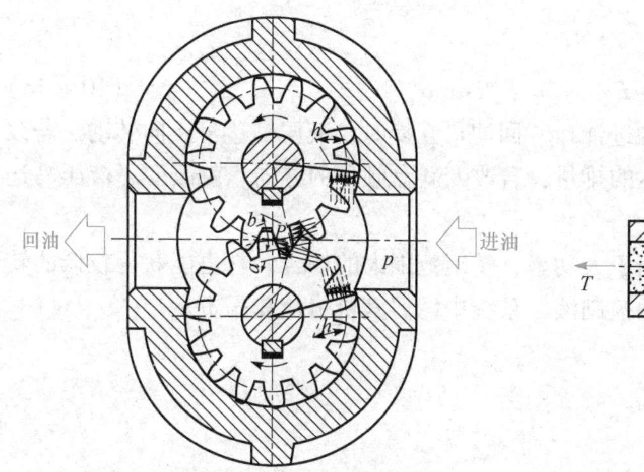

图 10－17 齿轮式马达的工作原理图

图 10－18 叶片式液压马达的工作原理图

为保证启动时叶片贴紧于定子内表面，叶片除靠压力油作用外，还要靠设置在叶片根部的预紧弹簧的作用。为保证马达正、反转的要求，叶片沿转子径向放置。

叶片式液压马达体积小、动作灵敏，但泄漏大、低速运转时不稳定。因此，叶片式液压马达适用于转速高、转矩小和要求换向频率较高的场合。

叶片式液压马达

三、轴向柱塞式液压马达

图 10－19 为轴向柱塞式液压马达的工作原理图。斜盘 1 和配流盘 4 固定不动，缸体 3 及其上的柱塞 2 可绕缸体的水平轴线旋转。当压力油经配流盘通过缸孔、进入柱塞底部时，柱塞被顶出压在斜盘上。斜盘对柱塞产生一个反作用力 F，力 F 的轴向分力 F_x 与柱塞后端的液压力相平衡，其值为

$$F_x = \frac{p\pi d^2}{4} \tag{10-14}$$

而径向分力

$$F_y = F_x \tan\gamma \tag{10-15}$$

它对缸体轴线产生一个力矩 T，即

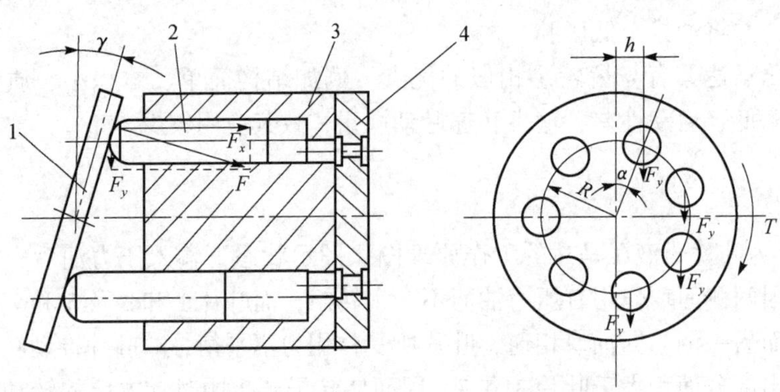

图 10-19　轴向柱塞式液压马达工作原理图

1—斜盘；2—柱塞；3—缸体；4—配流盘

$$T = F_y \cdot h = F_y R\sin\alpha \tag{10-16}$$

该力矩 T 带动缸体旋转。当液压马达的进油口、回油口互换时，液压马达将反向转动。若改变斜盘倾角的大小，就改变了液压马达的排量；若改变斜盘倾角的方向，就改变了液压马达的旋转方向。

轴向柱塞式液压马达效率高，多用于大功率、转矩范围大的场合。它也能获得较低的转速，目前已被广泛用于机床及各种自动控制液压系统中，但其价格比较昂贵。

拆装训练　轴向柱塞马达的拆装

一、训练目的

(1) 通过拆装训练增加对轴向柱塞马达的结构组成、工作原理、主要零件形状的感性认识。

(2) 增强学生的动手操作能力。

二、训练内容

1. 轴向柱塞式液压马达的拆卸

(1) 松开斜盘倾角调整螺钉，拆下端盖螺栓，取出端盖、回转缸体。

(2) 依次取出滑动杆、配油盘、冲洗阀、马达壳体、法兰轴等零件。

(3) 取出柱塞、取下柱塞环、弹簧座、滑套弹簧及回转滑套。

(4) 用清洁的油清洗、吹干并检查液压元件质量，必要时修理或更换。

(5) 观察与分析。

① 液压马达由哪些零件组成？液压马达中各类零件的材料及结构特点有哪些？

② 如何改变斜盘倾角和方向？

2. 轴向柱塞马达的装配

按拆卸的反顺序进行装配。注意用液压油涂抹所有滑动表面，小心安装，不要损害柱塞。

要点归纳

一、要点框架

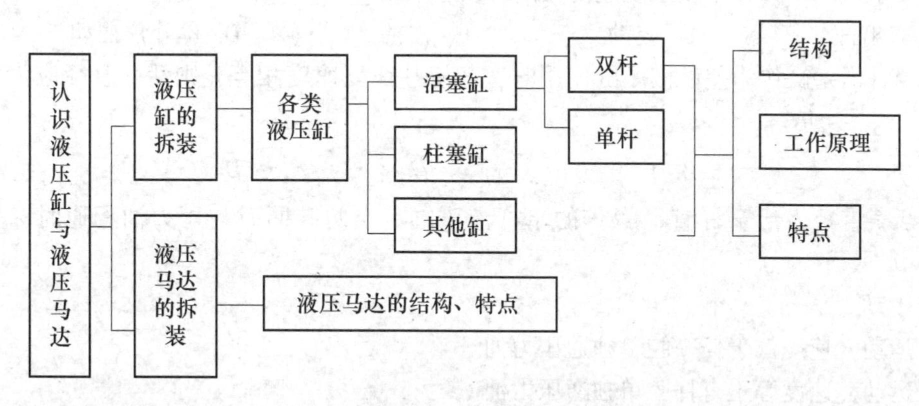

二、知识要点

1. 液压缸有多种形式，按其结构特点可分为活塞缸、柱塞缸、摆动缸；按作用方式可分为双作用式液压缸和单作用式液压缸。在活塞杆直径相同情况下，双活塞杆液压缸往返运动时的推力和速度相同。

2. 单杆活塞缸广泛应用在各种液压设备中，其连接的方式有3种，不同方式下的推力和运动速度不同，具体差异如表10－2所示。

3. 设计液压缸时，必须首先对液压系统进行工况分析、负载计算，确定其工作压力，然后确定液压缸的类型和主要结构尺寸，必要时进行强度验算，最后进行结构设计。

4. 液压缸常用的密封方法有间隙密封和密封圈密封。密封圈密封是液压系统中应用最广泛的一种密封方法。密封圈常由耐油橡胶、尼龙等材料制成，其截面通常做成O形、Y形、V形等。

5. 缓冲装置的工作原理是利用活塞或缸筒在其走向行程终端时封住活塞和缸盖之间的部分油液，强迫它从小孔或细缝中挤出，以产生很大的阻力，使工作部件受到制动，逐渐减慢运动速度，达到避免活塞和缸盖相互撞击的目的。

6. 液压马达的结构与液压泵基本相同。但由于它们的功用和工作状况不同，故在结构上还是存在着一定的差别。液压马达有齿轮式液压马达、叶片式液压马达和轴向柱塞式液压马达。

思考与练习

一、填空题

1. 液压执行元件有________和________两种类型，这两者的不同点在于：________将

液压能变成直线运动或摆动的机械能；________将液压能变成连续回转的机械能。

2. 液压缸按结构特点的不同可分为________缸、________缸、摆动缸等。液压缸按其作用方式不同可分为________和________两种。

二、选择题

1. 要求机床工作台往复运动速度相同时，应采用________液压缸。

A. 双出杆　　B. 差动　　C. 柱塞　　D. 单叶片摆动

2. 单杆活塞缸作为差动液压缸使用时，若使其往复速度相等，则活塞直径应为活塞杆直径的________倍。

A. 0　　B. 1　　C. $\sqrt{2}$　　D. $\sqrt{3}$

3. 活塞直径为活塞杆直径$\sqrt{2}$倍的单杆液压缸，当两腔同时与压力油相通时，则活塞________。

A. 不动

B. 运动，速度低于任一腔单独通压力油

C. 运动，速度等于有杆腔单独通压力油

D. 运动，速度高于有杆腔单独通压力油

4. 不能成为双向变量液压泵的是________。

A. 双作用式叶片泵　　B. 单作用式叶片泵

C. 轴向柱塞泵　　D. 径向柱塞泵

三、判断题

1. 液压缸负载的大小决定进入液压缸油液压力的大小。（　）

2. 改变活塞的运动速度，可采用改变油压的方法来实现。（　）

四、计算题

1. 某液压系统执行元件为双活塞杆液压缸，液压缸的工作压力 $p=3.5$ MPa，活塞直径 $D=0.09$ m，活塞杆直径 $d=0.04$ m，工作进给速度 $v=0.0152$ m/s。问液压缸能克服多大阻力？液压缸所需流量为多少？

2. 在题图 1 所示液压缸中，活塞面积 $A_1=5\times10^{-3}$ m^2，活塞杆面积 $A_3=2\times10^{-3}$ m^2，当液压缸活塞向右的运动速度 $v_1=0.01$ m/s 时。试求：进入液压缸中油液的流量 q_{V1} 和从液压缸流出油液的流量 q_{V2} 各为多少？

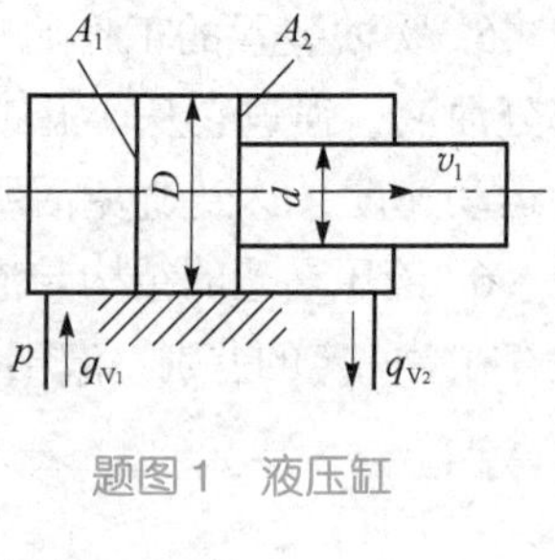

题图 1　液压缸

3. 某差动连接液压缸。已经进油流量为 $q_1=30$ L/min，进油压力 $p=4$ MPa，要求活塞往复运动速度均为 6 m/min，试计算此缸筒内径 D 和活塞杆直径 d，并确定输出的推力 F 多大？

项目十一　液压控制回路的类型与设计

学习导航

与气压传动系统一样，在液压传动系统中，控制元件主要用来控制液压执行元件运动的方向、承载的能力和运动的速度，以满足机械设备工作性能的要求。由这些液压控制元件为核心组成的基本回路有方向控制回路、压力控制回路、速度控制回路、顺序动作回路等。液压传动系统也是由各种功能的基本回路组成，因此，熟悉和掌握几种常用的基本回路是分析液压传动系统的基础。本项目通过基本回路的学习与操作训练，以及汽车起重机支腿收放控制回路和注塑机合模控制回路的设计与调试达到如下目标。

知识目标

（1）认识液控单向阀和换向阀的结构、图形符号，以及换向回路、锁紧回路的组成和功能。

（2）认识各压力控制阀的结构、图形符号，以及各种压力控制回路的组成和功能。

（3）认识各流量控制阀的结构、图形符号，以及速度控制回路的类型、组成和功能。

（4）认识液压系统中顺序动作回路的组成和功能。

（5）认识比例阀、插装阀的结构、功能。

技能目标

（1）具备正确调节各种控制元件和组装各种控制回路的能力。

（2）能利用各种回路的功能，根据工作性能要求设计汽车起重机支腿收放控制回路和注塑机合模控制回路。

任务一　认识方向控制回路及其核心元件

方向控制回路是控制执行元件的启动、停止及换向的回路，这类回路包括换向回路和锁紧回路。与气压传动系统一样，方向控制回路的核心元件是方向控制阀。方向控制阀主要用

来通、断油路或改变油液的流动方向，从而控制液压执行元件的启动、停止或改变其运动方向。本任务要求认识方向控制回路及其核心元件的功能。

知识链接1　方向控制阀

方向控制阀分为单向阀和换向阀两类。

一、单向阀

常见的单向阀有普通单向阀和液控单向阀两种。

1. 普通单向阀

普通单向阀的主要作用是控制油液的单向流动，反向截止。图11－1（a）所示是一种管式普通单向阀的结构。压力油从阀体左端的通口P_1流入时，克服弹簧3作用在阀芯2上的力，使阀芯向右移动，打开阀口，并通过阀芯2上的径向孔a、轴向孔b从阀体右端的通口流出。但是压力油从阀体右端的通口P_2流入时，它和弹簧力一起使阀芯锥面压紧在阀座上，使阀口关闭，油液无法通过。图11－1（b）所示是单向阀的图形符号。

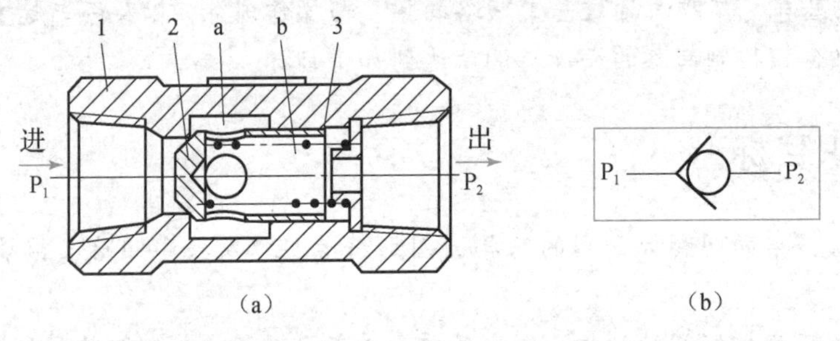

图11－1　单向阀的结构示意图与图形符号

（a）结构示意图；（b）图形符号

1—阀体；2—阀芯；3—弹簧

单向阀开启压力一般为0.035－0.05 MPa，主要应用有：

① 用于液压泵的出口，防止油液倒流冲击泵站。

② 作为背压阀使用，使油液保持一定的压力，利于执行元件的平衡运行。

2. 液控单向阀

液控单向阀的结构如图11－2（a）所示。液控单向阀是一种通入控制液压油后即能允许油液双向流动的单向阀，它由单向阀和液控装置两部分组成。当油控制口K处无压力油通入时，它的工作和普通单向阀一样，压力油只能从进油口P_1流向出油口P_2，不能反向流动。

当油控制口K处有压力油通入时，控制活塞1右侧的a腔通泄油口（图11－3中未画出），在液压油压力作用下活塞向右移动，推动顶杆2顶开阀芯，使油腔P_1和P_2接通，油液就可以从P_2口流向P_1口。在图11－3所示形式的液控单向阀结构中，K处通入的控制压力最小为主油路压力的30%～50%（而在高压系统中使用的，带卸荷阀芯的液控单向阀其最小控制压力约为主油路的50%）。

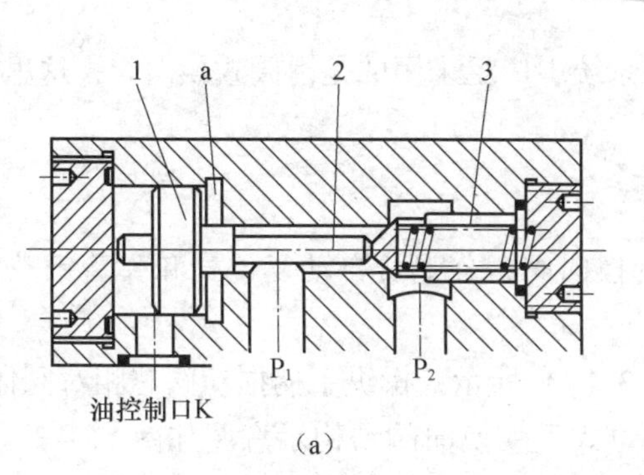

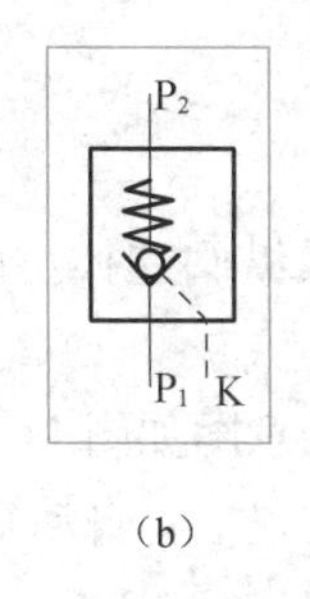

图 11－2　液控单向阀的结构示意图与图形符号

(a) 结构示意图；(b) 图形符号

1—活塞；2—顶杆；3—阀芯

液控单向阀

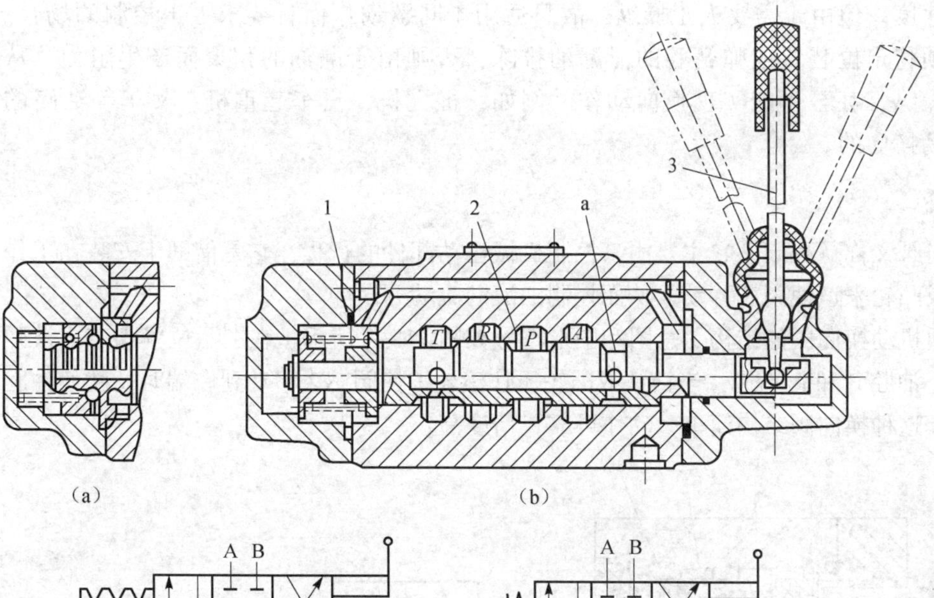

图 11－3　三位四通手动换向阀结构示意图与图形符号

(a) 弹簧钢球定位式结构示意图；(b) 弹簧自动复位式结构示意图；

(c) 弹簧钢球定位式图形符号；(d) 弹簧自动复位式图形符号

1—弹簧；2—阀芯；3—手柄

手动换向阀

液控单向阀具有良好的单向密封性，常用于执行元件需要长时间保压、锁紧的情况下，也常用于速度换接回路中及防止立式液压缸停止运动时因自重而下滑。

二、换向阀

换向阀

换向阀利用阀芯相对于阀体的相对运动，使油路接通、关断，或变换油流的方向，从而使液压执行元件启动、停止或变换运动方向。

换向阀的种类很多，其分类方式也各有不同。按阀芯相对于阀体的运

动方式来分有滑阀和转阀两种；在液压传动系统中广泛采用的是滑阀式换向阀，这里介绍滑阀式换向阀的几种典型结构。

1. 手动换向阀

手动换向阀是用手动杆操纵阀芯换位的换向阀，分弹簧自动复位式和弹簧钢珠定位式两种。

定位式手动换向阀结构示意图如图 11－3（a）所示，操纵手柄推动阀芯相对阀体移动，通过钢球使阀芯停留在不同位置上。自动复位式手动换向阀结构示意图如图 11－3（b）所示，通过手柄推动阀芯，要想使阀芯维持左位或右位，手柄必须扳住不放。若放开手柄，阀芯在弹簧的作用下就会自动回复中位。

手动换向阀结构简单，动作可靠，有的还可以人为地控制阀口的大小，从而控制执行元件的运动速度。但由于需要人工操纵，故只适用于间歇动作而且要求人工控制的场合。在使用时必须将定位装置或弹簧腔的泄漏油排除，否则由于漏油的积聚而产生阻力，从而影响阀的操纵，甚至不能实现换向动作。例如，推土机、汽车起重机、叉车等油路的控制都是手动换向的。

2. 机动换向阀

机动换向阀又称行程阀，它主要用来控制机械运动部件的行程，它是借助于安装在工作台上的挡铁或凸轮来迫使阀芯移动，从而控制油液的流动方向的。

二位二通机动换向阀的结构示意图和图形符号如图 11－4 所示。在图示位置阀芯 2 被弹簧压向左端，油腔 P 和 A 不通，当挡铁或凸轮压住滚轮 1 使阀芯 2 移动到右端时，就使油腔 P 和 A 接通。这种换向阀结构简单，动作可靠，精度高。

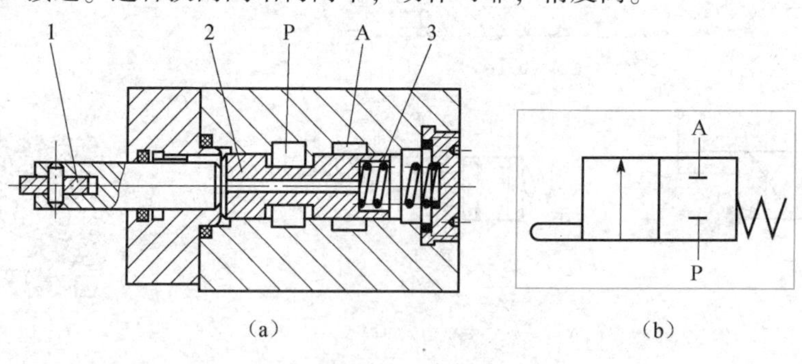

图 11－4　机动换向阀的结构示意图与图形符号

（a）结构示意图；（b）图形符号

1—滚轮；2—阀芯；3—弹簧

机动换向阀

3. 电磁换向阀

电磁换向阀是利用电磁铁的通电吸合与断电释放而直接推动阀芯换位的换向阀。它是电气系统和液压系统之间的信号转换元件。它操纵方便、布局灵活，有利于提高自动化程度，因此应用广泛。

三位四通双电控换向阀的结构示意图和图形符号如图 11－5 所示。阀的两端各有一个电磁铁和一个对中弹簧，阀芯在常态时处于中位。当右端电磁铁通电吸合时，衔铁通过推杆将阀芯推至左端，换向阀在右位工作；反之，左端电磁铁通电吸合时，换向阀在左位工作。

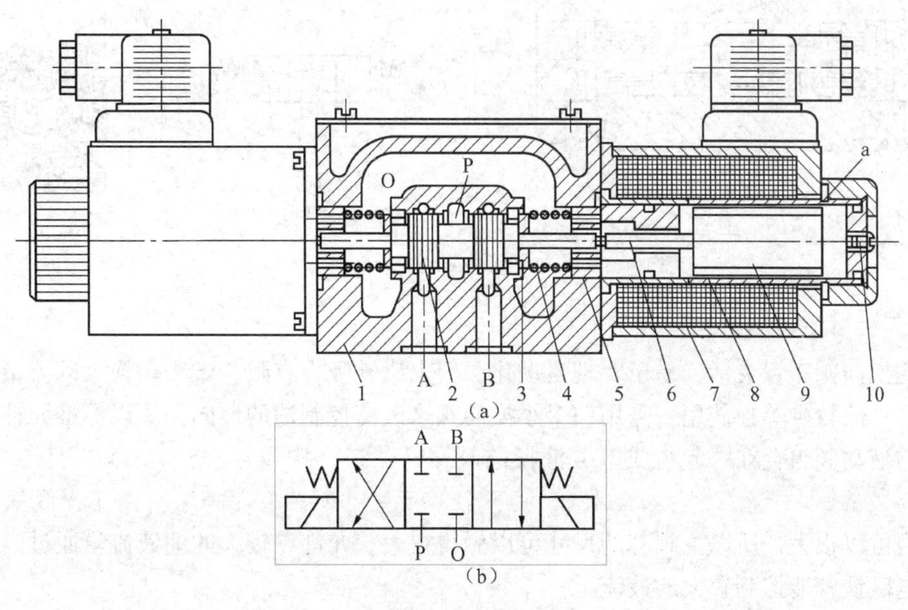

图 11－5　三位四通电磁换向阀的结构示意图与图形符号

（a）结构示意图；（b）图形符号

1—阀体；2—阀芯；3—弹簧座；4—弹簧；5—挡块；6—推杆；7—线圈；8—密封导磁套；9—衔铁；10—防气螺钉

对于二位四通或二位三通的电磁换向阀，有弹簧复位式和定位式之分，图 11－6（a）所示的是弹簧复位式，图 11－6（b）所示的是双电磁铁钢球定位式，该阀在电磁铁断电时仍能保持通电时的状态，具有“记忆”功能。因此不但节约了能源，延长了电磁铁的使用寿命，而且不会因为电源因故中断引起系统失灵或出现事故，常用于自动化机械及自动线上。

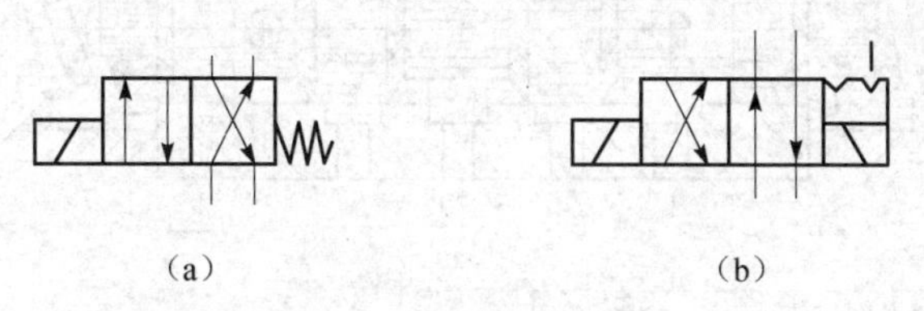

图 11－6　二位四通电磁换向阀图形符号

（a）弹簧复位式；（b）钢球定位式

4. 液动换向阀

液动换向阀是利用控制油路的压力油来改变阀芯位置的换向阀。三位四通液动换向阀的结构和图形符号如图 11－7 所示。阀芯是由其两端密封腔中油液的压差来移动的，当控制油路的压力油从阀右边的油控制口 K_2 进入滑阀右腔，K_1 接通回油时，阀芯向左移动，使压力油口 P 与 B 相通，A 与 T 相通；当 K_1 接通压力油，K_2 接通回油时，阀芯向右移动，使得 P 与 A 相通，B 与 T 相通；当 K_1 和 K_2 都不通压力油时，阀芯在两端弹簧和定位套作用下回到中间位置。

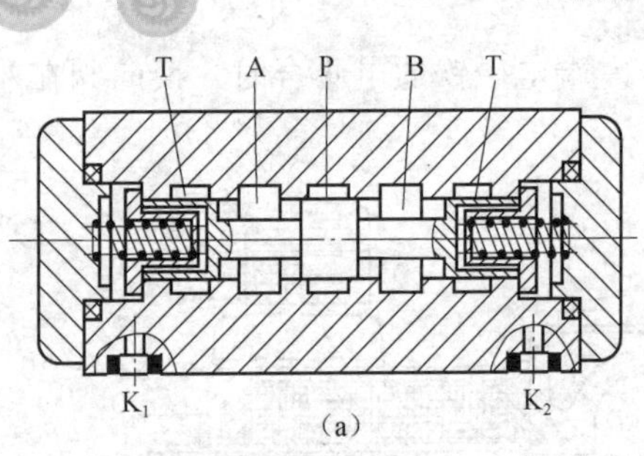

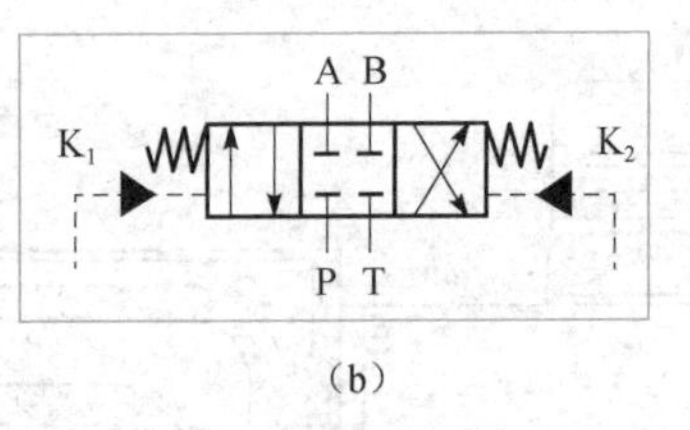

液动换向阀

图 11-7 三位四通液动换向阀的结构示意图和图形符号

(a) 结构示意图; (b) 图形符号

5. 电-液换向阀

电磁换向阀布置灵活，易于实现自动化，但电磁铁吸力有限，难于切换大的流量；而液动换向阀一般较少单独使用，需用一个小换向阀来改变控制油的流向。所以标准元件通常将电磁阀与液动阀组合在一起组成电-液换向阀。电磁阀（称先导阀）用于改变控制液流的流动方向，从而控制液动阀（称主阀）换向，改变主油路的通路状态。由于操纵液动阀的液压推力可以很大，所以主阀芯的尺寸可以做得很大，允许有较大的油液流量通过。这样用较小的电磁铁就能控制较大的液流。

弹簧对中型三位四通电-液换向阀的结构和图形符号如图 11-8 所示。当先导电磁阀左

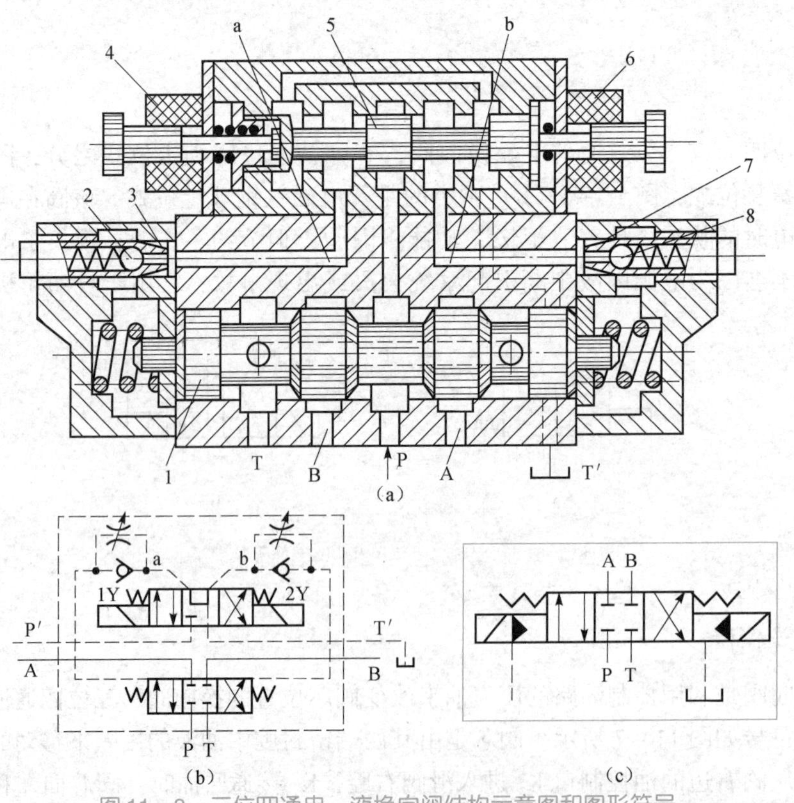

图 11-8 三位四通电-液换向阀结构示意图和图形符号

(a) 结构示意图; (b) 图形符号; (c) 图形符号简图

1—主阀阀芯; 2—单向阀; 3—节流阀; 4—电磁铁线圈; 5—阀芯; 6—电磁铁线圈; 7—节流阀; 8—单向阀; a, b—连接油口

边的电磁铁通电后，其阀芯向右边位置移动，来自主阀P口或外接油口的控制压力油可经先导电磁阀的a口和左单向阀进入主阀左端油腔，并推动主阀阀芯向右移动，这时主阀芯右端油腔中的控制油液可通过右边的节流阀经先导电磁阀的b口和T′口，再从主阀的T口或外接油口流回油箱（主阀芯的移动速度可由右边的节流阀调节），从而使主阀P与A、B和T的油路相通；反之，由先导电磁阀右边的电磁铁通电，可使P与B、A和T的油路相通；当先导电磁阀的两个电磁铁均不带电时，先导电磁阀阀芯在其对中弹簧作用下回到中位，此时来自主阀P口或外接油口的控制压力油不再进入主阀芯的左、右两个油腔，主阀芯左、右两个油腔的油液通过先导阀中间位置的a、b两个油口与先导阀T′口相通，如图11－8（b）所示，再从主阀的T口或外接油口流回油箱。主阀芯在两端对中弹簧的预压力的推动下，依靠阀体定位，准确地回到中位，此时主阀的P、A、B、T油口均不通。

三、中位机能

对于各种操纵方式的三位四通和三位五通的换向滑阀，阀芯在中间位置时各油口的连通情况称为换向阀的中位机能。不同的中位机能，可以满足液压系统的不同要求，常见的三位四通、三位五通换向阀的中位机能的类型、滑阀状态、符号、作用和特点如表11－1所示。由表11－1可以看出，不同的中位机能是通过改变阀芯的形状和尺寸而得到的。

表11－1　三位换向阀的中位机能

机能类型	中间位置时的滑阀状态	中间位置的符号		作用、机能特点
		三位四通	三位五通	
O	T(T_1) A P B T(T_2)	A B P T	A B T_1 P T_2	油口全闭，油不流动。液压缸锁紧，液压泵不卸荷，并联的液压缸（或液压马达）运动不受影响。由于液压缸充满油，从静止到启动较平稳；在换向过程中，由于运动惯性引起的冲击较大，换向点重复位置较精确
H	T(T_1) A P B T(T_2)	A B P T	A B T_1 P T_2	油口全开，液压泵卸荷，液压缸成浮动式。其他执行元件（液压缸或液压马达）不能并联使用。由于液压缸油液流回油箱，从静止到启动有冲击。在换向过程中，由于油口互通，故换向较O型平稳，但冲出量较大
Y	T(T_1) A P B T(T_2)	A B P T	A B T_1 P T_2	进油口关闭，液压缸浮动，液压泵不卸荷。可并联其他执行元件，其运动不受影响。由于液压缸油液流回油箱，从静止到启动有冲击。换向过程的性能处于O型与H型之间
P	T(T_1) A P B T(T_2)	A B P T	A B T_1 P T_2	回油口关闭，泵口和两液压缸口连通，液压泵不卸荷，可并联其他执行元件。从静止到启动较平稳。换向过程中液压缸两腔均通压力油，换向时最平稳，冲出量比H型小，应用较广。差动液压缸不能停止

续表

机能类型	中间位置时的滑阀状态	中间位置的符号		作用、机能特点
		三位四通	三位五通	
M	$T(T_1)$ A P B $T(T_2)$	A B P T	A B T_1 P T_2	液压泵卸荷，不能并联其他执行元件，从静止到启动较平稳。换向时，与O型性能相同。可用于立式或锁紧的系统中
J	$T(T_1)$ A P B $T(T_2)$	A B P T	A B T_1 P T_2	泵口与液压缸相应接口不通，液压缸的一个接口与回油口相通，液压泵不卸荷，可与其他执行元件并联使用。从静止到启动有冲击，换向过程也有冲击

四、多路换向阀

多路换向阀是一种集中布置的组合式手动换向阀，常用于工程机械等要求集中操纵多个执行元件的设备中。多路换向阀的组合方式有并联式、串联式和顺序单动式3种，符号如图11－9所示。

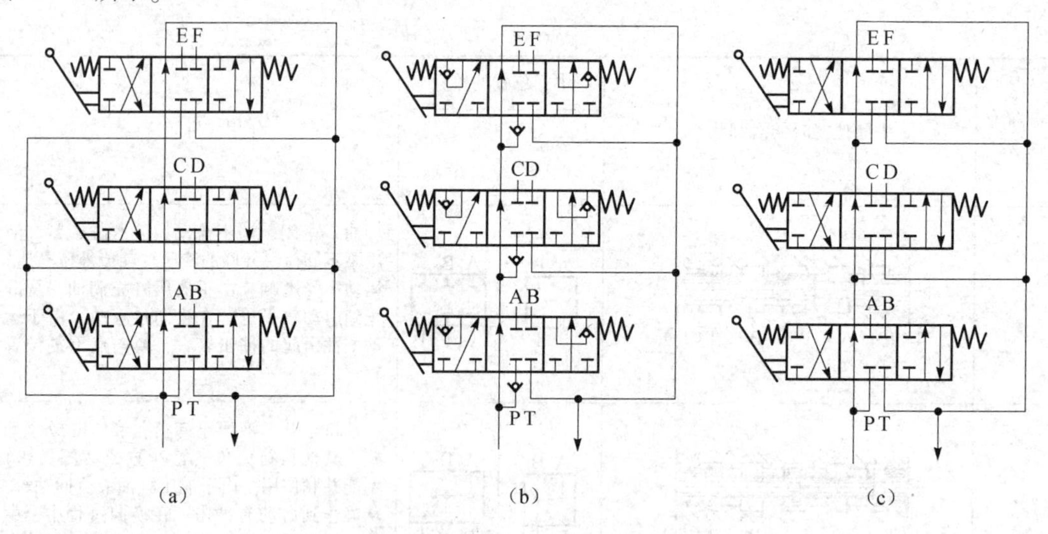

图11－9　多路换向阀

(a) 并联式；(b) 串联式；(c) 顺序单动式

当多路阀为并联式组合［如图11－9（a）所示］时，泵可以同时对3个或单独对其中任意一个执行元件供油。在对3个执行元件同时供油的情况下，由于负载不同，三者将先后动作。当多路阀为串联式组合［如图11－9（b）所示］时，泵依次向各执行元件供油，第一个阀的回油口与第二个阀的压力油口相连。各执行元件可单独动作，也可同时动作。

在3个执行元件同时动作的情况下，3个负载压力之和不应超过泵压。当多路阀为顺序单动式组合［如图11－9（c）所示］时，泵按顺序向各个执行元件供油。操作前一个阀时，就切断了后面阀的油路，从而可以防止各执行元件之间的动作干扰。

知识链接2　换向回路与闭锁回路

一、换向回路

1. 三位四通电磁换向阀控制的换向回路

采用二位四通、三位四通电磁换向阀控制是应用较普遍的换向方法，尤其在自动化程度要求较高的组合机车液压系统中应用更为广泛。三位四通电磁换向阀控制的换向回路如图11－10所示。该回路由液压泵、三位四通电磁换向阀、溢流阀和液压缸组成。液压泵启动后，换向阀在中位工作时，换向阀4个油口互不相通，液压缸两腔不通压力油，处于停止状态；换向阀在左位工作时，换向阀将液压泵与液压缸左腔接通，液压缸右腔与油箱接通，使活塞左移；反之，使活塞右移。

这种换向回路的优点是换向方便，缺点是换向时有冲击且换向精度低，不宜用于频繁换向。所以，采用电磁换向阀的换向回路适用于低速、轻载和换向精度要求不高的场合。

2. 三位四通电－液换向阀控制的换向回路

采用电－液换向阀控制的换向回路如图11－11所示。当1YA通电时，三位四通电磁换向阀左位工作，控制油路的压力油推动液动阀阀芯右移，液动阀处于左位工作状态，泵输出的油液经液动阀输入到液压缸左腔，推动活塞右移。当1YA断电，2YA通电时，三位四通电磁换向阀换向，右位工作，控制油路的压力油推动液动阀阀芯左移，液动阀处于右位工作状态，泵输出的油液经液动阀输入到液压缸右腔，推动活塞左移。这种换向回路由于节流阀可调节液动阀阀芯的移动速度而具有换向平稳、无冲击的特点，但换向精度不高，适用于高压、大流量，且要求换向平稳的液压系统。

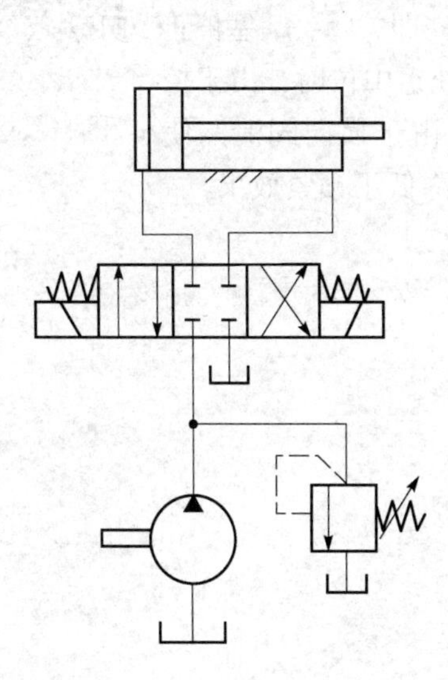

图11－10　三位四通电磁换向阀控制的换向回路

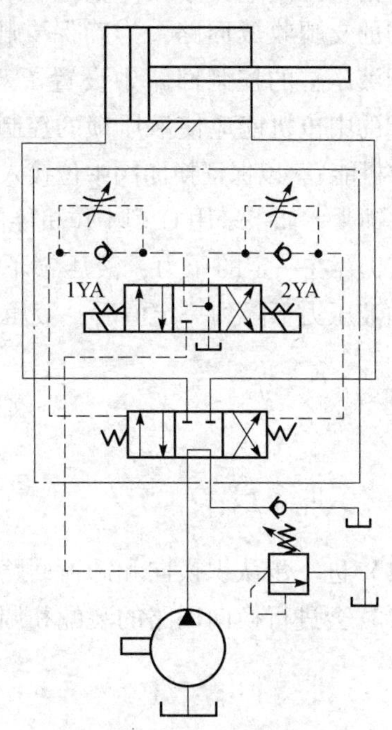

图11－11　电－液换向阀控制的换向回路

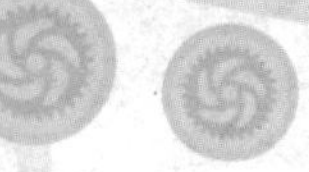

换向回路

锁紧回路

对于换向频繁、换向平稳、换向精度和换向可靠性要求较高的场合，常采用机－液换向阀换向回路。

二、锁紧回路

锁紧回路的作用是使液压缸停止运动时能够准确地停止在要求的位置上，而不因外界影响发生漂移或窜动。一般多用液控单向阀或O型、M型换向阀组成锁紧回路。

图11－10所示回路利用换向阀M型中位机能实现缸的锁紧。当电磁铁都断电，阀芯处于中位时，将液压缸两腔油路切断，活塞停止运动。由于液压缸两腔均被封闭，活塞锁紧在停止的位置上。这种采用M型或O型换向阀的锁紧回路，由于滑阀式换向阀不可避免地存在泄漏，密封性较差，因此锁紧效果差，只适用于短时间的锁紧或锁紧程度要求不高的场合。

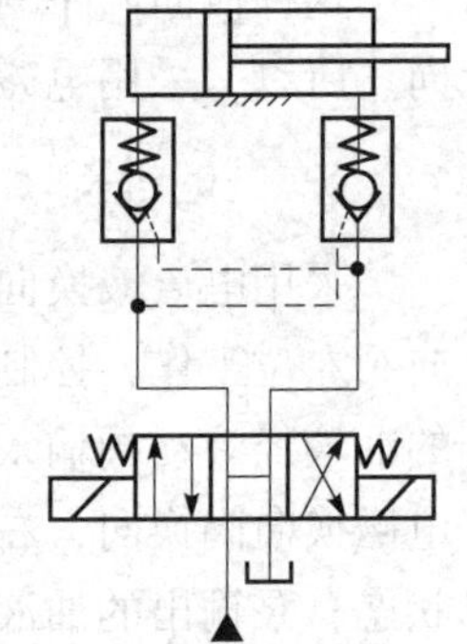

图11－12　用液控单向阀的锁紧回路

用液控单向阀（又称液压锁）的锁紧回路如图11－12所示。在液压缸两腔的油路上设置一个液控单向阀，当三位四通电磁换向阀处于中位时，泵停止向液压缸供油，液压缸停止运动，此时两个液控单向阀将液压缸两腔油液封闭在里面，使液压缸锁住。由于液控单向阀的锥阀关闭的严密性，因此密封性好，即使在外力作用下活塞也能长时间地将活塞准确地锁紧在停止位置。例如，Q2－8型汽车起重机液压系统中的支腿收放回路，为确保支腿能停放在任意位置并能可靠地锁住，在支腿液压缸的控制回路中设置了双向液压锁。采用液压锁的锁紧回路，换向阀的中位机能应使液压锁的控制油液卸压（即换向阀应采用H型或Y型中位机能），以保证换向阀中位接入回路时，液压锁能立即关闭，活塞停止运动并锁紧。如果采用O型中位机能的换向阀，换向阀处于中位时，由于控制油液仍存在一定的压力，液压锁不能立即关闭，直至由于换向阀泄漏使控制油液压力下降到一定值后，液压锁才能关闭，这就降低了锁紧效果。

用液控单向阀的锁紧回路

操作训练1　采用M型中位机能的手动换向阀控制的换向回路

一、训练目的

(1) 进一步认识换向和卸荷回路的功能和特点。

(2) 会进行换向回路的装配和调试。

二、训练回路图

训练回路图如图11－13所示。

三、训练步骤

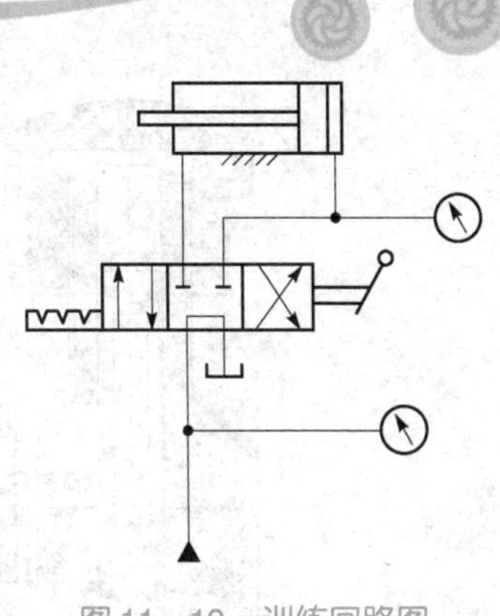

图11－13　训练回路图

（1）启动泵，调整系统压力至2.5 MPa，停止泵的运转。

（2）根据回路图把所需的元件有布局地卡在铝型台面上，再用油管将它们连接在一起，完成回路的装配。

（3）操纵方向控制阀，使方向控制阀处于中位。

（4）启动泵，操纵方向控制阀，观察液压缸在运动中和运动终了后的压力计的变化；操纵方向控制阀处于中位，观察压力计的读数；操纵方向控制阀到右位，观察液压缸在运动中和运动终了后的压力计的变化。

（5）分析与思考锁紧回路的作用和手动换向阀的功能。

（6）停止泵的运转，关闭电源，拆卸管路，将元件清理放回原来位置。

任务二　认识压力控制回路及其控制阀

压力控制回路是利用压力控制阀来控制系统整体或某一部分的压力的，实现调压、稳压、减压、增压、卸荷等目的，以满足液压执行元件对力和转矩的要求。

常用的压力控制阀有溢流阀、减压阀、顺序阀、压力继电器等，各压力阀虽然结构和功能各异，但与气动系统压力控制阀一样，是利用作用在阀芯上的液压力和弹簧力相平衡的原理进行工作的。本任务要求认识压力控制回路及压力控制阀的功能。

知识链接1　溢流阀和调压回路

一、溢流阀

溢流阀按其结构原理可分为直动式和先导式。直动式用于低压系统，先导式用于中、高压系统。

1. 直动式溢流阀

直动式溢流阀结构示意图和图形符号如图11－14所示。P是进油口，T是回油口，进口压力油经阀芯4中间的阻尼孔作用在阀芯的底部端面上，当进油压力较小时，阀芯在弹簧2的作用下处于下端位置，将P和T两油口隔开。当油压力升高，在阀芯下端所产生的作用力超过弹簧的压紧力F，此时，阀芯上升，阀口被打开，将多余的油液排回油箱，阀芯上的阻尼孔用来对阀芯的动作产生阻尼，以提高阀的工作平衡性。调整螺母1可以改变弹簧的压紧力，这样也就调整了溢流阀进口处的油液压力p。若预先调节螺母改变弹簧的预压缩量，就能设定溢流阀的溢流压力。

这种溢流阀因压力直接作用于阀芯，故称为直动式溢流阀。该阀的定压精度较低，所以直动式溢流阀一般只能用于低压小流量的场合。当控制较高压力和流量时，需要用刚度较大

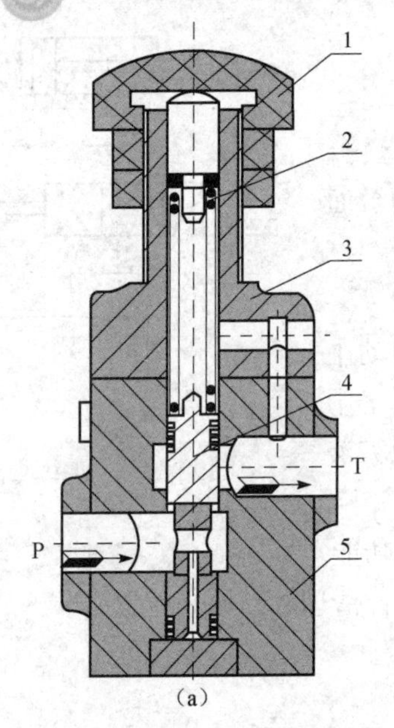

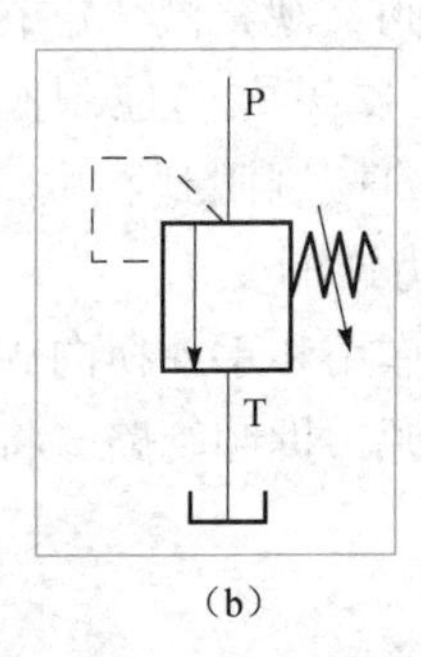

图 11-14　直动式溢流阀结构示意图和图形符号

(a) 结构示意图；(b) 图形符号

1—调节螺母；2—弹簧；3—上盖；4—阀芯；5—阀体

直动式溢流阀

的调压弹簧，不但手动调节困难，而且溢流阀口开度（调压弹簧附加压缩量）略有变化便引起较大的压力变化。直动式溢流阀的最大调整压力为 2.5 MPa。

2. 先导式溢流阀

先导式溢流阀的结构示意图和图形符号如图 11-15 所示。它由先导阀和主阀两部分组成。先导阀实际上是一个小流量的直动式溢流阀，阀芯是锥阀，用来控制压力；主阀阀芯是滑阀，用来控制溢流流量。压力油从 P 口进入，通过阻尼孔 3 后作用在先导阀 4 上。当进油口压力较低，先导阀上的液压作用力不足以克服先导阀右边的弹簧 5 的作用力时，先导阀关闭，没有油液流过阻尼孔，所以主阀芯 2 两端的压力相等，在较软的主阀弹簧 1 的作用下主阀芯 2 处于最下端位置，溢流阀阀口 P 和 T 隔断，没有溢流。

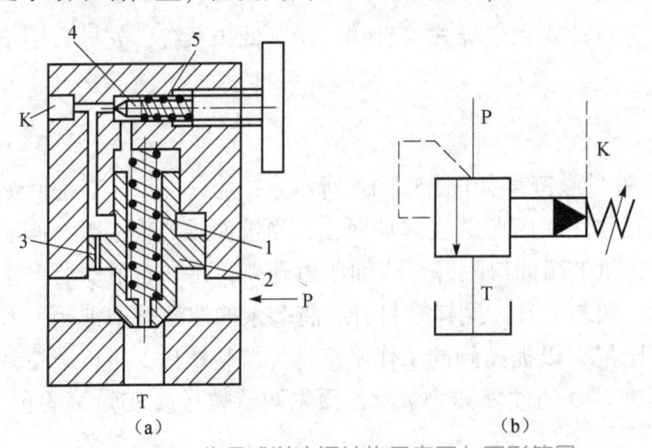

图 11-15　先导式溢流阀结构示意图与图形符号

(a) 结构示意图；(b) 图形符号

1—主阀弹簧；2—阀芯；3—阻尼孔；4—先导阀；5—弹簧

先导式溢流阀

当进油口压力升高到作用在先导阀上的液压作用力大于先导阀弹簧作用力时，先导阀打开，压力油就可通过阻尼孔，经先导阀流回油箱，由于阻尼孔的作用，使主阀芯上端的液体压力和下端压力的压力差作用在主阀芯上的作用力等于或超过主阀弹簧力并克服摩擦力和主阀芯自重时，主阀芯开启，油液从 P 口流入，经主阀阀口由 T 流回油箱，实现溢流，使油液压力不超过设定压力。若油液压力随溢流而下降至先导阀上的液压作用力小于弹簧 5 的弹簧力时，先导阀关闭，没有油液流过阻尼孔，主阀芯在主阀弹簧 1 的作用下往下移动，关闭回油口，停止溢流。这样，在系统压力超过调定压力时溢流阀溢流，不超过时则不溢流，起到限压、溢流的作用。先导式溢流阀压力稳定、波动小，主要用于中压系统。

二、调压回路

调压回路的功能是使液压系统的整体或部分的压力保持恒定或不超过某个数值。在定量泵供油的调速系统中，液压泵的供油压力可以通过溢流阀来调节。如图 11－16（a）所示，该回路由定量泵 1、溢流阀 2、节流阀 3 和液压缸 4 组成。调节节流阀的开口可调节进入执行元件的流量，而定量泵多余的油液则从溢流阀流回油箱。在此工作过程中溢流阀阀口常开，起溢流稳压作用。液压泵的工作压力取决于溢流阀的调整压力而基本保持恒定。

如图 11－16（b）所示回路，由变量泵 1、溢流阀 2 和液压缸 4 组成。变量泵启动后，由变量泵输出液压缸所需的油液，进入缸的左腔，活塞向右运动。此时，液压系统中的压力由液压缸上的负载决定，溢流阀 2 阀口关闭；当系统超载时，系统压力升高，达到溢流阀 2 的调整压力时，阀口打开，压力油经阀口返回油箱，从而限定系统的最高工作压力，以保证液压系统的安全，起过载保护作用。此时的溢流阀也可称为安全阀。

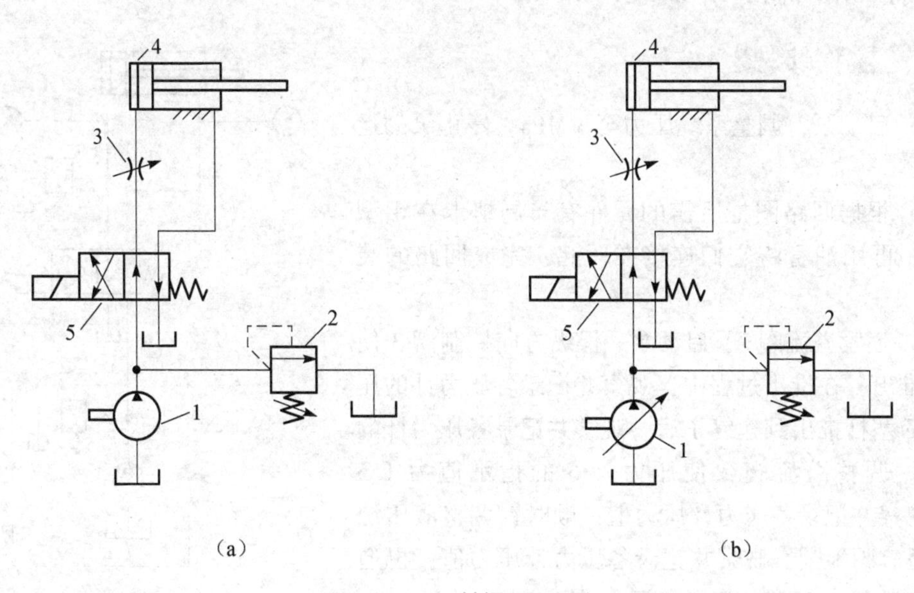

图 11－16　单级调压回路

1—泵；2—溢流阀；3—节流阀；4—液压缸；5—二位四通电磁阀

如图 11－17 所示为二级调压回路。先导式溢流阀有一个远程油控制口 K，如果将 K 口用油管通过一个二位二通电磁换向阀接到一个直动式溢流阀上（直动式溢流阀的调整压力要小于先导式溢流阀的调整压力），就组成了二级调压回路。由先导式溢流阀 2 和直动式溢流阀 4 各调一级，当二位二通电磁阀 3 处于图示位置时，系统压力由阀 2 调定。当电磁阀 3 通电后处于右位时，系统压力由阀 4 调定；当系统压力由阀 4 调定时，先导式溢流阀 2 的先导阀口关闭，但主阀开启，液压泵的溢流流量经主阀回到油箱。此回路中的直动式溢流阀也称为远程调压阀。先导式溢流阀除可实现远程调压外，也可实现卸荷的作用。同样原理亦可组成三级调压回路。

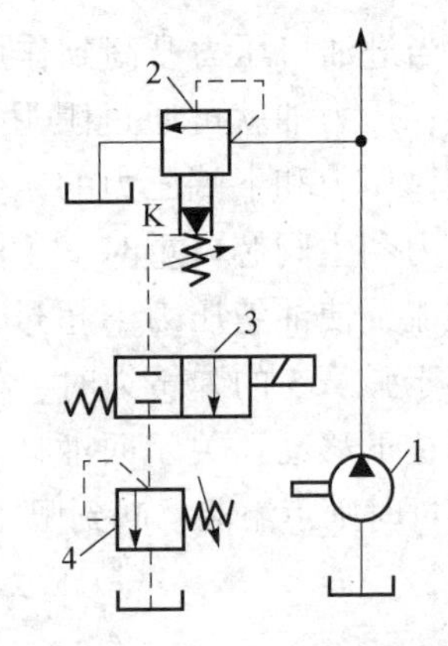

图 11－17　二级调压回路

1—定量泵；2—先导式溢流阀；3—电磁阀；4—直动式溢流阀

多级调压

操作训练 1　调压回路的组建与调试

一、训练目的

（1）知道溢流阀的功用。

（2）明确调压回路的重要性。

（3）会进行调压回路的装配和调试。

二、训练回路图

训练回路图如图 11－18 所示。

三、操作步骤

（1）启动泵，调整系统压力至 3 MPa，停止泵的运转。

（2）根据回路图把所需的元件有布局地卡在铝型台面上，再用油管将它们连接在一起，完成回路的装配。

（3）锁紧溢流阀 2，启动泵。操纵方向控制阀 3 使活塞杆推出，在推出过程中，观察并记录各压力计的压力值；活塞杆推出到达终了后，观察并记录各压力计的压力值。调整溢流阀 2 使压力计 6 的指示值为 1.5 MPa，观察并记录各压力计压力值；顺时针调整液压源 1 中的溢流阀半圈，观察并记录各压力计压力值；再逆时针旋转半圈，观察并记录各压力计压力值。

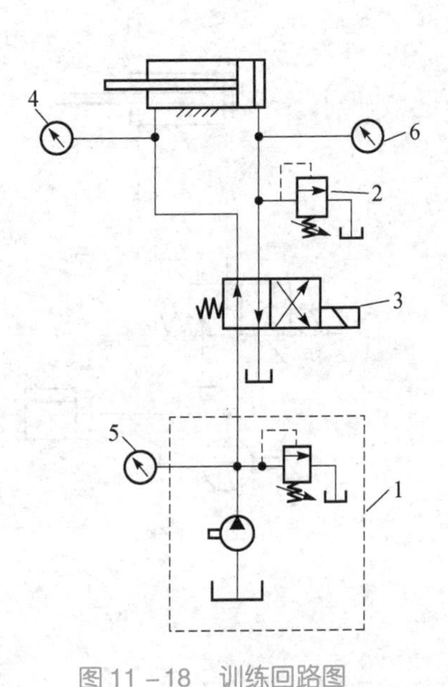

图 11－18　训练回路图

1—液压源；2—溢流阀；3—方向控制阀；4，5，6—压力计

（4）操纵方向控制阀 3 使活塞杆缩回，在缩回过程中，观察并记录各压力计的压力值；活塞杆缩回至原位

后，观察并记录各压力计的压力值。调整溢流阀 2 使压力计 6 的指示值为 1.5 MPa，观察并记录各压力计压力值；顺时针调整液压源 1 中的溢流阀半圈，观察并记录各压力计压力值；再逆时针旋转半圈，观察并记录各压力计压力值。

（5）停止泵的运转，关闭电源，拆卸管路，将元件清理放回原来位置。

（6）分析与思考。

① 两个溢流阀的作用是什么？

② 调压回路在液压系统中有何重要性？

③ 在操作步骤（3）和（4）中，调整液压源中的溢流阀对各管路的压力有何影响？为什么？

知识链接 2　减压阀与减压回路

一、减压阀

减压阀主要用来使液压系统某一支路获得比液压泵供油压力低的稳定压力。减压阀也有直动式和先导式之分，先导型减压阀应用较多。减压阀在各种液压设备的夹紧系统、润滑系统和控制系统中应用较多。

先导式减压阀的结构和图形符号如图 11－19 所示。

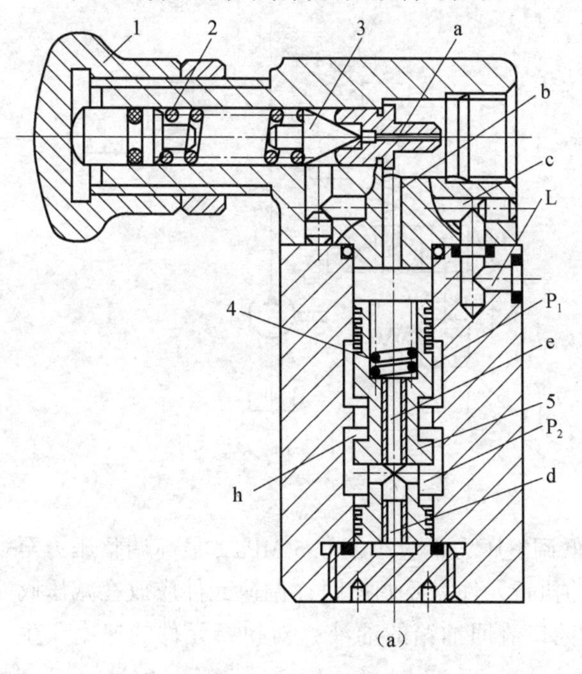

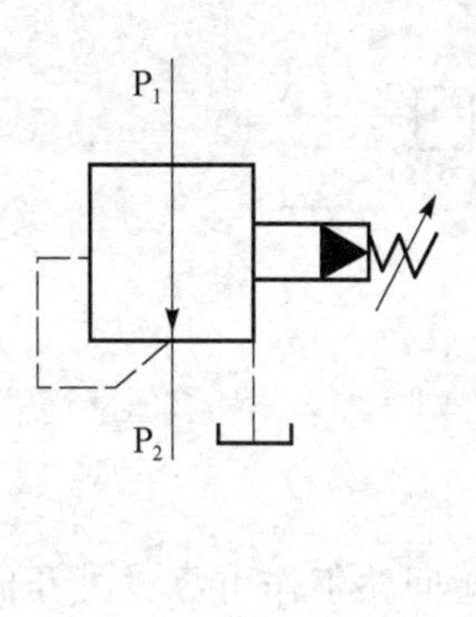

先导式减压阀

图 11－19　先导式减压阀结构示意图和图形符号

（a）结构示意图；（b）图形符号

1—调节螺母；2—弹簧；3—锥阀芯；4—弹簧；5—主阀芯；L—泄油口

它由先导阀和主阀两部分组成，先导阀调压，主阀减压。压力油从阀的进油口（图中未标出）进入进油腔 P_1，经减压阀口 h 减压后，再从出油腔 P_2 和出油口流出。出油腔压力经小孔 d 进入主阀芯 5 的下端，同时经阻尼小孔 e 流入主阀芯的上端，再经孔 b 和 a 作用于

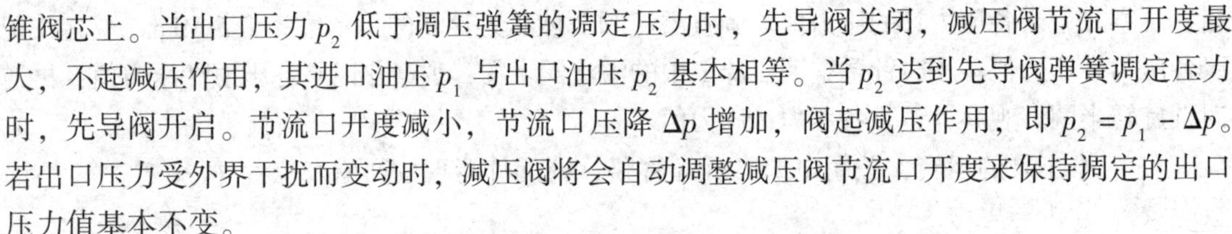

锥阀芯上。当出口压力 p_2 低于调压弹簧的调定压力时，先导阀关闭，减压阀节流口开度最大，不起减压作用，其进口油压 p_1 与出口油压 p_2 基本相等。当 p_2 达到先导阀弹簧调定压力时，先导阀开启。节流口开度减小，节流口压降 Δp 增加，阀起减压作用，即 $p_2 = p_1 - \Delta p$。若出口压力受外界干扰而变动时，减压阀将会自动调整减压阀节流口开度来保持调定的出口压力值基本不变。

减压阀与溢流阀相比，主要特点是：控制阀口开闭的油液来自出油口，并能使出口压力恒定，阀口常开，泄油单独接入油箱。

二、减压回路

减压回路的功能是使系统中的某一个支路上得到比溢流阀调整压力低且稳定的工作压力。机床的工件夹紧、导轨润滑及液压系统的控制油路常采用减压回路。

图 11－20 所示为单级减压回路，该回路由液压泵、溢流阀、减压阀、单向阀和夹紧缸等组成。液压泵的供油压力由工作油路上的负载决定，溢流阀起过载保护作用。当泵的供油压力高于减压阀的调整压力时，减压阀起减压作用，夹紧缸油路上获得较低的稳定压力。

减压回路也可以用类似二级或三级调压的方法获得二级或三级减压。利用先导式减压阀 1 的远程控制口接一个远控溢流阀 2，如图 11－21 所示，则可由阀 1、阀 2 各调得一种低压，但要注意，阀 2 的调定压力值一定要低于阀 1 的调定压力值。

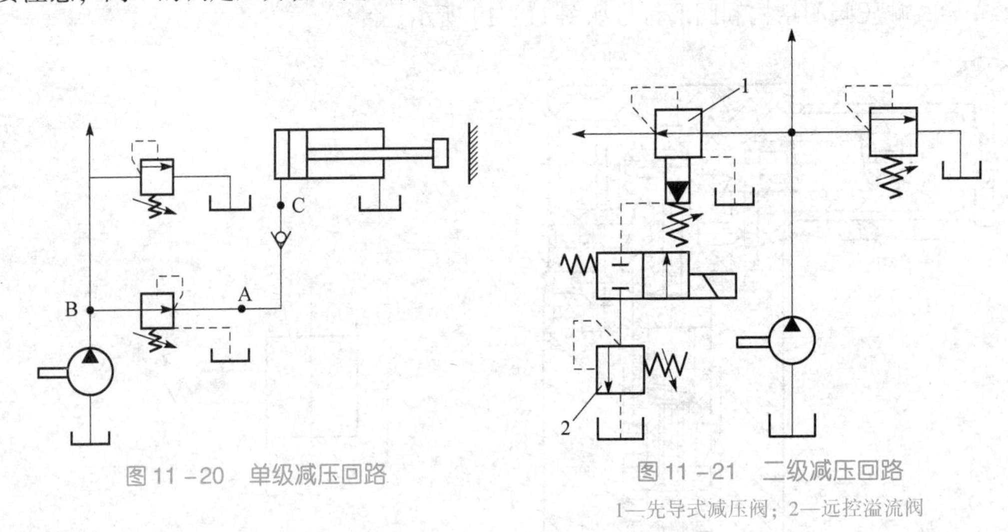

图 11－20　单级减压回路

图 11－21　二级减压回路

1—先导式减压阀；2—远控溢流阀

为了使减压回路工作可靠，减压阀的最低调整压力不应小于 0.5 MPa，最高调整压力至少应比系统压力小 0.5 MPa。当减压回路中的执行元件需要调速时，调速元件应放在减压阀的后面，以避免减压阀泄漏（指由减压阀泄油口流回油箱的油液）对执行元件的速度产生影响。

操作训练 2　减压回路的设计与调试

一、训练目的

(1) 知道减压阀的功用和工作原理。

（2）会进行减压回路的设计、装配和调试。

二、训练回路图

训练回路图如图 11－20 所示。

三、操作步骤

（1）采用一个工作缸、一个夹紧缸、一个减压阀、一个溢流阀、两个三位四通换向阀、三个压力计设计出能运行的减压回路。

（2）启动泵，调整系统压力，停止泵的运转。

（3）根据回路图把所需的元件有布局地卡在铝型台面上，再用油管将它们连接在一起，完成回路的装配。

（4）启动泵，操纵换向阀，观察并记录夹紧缸在夹紧工件前做空载运动时和对工件夹紧后，溢流阀出口、减压阀进出口处压力计的压力值；观察并记录在夹紧缸夹紧后工作缸运动和运动终了后，溢流阀出口、减压阀进出口处压力计的压力值。

（5）分析减压阀的作用是什么？控制减压阀阀芯移动的油液压力来源于何处？

（6）停止泵的运转，关闭电源，拆卸管路，将元件清理放回原来位置。

知识链接 3　顺序阀和平衡回路

一、顺序阀

顺序阀一般用来控制液压系统中各执行元件动作的先后顺序，也可用于防止平衡回路中垂直或倾斜放置的液压缸因自重而自行下落。

根据控制压力的不同，顺序阀又可分为内控式和外控式两种。前者用阀的进口压力控制阀芯的启闭，后者用外来的控制压力油控制阀芯的启闭（即液控顺序阀）。顺序阀也有直动式和先导式两种，前者一般用于低压系统，后者用于中高压系统。它和溢流阀的主要区别在于：溢流阀出口通油箱，压力为零；而顺序阀出口通向有压力的油路（作卸荷阀除外），其压力数值由出口负载决定。

直动式顺序阀的结构如图 11－22（a）所示。外控口 K 用螺塞堵住，外泄油口 L 通油箱。压力油从进油口 P_1（两个）通入，经阀体上的孔道 a 和端盖上的阻尼孔 b 流到控制活塞的底部，当其推力能克服阀芯上调压弹簧的阻力时，阀芯上升，使进、出油口 P_1 和 P_2 连通。经阀芯与阀体间的缝隙进入弹簧腔的泄油从外泄油口 L 泄入油箱。此种油口连通情况的顺序阀称为内控外泄式顺序阀，其图形符号如图 11－22（b）所示。如果将图 11－22（a）中的端盖旋转 90°或 180°，切断进油流往控制活塞下腔的通路，并去除外控口的螺塞，引入控制压力油，便称为外控外泄式顺序阀，其图形符号如图 11－22（c）所示。若将阀盖旋转 90°，可使弹簧腔与出口 P_2 相连（图中未剖出），并将外泄油口 L 堵塞，便成为外控内泄式顺序阀，其图形符号如图 11－22（d）所示，它常用于使泵卸荷，故又称卸荷阀。

直动式顺序阀的最高工作压力可达 14 MPa，最高控制压力为 7 MPa。对性能要求较高的高压大流量系统，应采用先导式顺序阀。先导式顺序阀的结构与先导式溢流阀大体相似，其工作原理也基本相同，并同样有内控外泄、外控外泄和外控内泄等几种不同的控制泄油方式。

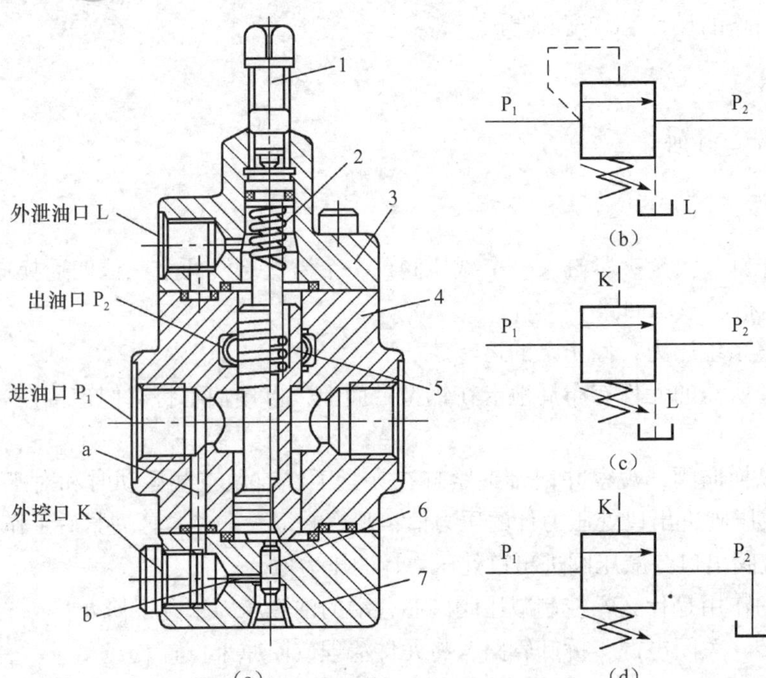

图 11－22　直动式顺序阀的结构示意图及图形符号

(a) 结构示意图；(b) 内控外泄式顺序阀的图形符号；

(c) 外控外泄式顺序阀的图形符号；(d) 外控内泄式顺序阀的图形符号

1—调节螺钉；2—弹簧；3—阀盖；4—阀体；5—阀芯；6—控制活塞；7—端盖

顺序阀

二、平衡回路

平衡回路的功能在于防止垂直或倾斜放置的液压缸和与之相连的工作部件因自重而自行下落。

采用单向顺序阀的平衡回路如图 11－23 所示。在图 11－23 (a) 所示回路中，当 1YA 通电，活塞下行时，回油路上就存着一定的背压；只要将这个背压调到能支撑住活塞和与之相连的工作部件自重，活塞就可以平稳地下落。当换向阀处于中位时，活塞就停止运动，不再继续下移。这种回路在活塞向下快速运动时功率损失大，锁紧时活塞和与之相连的工作部件会因单向顺序阀和换向阀的泄漏而缓慢下落；因此，它只适用于工作部件质量不大、活塞锁住时定位要求不高的场合。

采用外控式单向顺序阀（也称平衡阀）的平衡回路如图 11－23 (b) 所示。当活塞下行时，控制压力油打开顺序阀，背压消失，因而回路效率较高。当停止工作时，顺序阀关闭以防止活塞和工作部件因自重而下降。这种平衡回路的优点是只有上腔进油时活塞才下行，比较安全可靠；缺点是活塞下行时平稳性较差。这是因为活塞下行时，液压缸上腔油压降低，将使顺序阀关闭。当顺序阀关闭时，因活塞停止下行，使液压缸上腔油压升高，又打开顺序阀。因此顺序阀始终工作于启闭的过渡状态，因而影响工作的平稳性，这种回路适用于运动部件质量或负载时常变化的场合。用顺序阀的平衡回路目前在插床和一些锻压机械上应用较广泛。

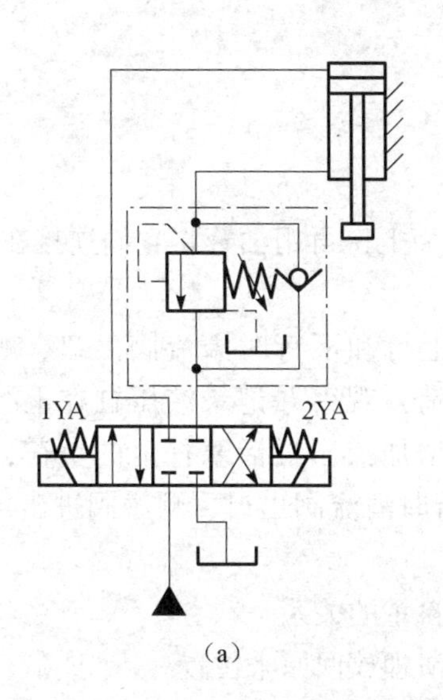

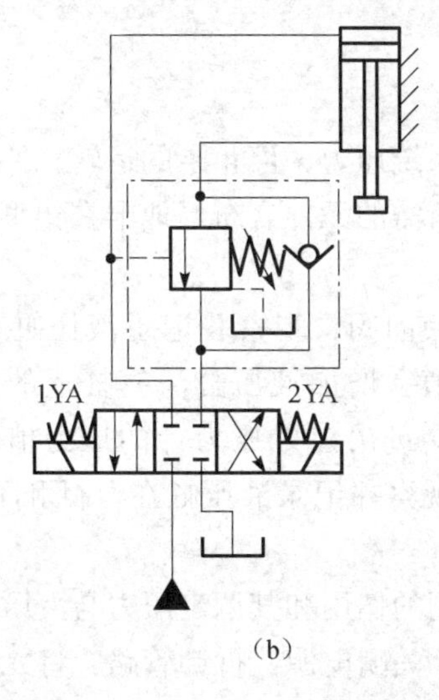

图 11－23　平衡回路

(a) 内控式；(b) 外控式

平衡回路

例：如图 11－22（a）所示的平衡回路中，若液压缸无杆腔有效面积为 $A_1=80\times10^{-4}$ m^2，有杆腔有效面积 $A_2=40\times10^{-4}$ m^2，活塞与运动部件自重 $G=6\ 000$ N，运动时活塞上的摩擦力为 $F_f=2\ 000$ N，向下运动时要克服负载阻力为 $F_L=24\ 000$ N，试问顺序阀和溢流阀的最小调整压力应各为多少?

解：(1) 防止活塞及运动部件下滑所需的背压为

$$p_2=\frac{G}{A_2}=\frac{6\ 000}{40\times10^{-4}}\times10^{-6}=1.5\times10^6(\text{Pa})=1.5(\text{MPa})$$

故顺序阀的最小调整压力 $p_x>p_2=1.5$ MPa。

(2) 设活塞及运动部件向下运动所需的液压缸上腔压力为 p_1，由

$$p_1A_1=p_2A_2+F_f+F_L-G$$

得

$$p_1=\frac{A_2}{A_1}p_2+\frac{F_f+F_L-G}{A_1}=\frac{1}{2}\times1.5+\frac{2\ 000+24\ 000-6\ 000}{80\times10^2}$$
$$=3.25(\text{MPa})$$

故溢流阀的最小调整压力 $p_Y>p_1=3.25$ MPa。

操作训练 3　平衡回路的组建与调试

一、训练目的

(1) 进一步认识顺序阀的功用和工作原理。

(2) 会进行平衡回路的装配和调试。

二、训练回路图

训练回路图如图 11－23 所示。

三、操作步骤

(1) 启动泵，调整系统压力，停止泵的运转。

(2) 根据回路图把所需的元件有布局地卡在铝型台面上，再用油管将它们连接在一起，完成回路的装配。

(3) 启动泵，操纵换向阀，观察并记录液压缸在上行和下行时溢流阀出口、顺序阀进出口处压力计的压力值；增加液压缸活塞杆上的负荷，观察并记录液压缸在上行和下行时溢流阀出口、顺序阀进出口处压力计的压力值；增加液压缸活塞杆上的负荷，并调节顺序阀的调定压力，观察并记录液压缸在上行和下行时溢流阀出口、顺序阀进出口处压力计的压力值。

(4) 分析单向顺序阀的作用和其调定压力与液压缸自重的关系。

(5) 停止泵的运转，关闭电源，拆卸管路，将元件清理放回原来位置。

知识链接4　其他压力控制阀和控制回路

一、压力继电器

压力继电器是一种将油液的压力信号转换成电信号的电液控制元件，当油液压力达到压力继电器的调定压力时，即发出电信号，以控制电磁铁、电磁离合器、继电器等元件动作，使油路卸压、换向、执行元件实现顺序动作；或关闭电动机，使系统停止工作，起安全保护作用等。

任何压力继电器都由压力 - 位移转换装置和微动开关两部分组成。按前者的结构分为柱塞式、弹簧管式、膜片式和波纹管式四类，其中柱塞式最为常用。

图 11 - 24 所示为单柱塞式压力继电器的结构示意图和图形符号。压力油从 P 口进入作用在柱塞底部，若其压力已达到弹簧的调定值时，便克服弹簧阻力和柱塞摩擦力，推动柱塞上升，通过顶杆触动微动开关发出电信号。限位挡块可在压力超载时保护微动开关。

二、其他压力控制回路

1. 卸荷回路

卸荷回路的功能是在液压泵不停转的情况下，使液压泵在功率损耗接近于零的情况下运转，以减少功率损耗，降低系统发热，延长泵和电机的寿命。液压泵的卸荷有流量卸荷和压力卸荷两种，前者主要是使用变量泵；压力卸荷的方法是使泵在接近零压下运转。

常用的卸荷回路有以下几种。

(1) 采用换向阀的卸荷回路。

图 11 - 13 所示为采用 M 型（也可用 H 型或 K 型）中位机能的三位四通电磁换向阀来实现卸荷的回路。换向阀在中位时可以使液压泵输出的油液直接流回油箱中，从而实现液压泵的卸荷。对于低压小流量液压泵，采用换向阀直接卸荷是一种简单而有效的方法。

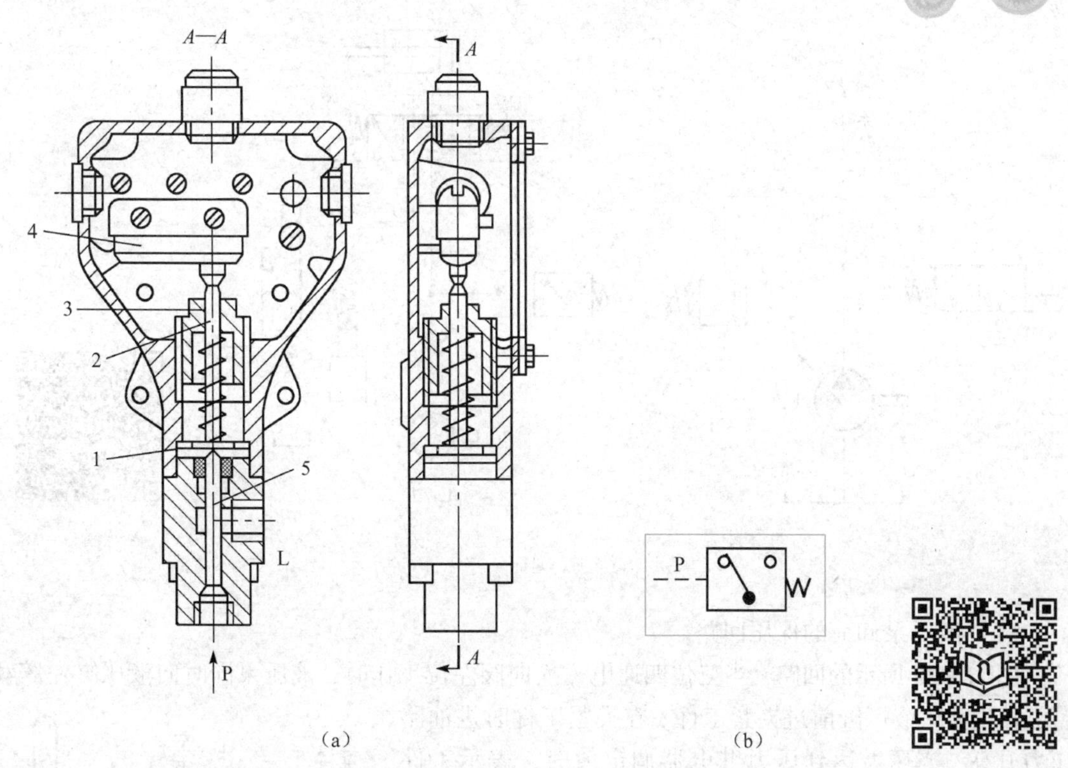

图 11－24　单柱塞式压力继电器的结构示意图和图形符号

（a）结构示意图；（b）图形符号

1—限位挡块；2—顶杆；3—调节螺丝；4—微动开关；5—柱塞

压力继电器

（2）采用二位二通阀的卸荷回路。

图 11－25 所示为采用二位二通阀的卸荷回路。采用此方法的卸荷回路必须使二位二通换向阀的流量与液压泵的额定流量相匹配。这种卸荷方法的卸荷效果较好，易于实现自动控制。一般适用于液压泵的流量小于 63 L/min 的场合。

（3）采用先导式溢流阀卸荷的卸荷回路。

将先导式溢流阀的远程控制口通过二位二通电磁阀接通油箱，如图 11－26 所示。溢流阀主阀芯上端的压力接近于零，主阀芯上移到最高位置，阀口开得很大。由于主阀弹簧较软，这时溢流阀 P 口处压力很低，系统的油液在低压下通过溢流阀流回油箱，实现卸荷。泵卸荷时，由蓄能器补充泄漏来保证液压缸压力。当蓄能器的压力降低到一定值时，压力继电器发出电信号使二位二通电磁换向阀的电磁铁断电，液压泵向系统供油并向蓄能器充液，以保证系统的压力。这种回路多用于夹紧系统。

2. 保压回路

液压缸在工作循环的某一阶段，如果需要保持一定的工作压力，就应采用保压回路。在保压阶段，液压缸没有运动，最简单的方法是用一个密封性能好的单向阀来保压。但是这种办法保压的时间短，压力稳定性不高。由于此时液压泵处于卸荷状态（为了节能）或给其他的液压缸供应一定压力的液压油，为补偿保压缸的泄漏和保持工作压力，可在回路中设置蓄能器来实现。

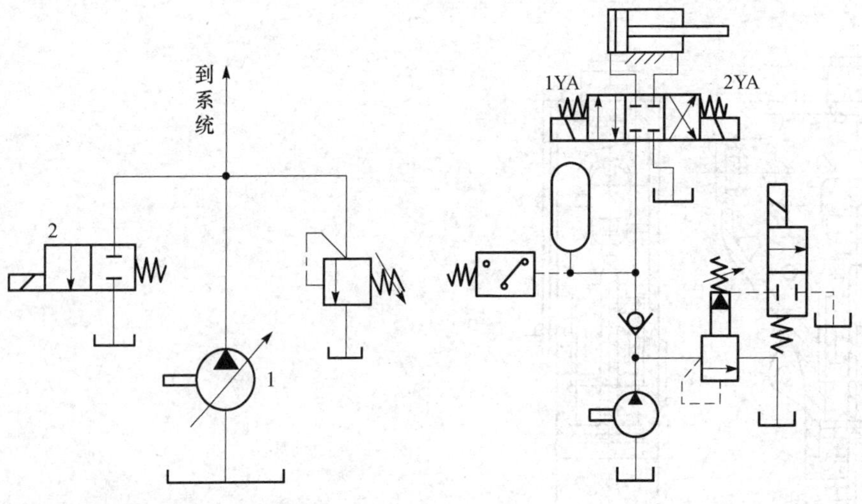

图 11－25　采用二位二通阀的卸荷回路

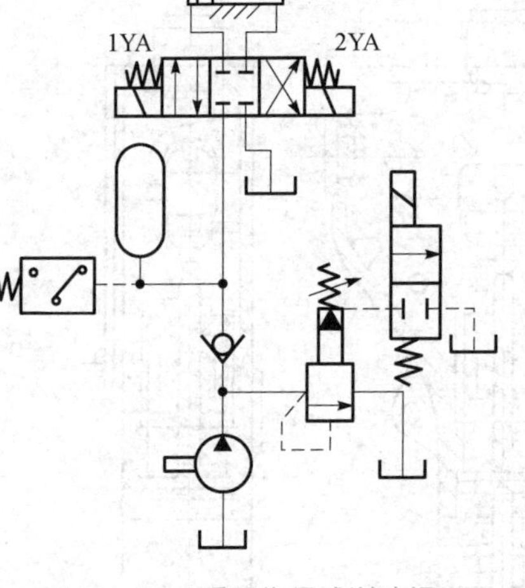

图 11－26　采用先导式溢流阀卸荷的卸荷回路

蓄能器保压回路

(1) 液压泵卸荷的保压回路。

图 11－26 所示的回路，当三位四通电磁换向阀左位工作时，液压泵同时向液压缸左腔和蓄能器供油，液压缸前进夹紧工件。在夹紧工件时进油路压力升高，当压力达到压力继电器调定值时，表示工件已经被夹牢，蓄能器已储备了足够的压力油。这时压力继电器发出电信号，同时使二位二通换向阀的电磁铁通电，控制溢流阀使液压泵卸荷。此时单向阀自动关闭，液压缸若有泄漏，油压下降，则可由蓄能器补油保压。

液压缸压力不足（下降到压力继电器的闭合压力）时，压力继电器复位使液压泵重新工作。保压时间取决于蓄能器的容量，调节压力继电器的通断调节区间即可调节液压缸压力的最大值和最小值。

(2) 多缸系统的保压回路。

多缸系统中负载的变化不应影响保压缸内的压力稳定。图 11－27 所示的回路中，进给缸快进时，液压泵 1 压力下降，当单向阀 3 关闭的，夹紧油路和进油路被隔开。蓄能器 4 用来为夹紧缸保压并补偿泄漏。压力继电器 5 的作用是当夹紧缸压力达到预定值时发出电信号，使进给缸动作。

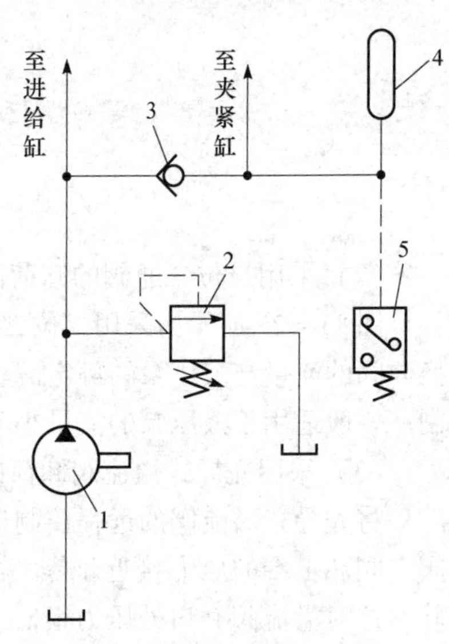

图 11－27　多缸系统的保压回路

1—液压泵；2—溢流阀；3—单向阀；4—蓄能器；5—压力继电器

操作训练 4　卸荷回路和保压回路的组建与调试

一、训练目的

(1) 认识卸荷回路和保压回路的功用和工作原理。

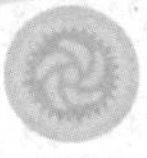

（2）会进行卸荷回路和保压回路的装配和调试。

二、训练回路图

训练回路图如图 11－26 所示。

三、操作步骤

（1）启动泵，调整系统压力，停止泵的运转。

（2）根据回路图把所需的元件有布局地卡在铝型台面上，再用油管将它们连接在一起，完成回路的装配。

（3）启动泵，操纵换向阀使其处于左位，观察液压缸蓄能器、溢流阀进口、控制口处压力计的压力值；操纵换向阀使其处于中位，观察液压缸蓄能器、溢流阀进口、控制口处压力计的压力值；操纵换向阀使其处于右位，观察液压缸蓄能器、溢流阀进口、控制口处压力计的压力值。

（4）分析回路如何实现卸荷、保压功能。

（5）停止泵的运转，关闭电源，拆卸管路，将元件清理放回原来位置。

任务三　认识流量控制阀及速度控制回路

液压传动系统中能控制执行元件运动速度的回路称为速度控制回路，与气压传动系统一样，速度控制回路的核心元件是流量控制阀。流量控制阀是依靠改变阀口通流面积来调节输出流量，从而控制执行元件运动速度的阀。液压传动系统中，流量控制阀主要有节流阀和调速阀。本任务要求认识流量控制阀及速度控制回路的结构、功能。

知识链接1　节流阀与调速阀

一、节流阀

液压系统中节流阀与气动节流阀类似，具体内容可参见气动节流阀。节流阀调节方便省力，但输出的流量不能保持稳定。

1．节流阀的流量和影响流量稳定的因素

节流阀的输出流量与节流口的结构形式有关，几种常用的节流口形式如图 11－28 所示。（a）图所示为针阀式节流口，它通道长，湿周大，易堵塞，流量受油温影响较大，一般用于对性能要求不高的场合；（b）图所示为偏心槽式节流口，其性能与针阀式节流口相同，但容易制造，其缺点是阀芯上的径向力不平衡，旋转阀芯时较费力，一般用于压力较低、流量较大和流量稳定性要求不高的场合；（c）图所示为轴向三角槽式节流口，其结构简单，水力直径中等，可得到较小的稳定流量，且调节范围较大，但节流通道有一定的长度，油温变化对流量有一定的影响，目前被广泛应用；（d）图所示为周向缝隙式节流口，沿阀芯周

向开有一条宽度不等的狭槽，转动阀芯就可改变开口大小。阀口做成薄刃形，通道短，水力直径大，不易堵塞，油温变化对流量影响小，因此其性能接近于薄壁小孔，适用于低压小流量场合；（e）图所示为轴向缝隙式节流口，在阀孔的衬套上加工出图示薄壁阀口，阀芯做轴向移动即可改变开口大小，其性能与（d）图所示节流口相似。为保证流量稳定，节流口的形式以薄壁小孔较为理想。

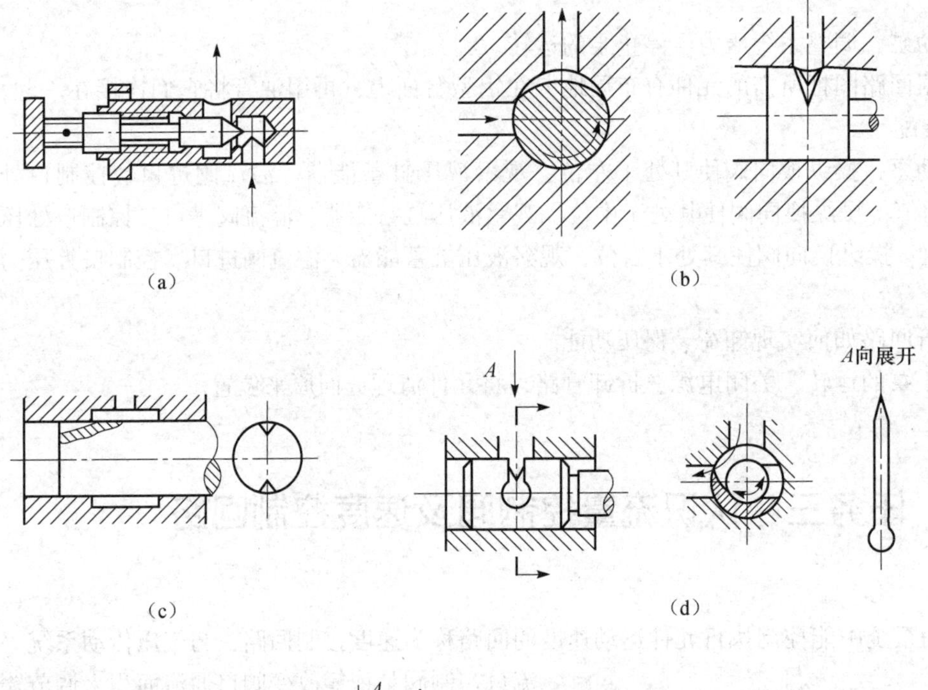

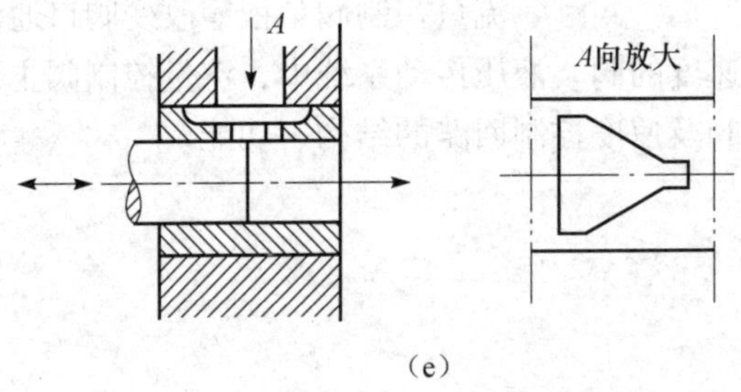

节流阀

图 11－28　典型节流口的结构形式

（a）针阀式；（b）偏心槽式；（c）轴向三角槽式；（d）周向缝隙式；（e）轴向缝隙式

实用的节流口都介于理想薄刃孔和细长孔之间，其流量特性可用小孔流量通用公式

$$q = KA_{T}\Delta p^{m} \tag{11-1}$$

来描述。当节流阀阀口面积 A_T 确定后，通过的流量 q 仍会发生变化，其主要原因有如下几点。

（1）负载变化的影响。液压系统中的负载一般是变化的，它使执行元件的工作压力随之变化，从而导致节流阀前后压差 Δp 变化，由小孔流量公式可见，流量也随之变化。一般薄刃孔 m 值最小，负载变化对流量的影响也最小。

（2）温度变化的影响。油温变化引起油的黏度变化，小孔流量公式中的系数 K 将发生变

化，从而使流量变化。显然，节流孔越长影响越大，薄刃孔温度变化影响最小。

（3）节流口的堵塞。节流阀的节流口可能因油液中的杂质或由于油液氧化后析出的胶质、沥青等而局部堵塞，这就改变了原来节流口通流面积的大小，使流量发生变化，尤其是当开口较小时，这一影响更为突出，严重时会完全堵塞而出现断流现象。因此节流口的抗堵塞性能也是影响流量稳定性的重要因素，尤其会影响流量阀的最小稳定流量。一般节流口通流面积越大，节流通道越短和水力直径越大，越不容易堵塞，当然油液的清洁度也对堵塞产生影响。一般流量控制阀的最小稳定流量为 50 mL/min，薄刃孔则可达 10 ~ 15 mL/min。

2. 防止节流阀阻塞的措施

在实际应用中，防止节流阀阻塞的措施有如下几点。

（1）油液要精密过滤。实践证明，为除去铁质污染采用带磁性的滤油器效果更好。精度可达 5 ~ 10 μm，能显著改善阻塞现象。

（2）节流阀两端压差要适当。压差大，节流口能量损失大，温度高，同流量时过流面积小，易引起阻塞。因此一般取 $\Delta p = 0.2 \sim 0.3$ MPa。

二、调速阀

调速阀是由定差减压阀与节流阀串接而成的。定差减压阀能自动保持节流阀前、后的压力差不变，从而使通过节流阀的流量不受负载的影响，其工作原理图如图 11 – 29 所示。液压泵的出口（即调速阀的进口）压力 p_1 由溢流阀调定，基本上保持恒定。调速阀出口处的压力 p_3 由液压缸负载 F 决定。油液先经减压阀产生一次压力降，将压力降到 p_2，此压力油经通道 f 和 e 进入减压阀的 c 腔和 d 腔。节流阀的出口压力 p_3 又经反馈通道 a 作用到减压阀的上腔 b，当减压阀的阀芯在弹簧力 F_s、油液压力 p_2 和 p_3 的作用下处于某平衡位置时有

$$p_2A_1 + p_2A_2 = p_3A + F_s \qquad (11-2)$$

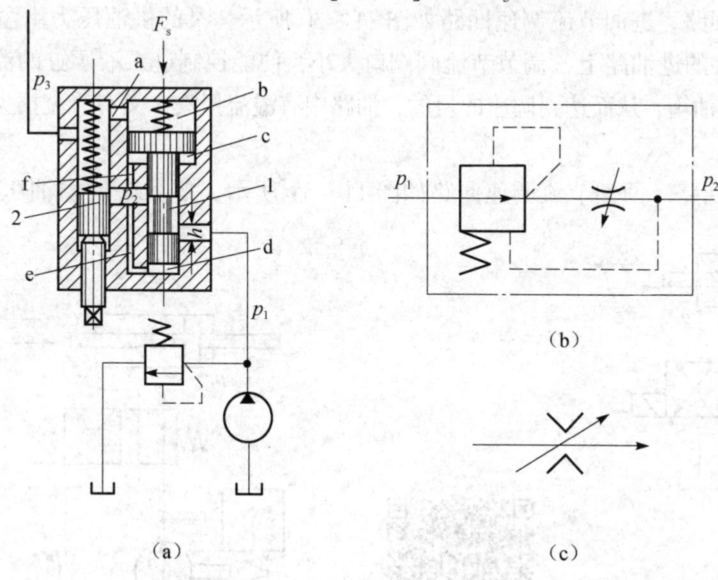

调速阀

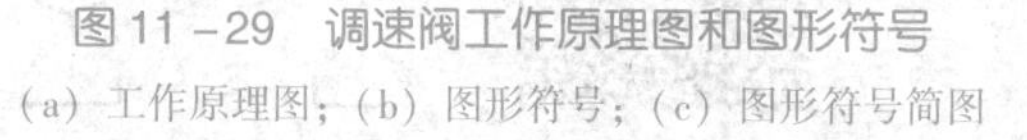

图 11 – 29　调速阀工作原理图和图形符号

（a）工作原理图；（b）图形符号；（c）图形符号简图

式中　A_1，A_2 和 A——分别为 c 腔、d 腔和 b 腔内的压力油作用在阀芯的有效面积，且 $A = A_1 + A_2$，故

$$p_2 - p_3 = \Delta p = F_s/A \tag{11-3}$$

因为弹簧刚度较低，且工作过程中减压阀阀芯位移很小，可以认为 F_s 基本保持不变。故节流阀两端压力差 $p_2 - p_3$ 也基本保持不变，这就保证了通过节流阀的流量稳定。

知识链接2　速度控制回路

液压传动系统中的速度控制回路包括调节液压执行元件运动速度的调速回路、使液压缸获得快速运动的快速回路及速度换接回路。

一、调速回路

调速回路的基本原理：液压缸的运动速度 v 由输入流量和液压缸的有效作用面积 A 决定，即

$$v = q/A \tag{11-4}$$

调速回路有以下 3 种调速方式：

① 节流调速回路：由定量泵供油，用流量阀调节进入或流出执行元件的流量来实现调速；

② 容积调速回路：用调节变量泵或变量马达的排量来调速；

③ 容积节流调速回路：采用变量泵和流量阀相配合的调速方法。

1. 节流调速回路

根据流量阀的位置不同，可分为进油节流调速回路、回油节流调速回路和旁路节流调速回路 3 种形式。

(1) 进油节流调速回路。进油节流调速回路如图 11－30 所示，泵的供油压力由溢流阀调定，节流阀装在执行元件的进油路上，调节节流阀阀口大小，便能控制进入液压缸的流量，多余的油液经节流阀溢流回油箱，从而达到调速的目的，油路中有溢流损失，又有节流损失，功率损失大。

(2) 回油节流调速回路。回油节流调速回路如图 11－31 所示，定量泵的供油压力由溢

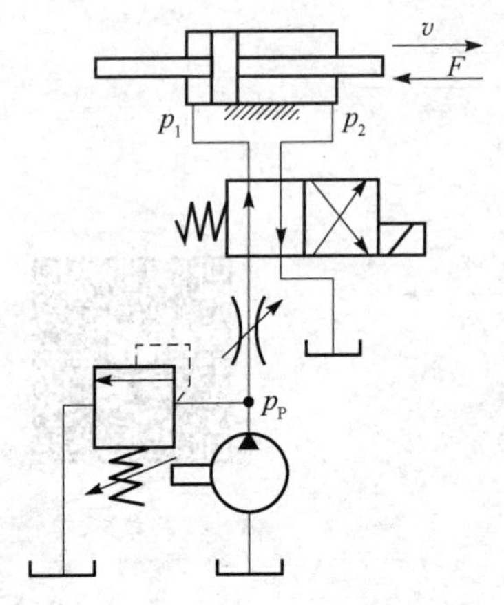

图 11－30　进油节流调速回路

进油节流调速

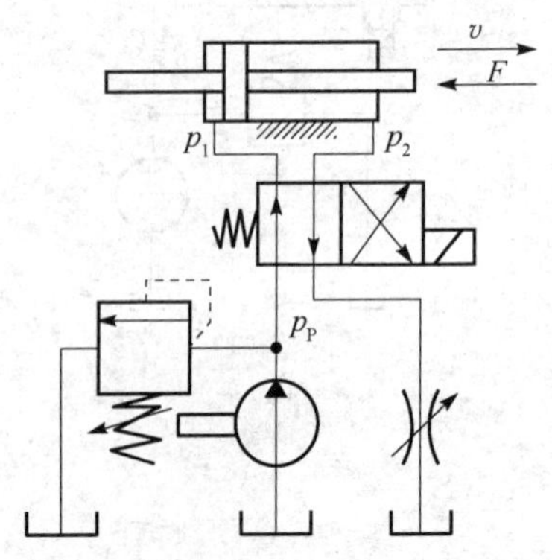

图 11－31　回油节流调速回路

流阀调定，液压缸的速度靠调节节流阀开口的大小来控制，泵多余的流量由溢流阀流回油箱。这种回路执行元件的速度受负载变化的影响较大，只适用于低速、轻载且负载变化较小的液压系统。若将节流阀改换成调速阀，则速度的稳定性得以提高，可用于速度较大、负载较大且负载变化较大的液压系统。

(3) 旁路节流调速回路。将节流阀装在与液压缸并联的支路上，如图 11-32 所示。节流阀分流了油泵的流量，从而控制进入液压缸的流量。调节节流阀的通流面积，即可实现调速。

2. 容积调速回路

容积调速回路是依靠改变变量泵或变量马达的排量来实现调速的，主要优点是没有节流损失和溢流损失，因而效率高、油液温升小，适用于高速、大功率调速系统。其缺点是变量泵和变量马达的结构较复杂、成本高。

容积调速回路通常有 3 种基本形式：由变量泵和定量液压执行元件组成的容积调速回路；由定量泵和变量马达组成的容积调速回路；由变量泵和变量马达组成的容积调速回路。

变量泵和定量液压缸组成的容积调速回路如图 11-33 所示，改变变量泵的排量即可调节活塞的运动速度 v。液压缸需要多少流量，变量泵就供应多少。阀 1 为安全阀，限制回路中的最大压力。这种回路为恒推力（转矩）调速回路，其最大输出推力（转矩）不随速度的变化而变化，适用于执行元件运动要求负载转矩变化不大的液压系统，如磨床、拉床、插床、刨床的主运动，以及钻床、镗床的进给运动。

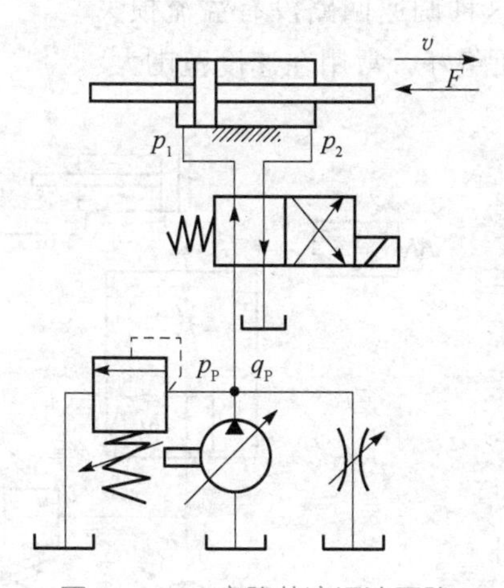

图 11-32　旁路节流调速回路

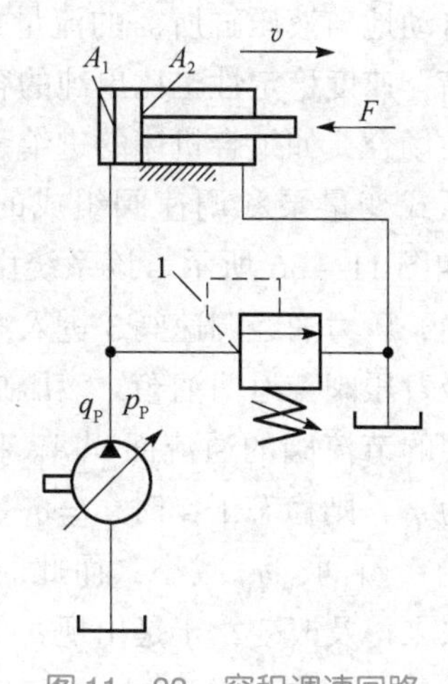

图 11-33　容积调速回路

1—安全阀

定量泵和变量马达组成的容积调速回路如图 11-34 所示。定量泵 1 输出的流量不变，调节变量马达的排量便可改变其转速。这种回路称恒功率调速回路，其特点是变量马达在任何转速下输出的功率都不变，但由于变量马达的最高工作速度受到限制且换向易出故障，所以很少单独使用。

变量泵和变量马达组成的容积调速回路如图 11-35 所示。改变变量泵和变量马达的排

量，实现无级调速，大大扩大了变速范围。图中双向变量泵3既能改变流量，供变量马达4的转速需要，又能反向供油，实现变量马达反向旋转。液压泵1通过单向阀6和7实现向系统双向泄漏补油，单向阀8和9使安全阀5在两个方向上都起到安全作用。这种回路的调速范围大、效率高、速度稳定性好，常用于龙门刨床的主运动和铣床的进给运动等大功率液压系统。

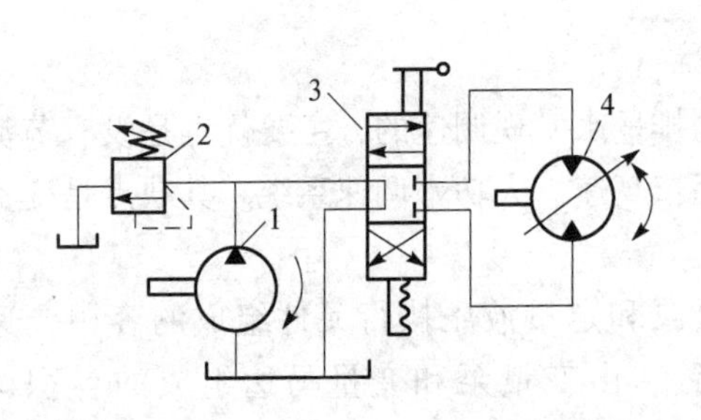

图11-34　定量泵和变量马达组成的容积调速回路

1—定量泵；2—溢流阀；3—换向阀；4—变量马达

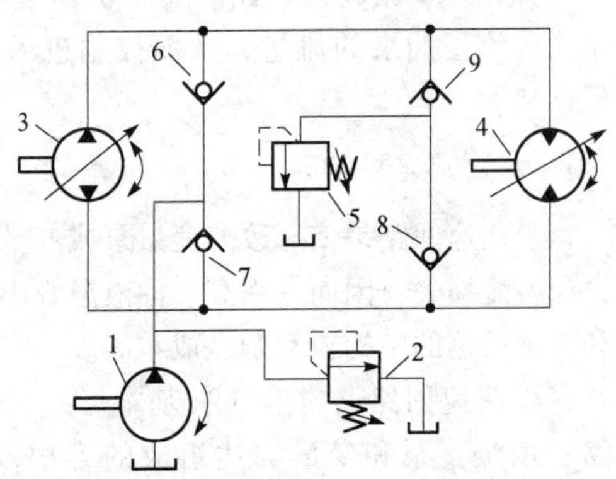

图11-35　变量泵和变量马达组成的容积调速回路

1—液压泵；2，5—安全阀；3—变量泵；4—变量马达；6，7，8，9—单向阀

3. 容积节流调速回路

变量泵变量马达调速回路

容积节流调速回路是采用压力补偿型变量泵供油，用流量控制阀调定进入液压缸或由液压缸流出的流量来调节液压缸的运动速度，并使变量泵的输油量自动地与液压缸所需的流量相适应，这种调速回路没有溢流损失且效率较高，速度稳定性也比单纯的容积调速回路好，常用在速度范围大、中小功率的场合，如组合机床的进给系统等。

由限压式变量泵和调速阀组成的容积节流调速回路如图11-36所示。该系统由限压式变量泵1供油，压力油经调速阀3进入液压缸工作腔，回油经背压阀4返回油箱，液压缸运动速度由调速阀中的节流阀的通流面积A_T来控制。设泵的流量为q_p，则稳态工作时$q_p=q_1$。但是在关小调速阀的一瞬间，q_1减小，而此时液压泵的输油量还未来得及改变，于是出现$q_p>q_1$，因回路中没有溢流（阀2为溢流阀），多余的油液使泵和调速阀间的油路压力升高，也就使泵的出口压力升高，从而使限压式变量泵的输出流量减小，直至$q_p=q_1$；反之，开大调速阀的瞬间，将出现$q_p<q_1$，从而会使限压式变量泵出口压力降低，输出流量自动增加，直至$q_p=q_1$。由此可见调速阀不仅能保证进入液压缸的流量稳定，而且可以使泵的供油流量自动地和液压缸所需的

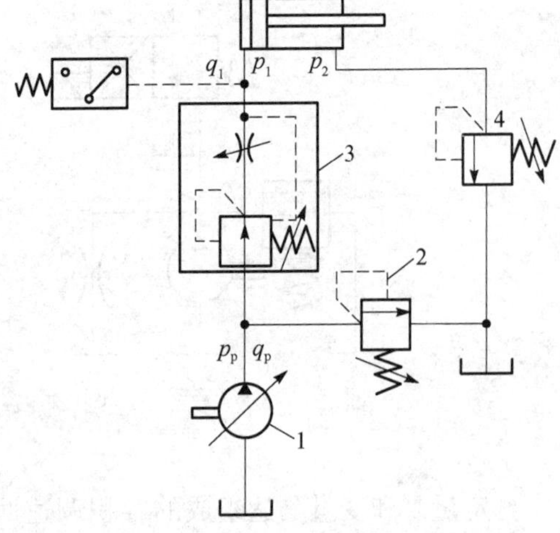

图11-36　限压式变量泵和调速阀组成的容积节流调速回路

1—变量泵；2—溢流阀；3—调速阀；4—背压阀

流量相适应，因而也可使泵的供油压力基本恒定（该调速回路也称定压式容积节流调速回路）。这种回路中的调速阀也可装在回油路上，它的承载能力、运动平稳性、速度刚性等与对应的节流调速回路相同。

操作训练1　进油节流调速回路和回油节流调速回路的调试

一、训练目的

（1）认识进油路节流调速和回油路节流调速的特点。

（2）会进行进油节流调速和回油节流调速回路的构建和调试。

二、训练回路图

训练回路图如图11－30、图11－31所示。

三、训练参考步骤

（1）启动泵，调整系统压力，停止泵的运转。

（2）根据回油节流调速回路图把所需的元件有布局地卡在铝型台面上，再用油管将它们连接在一起，完成回路的装配。

（3）流量固定，改变负载操作。启动泵，液压缸活塞杆在无负载状态下，调整单向节流阀使活塞杆在5 s中完成推出动作，记录缸进油处、回油处、溢流阀进油口处各压力计的压力值及动作时间；加一个轻负荷于活塞杆，活塞杆推出，记录各压力计的压力值及动作时间；加一个重负荷于活塞杆，活塞杆推出，记录各压力计的压力值及动作时间。

（4）释放负荷，停止泵的运转。将回路中的单向节流阀改装在进油路上，重复上述步骤(3)。

（5）在进、回油路上都装上单向节流阀，启动泵，液压缸活塞杆在无负载状态下，操作换向阀使活塞杆推出和缩回，记录其动作时间。逐次调节其中一个节流阀，操作换向阀使活塞杆动作，观察活塞杆动作时间并做记录。逐次调节另一个节流阀，操作换向阀使活塞杆动作，观察活塞杆动作时间并做记录。

（6）分析与思考。

① 单向节流阀分别控制活塞杆的哪个动作速度？

② 各压力计的读数与负载有何关系？

③ 进油节流调速和回油节流调速在工作性能上有何差异？

（7）停止泵的运转，关闭电源，拆卸管路，将元件清理放回原来位置。

知识链接3　快速运动回路

快速运动回路又称增速回路，其功能在于使液压执行元件在空行程时获得所需的高速，以提高生产率或充分利用功率。根据式（11－4）可知，增加进入液压缸的流量或缩小液压

缸有效工作面积都能提高液压缸的运动速度。

一、液压缸差动连接快速运动回路

利用二位三通换向阀实现的液压缸差动连接回路如图 11－37 所示。当阀 1 和阀 3 在左位工作时，液压缸差动连接进行快进运动。当阀 3 通电时，差动连接即被切除，液压缸回油经过节流阀，实现工进。阀 1 切换至右位后，缸快退。这种连接方式，可在不增加液压泵流量的情况下提高液压执行元件的运动速度。这种回路简单、经济，但增速受液压缸两腔有效工作面积的限制，增速的同时液压缸的推力减小。

液压缸的差动连接也可用 P 型中位机能的三位换向阀来实现。

二、采用蓄能器的快速运动回路

采用蓄能器的快速运动回路如图 11－38 所示。采用蓄能器的目的是当用流量较小的液压泵供油，而系统中短期需要大流量时，换向阀 5 处于左位或右位工作，泵 1 和蓄能器 4 共同向缸 6 供油，实现快速运动。当系统停止工作时，换向阀 5 处在中位，泵便经单向阀 3 向蓄能器供油，蓄能器压力升高至卸荷阀 2 的调定压力，阀 2 打开，使液压泵卸荷。

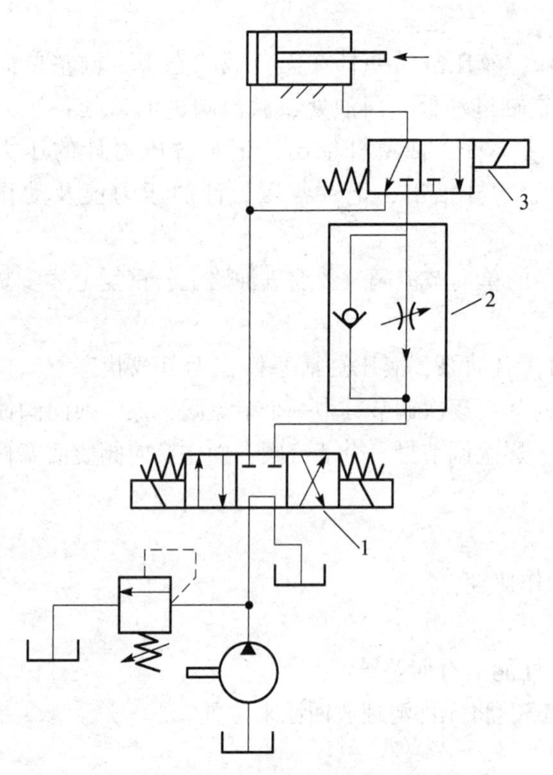

图 11－37　液压缸差动连接快速运动回路

1—主换向阀；2—单向节流阀；3—换向阀

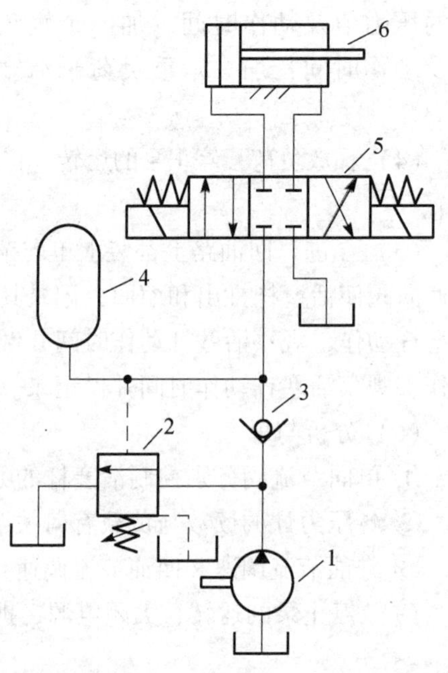

图 11－38　采用蓄能器的快速运动回路

1—定量泵；2—卸荷阀；3—单向阀；4—蓄能器；5—换向阀；6—液压缸

三、双泵供油的快速运动回路

双泵供油快速运动回路如图 11－39 所示。泵 1 为低压大流量泵，泵 2 为高压小流量泵。在快速运动时，泵 1 输出的油液经单向阀 4 与泵 2 输出的油液共同向系统供油；在工作行程时，负载较大，系统压力升高，打开卸荷阀 3 使大流量泵 1 卸荷，单向阀 4 被高压油封闭，由泵 2 向系统单独供油，系统的压力由溢流阀 5 调节。这种双泵供油回路的优点是功率损耗小、系统效率高，但回路较复杂、成本较高，常用于组合机床液压系统或快慢速相差较大的液压系统。

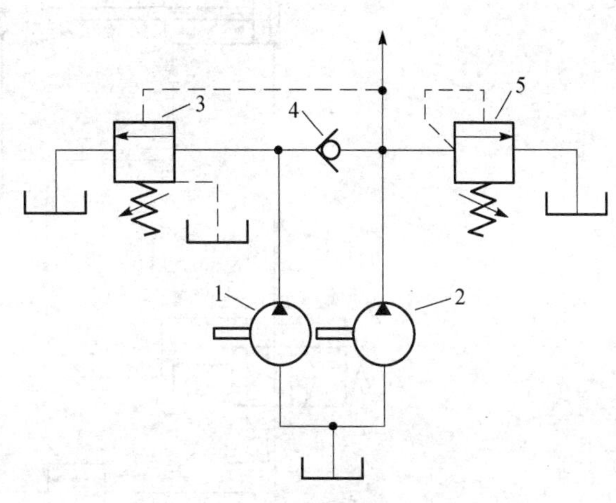

图 11－39　双泵供油快速运动回路

1—低压大流量泵；2—高压小流量泵；3—卸荷阀；4—单向阀；5—溢流阀

知识链接 4　速度换接回路

速度换接回路的功能是使液压执行元件在一个工作循环中从一种运动速度变换到另一种运动速度。速度换接不仅包括液压执行元件从快速到慢速的换接，而且也包括两个慢速之间的换接。实现这些功能的回路应该具有较高的速度换接平稳性。

一、快速与慢速的换接回路

图 11－37 所示的差动连接快速运动回路也可以通过电磁阀的控制实现液压缸的运动由快速转换为慢速。

在机床液压系统中通常采用行程阀来实现快速与慢速的换接。采用行程阀的快速与慢速的换接回路如图 11－40 所示。在图示状态下，液压缸快进，当活塞所连接的挡块压下行程阀 6 时，行程阀关闭。液压缸右腔的油液必须通过节流阀 5 才能流回油箱。活塞运动速度转变为慢速工进；当换向阀左位接入回路时，压力油经单向阀 4 进入液压缸右腔，活塞快速向右返回。这种回路的快慢速换接过程比较平稳，换接点的位置比较准确；缺点是行程阀的安装位置不能任意布置，管路连接较为复杂。若将行程阀改为电磁阀，安装连接比较方便，但速度换接的平稳性、可靠性及换向精度都较差。

二、两种慢速的换接回路

用两个调速阀来实现不同工进速度的换接回路如图 11－41 所示。图 11－41（a）中的两个调速阀并联，由换向阀实现换接。两个调速阀可以独立地调节各自的流量，互不影响；但是，一个调速阀工作时，另一个调速阀内无油通过。减压阀处于最大开口位置，因而速度换接使大量油液通过该处，会使机床工作部件产生突然前冲现象。因此该回路不适用于在工作过程中的速度换接，只可用在速度预选的场合。

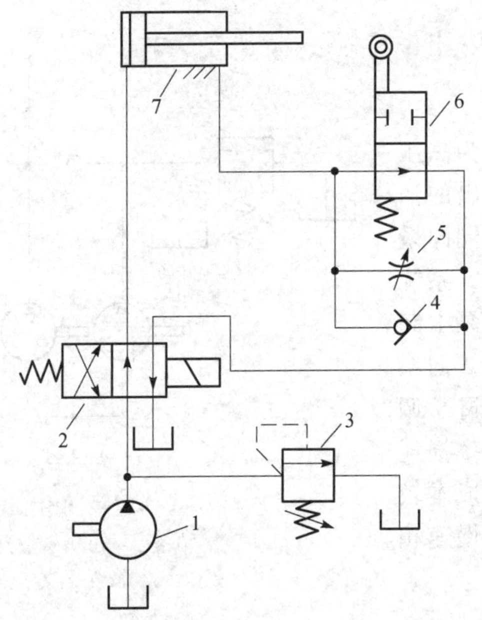

图 11－40　采用行程阀的速度换接回路

1—定量泵；2—主换向阀；3—溢流阀；4—单向阀；5—节流阀；6—行程阀；7—液压缸

行程阀控制的快慢速换接回路

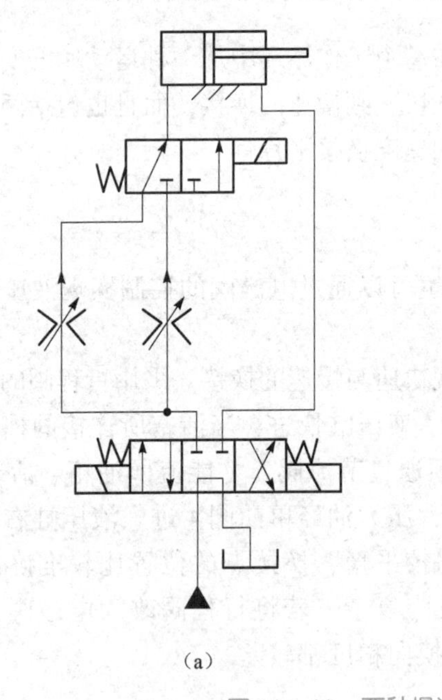

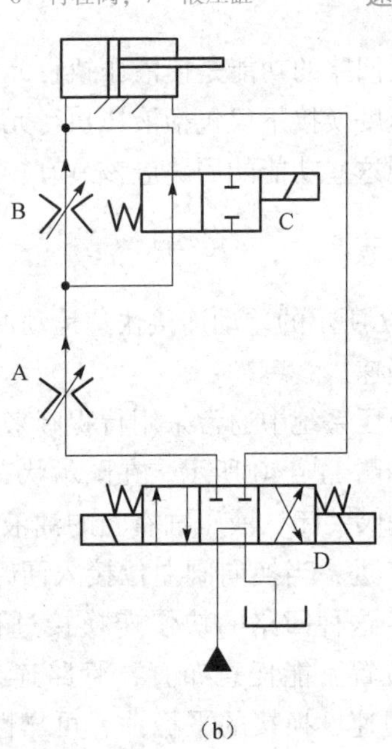

(a)　(b)

图 11－41　两种慢速的速度换接回路

(a) 两调速阀并联；(b) 两调速阀串联

调速阀并联的速度换接回路

调速阀串联的速度换接回路

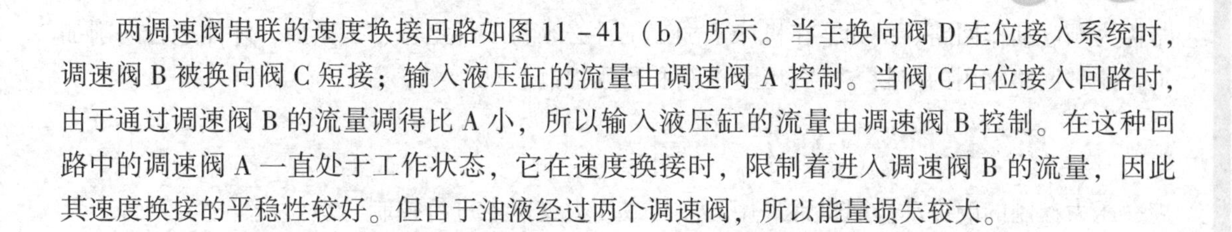

两调速阀串联的速度换接回路如图 11－41（b）所示。当主换向阀 D 左位接入系统时，调速阀 B 被换向阀 C 短接；输入液压缸的流量由调速阀 A 控制。当阀 C 右位接入回路时，由于通过调速阀 B 的流量调得比 A 小，所以输入液压缸的流量由调速阀 B 控制。在这种回路中的调速阀 A 一直处于工作状态，它在速度换接时，限制着进入调速阀 B 的流量，因此其速度换接的平稳性较好。但由于油液经过两个调速阀，所以能量损失较大。

操作训练 2　速度换接回路的调试

一、训练目的

（1）认识快速运动回路和速度换接回路的功能。

（2）会进行快速运动回路和速度换接回路的构建和调试。

二、训练回路图

训练回路图如图 11－37 所示。

三、训练参考步骤

（1）启动泵，调整系统压力，停止泵的运转。

（2）根据回路图把所需的元件有布局地卡在铝型台面上，再用油管将它们连接在一起，完成回路的装配。

（3）启动泵，操纵主换向阀使液压缸活塞杆完成推出动作，记录动作时间；操纵主换向阀使液压缸活塞杆在推出后，再操纵二位三通阀，使液压缸活塞杆完成推出动作，记录动作时间。

（4）操纵主换向阀使液压缸活塞杆完成缩回动作，记录动作时间。

（5）分析与思考。

① 液压缸慢速前进时，采用何种节流调速方式？

② 快速与慢速之间的切换由哪个元件控制？

③ 若要采用行程阀来实现快速与慢速之间的切换，如何调整回路？

（6）停止泵的运转，关闭电源，拆卸管路，将元件清理放回原来位置。

任务四　认识多缸工作控制回路

多缸工作控制回路是由一个液压泵驱动多个液压缸配合工作的回路。这类回路常包括顺序动作、同步和互不干扰等回路。本任务要求认识顺序动作回路、互不干扰回路的组成、功能。

知识链接 1　顺序动作回路

在多缸的液压系统中，要求各液压缸严格按预先规定的顺序而动作，实现这种功能的回

路称为顺序动作回路。例如，在机床上加工工件必须将工件定位、夹紧后，才能进行切削加工。这种回路常用的控制方式有压力控制和行程控制。

一、压力控制的顺序动作回路

压力控制的顺序动作回路常采用顺序阀或压力继电器进行控制。

使用顺序阀控制的顺序动作回路如图 11－42 所示。当换向阀左位接入回路且顺序阀 D 的调定压力大于液压缸 A 的最大前进工作压力时，压力油先进入液压缸 A 的左腔，实现动作①；当液压缸行至终点后，压力上升，压力油打开顺序阀 D 进入液压缸 B 的左腔，实现动作②；同样地，当换向阀右位接入回路且顺序阀 C 的调定压力大于液压缸 B 的最大返回工作压力时，两个液压缸则按③和④的顺序返回。显然这种回路动作的可靠性取决于顺序阀的性能及其压力调定值，即它的调定压力应比前一个动作的压力高出 0.8～1.0 MPa，否则顺序阀易在系统压力脉冲中造成误动作。虽然这种回路动作灵敏且安装连接较方便，但可靠性不高，位置精度低，所以这种回路适用于液压缸数目不多、负载变化不大的场合。

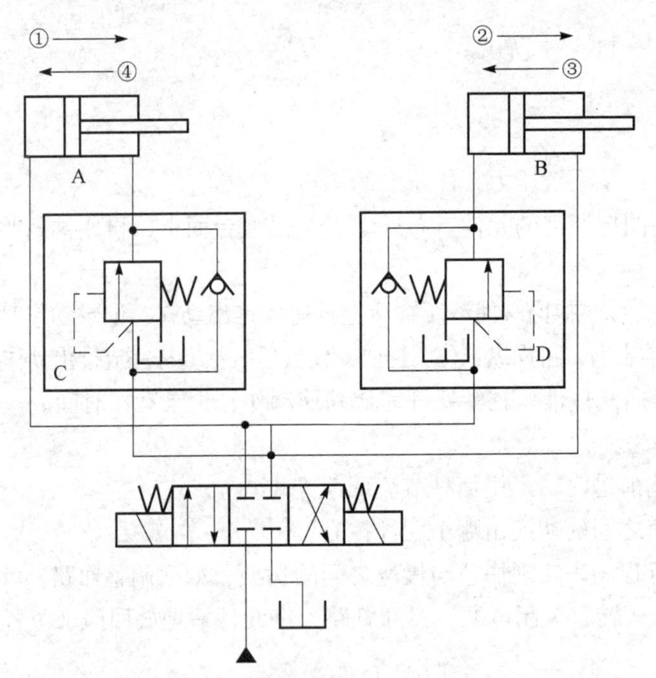

图 11－42　用顺序阀控制的顺序动作回路

使用压力继电器控制的顺序动作回路如图 11－43 所示。当电磁铁 1YA 通电后，压力油进入 A 缸的左腔，推动活塞按①方向运动。碰上止挡块后，系统压力升高，安装在 A 缸进油腔附近的压力继电器发出信号，使电磁铁 2YA 通电，于是压力油又进入 B 缸的左腔，推动活塞按②方向运动。回路中的节流阀以及和它并联的二位二通电磁阀是用来改变 B 缸运动速度的。为了防止压力继电器误发信号，其压力调整值一方面应比 A 缸动作时的最大压力高 0.3～0.5 MPa，另一方面又要比溢流阀的调定压力低 0.3～0.5 MPa。

二、行程控制的顺序动作回路

行程控制的顺序动作回路常采用行程阀或行程开关进行控制。

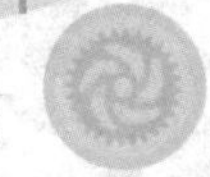

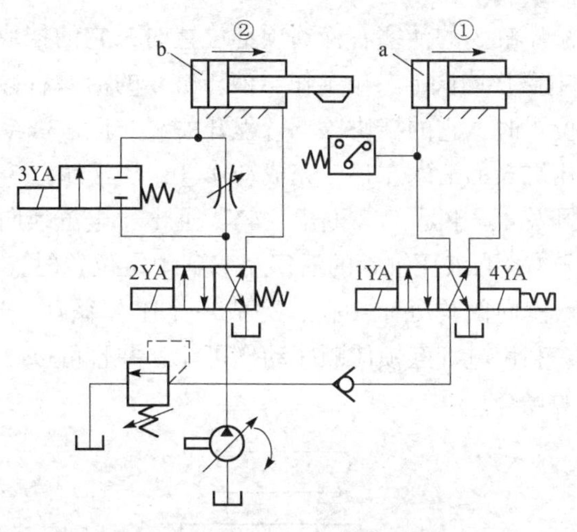

图 11－43　用压力继电器控制的顺序动作回路

使用行程阀控制的顺序动作回路如图 11－44 所示。它能使 A、B 两缸实现①→②→③→④的工作顺序。在图示状态下，A、B 两缸活塞均处于左端位置。当手动换向阀 C 在左位工作，压力油进入 A 缸左腔，活塞实现动作①；当 A 缸活塞杆上的挡块压下行程阀 D 后，压力油进入 B 缸的右腔，活塞实现动作②；当手动换向阀复位后，压力油进入 A 缸右腔，实现动作③；当 A 缸活塞杆上的挡块离开行程阀使行程阀复位时，压力油进入 B 缸右腔，实现动作④。这种回路工作可靠，动作顺序的换接平稳，但改变工作顺序困难，且管路长，压力损失大，不易安装，主要用于专用机械的液压系统。

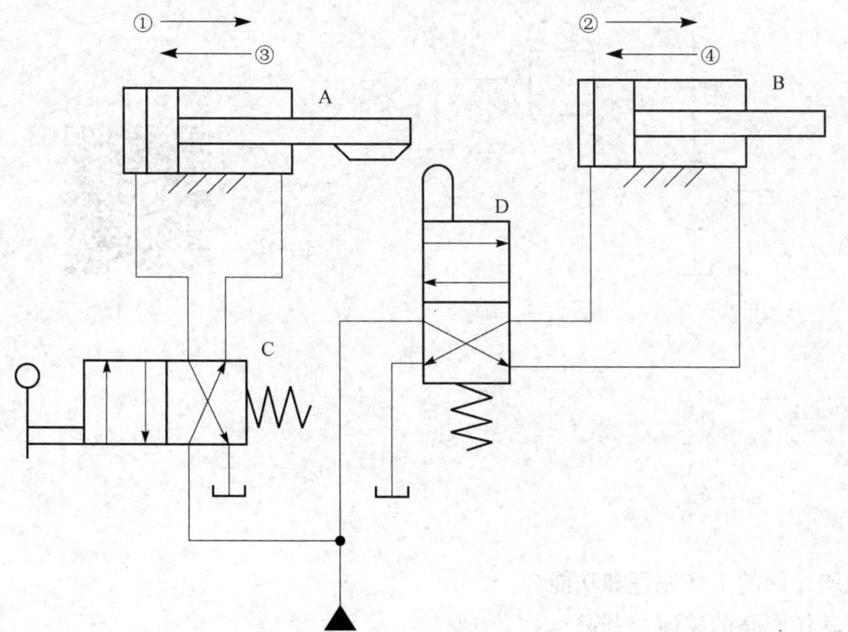

图 11－44　用行程阀控制的顺序动作回路

行程换向阀控制的顺序运动回路

使用行程开关控制的顺序动作回路如图 11－45 所示。它利用运动部件在一定位置时发出的信号来控制液压缸顺序动作。电磁铁 1YA 通电，换向阀 2 左位工作，液压缸 3 的活塞

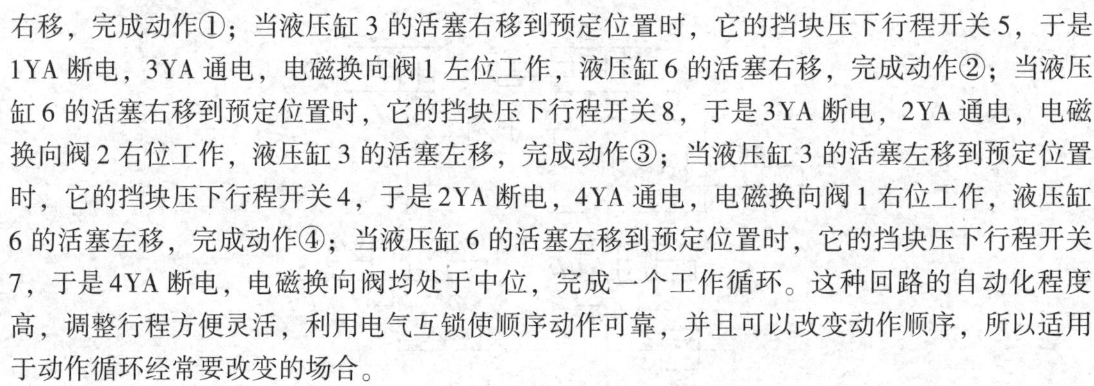
右移，完成动作①；当液压缸 3 的活塞右移到预定位置时，它的挡块压下行程开关 5，于是 1YA 断电，3YA 通电，电磁换向阀 1 左位工作，液压缸 6 的活塞右移，完成动作②；当液压缸 6 的活塞右移到预定位置时，它的挡块压下行程开关 8，于是 3YA 断电，2YA 通电，电磁换向阀 2 右位工作，液压缸 3 的活塞左移，完成动作③；当液压缸 3 的活塞左移到预定位置时，它的挡块压下行程开关 4，于是 2YA 断电，4YA 通电，电磁换向阀 1 右位工作，液压缸 6 的活塞左移，完成动作④；当液压缸 6 的活塞左移到预定位置时，它的挡块压下行程开关 7，于是 4YA 断电，电磁换向阀均处于中位，完成一个工作循环。这种回路的自动化程度高，调整行程方便灵活，利用电气互锁使顺序动作可靠，并且可以改变动作顺序，所以适用于动作循环经常要改变的场合。

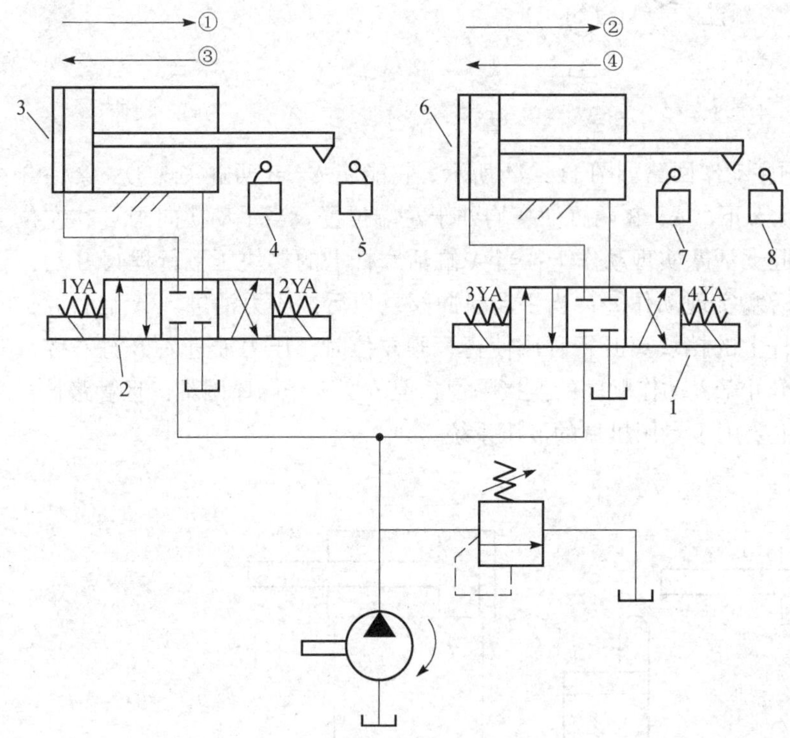

图 11－45　用行程开关控制的顺序动作回路

1，2—换向阀；3，6—液压缸；4，5，7，8—下行程开关

行程开关和电磁换向阀控制的顺序运动回路

操作训练 1　顺序动作回路的调试

一、训练目的

（1）进一步认识顺序阀的工作原理和功能。

（2）会进行顺序动作回路的装配与调试。

二、训练回路图

训练回路图如图 11－46 所示。

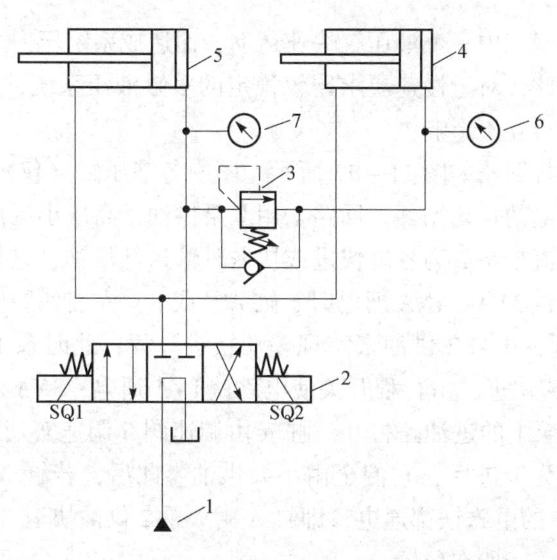

图 11－46 训练回路图

1—液压源；2—方向控制阀；3—顺序阀；4，5—液压缸；6，7—压力计

三、训练参考步骤

（1）启动泵，调整系统压力，停止泵的运转。

（2）根据回路图把所需的元件有布局地卡在铝型台面上，再用油管将它们连接在一起，完成回路的装配。

（3）旋紧顺序阀旋钮。启动泵，操作方向控制阀 2 使其处于右位，观察两个液压缸的动作状态与压力计 6 和 7 的压力值；调整顺序阀 3，直到液压缸 4 的活塞杆开始运动，记录此时的压力；继续调整顺序阀使压力计 7 在活塞杆前进中压力为 1.5 MPa，观察压力计 6 的压力值；液压缸 4 活塞杆推出到底时，观察各压力计的压力值，完成液压缸活塞杆前进环节的各项操作要求。

（4）操作方向控制阀 2 使其处于左位，观察两个液压缸的动作状态与压力计 6 和 7 的压力值。

（5）操作方向控制阀 2 使整个系统有一个完整的顺序动作，并记录每一个时段的动作现象及动作时间。

（6）分析与思考。

① 在步骤（3）中，进行第（2）步操作时液压缸的活塞杆为何不能动作？

② 在步骤（4）中，液压缸 4 的活塞杆和液压缸 5 的活塞杆同时后退但不同步，液压缸 4 的活塞杆的后退速度慢，为什么？

③ 若在液压缸 5 的活塞杆前进中突加一个外力迫使其停止，液压缸 4 的活塞杆是否会推出？

④ 液压缸 6 的活塞杆后退到底后，液压缸 4 的活塞杆后退速度变快，为什么？

（7）停止泵的运转，关闭电源，拆卸管路，将元件清理放回原来位置。

知识链接 2　互不干扰回路

互不干扰回路的功能是使几个液压缸在完成各自的循环动作过程中彼此互不影响。在多

缸液压系统中，往往由于其中一个液压缸快速运动，而造成系统压力下降，影响其他液压缸慢速运动的稳定性。因此，对于慢速要求比较稳定的多缸液压系统，需采用互不干扰回路，使各自液压缸的工作压力互不影响。

多缸快慢速互不干扰回路如图 11－47 所示。图中各液压缸（仅示出两个液压缸）分别要完成快进、工进和快退的自动循环。回路采用双泵供油，高压小流量泵 1 提供各缸工进时所需的液压油，低压大流量泵 2 为各缸快进或快退时输送低压油，它们分别由溢流阀 3 和 4 调定供油压力。当电磁铁 3YA、4YA 通电时，缸 A（或 B）左右两腔由二位五通电磁换向阀 7、11（或 8、12）连通，由泵 2 供油来实现差动快进过程，此时泵 1 的供油路被阀 7（或 8）切断。设缸 A 先完成快进，由行程开关使电磁铁 1YA 通电，3YA 断电，此时大泵 2 对缸 A 的进油路切断，而小泵 1 的进油路打开，缸 A 由调速阀 5 调速实现工进，缸 B 仍作快进，互不影响。当各缸都转为工进后，它们全由小泵供油。此后，若缸 A 又率先完成工进，行程开关应使阀 7 和阀 11 的电磁铁都通电，即缸 A 由大泵 2 供油快退。当各电磁铁皆通电时，各缸停止运动，并被锁止于所在位置。

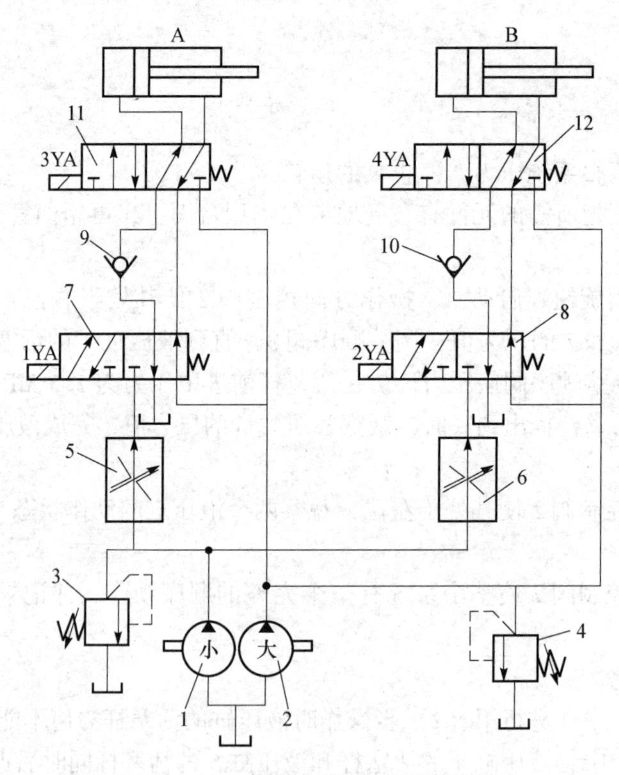

图 11－47　多缸快慢速互不干扰回路

1—小流量泵；2—大流量泵；3，4—溢流阀；5，6—调速阀；7，8，11，12—电磁换向阀；9，10—单向阀

操作训练 2　多缸快慢速互不干扰回路

一、训练目的

（1）认识多缸快慢速互不干扰回路的工作原理和功能。

（2）会进行多缸快慢速互不干扰回路的装配与调试。

二、训练回路图

训练回路图如图 11－47 所示。

三、训练参考步骤

（1）启动泵，调整系统压力，停止泵的运转。

（2）根据回路图把所需的元件有布局地卡在铝型台面上，再用油管将它们连接在一起，完成回路的装配。

（3）按要求操作，两缸分别完成快进、工进和快退的自动循环。

（4）停止泵的运转，关闭电源，拆卸管路，将元件清理放回原来位置。

任务五　认识电液比例控制阀和插装阀

在液压传动与控制系统中，常用的液压控制阀可满足一般的工作需要。但随着生产的发展，新需求对液压系统的传动与控制提出了新的要求，也就出现了一些常用的新型液压控制元件。本任务主要认识电液比例控制阀和插装阀的结构、功能。

知识链接　电液比例控制阀和插装阀

一、电液比例控制阀

电液比例控制阀简称比例阀。由于常用液压控制阀的特点是手动调节和开关控制，阀输出的参数在阀处于工作状态下是不可调节的。但在实际应用中，许多液压系统要求流量和压力能连续地或按比例地随输入信号的变化而变化。已有的液压伺服系统虽然能满足要求，但结构复杂、成本高、对污染敏感、维修困难，不便普遍使用，电液比例阀较好地解决了这一问题。

目前的比例阀一般有两大类，一类是由电液伺服阀简化结构，降低精度发展起来的；另一类是以直流比例电磁铁取代普通液压阀的手调装置或普通电磁铁发展起来的。后一类是比例阀的主流，与普通液压阀可以互换。

直流比例电磁铁为电－机械比例转换器，它将电信号按比例地转换为力或位移。液压阀则能将力或位移连续地或按比例地调节输出油液的参量，如压力、流量的大小和液流方向等。因此，作为比例阀可分为电液比例溢流阀、电液比例换向阀、电液比例调速阀和电液比例复合阀等。

1. 电液比例溢流阀

用比例电磁铁取代直动式溢流阀的手调装置，便成为直动式比例溢流阀，直动式比例溢流阀的结构原理图和编号符号如图 11－48 所示。比例电磁铁的推杆通过弹簧座对调压弹簧

施加推力。随着输入电信号强度的变化，比例电磁铁的电磁力将随之变化，从而改变调压弹簧的压缩量，使顶开锥阀的压力随输入信号的变化而变化。若输入信号是连续地、按比例地或按一定的程序变化，则比例溢流阀所调节的系统压力也连续地、按比例地或按一定的程序进行变化。因此比例溢流阀多用于系统的多级调压或实现连续的压力控制。把直动式比例溢流阀作为先导阀与其他普通的压力阀的主阀相配，便可组成先导式比例溢流阀、比例顺序阀和比例减压阀。

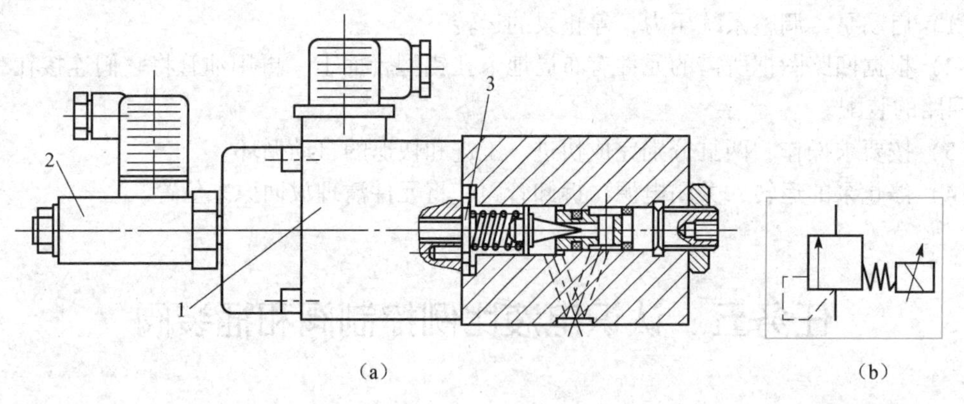

图 11-48　直动式比例溢流阀

(a) 结构原理图；(b) 图形符号

1—比例电磁铁；2—位移传感器；3—弹簧座

2. 电液比例换向阀

用比例电磁铁取代电磁换向阀中的普通电磁铁，便构成直动式比例换向阀。直动式比例换向阀的结构示意图和图形符号如图 11-49 所示。由于使用了比例电磁铁，阀芯不仅可以换位，而且换位的行程可以连续地或按比例地变化，因而连通油口间的通流面积也可以连续地或按比例地变化，所以比例换向阀不仅能控制执行元件的运动方向，而且能控制其速度。

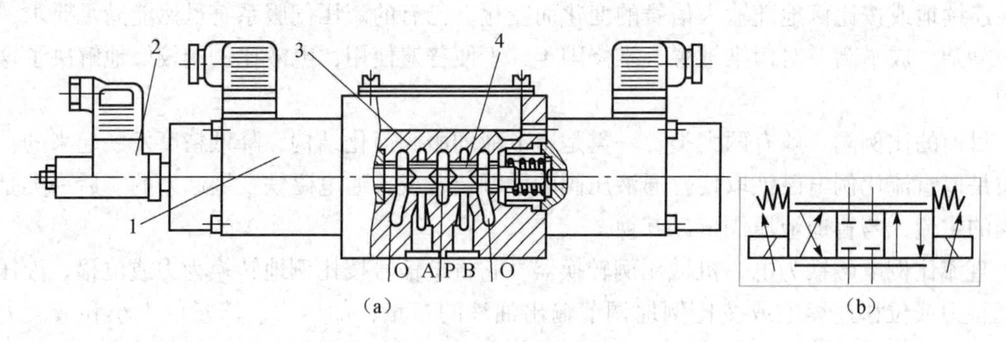

图 11-49　直动式比例换向阀结构示意图和图形符号

(a) 结构示意图；(b) 图形符号

1—比例电磁铁；2—位移传感器；3—阀体；4—阀芯

3. 电液比例调速阀

用比例电磁铁取代节流阀或调速阀的手调装置，以输入电信号控制节流口开度，便可连续地或按比例地远程控制其输出流量，实现执行部件的速度调节。电液比例调速阀的结构示意图和图形符号如图 11－50 所示。图中的节流阀芯由比例电磁铁的推杆操纵，输入的电信号不同，则电磁力不同，推杆受力不同，与阀芯左端弹簧力平衡后，便有不同的节流口开度。由于定差减压阀已保证了节流口前后压差为定值，所以一定的输入电流就对应一定的输出流量，不同的输入信号变化，就对应着不同的输出流量变化。

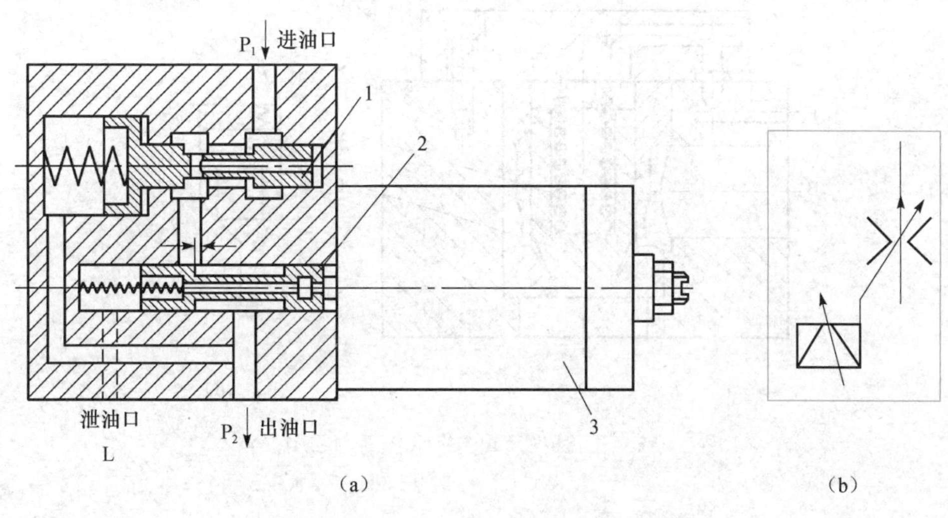

图 11－50　电液比例调速阀结构示意图和图形符号

(a) 结构示意图；(b) 图形符号

1—定差减压阀；2—节流阀阀芯；3—比例电磁铁推杆操纵装置

在图 11－48 和图 11－49 中，比例电磁铁前端都附有位移传感器（或称差动变压器），这种电磁铁称为行程控制比例电磁铁。位移传感器能准确地测定电磁铁的行程，并向放大器发出电反馈信号。电放大器将输入信号和反馈信号加以比较后，再向电磁铁发出纠正信号以补偿误差。这样便能消除液动力等干扰因素，保持准确的阀芯位置或节流口面积。这是比例阀进入成熟阶段的标志。

电液比例控制阀能简单地实现遥控和连续地、按比例地控制液压系统的力和速度，并能简化液压系统，节省液压元件。由于采用各种更加完善的反馈装置和优化设计，比例阀的动态性能虽仍低于伺服阀，但静态性能已大致相同，而且价格低廉得多，是一种很有发展前途的液压控制元件。

二、插装阀

插装阀不仅能实现常用液压阀的各种功能，而且与普通液压阀相比，具有主阀结构简单、通流能力大（可达 10 000 L/min）、体积小、质量轻、密封性能和动态性能好、易于集成、实现一阀多用等优点，因而在大流量系统中得到广泛应用。

1. 插装阀的结构示意图及图形符号

如图 11－51 所示，插装阀由控制盖板、插装单元（由阀套、弹簧、阀芯及密封件组成）、插装块体和先导元件（置于控制盖板上，图中没有画出）组成。由于这种阀的插装

单元在回路中主要起控制通、断作用，故又称为二通插装阀。控制盖板将插装单元封装在插装块体内，并沟通先导阀和插装单元（又称主阀）。通过主阀阀芯的启闭，可对主油路的通断起控制作用。使用不同的先导阀，可构成压力控制、方向控制或流量控制，并可组成复合控制。将若干个不同控制功能的二通插装阀组装在一个或多个插装块体内便组成液压回路。

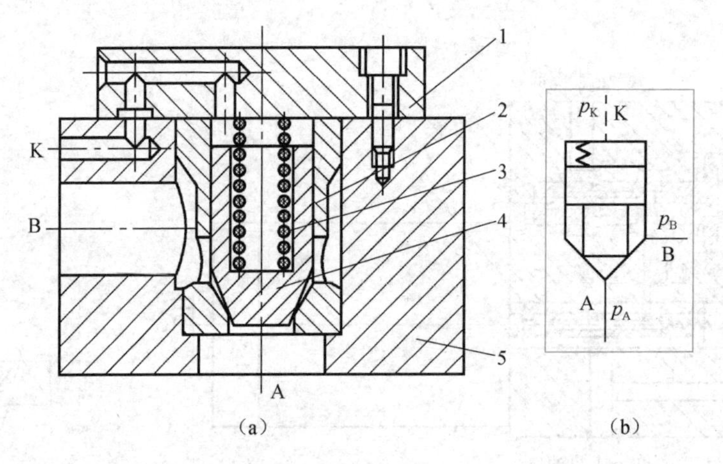

图 11－51　二通插装阀结构示意图和图形符号

(a) 结构示意图；(b) 图形符号

1—控制盖板；2—阀套；3—弹簧；4—阀芯；5—插装块体

就工作原理而言，二通插装阀相当于一个液控单向阀。A 和 B 为主油路仅有的两个工作油口（称为二通阀），K 为油控制口。改变油控制口的压力，即可控制 A、B 油口的通断。当控制口无液压作用时，阀芯下部的液压力超过弹簧力，阀芯被顶开，A 与 B 相通，至于液流的方向，视 A、B 口的压力大小而定。反之，控制口有液压作用，且 $p_K \geqslant p_A$、$p_K \geqslant p_B$ 时，才能保证 A 口与 B 口之间关闭。这样，就起逻辑元件的“非”门作用，故也称为逻辑阀。

插装阀按控制油的来源可分为两类：第一类为外控式插装阀，控制油由单独动力源供给，其压力与 A、B 口的压力变化无关，多用于油路的方向控制。第二类为内控式插装阀，控制油引自阀的 A 或 B 口，并分为阀芯带阻尼孔与不带阻尼孔两种，应用比较广泛。

2. 方向控制插装阀

(1) 单向插装阀。如图 11－52 所示，将 K 口与 A 或 B 连通，即成为单向阀。连通方法不同，其导通方向也不同。前者 $p_A > p_B$ 时，锥阀关闭，A 与 B 不通；$p_B > p_A$ 且达到开启压力时，锥阀打开，油从 B 流向 A。后者可类似分析得出结论。

(2) 液控单向插装阀。如果在控制盖板上接一个二位三通液动换向阀来变换 K 口的压力，即成为液控单向阀，如图 11－53 所示。若 K 处无液压作用，则处于图示位置，$p_A > p_B$ 时，A、B 导通，A 流向 B；$p_B > p_A$，A、B 不通。若 K 处有液压作用，则二位三通液控阀换向，使 K 口接油箱，A 与 B 相通，油的流向视 A、B 点的压力大小而定。

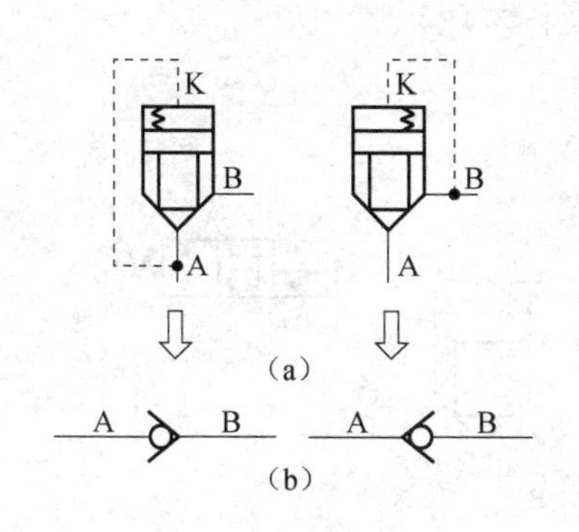

图 11-52　单向插装阀

(a) 工作原理图；(b) 同功能的液压元件

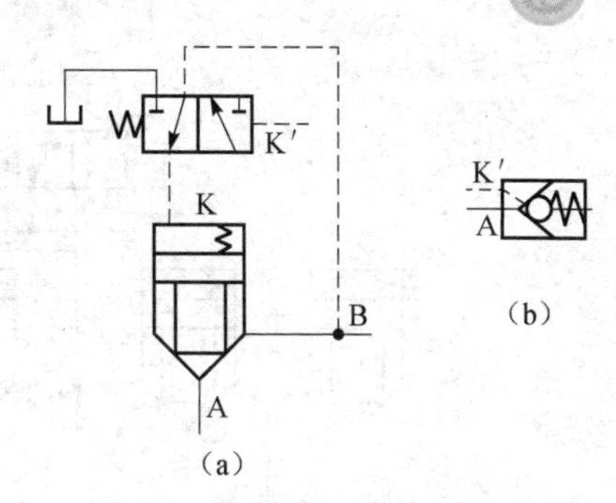

图 11-53　液控单向插装阀

(a) 工作原理图；(b) 同功能的液压元件

(3) 二位二通插装阀。如图 11-54 所示，在图示状态下，锥阀开启，A 与 B 相通。若电磁换向阀通电换向，且 $p_A > p_B$ 时，锥阀关闭，A、B 油路切断，即为二位二通阀。

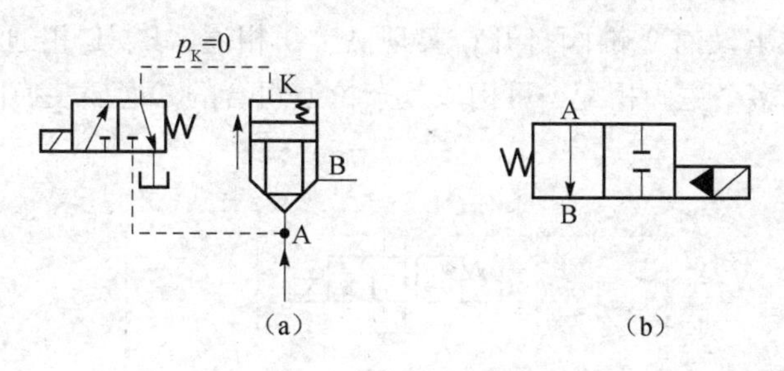

图 11-54　二位二通插装阀

(a) 工作原理图；(b) 同功能的液压元件

(4) 二位三通插装阀。如图 11-55 所示，在图示状态下，左面的锥阀打开，右面的锥阀关闭，即 A、O 相通，P、A 不通。电磁阀通电时，P、A 相通，A、O 不通，即为二位三通阀。

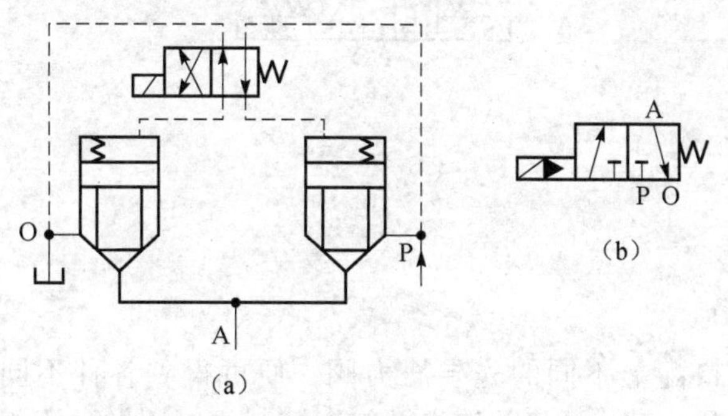

图 11-55　二位三通插装阀

(a) 工作原理图；(b) 同功能的液压元件

(5) 二位四通插装阀。如图 11-56 所示，在图示状态，左 1 及右 2 锥阀打开，实现 A、O 相通，B、P 相通。当电磁阀通电时，左 2 及右 1 锥阀打开，实现 A、P 相通，B、O 相通，即为二位四通阀。

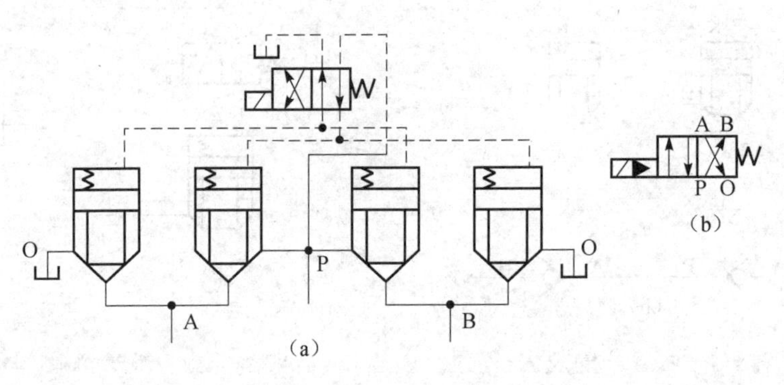

图 11－56　二位四通插装阀

（a）工作原理图；（b）同功能的液压元件

（6）三位四通插装阀。如图 11－57 所示，在图示状态，4 个锥阀全关闭，A、B、P、O 不相通。当左边电磁铁通电时，左 2 及右 1 锥阀打开，实现 A、P 相通，B、O 相通。当右边电磁铁通电时，左 1 及右 2 锥阀打开；实现 A、O 相通，B、P 相通，即为三位四通阀。如果用多个先导阀和多个主阀相配，可构成复杂位通组合的二通插装换向阀，这是普通换向阀做不到的。

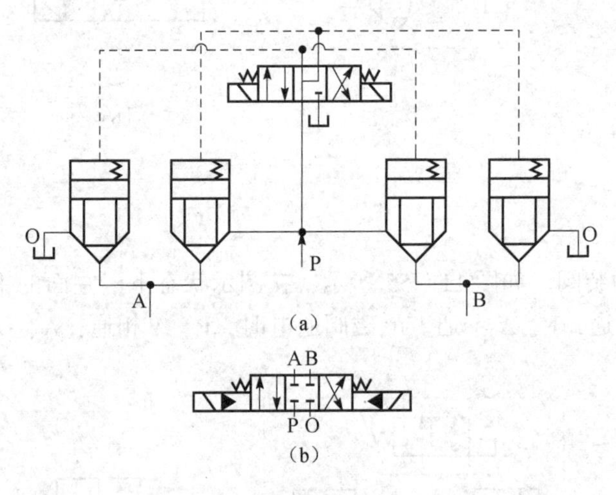

图 11－57　三位四通插装阀

（a）工作原理图；（b）同功能的液压元件

3．压力控制插装阀

在插装阀的控制口配上不同的先导压力阀，便可得到各种不同类型的压力控制阀。图 11－58（a）所示为用直动式溢流阀作先导阀来控制主阀用做溢流阀的原理图。A 腔压力油经阻尼小孔进入控制腔和先导阀，并将 B 口与油箱相通。这样锥阀的开启压力可由先导阀来调节，其原理与先导式溢流阀相同。如果在此图中，B 腔不接油箱而接负载时，即为顺序阀。在图 11－58（b）中，若二位二通电磁换向阀通电，则作为卸荷阀用。图 11－58（c）中，B 为进油口，A 为出油口，A 腔压力经阻尼小孔后通控制腔和先导阀，其原理与先导式减压阀相同。

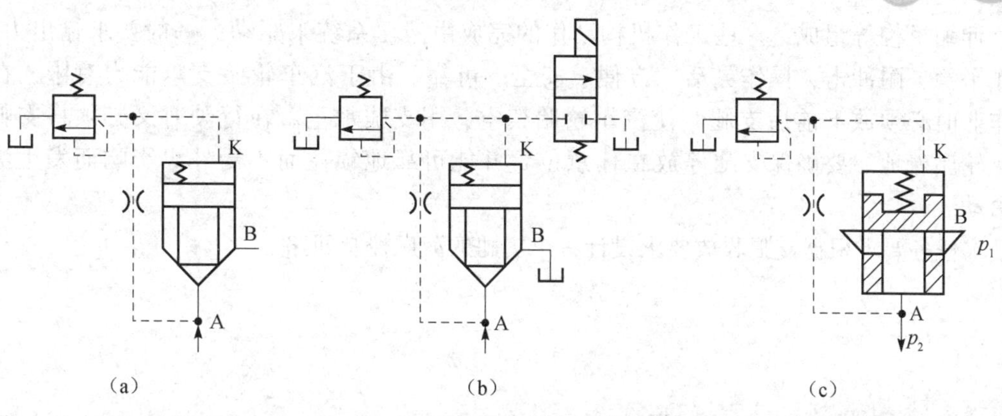

图 11－58　压力控制插装阀

此外，若以比例溢流阀作先导阀，代替图中的直动式溢流阀，则可构成二通插装电液比例溢流阀。

4. 流量控制插装阀

如图 11－59 所示，在插装阀的控制盖板上增加阀芯行程调节器，以调节阀芯开度，则锥阀可起流量控制阀的作用。若在二通插装节流阀前串联一个定差减压阀，就可组成二通插装调速阀。若用比例电磁铁取代节流阀的手调装置，则可组成二通插装电液比例节流阀。

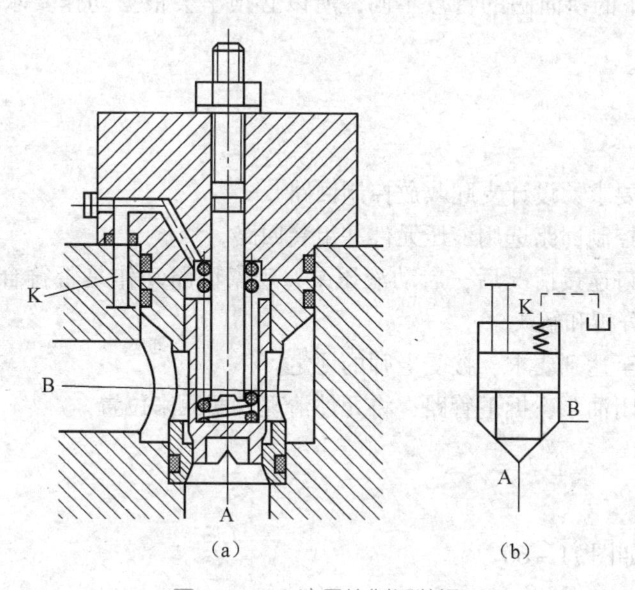

图 11－59　流量控制插装阀

(a) 结构示意图；(b) 图形符号

任务六　汽车起重机支腿收放控制回路的设计与调试

汽车起重机是一种安装在汽车底盘上的起重运输设备。它主要由起升机构、回转机

构、伸缩机构等组成，这些工作机构动作的完成由液压系统来驱动。一般要求输出力大，动作平稳，耐冲击，操作灵活、方便、安全、可靠。由于汽车轮胎支承能力有限，在起重作业时必须放下前后支腿，使汽车轮胎架空，用支腿承重。在行驶时又必须将支腿收起，轮胎着地。要确保支腿停放在任意位置并能可靠地锁住而不受外界影响而发生漂移或窜动。

本任务要求根据支腿收放要求设计一个支腿的液压控制回路。

一、任务引入

1. 锁紧功能

小型起重机前后支腿中每个支腿配有一个液压缸，支腿的收放其实就是靠液压缸活塞杆的伸出和缩回实现的，液压缸的运动方向又是依靠换向阀来控制的，而换向阀的阀芯和阀体间总是存在着间隙，这必然会造成换向阀内泄漏。若要求液压缸在停止运动时不受外界的影响，仅依靠换向阀的中位机能是不能保证的，所以需要采用液压锁进行锁紧。设计支腿控制回路的重点就是确定回路实现锁紧功能的方式。

2. 换向阀的操纵方式

不同控制方式下的换向阀的特点不同，所以必须学会根据动作要求选择换向阀的控制方式。

二、实施步骤

(1) 根据任务要求，设计支腿收放控制回路。

(2) 按照液压控制回路选用液压元件并组装回路。

(3) 检查各油口连接情况后，启动液压泵，观察回路动作是否符合动作要求，对使用中遇到的问题进行分析和解决。

(4) 运行调试至达到要求，接受老师的评定。

(5) 卸压后关闭油泵，拆下管路，将元件清理放回原来位置。

三、设计参考方案

设计参考方案如图 11－60 所示。

四、问题探究

一个手动换向阀控制其中的两个前支腿，后两个支腿的收放控制同样可以用另一个手动换向阀控制，若欲用多路换向阀对前后支腿控制，多路换向阀宜采用何种组合方式？为什么？

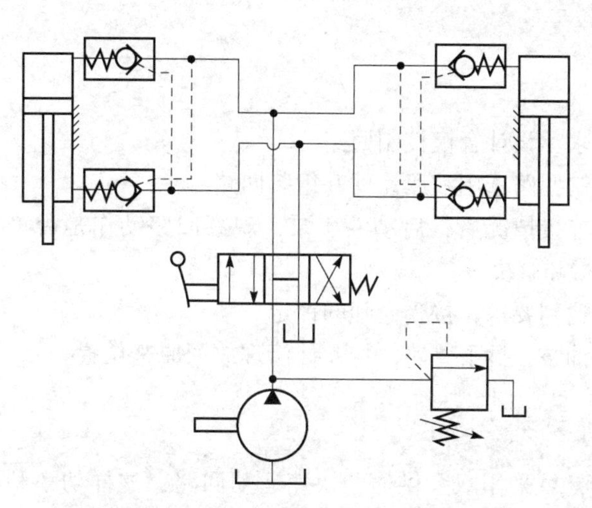

图 11－60　前（后）支腿收放控制回路

任务七　注塑机合模控制回路的设计与调试

塑料注塑成型机简称为注塑机，SZ－250A 型注塑机属于中小型注塑机，它将颗粒状塑料加热熔化到流动状态，用注射装置高压快速地注入模腔，可用来制造外形复杂、尺寸精确或带有金属镶嵌件的塑料制品。这种注塑机工作部件动作由液压驱动，具有成型周期短、加工适应性强以及自动化程度高等优点，在许多工业部门得到了广泛的应用。

注塑机的合模过程包括慢速合模、快速合模、低压合模和高压合模 4 个动作，其工作过程是先使运动模板慢速启动，然后快速前移，当接近固定模板时液压系统压力减小，以减小合模缸的推力，防止在两个模板之间存在硬质异物损坏模具表面，接着提高系统压力使合模缸产生较大的推力，将模具闭合。本任务要求能根据合模动作要求设计液压控制回路。

一、任务引入

分析该设计任务，需要考虑以下两大问题。

1. 合模的速度控制和换接

合模要求具有可调节的慢速和快速两种速度，这就需要考虑如何实现快速运动，是采用双泵供油还是采用差动连接？还是用其他快速运动回路实现？此外慢速的实现是采用节流阀还是调速阀实现，还是其他速度控制方式？快速与慢速换接时，如何保证快慢速换接的平稳？

2. 合模的高、低压控制与转换

合模缸需要产生高、低两种推力，就需要系统能实现两种压力的调定，如何在系统中实现高、低压两种压力？同时，不管是低压合模还是高压合模，都需要合模缸慢速前进。

二、实施步骤

(1) 根据任务要求，设计合模控制回路。

(2) 按照液压控制回路选用液压元件并组装回路。

(3) 检查各油口连接情况后，启动液压泵，观察回路动作是否符合动作要求，对使用中遇到的问题进行分析和解决。

(4) 运行调试至达到要求，接受老师的评定。

(5) 卸压后关闭油泵，拆下管路，将元件清理放回原来位置。

三、设计参考方案

要实现快速运动，可采用双泵供油的快速运动回路，这样功率利用合理，效率高，并且速度换接平稳。快速时由双泵同时供油，慢速时由小流量泵供油，大流量泵卸荷。同时双泵供油能根据需要使系统实现两种不同的压力。为了使液压缸得到稳定的慢速运动，可选择采用调速阀。快速与慢速的换接可采用调速阀与二位二通阀并联的方式来实现。

为了实现系统的多级调压，也可考虑采用比例溢流阀的比例调压回路。

设计参考回路如图 11－61 所示。

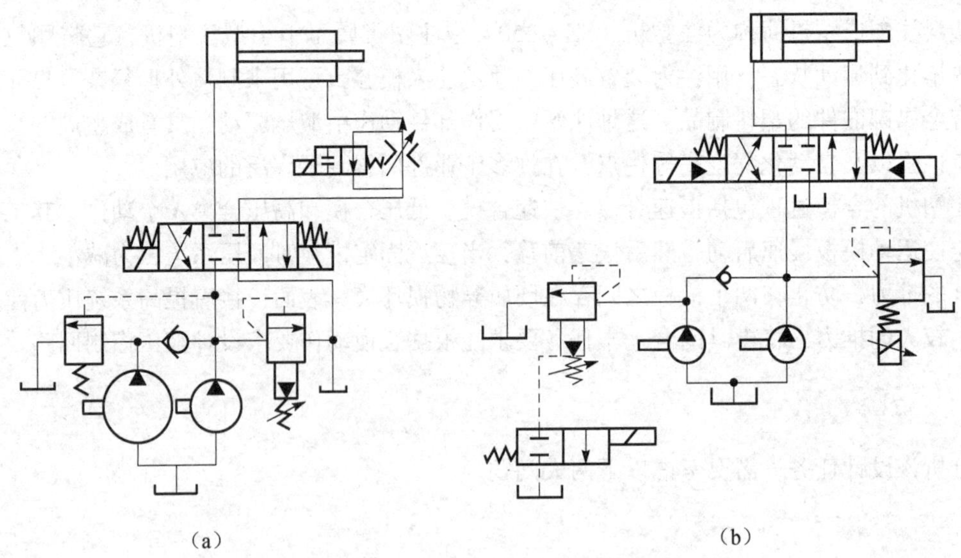

图 11－61　注塑机合模控制回路

四、问题探究

(1) 设计出的控制回路在实现既定功能时，因为元件的选取不一样，导致各回路的特点不同，回路中的三位四通换向阀是采用电磁阀合适，还是电液阀会更合适，为什么？

(2) 在图 11－61 (a) 所示的回路图中，若还需实现多级压力控制，回路如何改进？

要点归纳

一、要点框架

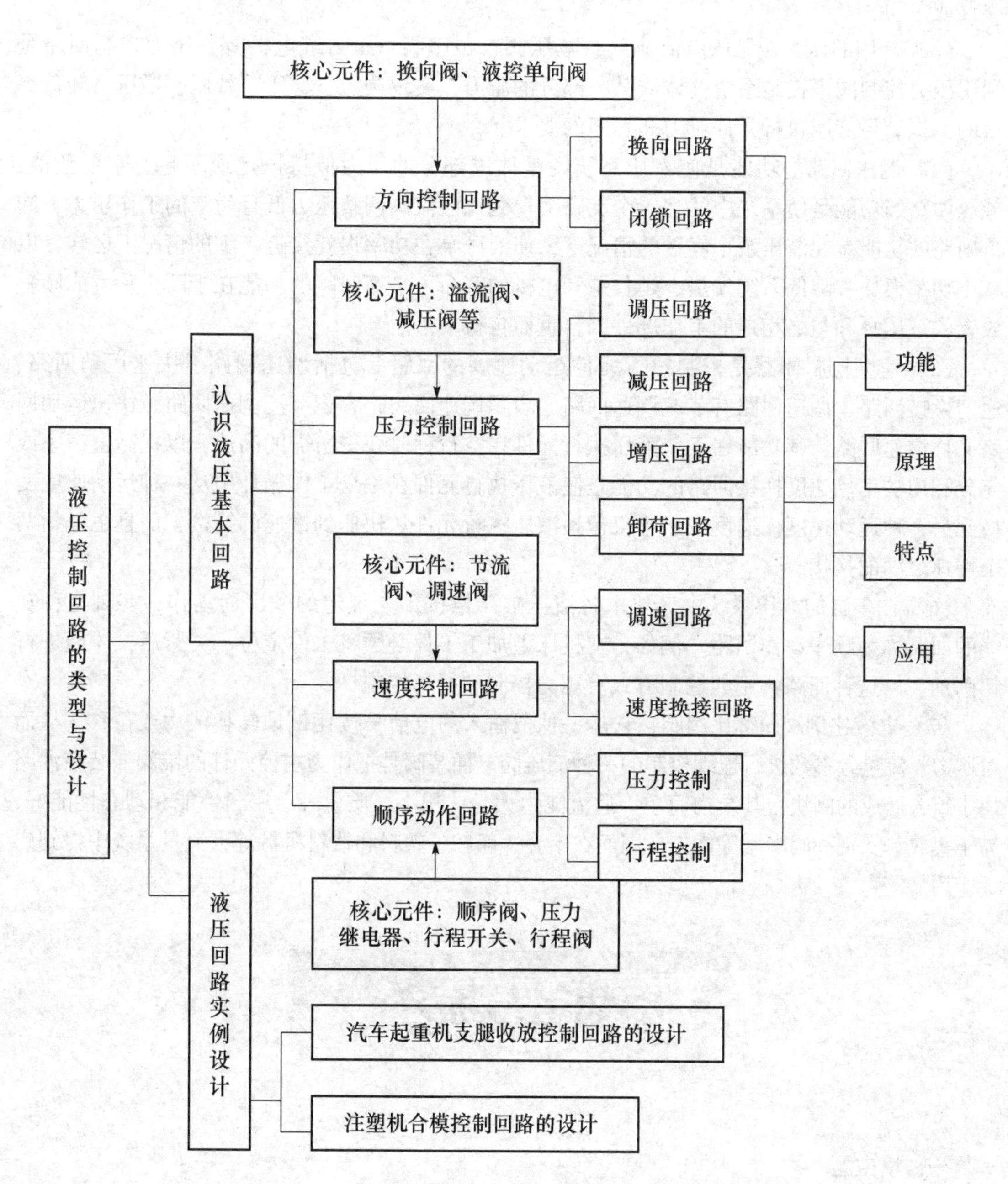

二、知识要点

（1）方向控制阀主要用来通、断油路或改变油液的流动方向，从而控制液压执行元件的启动、停止或改变其运动方向。方向控制阀有单向阀和换向阀两类。单向阀有普通单向阀

和液控单向阀之分。

（2）方向控制回路是控制执行元件的启动、停止及换向的回路。这类回路包括换向回路和锁紧回路。换向回路用于控制液压系统中液流方向，从而改变执行元件的运动方向。锁紧回路的作用是使液压缸停止运动时能够准确地停止在要求的位置上，而不因外界影响发生漂移或窜动。

（3）常用的压力控制阀有溢流阀、减压阀、顺序阀、压力继电器等，压力控制回路是利用压力控制阀来控制系统整体或某一部分的压力，实现调压、稳压、减压、增压、卸荷等目的，以满足液压执行元件对力和转矩的要求。

（4）调压回路的功能是使液压系统的整体或部分的压力保持恒定或不超过某个数值；减压回路的功能是使系统中的某一个支路上得到比溢流阀调整压力低且稳定的工作压力；卸荷回路的功能是在液压泵不停转的情况下，使液压泵在功率损耗接近于零的情况下运转，以减小功率损耗、降低系统发热、延长泵和电机的寿命。平衡回路的功能在于防止垂直或倾斜放置的液压缸和与之相连的工作部件因自重而自行下落。

（5）速度控制回路是控制执行元件运动速度的回路，包括调速回路、快速运动回路、速度换接回路。调速回路有节流调速回路、容积调速回路、容积节流调速回路。快速运动回路又称增速回路，其功能在于使液压执行元件在空行程时获得所需的高速，以提高生产率或充分利用功率。速度换接回路的功能是使液压执行元件在一个工作循环中从一种运动速度变换到另一种运动速度。速度换接不仅包括液压执行元件从快速到慢速的换接，而且也包括两个慢速之间的换接。

（6）在多缸的液压系统中，要求各液压缸严格按预先规定的顺序而动作，实现这种功能的回路称为顺序动作回路。例如，在机床上加工工件必须将工件定位、夹紧后，才能进行切削加工。这种回路常用的控制方式有压力控制和行程控制。

（7）电液比例阀简称比例阀，它是一种把输入的电信号按比例地转换成力或位移，从而对压力、流量等参数进行连续控制的一种液压阀。插装阀是把作为主控元件的锥阀插装在油路块中组合而成的阀块，其结构简单、通流能力大、体积小、质量轻、密封性能和动态性能好、易于集成、实现一阀多用等优点，因而在冶金、船舶、塑料和饮料机械等大流量系统中得到广泛应用。

思考与练习

一、填空题

1. 液压控制阀按用途不同可分为________、________和________三大类，分别控制、调节液压系统中液流的________、________和________。

2. 换向阀的作用是利用________使油路________、________或________。

3. 电液动换向阀是由________和________组成的。前者的作用是________，后者的作用是________。

4. 液压系统中常用的溢流阀有________和________两种。前者用于________；后者宜用于________。

5. 溢流阀在液压系统中，能起________、________、________、________和________等作用。

6. 液压系统实现执行机构快速运动的回路有________的快速回路、________的快速回路、________的快速回路和________的快速回路。

7. 在定量泵供油的液压系统中，用________对执行元件的速度进行调节，这种回路称为________。节流调速回路的特点是________、________、________，故适用于________系统。

8. 顺序动作回路的功用在于使几个执行元件严格按预定顺序动作，按控制方式不同，分为________控制和________控制。

二、选择题

1. 溢流阀________。

A. 常态下阀口是常开的

B. 阀芯随系统压力的变动而移动

C. 进出油口均有压力

D. 一般连接在液压缸的回油油路上

2. 调速阀是组合阀，其组成是________。

A. 可调节流阀与单向阀串联

B. 定差减压阀与可调节流阀并联

C. 定差减压阀与可调节流阀串联

D. 可调节流阀与单向阀并联

3. 要实现液压泵卸荷，可采用三位换向阀的________型中位滑阀机能。

A. O　　B. P　　C. M　　D. Y

4. 在液压系统原理图中，与三位换向阀连接的油路一般应画在换向阀符号的________位置上。

A. 左格　　B. 右格　　C. 中格　　D. 任意都可以

5. 为使减压回路可靠地工作，其最高调整压力应比系统压力________。

A. 低一定数值　　B. 高一定数值　　C. 相等　　D. A、B、C 都不对

6. 执行机构运动部件快慢速差值大的液压系统，应采用________的快速回路。

A. 差动连接缸　　B. 双泵供油　　C. 有蓄能器

7. 一级或多级调压回路的核心控制元件是________。

A. 溢流阀　　B. 减压阀　　C. 压力继电器　　D. 顺序阀

8. 如某元件须得到比主系统油压高得多的压力时，可采用________。

A. 压力调定回路　　B. 多级压力回路

C. 减压回路　　D. 增压回路

三、判断题

1. 单向阀的作用是控制油液的流动方向，接通或关闭油路。　　(　　)

2. 溢流阀通常接在液压泵出口处的油路上，它的进口压力即系统压力。 ( )

3. 溢流阀用作系统的限压保护、防止过载的安全阀的场合，在系统正常工作时，该阀处于常闭状态。 ( )

4. 使用可调节流阀进行调速时，执行元件的运动速度不受负载变化的影响。 ( )

5. 高压大流量液压系统常采用电磁换向阀实现主油路换向。 ( )

6. 通过节流阀的流量与节流阀口的通流截面面积成正比，与阀两端的压差大小无关。 ( )

7. 容积调速回路中，其主油路中的溢流阀起安全保护作用。 ( )

8. 大流量的液压系统，应直接采用二位二通电磁换向阀实现泵卸荷。 ( )

9. 闭锁回路属于方向控制回路，可采用滑阀机能为中间封闭或PO连接的换向阀来实现。 ( )

10. 压力调定回路主要是由溢流阀等组成。 ( )

四、分析题

1. 分析题图1所示回路具有的功能及其对应的核心元件。

2. 在题图2所示回路中，若泵的出口处负载阻力为无限大，溢流阀的调整压力分别为 $p_1=6$ MPa，$p_2=4.5$ MPa。试问：

（1）换向阀下位接通时A、B、C点的压力各为多少？

（2）换向阀上位接通时A、B、C点的压力各为多少？

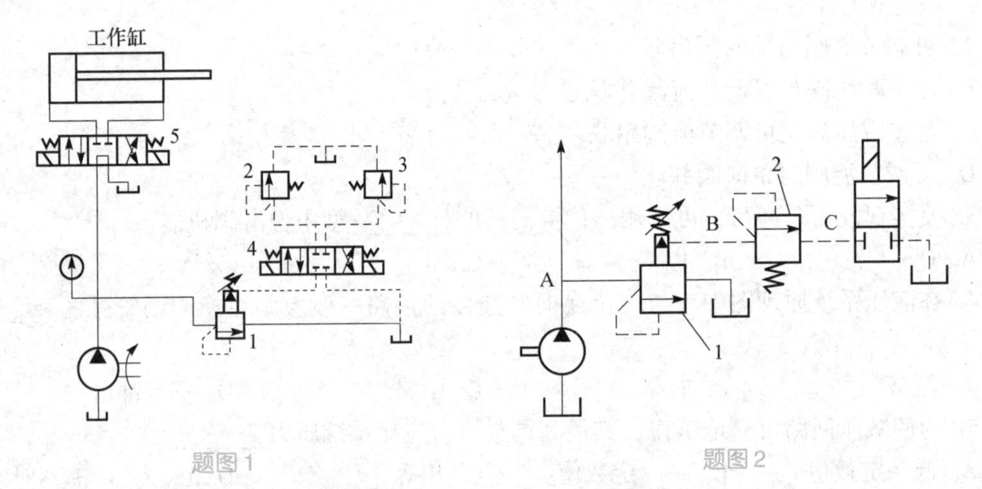

题图1　　题图2

3. 在题图3所示回路中，1处的压力为 p_1，2处的压力为 p_2。试问 p_1 和 p_2 哪个大？为什么？

4. 如题图4所示，若溢流阀的调整压力为5 MPa，减压阀的调整压力为2.5 MPa。试分析：

（1）夹紧缸在夹紧工件前做空载运动时，A、B处的压力值分别为多少；

（2）当泵压力等于溢流阀调定压力时，夹紧缸使工件夹紧后，A、B处的压力值分别为多少；

（3）当泵压力由于工作缸快进压力降到1.5 MPa时（工件原先处于夹紧状态），A、B处的压力值分别为多少。

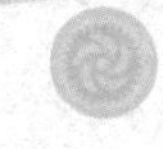

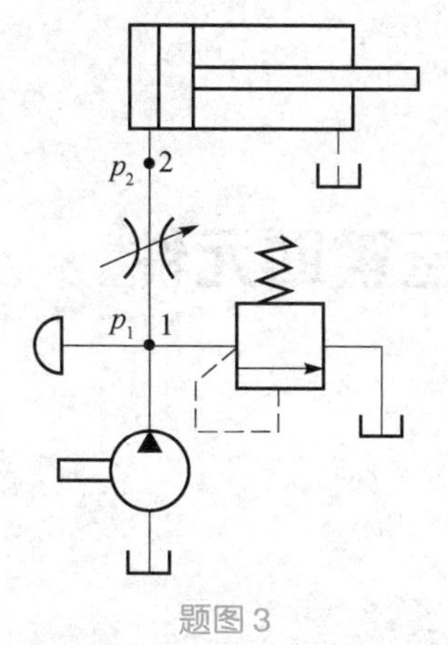

题图 3

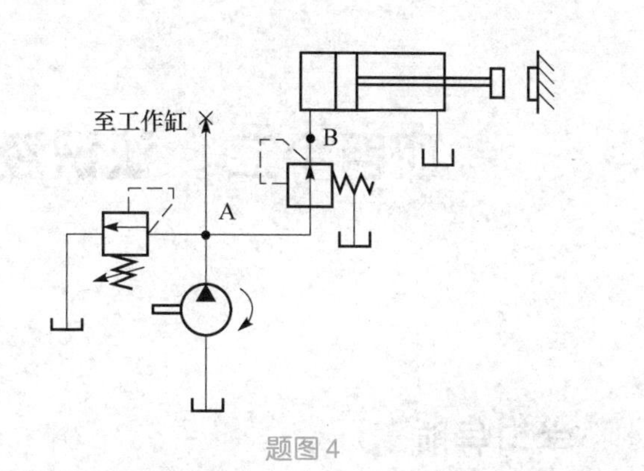

题图 4

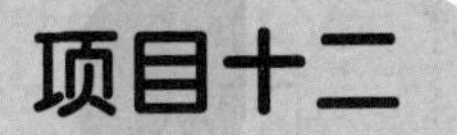

项目十二 认识液压辅助元件

学习导航

液压辅助元件是液压系统的组成部分之一。主要有管件、过滤器、压力表、蓄能器、油箱、热交换器等多种。它们在液压系统中数量很大，分布面广，对系统的动态特性、工作稳定性、寿命、噪声和温升等有直接影响，因此必须给予足够的重视。本项目主要认识过滤器、蓄能器、管件、油箱等辅助元件的功用和类型。

知识目标

熟悉过滤器、蓄能器、管件、油箱的功用和类型。

技能目标

能进行回路的安装、调试，具备一定的分析能力。

任务 认识液压辅助元件

本任务要求认识过滤器、管件与管接头、蓄能器、油箱等辅助元件，及其在液压系统中的作用。

知识链接1 过滤器

过滤器的作用是清除油液中的各种杂质，以免划伤或磨损甚至卡死相对运动的零件；或者堵塞零件上的小孔及缝隙，影响系统的正常工作、降低液压元件的寿命，甚至造成液压系统的故障。

一、过滤器的类型与结构

不同的液压系统对油液的过滤精度要求不同，过滤器的过滤精度是指过滤器对各种不同

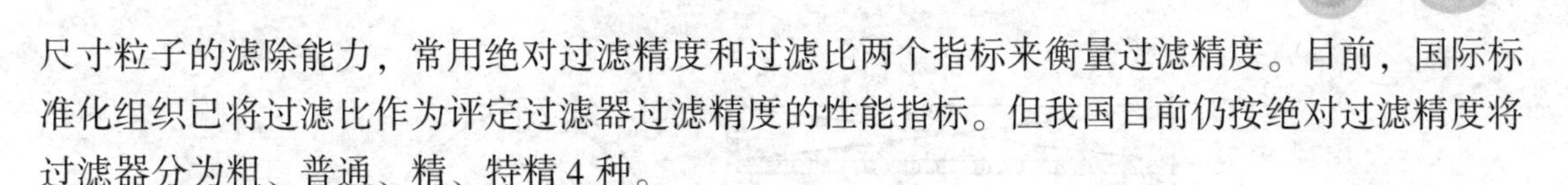

尺寸粒子的滤除能力，常用绝对过滤精度和过滤比两个指标来衡量过滤精度。目前，国际标准化组织已将过滤比作为评定过滤器过滤精度的性能指标。但我国目前仍按绝对过滤精度将过滤器分为粗、普通、精、特精4种。

根据滤芯材料和结构的不同，常用的过滤器可分为以下几种类型。

1. 网式过滤器

网式过滤器的结构如图12－1所示。网式过滤纸芯式滤油器由筒形骨架2上包一层或两层铜丝滤网1组成。其特点是结构简单，通油能力大，清洗方便，但过滤精度较低。常用于泵的吸油管路对油液粗过滤。

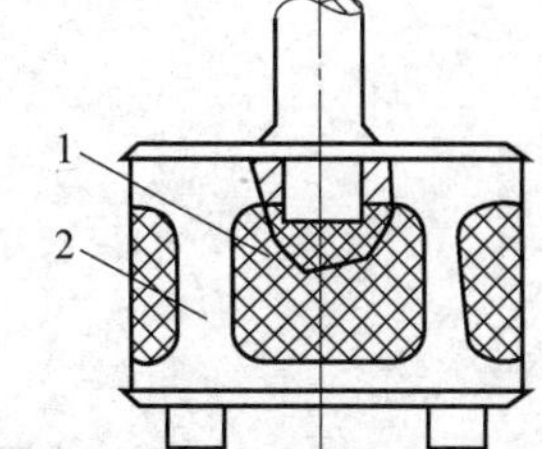

图12－1　网式过滤器

1—铜丝滤网；2—筒形骨架

2. 线隙式过滤器

线隙式过滤器的结构如图12－2所示。它的滤芯由铜线或铝线1绕在筒形骨架2上而形成（骨架上有许多纵向槽a和径向孔b），是依靠金属线1间0.02～0.1 mm的缝隙过滤。其特点是结构简单，通油能力大，过滤精度比网式滤油器高，但不易清洗，滤芯强度较低。

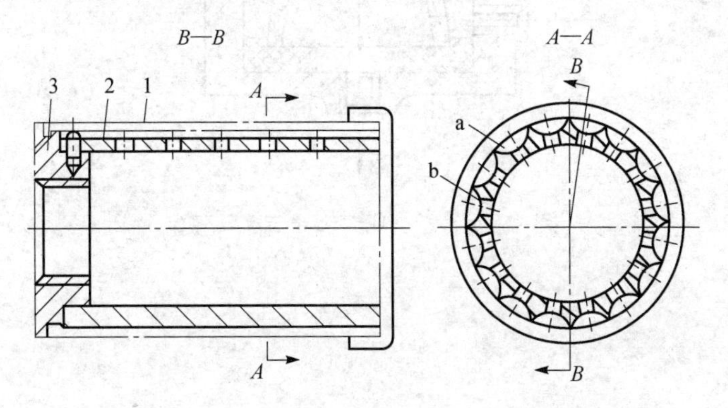

图12－2　线隙式过滤器结构示意图

1—铜线或铝线；2—筒形骨架；3—壳体

3. 纸芯式过滤器

纸芯式过滤器的结构如图12－3所示。纸芯式过滤器的滤芯由微孔滤纸1组成，滤纸制成折叠式，以增大过滤面积。滤纸由骨架2支撑，以增大滤芯强度。其特点是过滤精度高，压力损失小，质量轻，成本低，但不能清洗，需定期更换滤芯。纸芯式过滤器一般用于精过滤。

4. 烧结式过滤器

烧结式过滤器的结构如图12－4所示。烧结式过滤器的滤芯3通常由青铜等颗粒状金属烧结而成，它装在壳体2中，并由上盖1固定。油液从A孔进入，经滤芯3过滤从油口B流出。烧结式过滤器利用颗粒间的微孔进行过滤，过滤精度高，抗腐蚀性能好，能在较高油温下工作。缺点是易堵塞，难清洗，烧结的颗粒易脱落。

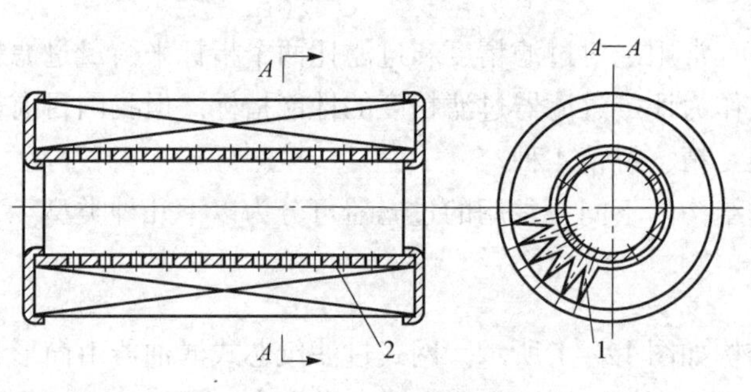

图 12－3 纸芯式过滤器

1—微孔滤纸；2—骨架

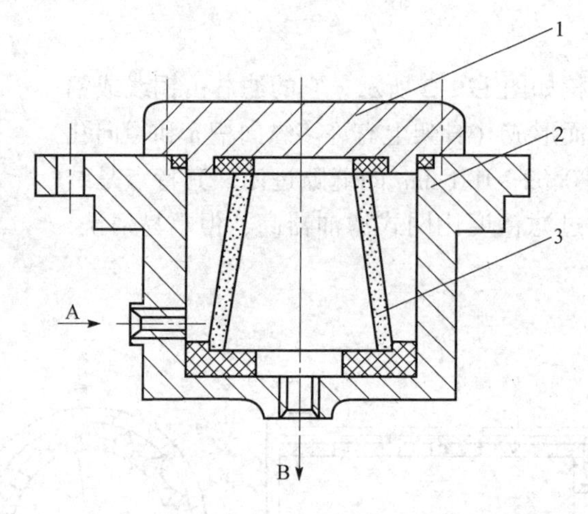

图 12－4 烧结式过滤器结构示意图

1—上盖；2—壳体；3—滤芯

二、过滤器的选用与安装

1. 选用过滤器时应考虑以下几个方面

（1）过滤精度应满足系统提出的要求。过滤精度以滤除杂质颗粒度大小来衡量，颗粒度越小则过滤精度越高。不同的液压系统有不同的过滤精度要求，可参照表 12－1 选择。

表 12－1 各种液压系统的过滤精度要求

系统类别	润滑系统	传动系统			伺服系统	特殊要求系统
压力/MPa	0～2.5	≤7	＞7	≤35	≤21	≤35
颗粒度/mm	≤0.1	≤0.05	≤0.025	≤0.005	≤0.005	≤0.001

研究表明，由于液压元件相对运动表面间间隙较小，如果采用高精度过滤器可有效地控制 0.001～0.005 mm 的污染颗粒，液压泵、液压马达、各种液压阀及液压油的使用寿命均可大大延长，液压故障也会明显减少。

（2）要有足够的通流能力。通流能力是指在一定压力降下允许通过过滤器的最大流量，应结合过滤器在液压系统中的安装位置来选取。

（3）滤芯应有足够的强度。过滤器的工作压力应小于许用压力。

(4) 滤芯抗腐蚀性能好，能在规定的温度下长时间地工作。

(5) 滤芯的更换、清洗及维护方便。对于不能停机的液压系统，必须选择有切换式结构的过滤器，可以不停机更换滤芯；对于需要滤芯堵塞报警的场合，则可选择带发信装置的过滤器。

2. 过滤器的安装

过滤器在液压系统中有以下几种安装位置。

(1) 安装在泵的吸油管路上。过滤器安装在液压泵的吸油管路上、并浸没在油箱液面以下，防止大颗粒杂质进入泵内，同时又有较大的通流能力，防止空穴现象产生，如图 12－5 所示的过滤器 1。

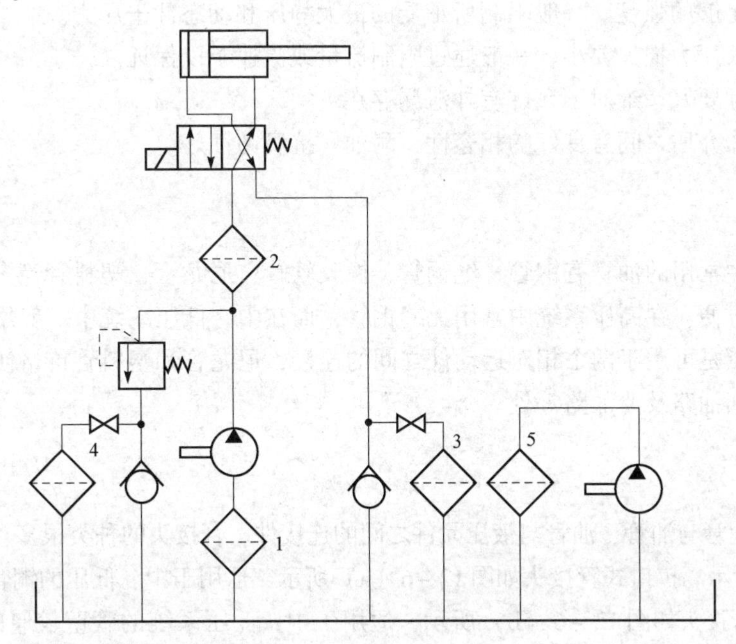

图 12－5　过滤器的安装位置

1～5—过滤器

(2) 安装在泵的出口。如图 12－5 所示的过滤器 2 安装在泵的出口，可保护泵以外的元件，但需选择过滤精度高、能承受油路上工作压力和冲击压力的过滤器，压力损失一般小于 0.35 MPa。此种方式常用于过滤精度要求高的系统及伺服阀和调速阀前，以确保它们的正常工作。为保护过滤器本身，应选用带堵塞发信装置的过滤器。

(3) 安装在系统的回油路上。安装在回油路可以滤去油液回油箱前侵入系统或系统生成的污染物。由于回油压力低，可采用滤芯强度低的过滤器，其压力降对系统影响不大，为了防止过滤器堵塞，一般与过滤器并联一个安全阀或安装堵塞发信装置，如图 12－5 所示的过滤器 3。

(4) 安装在系统的旁路上。如图 12－5 所示的过滤器 4，将过滤器与阀并联，使系统中的油液不断净化。

(5) 安装在独立的过滤系统上。在大型液压系统中，可专设液压泵和过滤器组成的独立过滤系统，专门滤去液压系统油箱中污染物，通过不断循环，提高油液清洁度。专用过滤器

是一种独立的过滤系统，如图 12－5 所示的过滤器 5。

若系统中有重要元件（如伺服阀、微量节流等），要求过滤精度高时，应在这些元件的前面安装单独的特精过滤器。

使用过滤器时还应注意过滤器只能单向使用，按规定液流方向安装，以利于滤芯清洗和安全。清洗或更换滤芯时，要防止外界污染物倾入液压系统。

知识链接 2　管路与管接头

油管和管接头统称为管件。液压系统对管件的要求如下。

（1）要有足够的强度。一般限制所承受的最大静压和动态冲击压力。

（2）液流大压力损失要小。一般通过限制流量或流速予以保证。

（3）密封性要好。绝对不允许有外泄漏存在。

（4）与工作介质之间有良好的相容性，耐油、抗腐蚀性好。

一、油管

液压系统中常用的油管有钢管、纯铜管、橡胶软管、尼龙管、塑料管等多种类型。考虑配管和工艺的方便，在高压系统中常用无缝钢管，而在中、低压系统中一般用纯铜管。橡胶软管的主要优点是可用于两个相对运动件之间的连接，尼龙管和塑料管价格便宜，但承压能力差，可用于回油路及泄油路等处。

二、管接头

管接头是油管与油管、油管与液压元件之间的连接件。管接头的种类很多，常用的几种类型如图 12－6 所示。扩口式管接头如图 12－6（a）所示，适用于中、低压的铜管和薄壁钢管的连接。焊接式管接头如图 12－6（b）所示，适用于中、低压系统的管壁较厚的钢管的连接。卡套式管接头如图 12－6（c）所示，优点是拆装方便，在高压系统中已被广泛使用，缺点是对油管的尺寸精度要求较高。扣压式管接头如图 12－6（d）所示，用来连接高压软管。

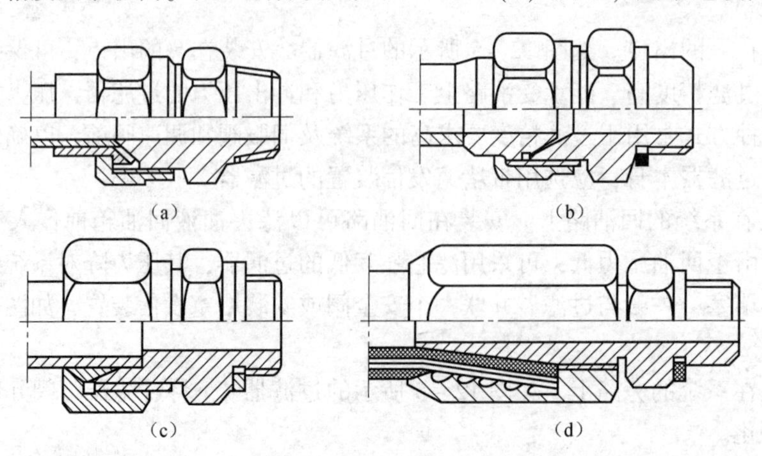

图 12－6　管接头结构示意图

(a) 扩口式；(b) 焊接式；(c) 卡套式；(d) 扣压式

需要经常装拆的软管，在连接时常使用快换管接头，如图 12－7 所示。图示为油路接通时的工作位置。当要断开油路时，可用力把外套 4 向左推，在拉出接头体 5 后，钢球 3 即从接头体中退出。与此同时，单向阀的锥形阀芯 2 和 6 分别在弹簧 1 和 7 的作用下将两个阀口关闭，油路即断开。

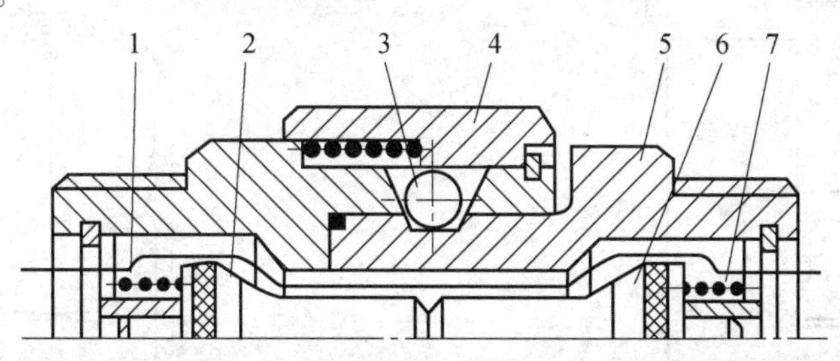

图 12－7　快换管接头结构示意图

1，7—弹簧；2，6—锥形阀芯；3—钢球；4—外套；5—接头体

知识链接 3　蓄能器

一、蓄能器的类型与结构

在液压系统中，蓄能器用来储存和释放液体的压力能。它的基本作用是：当系统压力高于蓄能器内液体的压力时，系统中的液体充进蓄能器中，直至蓄能器内、外压力保持相等；反之，当蓄能器内液体的压力高于系统压力时，蓄能器中的液体将流到系统中去，直至蓄能器内、外压力平衡。

目前，常用的蓄能器是利用气体膨胀和压缩进行工作的充气式蓄能器，有活塞式和气囊式两种。

图 12－8 所示为活塞式蓄能器的结构。这种蓄能器由活塞将油液和气体分开，气体从阀门 3 充入，油液经油孔 a 和系统相通。其优点是气体不易混入油液中，所以油不易氧化、系统工作较平稳、结构简单、工作可靠、安装容易、维护方便、寿命长；缺点是由于活塞惯性大、有摩擦阻力，反应不够灵敏。这种蓄能器主要用于储能，不适于吸收压力脉动和压力冲击。

图 12－9 所示为气囊式蓄能器的结构。这种蓄能器是在高压容器内装入一个耐油橡胶制成的气囊，气囊 2 内充入一定压力的惰性气体，气囊外储油，由气囊 2 和充气阀 3 一起压制而成。壳体 1 下端有提升阀 4，它能使油液通过阀口进入蓄能器而又能防止当油液全部排出时气囊膨胀出容器之外。此蓄能器的气液完全隔开，皮囊受压缩储存压力能，其惯性小、动作灵敏，维护容易，适用于储能和吸收压力冲击，工作压力可达 32 MPa；其缺点是容量小、气囊和壳体的制造比较困难。

此外，蓄能器还有重力式、弹簧式及隔膜式等，可参考液压设计手册选用。

二、蓄能器的应用

蓄能器是用来贮存和释放液体压力能的装置，它在液压系统中的功能有以下几个方面。

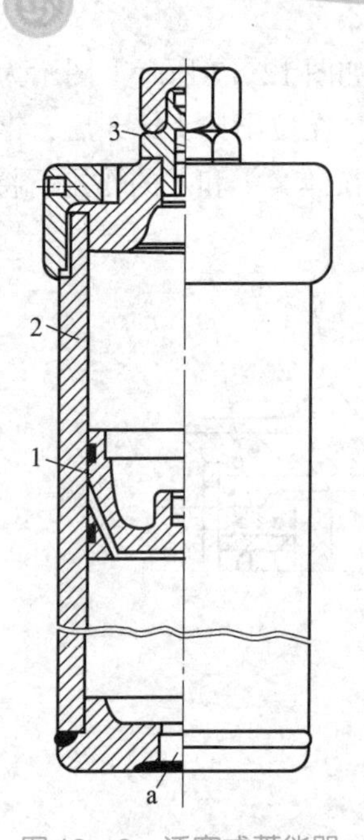

图 12-8 活塞式蓄能器

1—活塞；2—缸体；3—阀门；a—油孔

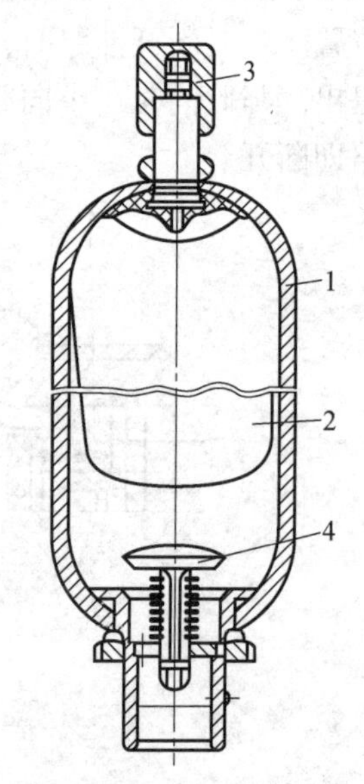

图 12-9 气囊式蓄能器

1—壳体；2—气囊；3—充气阀；4—提升阀

(1) 短期大量供油。

当执行件需快速启动时，由蓄能器和液压泵同时向液压缸供给压力油，如图 11-38 所示。

(2) 维持系统压力。

当执行件停止运动的时间较长并需要保压时，为降低能耗、使泵卸荷，可利用蓄能器贮存的液压油补偿油路的泄漏损失，维持系统压力，如图 12-10 所示，蓄能器还能用做应急油源，在一段时间内维持系统压力，以避免电源突然中断或液压泵发生故障时油源中断而引起事故。

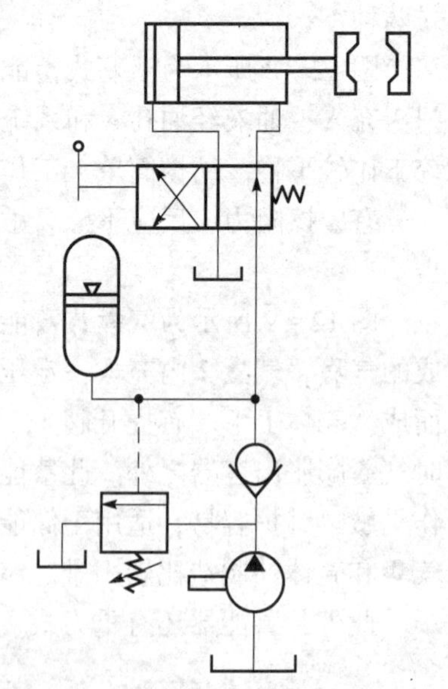

图 12-10 蓄能器维持系统压力

(3) 缓和冲击，吸收脉冲压力。

当液压泵启动或停止、液压阀突然关闭或换向、液压缸启动或制动时，系统中会产生液压冲击，在冲击源和脉冲源附近设置蓄能器，可缓和冲击和吸收脉冲。

知识链接 4 油箱

油箱的主要用途是贮油、散热、分离油中的空气和沉淀油中的杂质。

油箱按其形状分为矩形油箱、圆形油箱及异形油箱；按其液面是否与大气相通分为开式油箱和压力式油箱。油箱液面直接或通过空气过滤器间接与大气相通，油箱液面压力为大气压。油箱完全封闭，由空压机将充气经滤清、干燥、减压（表压力为 0.05～0.15 MPa）后通往油箱液面之上，使液面压力大于大气压力，从而改善液压泵的吸油性能，减少

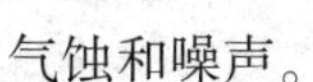
气蚀和噪声。

在液压系统中，油箱有总体式和分离式两种。总体式油箱是利用机器设备机身内腔作为油箱（如压铸机、注塑机等），其结构紧凑，回收漏油比较方便，但维修不便，散热条件不好。分离式油箱设置了一个单独油箱，与主机分开，减少了油箱发热及液压源振动对工作精度的影响，因此得到了普遍的应用。

有些小型液压设备，为了节省占地面积，常将泵－电动机装置及液压控制阀安装在油箱的顶部组成一体，称为液压站。对大中型液压设备一般采用独立的分离式油箱，即油箱与液压泵、电动机装置及液压控制阀分开放置。当液压泵与电动机装置安装在油箱侧面时，称为旁置式油箱；当液压泵与电动机装置安装在油箱下面时，称为下置式油箱（高架油箱）。

分离式油箱的结构简图如图 12－11 所示。图中，1 为吸油管，4 为回油管，中间有两个隔板 7 和 9，下隔板 7 阻挡沉淀物进入吸油管，上隔板 9 阻挡泡沫进入吸油管，脏物可从放油阀 8 放出。空气过滤器 3 设在回油管一侧的上部，兼有加油和通气的作用。6 是油位指示器。当需要彻底清洗时，可将上盖 5 卸开。

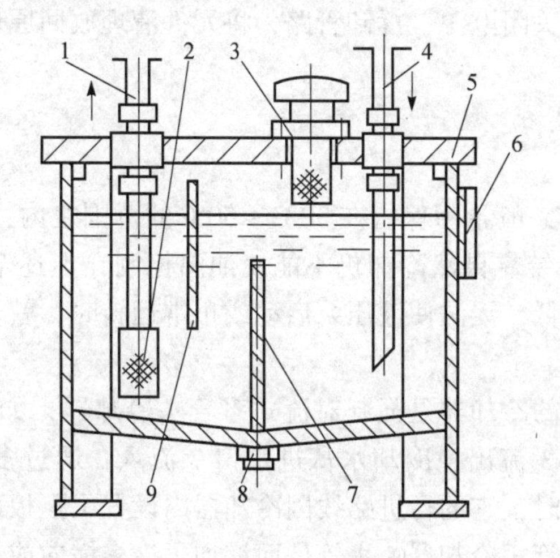

图 12－11　分离式油箱的结构简图

1—吸油管；2—过滤器；3—空气过滤器；4—回油管；
5—上盖；6—油位指示器；7，9—隔板；8—放油阀

油箱的有效容积（油面高度为油箱高度 80% 时的容积）一般按液压泵的额定流量估算，在低压系统中取液压泵每分钟排油量的 2～4 倍，中压系统为5～7倍，高压系统为 6～12 倍。

油箱正常工作温度应在 15 ℃～65 ℃，在环境温度变化较大的场合要安装冷却器或加热器。

操作训练　蓄能器作应急能源用的液压回路

一、训练目的

熟悉蓄能器在液压回路中的作用。

二、训练回路图

训练回路图如图 12－10 所示。

三、训练步骤

（1）启动泵，调整系统压力至 2.5 MPa，停止泵的运转。

（2）参考图 12－10，完成回路的装配。

（3）启动泵，关闭卸荷阀并打开蓄能器的充液阀，在溢流阀上设置系统压力为 1.7 MPa。

（4）关掉液压泵，使液压缸伸出和退回，一直到它不再移动为止。记录下直到它停止为止伸出和退回的总次数以及它在最后一次伸出和退回运动所走过的位移。

（5）重新启动液压泵，在系统压力为 3.2 MPa、4.2 MPa 和 4.7 MPa 下，重复步骤（3）和（4）。

（6）根据实验数据分析蓄能器的作用。

（7）停止泵的运转，关闭电源，拆卸管路，将元件清理放回原位。

知识链接 5　热交换器简介

液压系统的工作温度一般希望保持在 30℃～50℃的范围之内，最高不超过 65℃，最低不低于 15℃，如果液压系统靠自然冷却仍不能使油温控制在上述范围内时，就须安装冷却器；反之，如环境温度太低，无法使液压泵启动或正常运转时，就须安装加热器。

1）冷却器

液压系统中用得较多的冷却器是强制对流式多管头冷却器，如图 11－12 所示．油液从进油口 5 流入，从出油口 3 流出，冷却水从进水口 7 流入，通过多根水管后由出水口 1 流出，油液在水管外部流动时，它的行进路线因冷却器内设置了隔板而加长，因而增加了散热效果。近来出现一种翅片管式冷却器，水管外面增加了许多横向或纵向散热翅片，大大扩大了散热面积和热交换效果，其散热面积可达光滑管的 8～10 倍。

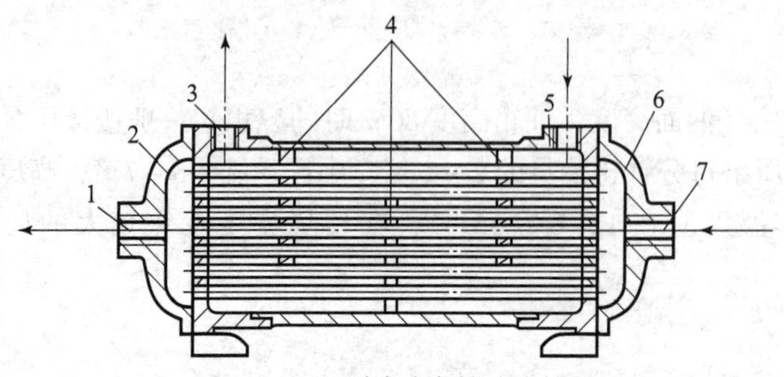

图 11－12　对流式多管头冷却器

2）加热器

液压系统的加热一般采用电加热器，这种加热器的安装方式如图 11－13 所示。它用法兰盘水平安装在油箱侧壁上，发热部分全部浸在油液内，加热器应安装在油液流动处，以利

于热量的交换。由于油液是热的不良导体，单个加热器的功率容量不能太大，以免其周围油液的温度过高而发生变质现象。

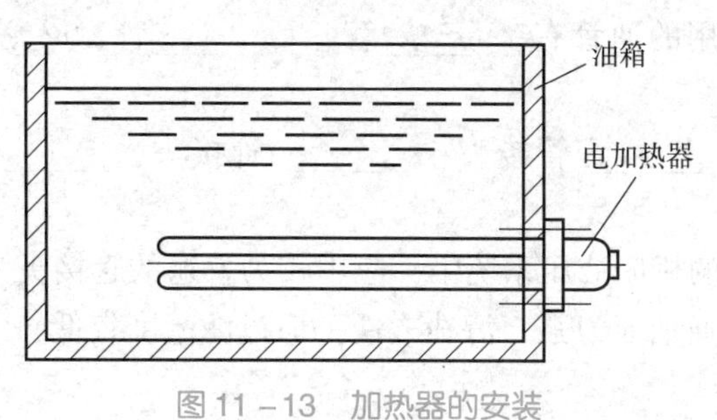

图 11－13　加热器的安装

要点归纳

一、要点框架

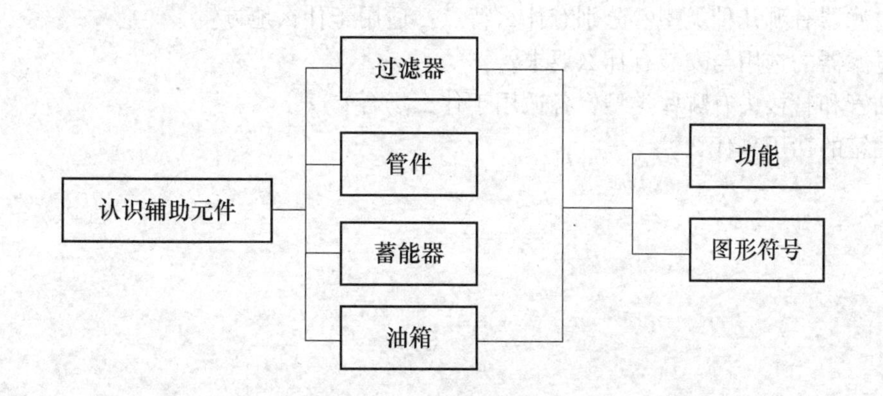

二、知识要点

液压辅助元件有过滤器、蓄能器、管路和管接头、密封件和油箱等，除油箱通常需要自行设计外，其余皆为标准件。液压辅助元件也是液压系统中不可缺少的组成部分，它们对系统的性能、效率、温升、噪声和寿命都会产生一定的影响。所以了解这些液压辅助元件的功能和使用方法是必要的。

思考与练习

一、填空题

1. 过滤器的功用是过滤混在液压油液中的________，保证系统正常地工作。

2. 蓄能器的功用是________、________和缓和冲击，吸收压力脉动。

3. 油箱的功用主要是________油液，此外还起着________油液中的热量、________混在油液中的气体、沉淀油液中污物等作用。

4. 液压传动中，常用的油管有________管、________管、尼龙管、塑料管、橡胶软管等。

5. 常用的管接头有________管接头、________管接头、________管接头和高压软管接头。

6. 一般在压力不高的机床液压系统中，应用较为普遍的管接头为________。

7. ________过滤器通油能力强，清洗方便，但过滤精度较低。

二、判断题

1. 通常泵的吸油口装精过滤器，出油口装粗过滤器。（　　）

2. 液压系统中的产生故障，很大一部分原因是液压油变脏而引起的。（　　）

3. 网式滤油器是精过滤器。（　　）

4. 密封元件属于液压辅件。（　　）

三、简答题

1. 过滤器有哪几种类型？分别有什么特点？适用于什么地方？

2. 过滤器的选用与安装有什么要求？

3. 油管和管接头有哪些类型？各适用于什么场合？

4. 油箱的功用是什么？

项目十三　典型液压传动系统的分析及故障排除

学习导航

本项目在液压基本回路的基础上，选取了5个典型的液压系统实例，通过对这些实例的分析和技能训练，进一步加强对各种液压元件和基本回路综合运用的能力，为液压系统的安装、调试、使用和维护打下良好的基础。

知识目标

(1) 认识常见设备中液压传动系统的阅读方法。
(2) 知道组成系统的基本回路及各液压元件在系统中的作用。
(3) 知道液压传动系统安装连接的方法和注意事项。

技能目标

(1) 具有正确选择液压元件并组装完整液压系统的能力，能正确使用、调试和维护。
(2) 学会正确分析、判断液压传动系统中的常见故障，具有动手排除常见故障的能力。

任务一　机械手液压传动系统的分析及故障排除

机械手是模仿人的手部动作，按给定程序、轨迹和要求，实现自动抓取、搬运和操作的机械装置。它属于典型的机电一体化产品。在高温、高压、危险、易燃、易爆、放射性等恶劣环境下，以及笨重、单调、频繁的操作中，它代替了人工工作，因而具有十分重要的意义。机械手广泛应用于机械加工、轻工业、交通运输、国防工业等各领域。机械手驱动系统一般可采用液压、气动、机械，或电—液—机联合等方式控制。本任务要求能对JS-1型液压机械手的液压系统进行全面分析，能正确选择液压元件并组装完整的液压系统，进行调试和维护，并学会正确分析、判断液压传动系统中的常见故障，具有动手排除常见故障的能力。

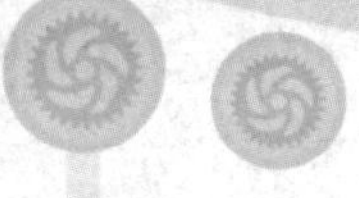

知识链接 JS－1 型液压机械手液压系统的分析

一、机械手液压系统

JS－1 型液压机械手外形图如图 13－1 所示。手臂回转由安装在底部的齿条液压缸 20 驱动，手臂上下用液压缸 27 驱动，手臂伸缩由液压缸 28 实现，手腕回转用齿条液压缸 19 带动，手指松夹工件由液压缸 18 实现。

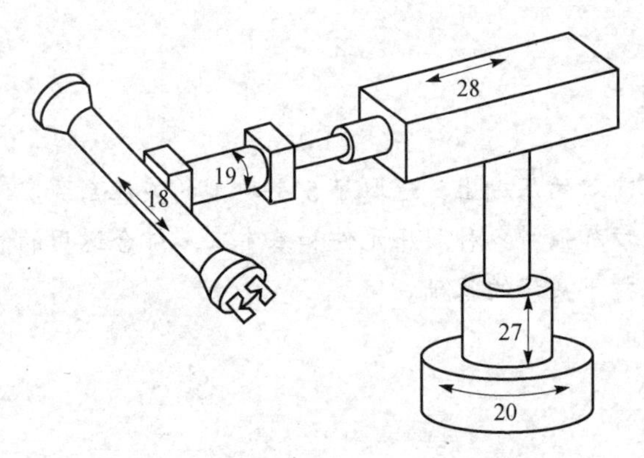

图 13－1　JS－1 型液压机械手外形图

该系统的工作原理图如图 13－2 所示。系统的电磁铁在电气控制系统的控制下，按一定的程序通、断电，从而控制 5 个液压缸按一定程序动作。各电磁铁动作顺序表如表 13－1 所示。

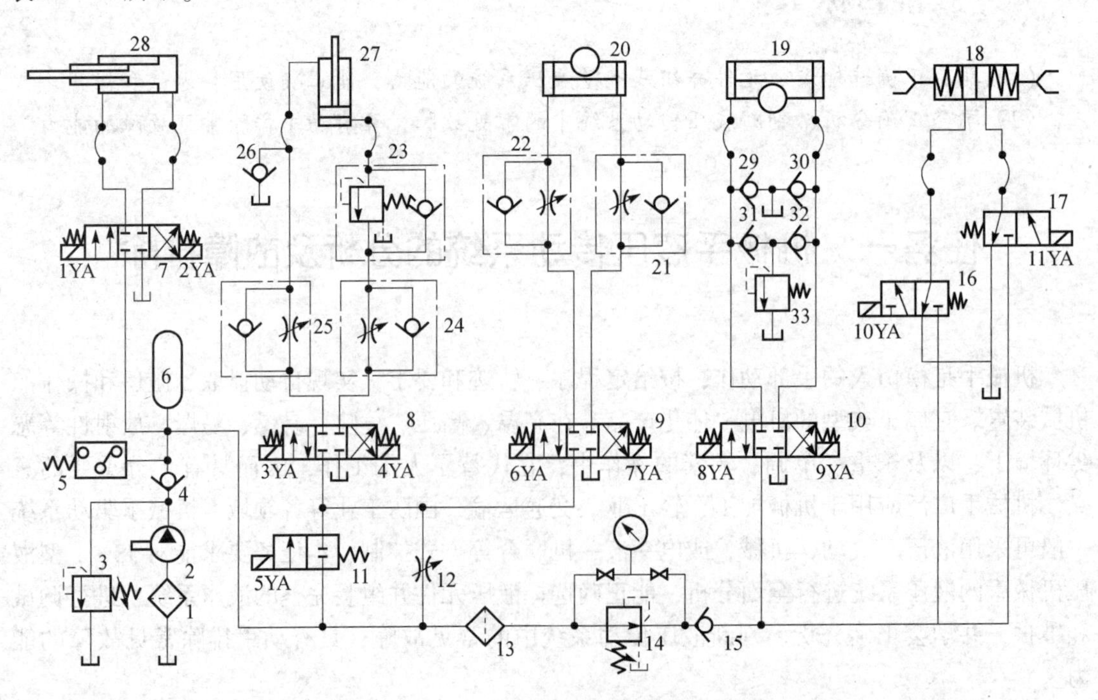

图 13－2　JS－1 型液压机械手液压系统图

表 13－1　电磁铁动作顺序表

动作＼电磁铁	1YA	2YA	3YA	4YA	5YA	6YA	7YA	8YA	9YA	10YA	11YA
手臂顺转					±	−	+				
手臂逆转					±	+	−				
手臂上升			−	+	±						
手臂下降			+	−	±						
手臂伸出	−	+									
手臂缩回	+	−									
手腕顺转								+	−		
手腕逆转								−	+		
手指夹紧										−	−
手指松开										+	+

二、液压传动系统分析的方法

对液压系统进行分析，最主要的就是阅读液压系统图。阅读一个复杂的液压系统图，大致可以按以下几个步骤进行。

① 明确机械设备的功用、工况及其对液压系统的要求，以及液压设备的工作循环。

② 识别元件，初步了解系统中包含哪些动力元件、执行元件和控制元件。

③ 根据设备的工况及工作循环，将系统以执行元件为中心分解为若干个分系统。

④ 逐步分析各分系统，根据执行元件的动作要求，参照电磁铁动作顺序表，明确各个行程的动作原理及油路的流动路线，明确各元件的功用以及各元件之间的相互关系。

⑤ 根据系统中对各执行元件间的互锁、同步、防干扰等要求，分析各个子系统之间的联系以及如何实现这些要求。

⑥ 在全面读懂液压系统图的基础上，归纳总结出各基本回路和整个液压系统的特点，以加深对液压系统的理解，为液压系统的调整、维护及使用打下基础。

三、机械手各部分动作的工作原理

1. 手臂回转

电磁铁 5YA 通电时，换向阀 11 左位工作，手臂在齿条液压缸 20 驱动下可快速回转，电磁铁 6YA 和 7YA 的通、断电可控制手臂的回转方向。

（1）若 7YA 通电、6YA 断电，换向阀 9 右位接入系统，手臂顺时针快速转动。其进、回油路线如下。

① 进油路：过滤器 1→泵 2→单向阀 4→换向阀 11（右）→换向阀 9→阀 21 的单向阀→液压缸 20 右腔。

② 回油路：液压缸 20 左腔→阀 22 的节流阀→换向阀 9→油箱。

（2）若 7YA 通电，5YA、6YA 断电，换向阀 11、9 右位接入系统，手臂顺时针慢速转动。其进、回油路线如下。

① 进油路：过滤器 1→泵 2→单向阀 4→节流阀 12→换向阀 9→阀 21 的单向阀→液压缸 20 右腔。

② 回油路：液压缸 20 左腔→阀 22 的节流阀→换向阀 9→油箱。

(3) 若 5YA、6YA 通电，7YA 断电，手臂实现逆时针快速转动。

(4) 若 5YA、7YA 断电，6YA 通电，手臂实现逆时针慢速转动。

2. 手臂上下运动

电磁铁 5YA 通电时，换向阀 11 左位接入系统，手臂在液压缸 27 的驱动下可快速上下运动，电磁铁 3YA、4YA 的通断电可控制手臂的上下运动的方向。

(1) 电磁铁 5YA、3YA 通电，4YA 断电，手臂可实现快速向下运动。其进、回油路线如下。

① 进油路：过滤器 1→泵 2→单向阀 4→换向阀 11→换向阀 8→阀 25 的单向阀→液压缸 27 上腔。

② 回油路：液压缸 27 下腔→阀 23 的顺序阀→阀 24 的节流阀→换向阀 8→油箱。

(2) 电磁铁 5YA、4YA 通电，3YA 断电，手臂可实现快速向上运动。

(3) 电磁铁 5YA、4YA 断电，3YA 通电，手臂可实现慢速向下运动。其进、回油路线如下。

① 进油路：过滤器 1→泵 2→单向阀 4→节流阀 12→换向阀 8→阀 25 的单向阀→液压缸 27 上腔。

② 回油路：液压缸 27 下腔→阀 23 的顺序阀→阀 24 的节流阀→换向阀 8→油箱。

(4) 电磁铁 5YA、4YA 通电，3YA 断电，手臂可实现慢速向上运动。

手臂快速运动速度由单向节流阀 24 和 26 调节，慢速运动速度由节流阀 12 调节。单向顺序阀 23 使液压缸下腔保持一定的背压，以便与重力负载相平衡，避免手臂在下行中因自重而超速下滑；单向阀 26 在手臂快速向下运动时，起到补充油液的作用。

3. 手臂伸缩

(1) 伸出：电磁铁 2YA 通电而 1YA 断电，换向阀 7 右位接入系统，手臂在液压缸 28 驱动下可快速伸出。其进、回油路线如下。

① 进油路：过滤器 1→泵 2→单向阀 4→换向阀 7→阀 21 的单向阀→液压缸 28 右腔。

② 回油路：液压缸 28 左腔→换向阀 7→油箱。

(2) 缩回：电磁铁 1YA 通电而 2YA 断电，换向阀 7 左位接入系统，手臂在液压缸 28 驱动下可快速缩回。

4. 手腕回转

(1) 电磁铁 8YA 通电而 9YA 断电，换向阀 10 左位接入系统，手腕在齿条液压缸 19 驱动下可顺时针快速回转。其进、回油路线如下。

① 进油路：过滤器 1→泵 2→单向阀 4→精过滤器 13→减压阀 14→单向阀 15→换向阀 10→液压缸 19 左腔。

② 回油路：液压缸 19 右腔→换向阀 10→油箱。

(2) 电磁铁 9YA 通电而 8YA 断电，换向阀 10 右位接入系统，手腕在齿条液压缸 19 驱动下可逆时针快速回转。

单向阀 29 和 30 在手腕快速回转时，可起到补充油液的作用；溢流阀 33 对手腕回转油路起安全保护作用。

5. 手指夹紧与松开

电磁铁 10YA 和 11YA 断电时，手指在弹簧力的作用下处于夹紧工作状态。

(1) 10YA 通电，换向阀 16 左位接入系统，左手指松开。其进、回油路线如下。

① 进油路：过滤器 1→泵 2→单向阀 4→精过滤器 13→减压阀 14→单向阀 15→换向阀 16→液压缸 18 左腔。

② 回油路：液压缸 18 右腔→换向阀 17→油箱。

(2) 电磁铁 11YA 通电时，换向阀 17 右位接入系统，右手指松开。

6. 特点

JS－1 型机械手液压系统的特点是：蓄能器 6 与液压泵 2 共同向液压缸供油而起到增速作用，同时蓄能器还能缓冲吸振，使系统工作稳定可靠；减压阀 14 保证了手腕、手指油路有较低的稳定压力，使手腕、手指的动作灵活可靠；单向阀 15 可保证手腕、手指的运动不会因手臂快速运动而失控。

技能训练 1　JS－1 型机械手手臂回转分系统回路的连接与运行

一、训练目的

(1) 根据液压传动系统图进一步理解各元件的作用及分系统回路的组成。

(2) 根据液压传动系统图正确选择各元件，熟练进行系统回路的连接与运行。

二、训练回路图

训练回路图如图 13－2 所示。

三、训练步骤

(1) 根据系统原理图中元件的图形符号找出相应的元件并合理布局、固定良好。

(2) 根据系统原理图进行液压回路和电气回路连接并进行检查。

(3) 打开电源，启动液压泵，观察运行情况，对使用中遇到的问题进行分析和解决。

(4) 改变电磁铁的得失电情况，观察手臂回转方向、回转速度的变化。

(5) 对训练过程中得到的数据和观察到的现象进行分析总结，并得出结论。

(6) 经老师检查评价后，关闭电源，拆下管线，将元件放回原来位置。

技能训练 2　JS－1 型机械手手臂上下运动分系统回路的连接与运行

一、训练目的

(1) 根据系统图进一步理解各元件的作用及分系统回路的组成。

(2) 根据系统图正确选择各元件，熟练进行系统回路的连接与运行。

二、训练回路图

训练回路图如图 13 - 2 所示。

三、训练步骤

(1) 根据系统原理图中元件的图形符号找出相应的元件并合理布局、固定良好。
(2) 根据系统原理图进行液压回路和电气回路连接并进行检查。
(3) 打开电源，启动液压泵，观察运行情况，对使用中遇到的问题进行分析和解决。
(4) 改变电磁铁的得失电情况，观察手臂上下运动方向、上下运动速度的变化。
(5) 对训练过程中得到的数据和观察到的现象进行分析总结，并得出结论。
(6) 经老师检查评价后，关闭电源，拆下管线，将元件放回原来位置。

技能训练 3　JS - 1 型机械手手臂伸缩分系统回路的连接与运行

一、训练目的

(1) 根据系统图进一步理解各元件的作用及分系统回路的组成。
(2) 根据系统图正确选择各元件，熟练进行系统回路的连接与运行。

二、训练回路图

训练回路图如图 13 - 2 所示。

三、训练步骤

(1) 根据系统原理图中元件的图形符号找出相应的元件并合理布局、固定良好。
(2) 根据系统原理图进行液压回路和电气回路连接并进行检查。
(3) 打开电源，启动液压泵，观察运行情况，对使用中遇到的问题进行分析和解决。
(4) 改变电磁铁的得失电情况，观察手臂回转方向、回转速度的变化。
(5) 对训练过程中得到的数据和观察到的现象进行分析总结，并得出结论。
(6) 经老师检查评价后，关闭电源，拆下管线，将元件放回原来位置。

技能训练 4　JS - 1 型机械手手腕回转分系统回路的连接与运行

一、训练目的

(1) 根据系统图进一步理解各元件的作用及分系统回路的组成。
(2) 根据系统图正确选择各元件，熟练进行系统回路的连接与运行。

二、训练回路图

训练回路图如图 13 - 2 所示。

三、训练步骤

(1) 根据系统原理图中元件的图形符号找出相应的元件并合理布局、固定良好。

(2) 根据系统原理图进行液压回路和电气回路连接并进行检查。

(3) 打开电源，启动液压泵，观察运行情况，对使用中遇到的问题进行分析和解决。

(4) 改变电磁铁的得失电情况，观察手腕的回转方向、回转速度的变化。

(5) 对训练过程中得到的数据和观察到的现象进行分析总结，并得出结论。

(6) 经老师检查评价后，关闭电源，拆下管线，将元件放回原来位置。

技能训练5 JS-1型机械手手指松夹分系统回路的连接与运行

一、训练目的

(1) 根据系统图进一步理解各元件的作用及分系统回路的组成。

(2) 根据系统图正确选择各元件，熟练进行系统回路的连接与运行。

二、训练回路图

训练回路图如图13-2所示。

三、训练步骤

(1) 根据系统原理图中元件的图形符号找出相应的元件并合理布局、固定良好。

(2) 根据系统原理图进行液压回路和电气回路连接并进行检查。

(3) 打开电源，启动液压泵，观察运行情况，对使用中遇到的问题进行分析和解决。

(4) 改变电磁铁的得失电情况，观察手臂回转方向、回转速度的变化。

(5) 对训练过程中得到的数据和观察到的现象进行分析总结，并得出结论。

(6) 经老师检查评价后，关闭电源，拆下管线，将元件放回原来位置。

技能训练6 JS-1型机械手液压传动系统的连接与运行

一、训练目的

(1) 根据系统图进一步理解各元件的作用及整个系统回路的组成。

(2) 进一步熟悉液压传动系统回路的连接方法，学会调节各元件等。

二、训练回路图

训练回路图如图13-2所示。

JS-1型液压机械手主要承担手臂回转、手臂上下、手臂伸缩、手腕回转和手指松夹等动作的驱动与控制。它能实现手臂快速回转与慢速回转之间的转换；手臂上下运动方向、速度的转换；手臂伸缩方向、速度的转换；手腕回转方向的转换；手指松开与夹紧状态的转换。液压系统的所有电磁铁的通、断电均由数控系统用PLC来控制。整个系统由手臂回转、手臂上下、

手臂伸缩、手腕回转和手指松夹5个分系统组成，并以一个定量液压泵为动力源。系统的压力调定为4 MPa。

三、训练步骤

(1) 将5个分系统连接组合成机械手液压传动系统，并仔细检查回路连接情况。

(2) 打开电源，启动液压泵，观察运行情况，对使用中遇到的问题进行分析和解决。

(3) 根据工况要求改变电磁铁的得失电情况并调节单向节流阀，分别观察分系统的动作情况是否正确，速度调节是否正常等。

(4) 经老师检查评价后，关闭电源，拆下管线，将元件放回原来位置。

技能训练7　JS-1型机械手液压传动系统的常见故障的查找及排除

一、训练目的

(1) 根据系统要求，能正确判断出机械手液压传动系统中常见故障产生的原因。

(2) 根据系统要求，能正确解决机械手液压传动系统中出现的故障。

二、训练回路图

训练回路图如图13-2所示。

三、训练步骤（教师可人为设置故障，让学生排查故障）

(1) 根据液压传动系统原理图，分析机械手液压传动系统中各元件在系统中的作用。

(2) 根据液压传动系统原理图，分析压力故障可能是由哪些元件引起的。

(3) 根据液压传动系统原理图，分析执行元件运动方向故障可能是由哪些元件引起的。

(4) 根据液压传动系统原理图，分析执行元件运动速度故障可能是由哪些元件引起的。

(5) 用排除法找出故障并排除。

(6) 对训练过程中取得的数据和观察到的现象进行分析总结，得出结论。

(7) 完成任务后，经老师检查评价，关闭电源，拆下管线，将元件放回原来位置。

任务二　组合机床动力滑台液压系统的分析及故障排除

组合机床是一种工序集中、效率较高的专业机床。因其具有加工能力强、自动化程度高、经济性好等优点，而被广泛用于产品批量较大的生产流水线中，如汽车制造厂的汽缸生产线、机床厂的齿轮箱生产线等。组合机床一般由动力滑台、动力头和部分专用部

件组成，动力滑台是组合机床上实现进给运动的关键部件，只要配以不同用途的主轴头，即可实现钻、扩、铰、镗、铣、刮端面、倒角及攻螺纹等加工，并可实现多种工作循环。动力滑台有机械滑台、液压滑台之分。液压动力滑台对液压系统性能的主要要求是速度换接平稳，进给速度稳定，功率利用合理，效率高，发热少。本任务要求能对 YT4543 型动力滑台液压系统进行全面分析，能正确选择液压元件组装完整的液压系统，进行调试和维护，并学会正确分析、判断液压传动系统中的常见故障，具有动手排除常见故障的能力。

知识链接　组合机床动力滑台液压系统的分析

一、动力滑台液压系统

该动力滑台要求进给速度范围为 6.6～600 mm/min，最大进给力为 4.5×10^4 N。

YT4543 型动力滑台的液压系统原理图如图 13－3 所示。它能实现的工作循环为：快进→第一次工作进给→第二次工作进给→停留→快退→原位停止。系统中各电磁铁及行程阀动作如表 13－2 所示。

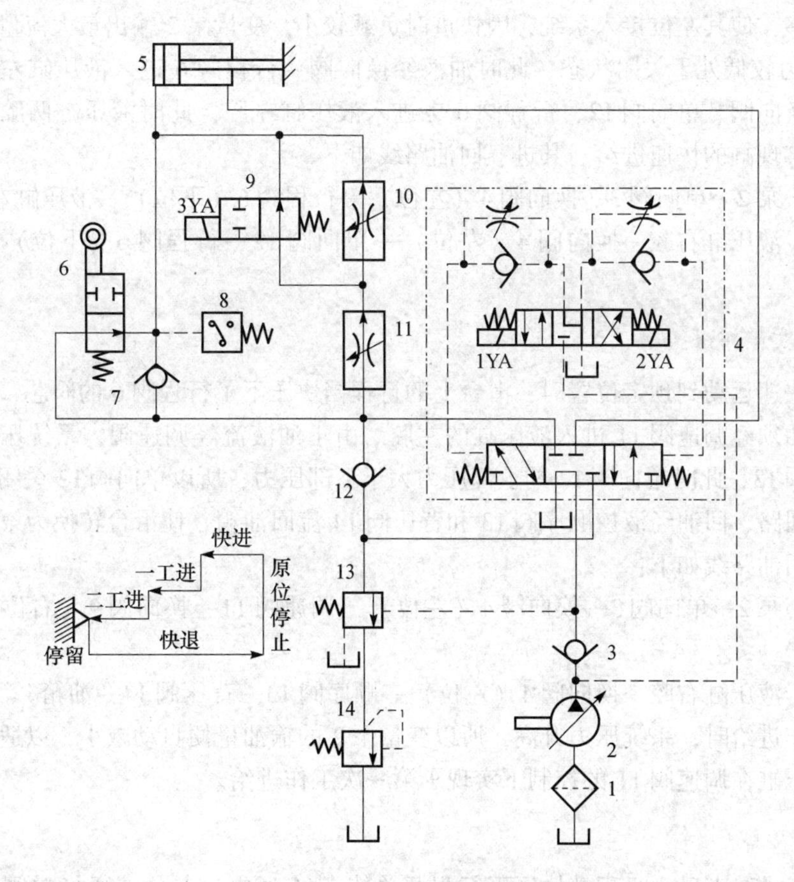

图 13－3　YT4543 型动力滑台的液压系统图

表13-2 电磁铁动作顺序表及行程阀动作

液压缸工作循环	信号来源	电磁铁			行程阀11
		1YA	2YA	3YA	
快进	启动按钮	+	-	-	-
一工进	挡块压下行程阀8	+	-	-	+
二工进	挡块压下行程开关	+	-	+	+
停留	止挡铁、压力继电器	+	-	+	+
快退	时间继电器	-	+	-	±
原位停止	挡块压下终点开关	-	-	-	-

二、工作原理

1. 快进

按下启动按钮，电磁铁1YA得电，电液动换向阀4的先导阀阀芯向右移动，从而引起主阀芯向右移，使其左位接入系统，因快进时负载较小，变量泵2输出最大流量，且顺序阀13因系统压力较低处于关闭状态，此时油液经换向阀、行程阀6进入液压缸左腔，液压缸右腔油液经换向阀、单向阀12、行程阀6也进入液压缸左腔，此时液压缸两腔连通，形成差动连接，实现缸的快速进给。其进、回油路线如下。

进油路：泵2→单向阀3→换向阀4（左位）→行程阀6（下位）→液压缸左腔。

回油路：液压缸右腔→换向阀4（左位）→单向阀12→行程阀6（下位）→液压缸左腔。

2. 第一次工作进给

当滑台快速运动到预定位置时，滑台上的行程挡块压下了行程阀6的阀芯，切断了该通道，使压力油须经调速阀11进入液压缸的左腔。由于油液流经调速阀，系统压力上升，打开液控顺序阀13，此时单向阀12的上部压力大于下部压力，所以单向阀12关闭，切断了液压缸的差动回路，回油经液控顺序阀13和背压阀14流回油箱，使滑台转换为第一次工作进给。其进、回油路线如下：

进油路：泵2→单向阀3→换向阀4（左位）→调速阀11→换向阀9（右位）→液压缸左腔。

回油路：液压缸右腔→换向阀4（左位）→顺序阀13→背压阀14→油箱。

因为工作进给时，系统压力升高，所以变量泵2的输油量便自动减小，以适应工作进给的需要，液压缸在调速阀11的控制下实现了第一次工作进给。

3. 第二次工作进给

第一次工进结束后，行程挡块压下行程开关使3YA通电，二位二通换向阀9将通路切断，进油必须经调速阀11、调速阀10才能进入液压缸，此时由于调速阀10的开口量小于调速阀11，液压缸在调速阀10的作用下实现第二次工作进给。其他油路情况与第一次工进

相同。

4. 停留

当滑台工作进给完毕之后，碰上止挡块，滑台不再前进，停留在止挡块处。此时，各油路状态不变，变量液压泵 2 继续运转，使系统压力不断升高，同时泵输出量减小至与系统的泄漏量相适应。当液压缸左腔的压力升至压力继电器 8 的调定值时，压力继电器动作并发出信号给时间继电器，滑台经时间继电器延时，再发出信号使滑台返回，滑台的停留时间由时间继电器调节。

5. 快退

时间继电器经延时发出信号，电磁铁 2YA 通电，1YA、3YA 断电，其进、回油路线如下：

进油路：泵 2→单向阀 3→换向阀 4（右位）→液压缸右腔。

回油路：液压缸左腔→单向阀 7→换向阀 4（右位）→油箱。

此时滑台无外负载，系统压力下降，限压式变量液压泵 2 的流量又自动增至最大，滑台实现快速退回。当滑台快速退回到第一次工进起点时，行程阀 6 复位。

6. 原位停止

当动力滑台快速退回到原位时，挡块压下行程开关，发出信号，使电磁铁 2YA 和 3YA 都断电，此时电液换向阀 4 的先导阀处于中位，故主阀也处于中位，由于电液换向阀的中位具有锁紧功能，所以液压缸两腔封闭，滑台停止运动。同时变量泵卸荷，油液经单向阀 3、换向阀 4 流回油箱。

由以上工作情况分析可知，此液压系统按其功能可以分解成一些基本回路：由限压式变量液压泵、调速阀和背压阀组成的容积节流加背压的调速回路；液压缸差动连接的快速回路；电液换向阀的换向回路；由行程阀、电磁换向阀和顺序阀等组成的速度换接回路；调速阀串联的两次工进回路以及用电液换向阀 M 型中位机能的卸荷回路等。这些基本回路决定了该液压系统的性能。

7. 特点

YT4543 型动力滑台的液压系统具有以下一些特点：

（1）系统采用了限压式变量叶片泵—调速阀—背压阀式的调速回路，能保证稳定的低速运动（进给速度最小可达 6. 6 mm/min）、较好的速度刚性和较大的调速范围。

（2）系统采用了限压式变量泵和差动连接式液压缸来实现快进，能源利用比较合理。滑台停止运动时，换向阀使液压泵在低压下卸荷，既减少了能量损耗，又使控制油路保持一定的压力，以保证下一工作循环的顺利启动。

（3）系统采用了行程阀和顺序阀实现快进与工进的换接，不仅简化了电气回路，而且使动作可靠，换接精度亦比电气控制高。两次工进速度的转换，由于速度比较低，采用了由电磁阀切换的调速阀串联的回路，既保证了必要的转换精度，又使油路的布局比较简单、灵活。采用死挡块作限位装置，定位准确，位置精度高。

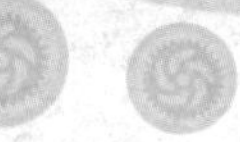

技能训练1 YT4543型动力滑台液压系统的连接与运行

一、训练目的

(1) 根据系统图进一步理解各元件的作用及分系统回路的组成。

(2) 根据系统图正确选择各元件，熟练进行液压传动系统回路的连接，能正确调节各元件。

二、训练回路图

训练回路图如图13－3所示。

三、训练步骤

(1) 根据所给系统原理图中元件的图形符号找出相应的元件并合理布局、固定良好。

(2) 根据系统原理图进行液压回路和电气回路连接并进行检查。

(3) 打开电源，启动液压泵，观察运行情况，对使用中遇到的问题进行分析和解决。

(4) 改变电磁铁的得失电情况，并调节调速阀，观察滑台快进、第一次工进、第二次工进、停留、快速退回、原位停止的情况变化。

(5) 对训练过程中得到的数据和观察到的现象进行分析总结，并得出结论。

(6) 经老师检查评价后，关闭电源，拆下管线，将元件放回原来位置。

技能训练2 YT4543型动力滑台液压系统常见故障的查找及排除

一、训练目的

(1) 根据系统要求，能正确判断出YT4543型动力滑台液压传动系统中常见故障的产生原因。

(2) 根据系统要求，能正确解决YT4543型动力滑台液压传动系统中出现的故障。

二、训练回路图

训练回路图如图13－3所示。

三、训练步骤（教师可人为设置故障，让学生排查故障）

(1) 根据液压传动系统原理图，分析YT4543型动力滑台液压传动系统中各元件在系统中的作用。

(2) 根据液压传动系统原理图，分析压力故障可能是由哪些元件引起的。

(3) 根据液压传动系统原理图，分析执行元件运动方向故障可能是由哪些元件引起的。

(4) 根据液压传动系统原理图，分析执行元件运动速度故障可能是由哪些元件引起的。

(5) 用排除法找出故障并排除。

（6）对训练过程中取得的数据和观察到的现象进行分析总结，得出结论。

（7）完成任务后，经老师检查评价，关闭电源，拆下管线，将元件放回原来位置。

任务三　数控车床液压系统的分析及故障排除

MJ－50数控车床自动化程度高，能获得较高的加工质量。目前，在数控车床上，大多采用了液压传动技术，机床中由液压系统实现的动作有：卡盘的夹紧与松开、卡盘夹紧力的高低与转换、回转刀架的松开与夹紧、刀架刀盘的正转反转、尾座套筒的伸出与退回。液压系统中各电磁阀电磁铁的动作是由数控系统的PLC控制实现的。本任务要求能对数控车床液压系统进行全面分析，能正确选择液压元件并组装完整的液压系统，进行调试和维护，并学会正确分析、判断液压传动系统中的常见故障，具有动手排除常见故障的能力。

知识链接　MJ－50数控车床液压系统的分析

一、MJ－50数控车床液压系统

MJ－50数控车床液压系统原理图如图13－4所示。机床的液压系统采用单向变量液压泵，系统压力调整至4 MPa，由压力表14显示。在阅读和分析液压系统图时，可参阅表13－3的电磁铁动作顺序。

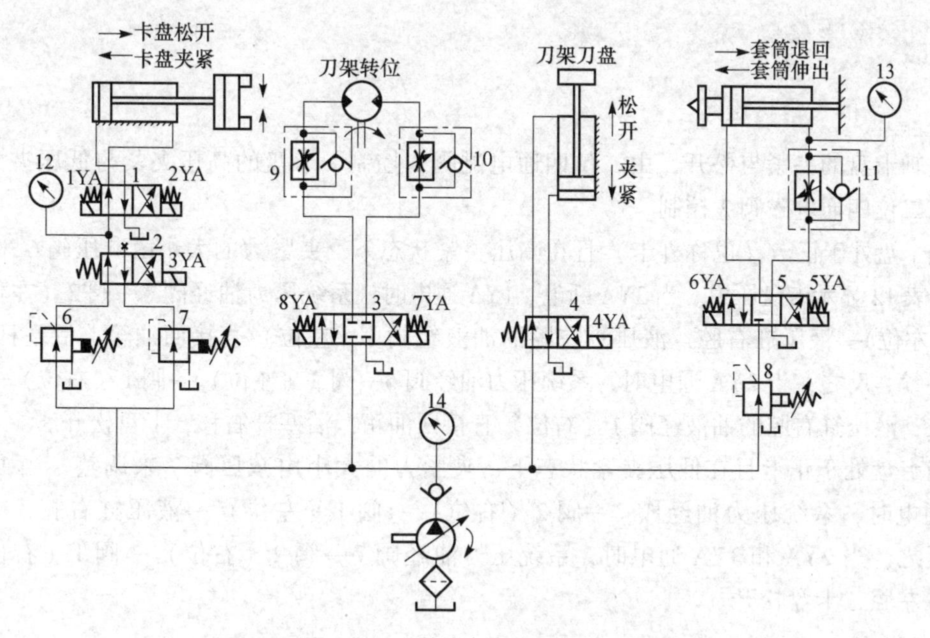

图13－4　数控车床液压系统图

表 13－3　电磁铁动作顺序表

动作		电磁铁	1YA	2YA	3YA	4YA	5YA	6YA	7YA	8YA
卡盘正卡	高压	夹紧	+	−	−					
		松开	−	+	−					
	夹紧	夹紧	+	−	+					
		松开	−	+	+					
卡盘反卡	高压	夹紧	−	+	−					
		松开	+	−	−					
	低压	夹紧	−	+	+					
		松开	+	−	+					
回转刀架	刀架正转								−	+
	刀架反转								+	−
	刀盘松开					+				
	刀盘夹紧					−				
尾座	套筒伸出						−	+		
	套筒退回						+	−		

二、液压系统的工作原理

1. 卡盘的夹紧与松开

主轴卡盘的夹紧与松开，由二位四通电磁阀 1 控制。卡盘的高压夹紧与低压夹紧的转换，由二位四通电磁阀 2 控制。

当卡盘处于正卡（也称外卡）且在高压夹紧状态下，夹紧力的大小由减压阀 6 来调整，由压力表 12 显示卡盘压力。当 3YA 断电、1YA 通电时，系统压力油经阀 6→阀 2（左位）→阀 1（左位)→液压缸右腔，液压缸左腔的油液经阀 1（左位）直接回油箱，活塞杆左移，卡盘夹紧。反之，当 2YA 通电时，系统压力油经阀 6→阀 2（左位）→阀 1（右位）→液压缸左腔，液压缸右腔的油液经阀 1（右位）直接回油箱，活塞杆右移，卡盘松开。

当卡盘处于正卡且在低压夹紧状态下，夹紧力的大小由减压阀 7 来调整。当 1YA 和 3YA 通电时，系统压力油经阀 7→阀 2（右位）→阀 1（左位）→液压缸右腔，卡盘夹紧。反之，当 2YA 和 3YA 通电时，系统压力油经阀 7→阀 2（右位）→阀 1（右位）→液压缸左腔，卡盘松开。

2. 回转刀架动作

回转刀架换刀时，首先是刀盘松开，之后刀盘就达到指定的刀位，最后刀盘复位夹紧。

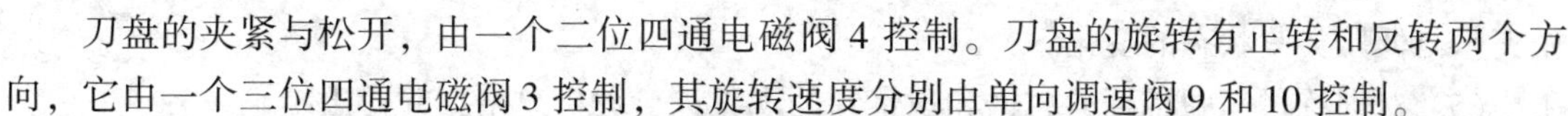

刀盘的夹紧与松开，由一个二位四通电磁阀 4 控制。刀盘的旋转有正转和反转两个方向，它由一个三位四通电磁阀 3 控制，其旋转速度分别由单向调速阀 9 和 10 控制。

当 4YA 通电时，阀 4 右位工作，刀盘松开；当 8YA 通电时，系统压力油经阀 3（左位）→调速阀 9→液压马达，刀架正转；当 7YA 通电时，系统压力油经阀 3（左位）→调速阀 9→液压马达，刀架反转；当 4YA 断电时，阀 4 左位工作，刀盘夹紧。

3. 尾座套筒的伸缩动作

尾座套筒的伸缩与退回由一个三位四通电磁阀 5 控制。

当 6YA 通电时，系统压力油经减压阀 8→电磁阀 5（左位）到液压缸左腔；液压缸右腔油液经单向调速阀 11→阀 5（左位）回油箱，套筒伸出。套筒伸出工作时的预紧力大小通过减压阀 8 来调整，并由压力表 13 显示，伸出速度由调速阀 11 控制。反之，当 5YA 通电时，系统压力油经减压阀 8→电磁阀 5（右位）→阀 11→液压缸右腔，套筒退回。这时液压缸左腔的油液经电磁阀 5（右位）直接回油箱。

4. 特点

MJ－50 数控车床液压系统具有以下一些特点。

① 采用单向变量液压泵向系统供油，能量损失小。

② 用换向阀控制卡盘，实现高压和低压夹紧的转换，并且分别调节高压夹紧或低压夹紧压力的大小。这样可根据工作情况调节夹紧力，操作方便简单。

③ 用液压马达实现刀架的转位，可实现无级调速，并能控制刀架正、反转。

④ 用换向阀控制尾座套筒液压缸的换向，以实现套筒的伸出或缩回，并能调节尾座套筒伸出工作时的预紧力大小，以适应不同的需要。

⑤ 压力表 12、13、14 可分别显示系统相应的压力，以便于故障诊断和调试。

技能训练 1　主轴卡盘分系统回路的连接与运行

一、训练目的

（1）根据系统图进一步理解各元件的作用及分系统回路的组成。

（2）根据系统图正确选择各元件，熟练进行系统回路的连接与运行。

二、训练回路图

训练回路图如图 13－4 所示。

三、训练步骤

（1）根据所给液压传动系统原理图中元件的图形符号找出相应的元件并合理布局、固定良好。

（2）根据液压传动系统原理图进行液压回路和电气回路连接并进行检查。

（3）打开电源，启动液压泵，观察运行情况，对使用中遇到的问题进行分析和解决。

（4）改变电磁铁的得失电情况，观察卡盘夹紧与松开状态的变化；观察压力表变化及高

压夹紧与低压夹紧状态的变化。

(5) 对训练过程中得到的数据和观察到的现象进行分析总结，并得出结论。

(6) 经老师检查评价后，关闭电源，拆下管线，将元件放回原来位置。

技能训练2　回转刀盘分系统回路的连接与运行

一、训练目的

(1) 根据系统图进一步理解各元件的作用及分系统回路的组成。

(2) 根据系统图正确选择各元件，熟练进行系统回路的连接与运行。

二、训练回路图

训练回路图如图 13－4 所示。

三、训练步骤

(1) 根据所给液压传动系统原理图中元件的图形符号找出相应的元件并合理布局、固定良好。

(2) 根据液压传动系统原理图进行液压回路和电气回路连接并进行检查。

(3) 打开电源，启动液压泵，观察运行情况，对使用中遇到的问题进行分析和解决。

(4) 改变电磁铁的得失电情况，观察刀架回转方向的变化，刀架刀盘松开与夹紧的变化。

(5) 对训练过程中得到的数据和观察到的现象进行分析总结，并得出结论。

(6) 经老师检查评价后，关闭电源，拆下管线，将元件放回原来位置。

技能训练3　尾架套筒分系统回路图的连接与运行

一、训练目的

(1) 根据系统图进一步理解各元件的作用及分系统回路的组成。

(2) 根据系统图正确选择各元件，熟练进行系统回路的连接与运行。

二、训练回路图

训练回路图如图 13－4 所示。

三、训练步骤

(1) 根据所给液压传动系统原理图中元件的图形符号找出相应的元件并合理布局、固定良好。

(2) 根据液压传动系统原理图进行液压回路和电气回路连接并进行检查。

(3) 打开电源，启动液压泵，观察运行情况，对使用中遇到的问题进行分析和解决。

(4) 改变电磁铁的得失电情况，观察尾架套筒伸缩情况的变化。
(5) 调节单向调速阀，观察尾架套筒伸出速度的变化。
(6) 对训练过程中得到的数据和观察到的现象进行分析总结，并得出结论。
(7) 经老师检查评价后，关闭电源，拆下管线，将元件放回原来位置。

技能训练4　MJ－50数控车床液压传动系统的连接与运行

一、训练目的

(1) 根据系统图进一步理解各元件的作用及整个系统回路的组成。
(2) 进一步熟悉系统回路的连接方法，会调节各元件等。

二、训练回路图

训练回路图如图13－4所示。

MJ－50数控车床主要承担卡盘、回转刀架与刀盘及尾座套筒的驱动与控制。它能实现卡盘的夹紧与放松及两张夹紧力（高与低）之间的转换、回转刀盘的正反转及刀盘的松开与夹紧、尾架套筒的伸缩。液压系统的所有电磁铁的通、断电均由数控系统的PLC来控制。整个系统由卡盘、回转刀盘与尾架套筒3个分系统组成，并以一个变量液压泵为动力源。系统的压力调定为4 MPa。

三、训练步骤

(1) 将3个分系统连接组合成MJ－50数控车床液压传动系统，并仔细检查回路连接情况。

(2) 打开电源，启动液压泵，观察运行情况，对使用中遇到的问题进行分析和解决。

(3) 根据工况要求改变电磁铁的得失电情况并调节单向调速阀，分别观察分系统的动作情况是否正确，速度调节是否正常等。

(4) 经老师检查评价后，关闭电源，拆下管线，将元件放回原来位置。

技能训练5　数控车床液压系统常见故障的查找及排除

一、训练目的

(1) 根据系统要求，能正确判断出MJ－50数控车床液压系统中常见故障的产生原因。
(2) 根据系统要求，能正确解决MJ－50数控车床液压系统中出现的故障。

二、训练回路图

训练回路图如图13－4所示。

三、训练步骤（教师可人为设置故障，让学生排查故障）

(1) 根据液压传动系统原理图，分析MJ－50数控车床液压系统中各元件在系统中的作用。

（2）根据液压传动系统原理图，分析压力故障可能是由哪些元件引起的。

（3）根据液压传动系统原理图，分析执行元件运动方向故障可能是由哪些元件引起的。

（4）根据液压传动系统原理图，分析执行元件运动速度故障可能是由哪些元件引起的。

（5）用排除法找出故障并排除。

（6）对训练过程中取得的数据和观察到的现象进行分析总结，得出结论。

（7）完成任务后，经老师检查评价，关闭电源，拆下管线，将元件放回原来位置。

任务四　Q2－8 型汽车起重机液压系统的分析与故障排除

Q2－8 型汽车起重机的外形结构如图 13－5 所示。它由汽车、转台、支腿、吊臂变幅液压缸、基本臂、吊臂伸缩液压缸和起升机构等组成。该起重机采用液压传动，最大起重量为80 kN，最大起重高度为 11.5 m，起重装置可连续回转。由于起重机具有较高的行走速度和较大的承载能力，所以其调动与使用起来非常灵活，机动性能也很好，并可在有冲击、振动、温度变化较大和环境较差的条件下工作。对于汽车起重机来说，无论在机械方面还是在液压方面，对工作系统的安全和可靠性要求都是特别重要的。本任务要求能对 Q2－8 型汽车起重机液压系统进行全面分析，能正确选择液压元件并组装完整的液压系统，进行调试和维护，并学会正确分析、判断液压传动系统中的常见故障，具有动手排除常见故障的能力。

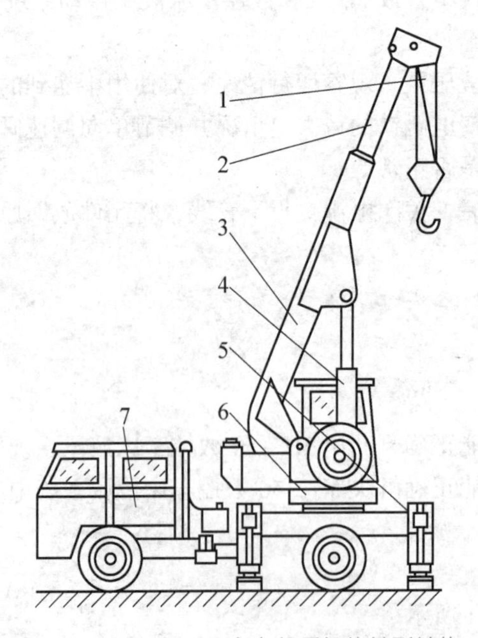

图 13－5　Q2－8 型汽车起重机的外形结构

1—起升机构；2—吊臂伸缩液压缸；3—基本臂；4—吊臂变幅液压缸；5—支腿；6—转台；7—汽车

知识链接　Q2－8型汽车起重机液压系统的分析

一、Q2－8型汽车起重机液压系统

Q2－8型汽车起重机液压系统如图13－6所示。该系统为中高压系统，动力源采用轴向柱塞泵，由汽车发动机通过汽车底盘变速箱上的取力箱驱动。液压泵的工作压力为21 MPa，排量为40 mL，转速为1 500 r/min。液压泵通过中心回转接头从油箱中吸油，输出的液压油经手动阀组1（由换向阀A和B组成）和手动阀组2（由换向阀C、D、E、F组成）输送到各个执行元件。整个系统由支腿收放、吊臂变幅、吊臂伸缩、转台回转和吊重起升5个工作回路所组成，且各部分都具有一定的独立性。整个系统分为上、下车两部分，除液压泵、溢流阀、手动阀组1及支腿部分外，其余元件全部装在可回转的上车部分。油箱装在上车部分，兼作配重。上、下车两部分油路通过中心回转接头9连通。支腿收放回路和其他动作回路均采用一个M型中位机能三位四通手动换向阀进行切换。各个手动换向阀相互串联组合，可实现多缸卸荷。根据起重工作的具体要求，操纵各阀不仅可以分别控制各执行元件的运动方向，还可以通过控制阀芯的位移量来实现节流调速。

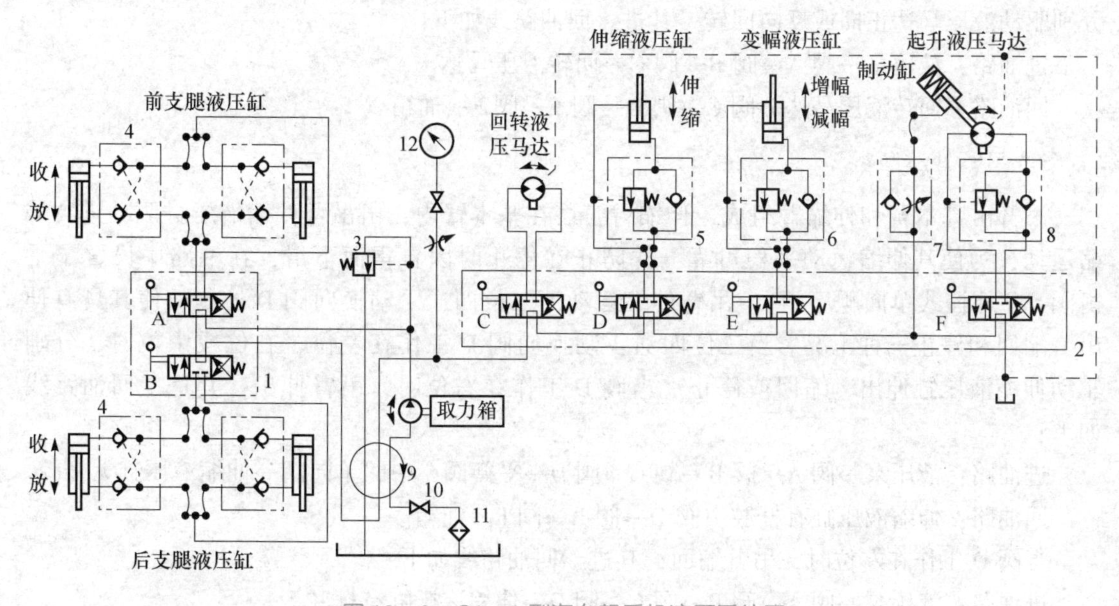

图13－6　Q2－8型汽车起重机液压系统图

二、工作原理

1. 支腿收放回路

由于汽车轮胎支撑能力有限，且为弹性变形体，作业时不安全，故在起重作业前必须放下前、后支腿，用支腿承重使汽车轮胎架空。在行驶时又必须将支腿收起，轮胎着地。为此，在汽车的前、后两端各设置两条支腿，每条支腿均配置有液压缸。前支腿两个液压缸同时用一个三位四通手动换向阀A控制其收、放动作，而后支腿两个液压缸则用另一个三位

四通手动换向阀 B 控制其收、放动作。为确保支腿能停放在任意位置并能可靠地锁住，在支腿液压缸的控制回路中设置了双向液压锁 4。

当三位四通手动换向阀 A 工作在左位时，前支腿放下，其进、回油路线如下：

进油路：液压泵→阀 A 左位→液控单向阀→前支腿液压缸无杆腔。

回油路：前支腿液压缸有杆腔→液控单向阀→阀 A→阀 B→阀 C→阀 D→阀 E→阀 F→油箱。

当三位四通手动换向阀 A 工作在右位时，前支腿收回，其进、回油路线如下：

进油路：液压泵→阀 A 右位→液控单向阀→前支腿液压缸有杆腔。

回油路：前支腿液压缸无杆腔→液控单向阀→阀 A→阀 B→阀 C→阀 D→阀 E→阀 F→油箱。

后支腿液压缸用阀 B 控制，其油流路线与前支腿相同。

2. 转台回转回路

转台的回转由一个大转矩液压马达驱动，它能双向驱动转台回转。通过齿轮、蜗杆机构减速，转台的回转速度为 1 ~ 3 r/min。由于速度较低，惯性较小，一般不设缓冲装置，液压马达的回转由三位四通手动换向阀 C 控制，当三位四通手动换向阀 C 工作在左位或右位时，分别驱动液压马达正向或反向回转。其进、回油路线如下：

进油路：液压泵→阀 A→阀 B→阀 C→回转液压马达。

回油路：回转液压马达→阀 C→阀 D→阀 E→阀 F→油箱。

3. 吊臂伸缩回路

吊臂由基本臂和伸缩臂组成，伸缩臂套装在基本臂内，由吊臂伸缩液压缸驱动进行伸缩运动，为使其伸缩运动平稳可靠，并防止在停止时因自重而下滑，在油路中设置了平衡阀 5（外控式单向顺序阀）。吊臂伸缩运动由三位四通手动换向阀 D 控制，使其具有伸出、缩回和停止三种工况。当三位四通手动换向阀 D 工作在左位、右位或中位时，分别驱动伸缩液压缸伸出、缩回或停止。当阀 D 工作在右位时，吊臂伸出，其进、回油路线如下：

进油路：液压泵→阀 A→阀 B→阀 C→阀 D→平衡阀 5 中的单向阀→伸缩液压缸无杆腔。

回油路：伸缩液压缸有杆腔→阀 D→阀 E→阀 F→油箱。

当阀 D 工作在左位时，吊臂缩回，其进、回油路线如下：

进油路：液压泵→阀 A→阀 B→阀 C→阀 D→伸缩液压缸有杆腔。

回油路：伸缩液压缸无杆腔→平衡阀 5 中的顺序阀→阀 D→阀 E→阀 F→油箱。

4. 吊臂变幅回路

吊臂变幅是通过改变吊臂的起落角度来改变作业高度的。吊臂的变幅运动由变幅液压缸驱动，变幅要求能带载工作，动作要平稳可靠。为防止吊臂在停止阶段因自重而减幅，在油路中设置了平衡阀 6，提高了变幅运动的稳定性和可靠性。吊臂变幅运动由三位四通手动换向阀 E 控制，在其工作过程中，通过改变手动换向阀 E 开口的大小和工作位，即可调节变幅速度和变幅方向。

吊臂增幅时，三位四通手动换向阀 E 工作在右位，其进、回油路线如下：

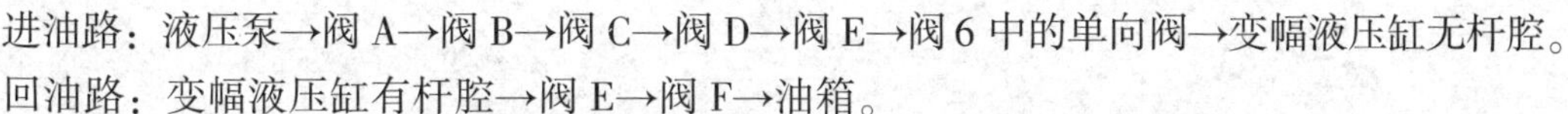

进油路：液压泵→阀 A→阀 B→阀 C→阀 D→阀 E→阀 6 中的单向阀→变幅液压缸无杆腔。

回油路：变幅液压缸有杆腔→阀 E→阀 F→油箱。

吊臂减幅时，三位四通手动换向阀 E 工作在左位，其进、回油路线如下：

进油路：液压泵→阀 A→阀 B→阀 C→阀 D→阀 E→变幅液压缸有杆腔。

回油路：变幅液压缸无杆腔→平衡阀 6 中的顺序阀→阀 E→阀 F→油箱。

5. 吊重起升回路

吊重起升回路是系统的主要工作回路。吊重的起吊和落下作业由一个大转矩液压马达驱动卷扬机来完成。起升液压马达的正、反转由三位四通手动换向阀 F 控制。马达转速的调节（即起吊速度）可通过改变发动机转速及手动换向阀 F 的开口来调节。回路中设有平衡阀 8，用以防止重物因自重而下滑。由于液压马达的内泄漏比较大，当重物吊在空中时，尽管回路中设有平衡阀，重物仍会向下缓慢滑落，为此，在液压马达的驱动轴上设置了制动器。当起升机构工作时，在系统油压的作用下，制动器液压缸使闸松开；当液压马达停止转动时，在制动器弹簧的作用下，闸块将轴抱死进行制动。当重物在空中停留的过程中重新起升时，有可能出现在液压马达的进油路还未建立起足够的压力以支撑重物时，制动器便解除了制动，造成重物短时间失控而向下滑落。为避免这种现象的出现，在制动器油路中设置了单向节流阀 7。通过调节该节流阀开口的大小，能使制动器抱闸迅速，而松闸则能缓慢地进行。

6. 特点

Q2－8 型汽车起重机的液压系统有以下几个特点。

① 该系统为单泵、开式、串联系统，采用了换向阀串联组合，不仅各机构的动作可以独立进行，而且在轻载作业时，可实现起升和回转复合动作，以提高工作效率。

② 系统中采用了平衡回路、锁紧回路和制动回路，保证了起重机的工作可靠，操作安全。

③ 采用了三位四通手动换向阀换向，不仅可以灵活方便地控制换向动作，还可通过手柄操纵来控制流量，实现节流调速。在起升工作中，将此节流调速方法与控制发动机转速的方法结合使用，可以实现各工作部件微速动作。

④ 各三位四通手动换向阀均采用了 M 型中位机能，使换向阀处于中位时能使系统卸荷，可减少系统的功率损失，适用于起重机进行间歇性工作。

技能训练 1　Q2－8 型汽车起重机液压系统的连接与运行

一、训练目的

（1）根据系统图进一步理解各元件的作用及整个系统回路的组成。

（2）进一步熟悉系统回路的连接方法，会调节各控制元件。

二、训练回路图

训练回路图如图 13－6 所示。

三、训练步骤

(1) 将各分系统连接组合成 Q2－8 型汽车起重机液压传动系统，并仔细检查回路连接情况。

(2) 打开电源，启动液压泵，观察运行情况，对使用中遇到的问题进行分析和解决。

(3) 根据工况要求操纵各手动阀，观察系统的动作情况是否正确，速度调节是否正常，制动是否迅速。

(4) 经老师检查评价后，关闭电源，拆下管线，将元件放回原来位置。

技能训练 2　Q2－8 型汽车起重机液压系统常见故障的查找及排除

一、训练目的

(1) 根据系统要求，能正确判断出 Q2－8 型汽车起重机液压系统中常见故障的产生原因。

(2) 根据系统要求，能正确解决 Q2－8 型汽车起重机液压系统中出现的故障。

二、训练回路图

训练回路图如图 13－6 所示。

三、训练步骤（教师可人为设置故障，让学生排查故障）

(1) 根据液压传动系统原理图，分析 Q2－8 型汽车起重机液压系统中各元件在系统中的作用。

(2) 根据液压传动系统原理图，分析压力故障可能是由哪些元件引起的。

(3) 根据液压传动系统原理图，分析执行元件运动方向故障可能是由哪些元件引起的。

(4) 根据液压传动系统原理图，分析执行元件运动速度故障可能是由哪些元件引起的。

(5) 用排除法找出故障并排除。

(6) 对训练过程中取得的数据和观察到的现象进行分析总结，得出结论。

(7) 完成任务后，经老师检查评价，关闭电源，拆下管线，将元件放回原来位置。

任务五　SZ－250A 型注塑机液压系统的分析与故障排除

SZ－250A 型注塑机属于中小型注塑机，每次最大注射容量为 250 cm^3。注塑机液压传动

系统的执行元件有合模缸、注射座移动缸、注射缸、预塑液压马达和顶出缸。它能实现的工作循环为：合模→注射座前移→注射→保压→冷却预塑→注射座后退→开模→顶出制品→顶出杆后退→合模。本任务要求能对 SZ－250A 型注塑机液压系统进行全面分析，能正确选择液压元件并组装完整的液压系统，进行调试和维护，并学会正确分析、判断液压传动系统中的常见故障，具有动手排除常见故障的能力。

知识链接　SZ－250A 型注塑机液压系统的分析

一、注塑机液压系统

1. 注塑机对液压系统的要求

(1) 模具必须具有足够的合模力，以消除高压注射时模具离缝、塑料制品产生溢边现象。

(2) 在合模、开模过程中，为了既提高工作效率，又防止因速度太快而损坏模具和制品，其过程需要多种速度。

(3) 注射座要能整体前移和后退，并保持足够的向前推动力，以使注射时喷嘴与模具浇口紧密接触。

(4) 由于原料的品种、制品的几何形状及模具系统不同，为保证制品质量，注射成型过程中要求注射压力和注射速度可调节。

(5) 注射动作完成后，需要保压。保压的目的是使塑料紧贴模腔而获得精确的形状；在制品冷却凝固收缩过程中，使熔化的塑料不断补充进入模腔，防止充料不足而出现残次品。因此保压压力要求可调。

(6) 顶出制品速度要平稳。

2. 注塑机液压传动系统原理图

注塑机的液压传动系统原理图如图 13－7 所示。该液压系统用双联泵供油，用节流阀控制有关流量，用多级调压回路控制有关压力，以满足工作过程中各动作对速度和压力的不同要求。各执行元件的动作循环主要依靠行程开关切换电磁换向阀来实现，电磁铁动作顺序如表 13－4 所示。

二、SZ－250A 型注塑机液压系统的工作原理

1. 合模

首先关闭注塑机安全门，行程阀 6 才能恢复常位态，合模慢速启动合模缸，再快速前进。当动模板接近定模板时，合模缸以低压、慢速前移。在确认模具内无异物存在时，合模缸转为高压，并通过对称五连杆机构增力，使模具闭合并锁住。

(1) 慢速合模。电磁铁 2YA、3YA 得电，大流量泵 1 通过溢流阀 3 卸载，小流量泵 2 的压力由溢流阀 4 调定。泵 2 的压力油经电液换向阀 5 右位进入合模缸左腔，推动合模缸慢速前移，其右腔油液经阀 5 和冷却器回油箱。

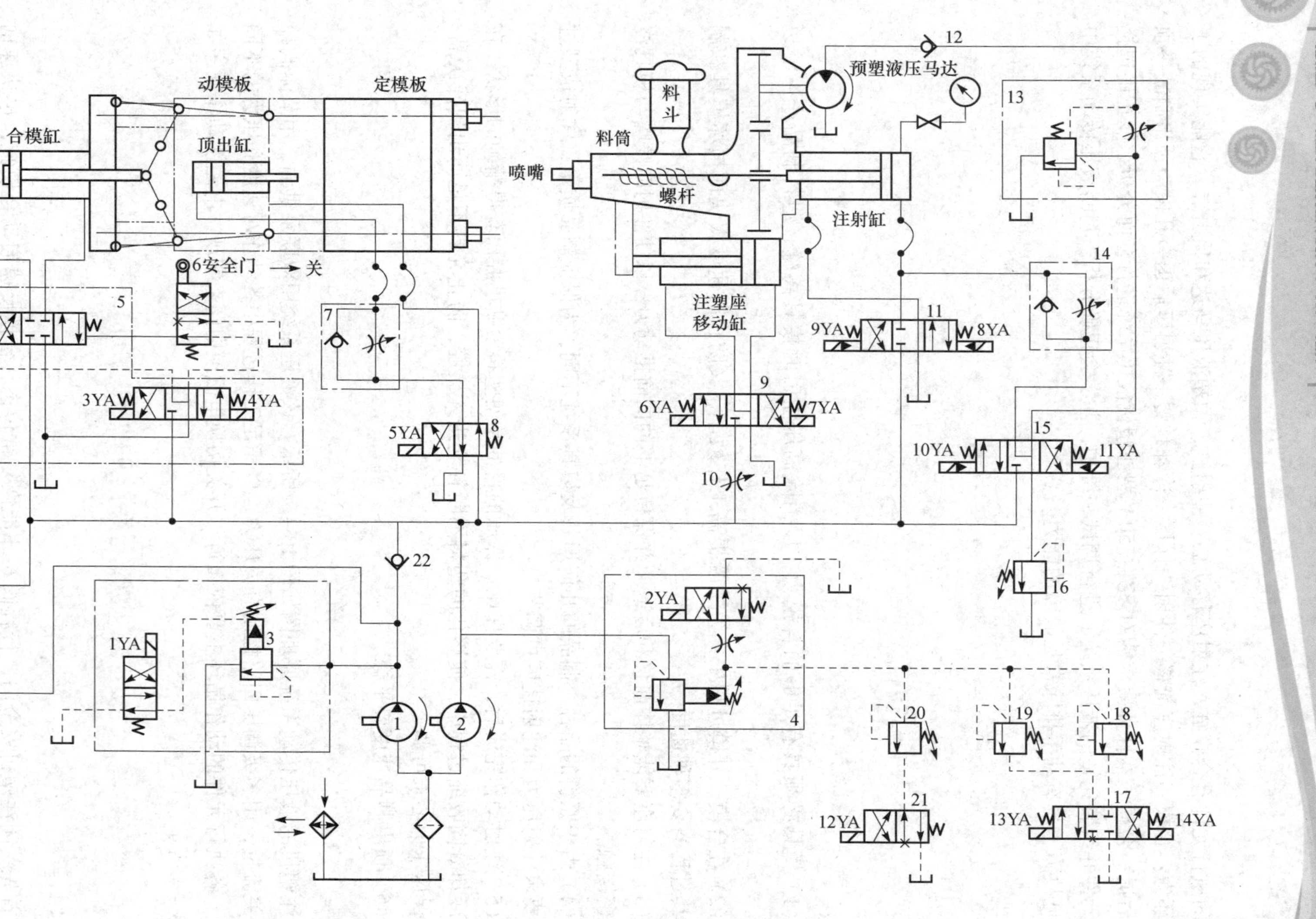

图 13-7 SZ-250A型注塑机液压系统

表 13－4　电磁铁动作顺序表

动作		1YA	2YA	3YA	4YA	5YA	6YA	7YA	8YA	9YA	10YA	11YA	12YA	13YA	14YA
合模	慢速	－	＋	＋	－	－	－	－	－	－	－	－	－	－	－
	快速	＋	＋	＋	－	－	－	－	－	－	－	－	－	－	－
	低压慢速	－	＋	＋	－	－	－	－	－	－	－	－	－	＋	－
	高压慢速	－	＋	＋	－	－	－	－	－	－	－	－	－	－	－
注射座前移		－	＋	－	－	－	－	＋	－	－	－	－	－	－	－
注射	慢速	－	＋	－	－	－	－	＋	－	－	＋	－	＋	－	－
	快速	＋	＋	－	－	－	－	＋	＋	－	＋	－	＋	－	－
保压		－	＋	－	－	－	－	＋	－	－	＋	－	－	－	＋
预塑		＋	＋	－	－	－	－	＋	－	－	－	＋	－	－	－
防流涎		－	＋	－	－	－	－	＋	－	＋	－	－	－	－	－
注射座后退		－	＋	－	－	－	＋	－	－	－	－	－	－	－	－
开模	慢速Ⅰ	－	＋	－	＋	－	－	－	－	－	－	－	－	－	－
	快速	＋	＋	－	＋	－	－	－	－	－	－	－	－	－	－
	慢速Ⅱ	－	＋	－	＋	－	－	－	－	－	－	－	－	－	－
顶出	前进	－	＋	－	－	＋	－	－	－	－	－	－	－	－	－
	后退	－	＋	－	－	－	－	－	－	－	－	－	－	－	－

（2）快速合模。电磁铁 1YA、2YA 和 3YA 得电，液压泵 1 的压力油经单向阀 22 与液压泵 2 的压力油合流后进入合模缸左腔，推动合模缸快速前进。最高压力由阀 3 限定。

（3）低压慢速合模。电磁铁 2YA、3YA 和 13YA 得电，泵 1 卸载，泵 2 的压力由远程调压阀 18 控制。由于阀的调定压力低，泵 2 以低压推动合模缸缓慢、安全地合模。

（4）高压慢速合模。电磁铁 2YA 和 3YA 得电，泵 1 卸载，泵 2 的压力由溢流阀 4 调为高压。泵 2 的压力油驱动合模缸高压合模，通过五连杆机构增力，且锁紧模具。

2. 注射座前移

电磁铁 2YA 和 7YA 得电，泵 1 卸载，泵 2 的压力仍由阀 4 控制。泵 2 的压力油经节流阀 10 和电磁换向阀 9 右位进入注射座移动缸右腔，注射座慢速前移，使喷嘴与模具浇口紧密接触，注射座移动缸左腔油液经阀 9 回油箱。

3. 注射

（1）慢速注射。电磁铁 2YA、7YA、10YA 和 12YA 得电，泵 2 的压力由远程调压阀 20 调节并保持稳定值。泵 2 的压力油由电液换向阀 15 的左位和单向节流阀 14 进入注射缸右腔，推动注射缸活塞慢速前进，注射螺杆将料筒前端的熔料经喷嘴压入模腔，注射缸左腔油液经电液换向阀 11 中位回油箱。注射速度由单向节流阀 14 调节。

（2）快速注射。电磁铁 1YA、2YA、7YA、8YA、10YA 和 12YA 得电，泵 1 和泵 2 的压力油经阀 11 右位进入注射缸右腔，实现快速注射，左腔油液经阀 11 右位回油箱。此时，远程调压阀 20 起安全作用。

4. 保压

电磁铁 2YA、7YA、10YA 和 14YA 得电，泵 2 的压力（即保压压力）由远程调压阀 19

调节，泵 2 仅对注射缸右腔补充少量油液，以维持保压压力。多余的油液经阀 4 溢回油箱。

5. 预塑

保压完毕，电磁铁 1YA、2YA、7YA 和 11YA 得电，泵 1 和泵 2 的压力油经阀 15 右位、旁通型调速阀 13 和单向阀 12 进入液压马达。液压马达通过减速机构带动螺杆旋转，从料斗加入的塑料颗粒随着螺杆的转动被带至料筒前端，加热熔化，并建立起一定压力。马达转速由旁通型调速阀 13 控制，溢流阀 3 为安全阀。螺杆头部的熔料压力上升到能克服注射缸活塞退回的阻力时，螺杆开始后退。这时，注射缸右腔油液经阀 14、阀 15 右位和背压阀 16 回油箱，其背压力由阀 16 控制。同时，油箱中的油在大气压的作用下经阀 11 中位，向注射缸左腔补充。当螺杆后退至一定位置，即螺杆头部的熔料达到所需注射量时，螺杆停止转动和后退，等待下次注射，与此同时，模腔内的制品冷却成型。

6. 防流涎

如果喷嘴为直通敞开式，为防止注射座退回时喷嘴端部物料流出，应先使螺杆后退一小段距离，以减小料筒前端压力。为达到此目的，在预塑结束后，电磁铁 2YA、7YA 和 9YA 得电，泵 2 的压力油一路经阀 9 右位进入注射座移动缸右腔，使喷嘴与模具浇口接触，一路经阀 11 左位进入注射缸左腔，使螺杆强制后退。注射缸右腔和注射座移动缸左腔的油分别经阀 11 和阀 9 回油箱。

7. 注射座后退

在保压、冷却和预塑结束后，电磁铁 2YA 和 6YA 得电，泵 2 的压力油经阀 9 左位使注射座退回。

8. 开模

开模速度一般为慢→快→慢。

(1) 慢速Ⅰ开模。当电磁铁 2YA 和 4YA 得电时，泵 1 卸载，泵 2 的压力油经电液换向阀 5 左位进入合模缸右腔，合模缸慢速后退，左腔油液经阀 5 回油箱。

(2) 快速开模。当电磁铁 1YA、2YA 和 4YA 得电时，泵 1 和泵 2 的供油合流后推动合模缸快速后退。

(3) 慢速Ⅱ开模。当 1YA 断电，电磁铁 2YA、4YA 得电时，泵 1 卸载，泵 2 的压力油经电液换向阀 5 左位进入合模缸右腔，合模缸又以慢速后退，左腔油液经阀 5 回油箱。

9. 顶出

(1) 顶出杆前进。电磁铁 2YA、5YA 得电时，泵 1 卸载，泵 2 的压力油经换向阀 8 左位和单向节流阀 7 进入顶出缸左腔，推动顶出杆稳速前进，顶出制品。顶出速度由单向节流阀 7 调节，溢流阀 4 为定压阀。

(2) 顶出杆后退。电磁铁 2YA 得电时，泵 2 的压力油经阀 8 常态位使顶出杆退回。

10. 特点

SZ－250A 型注塑机液压系统具有如下特点。

① 采用了液压－机械增力合模机构，保证了足够的锁模力。除此之外，还可采用增压

缸合模装置。

② 注塑机液压系统动作多，各动作之间有严格顺序。本系统采用电气行程开关切换电磁换向阀，保证动作顺序。

③ 采用多个远程调压阀调压，满足了系统多级压力要求。

技能训练1　SZ－250A型注塑机液压系统的连接与运行

一、训练目的

(1) 根据系统图进一步理解各元件的作用及整个系统回路的组成。

(2) 进一步熟悉系统回路的连接方法，会调节各控制元件。

二、训练回路图

训练回路图如图13－7所示。

三、训练步骤

(1) 正确选择元件，安装SZ－250A型注塑机液压系统，并仔细检查回路连接情况。

(2) 打开电源，启动液压泵，观察运行情况，对使用中遇到的问题进行分析和解决。

(3) 根据工况要求改变电磁铁的得失电情况并调节节流阀，分别观察系统的动作情况是否正确，速度调节是否正常等。

(4) 经老师检查评价后，关闭电源，拆下管线，将元件放回原来位置。

技能训练2　SZ－250A型注塑机液压系统常见故障的查找及排除

一、训练目的

(1) 根据系统要求，能正确判断SZ－250A型注塑机液压系统中常见故障的产生原因。

(2) 根据系统要求，能正确解决SZ－250A型注塑机液压系统中出现的故障。

二、训练回路图

训练回路图如图13－7所示。

三、训练步骤（教师可人为设置故障，让学生排查故障）

(1) 根据液压传动系统原理图，分析SZ－250A型注塑机液压系统中各元件在系统中的作用。

(2) 根据液压传动系统原理图，分析压力故障可能是由哪些元件引起的。

(3) 根据液压传动系统原理图，分析执行元件运动方向故障可能是由哪些元件引起的。

(4) 根据液压传动系统原理图，分析执行元件运动速度故障可能是由哪些元件引起的。

(5) 用排除法找出故障并排除。

(6) 对训练过程中取得的数据和观察到的现象进行分析总结，得出结论。

(7) 完成任务后，经老师检查评价，关闭电源，拆下管线，将元件放回原来位置。

附：液压系统常见故障及其排除方法（见表13－5）。

表13－5　液压系统常见故障及其排除方法

故障现象	产生原因	排除方法
系统无压力或压力不足	溢流阀开启，由于阀芯被卡住，不能关闭，阻尼孔堵塞，阀芯与阀座配合不好或弹簧失效	修研阀芯壳体，清洗阻尼孔，更换弹簧
	其他控制阀阀芯由于故障卡住，引起卸荷	找出故障部位，清洗或修研，使阀芯在阀体内运动灵活
	液压元件磨损严重，或密封损坏，造成内、外泄漏	检查泵、阀及管路各连接处的密封性，修理或更换零件和密封
	液压过低，吸油堵塞或油温过高	加油，清洗吸油管或冷却系统
	泵转向错误，转速过低或动力不足	检查动力源
流量不足	油箱液位过低，油液黏度大，过滤器堵塞引起吸油阻力大	检查液位，补油，更换黏度适宜的液压油，保证吸油通畅
	液压泵转向错误，转速过低或空转磨损严重，性能下降	检查原动机、液压泵及液压泵变量机构，必要时换泵
	回油管在液位以上，空气进入	检查管路连接及密封是否正确可靠
	蓄能器漏气，压力及流量供应不足	检查蓄能器性能与压力
	其他液压元件及密封件损坏引起泄漏	修理或更换
	控制阀动作不灵活	调整或更换
泄漏	管接头松动，密封损坏	拧紧接头，更换密封
	板式连接或法兰连接结合面螺钉预紧力不够或密封损坏	预紧力应大于液体压力，更换密封
	系统压力长时间大于液压元件或辅件额定工作压力	元件壳体内压力不应大于油封许用压力，更换密封
	油箱内安装水冷式冷却器，如果油位高，则水漏入油中，如果油位低，则油漏入水中	拆修
过热	冷却器通过能力小或出现故障	排除故障或更换冷却器
	液位过低或黏度不适合	加油或换黏度合适的油液
	油箱容量小或散热性差	增大油箱容量，增设冷却装置
	压力调整不当，长期在高压下工作	调整溢流阀压力至规定值，必要时改进回路
	油管过细过长，弯曲太多造成压力损失增大，引起发热	改变油管规格及油管路
	系统中由于泄漏、机械摩擦造成功率损失过大	检查泄漏，改善密封，提高运动部件加工精度、装配精度和润滑条件
	环境温度高	尽量减少环境温度对系统的影响
振动	液压泵：吸入空气，安装位置过高，吸油阻力大，齿轮齿形精度不够，叶片卡死断裂，柱塞卡死移动不灵活，零件磨损使间隙过大	更换进油口密封，吸油口管口至泵吸油口高度要小于500 mm，保证吸油管直径足够大，修复或更换损坏零件
	液压油：液位太低，吸油管插入液面深度不够，油液黏度太大，过滤器阻塞	加油，吸油管加长，浸到规定深度，更换合适黏度液压油，清洗过滤器
	溢流阀：阀芯与阀座配合间隙过大，弹簧失效	清洗阻塞孔，修配阀芯与阀座间隙，更换弹簧
	其他阀芯移动不灵活	清洗，去毛刺

续表

故障现象	产生原因	排除方法
振动	管道：管道细长，没有固定装置，互相碰击，吸油管与回油管太近	增设固定装置，扩大管道间距离及吸油管和回油管距离
	电磁铁：电磁铁焊接不良，弹簧过硬或损坏，阀芯在阀体内卡住	重新焊接，更换弹簧，清洗及研配阀芯和阀体
	机械：液压泵与电动机联轴器不同心或松动，运动部件停止时有冲击，换向缺少阻尼，电动机振动	保持泵轴与电动机轴同心度不大于0.1 mm，采用弹性联轴器，紧固螺钉，设阻塞或缓冲装置，对电动机做平衡处理
冲击	蓄能器充气压力不够	给蓄能器充气
	工作压力过高	调整压力呈规定值
	先导阀、换向阀制动不灵及节流缓冲慢	减少制动锥的斜角或增加制动锥的长度，修复溢流缓冲装置
	液压缸端部没有缓冲装置	增设缓冲装置或背压阀
	溢流阀故障使压力突然升高	修理或更换溢流阀
	系统中有大量空气	排除空气

要点归纳

一、要点框架

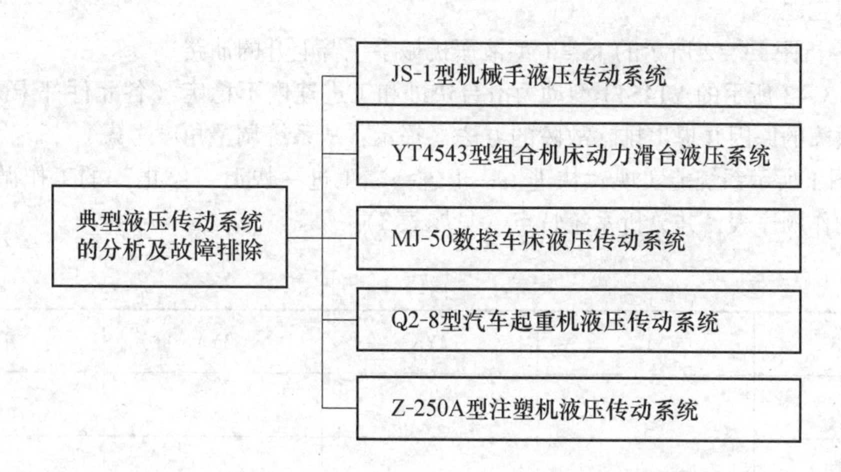

二、知识要点

（1）分析液压系统的具体方法和步骤如下。

① 明确该设备的功用、工况及其对液压系统的要求，以及液压设备的工作循环。

② 将系统以执行元件为中心分解为若干个子系统。逐步分析各子系统，根据执行元件的动作要求，参照电磁铁动作顺序表，明确各个行程的动作原理及油路的流动路线，明确各

元件的功用以及各元件之间的互相关系。

③ 根据系统中对各执行元件间的互锁、同步、防干扰等要求，分析各个子系统之间的联系。

④ 归纳总结出各基本回路和整个液压系统的特点，为液压系统的调整、维护、使用打下基础。

(2) JS-1 机械手液压传动系统可分为手臂回转、手臂上下、手臂伸缩、手腕回转和手指松夹 5 个部分。

(3) 组合机床动力滑台液压系统能实现滑台快进、第一次工进、第二次工进、停留、快速退回、原位停止工作循环。

(4) MJ-50 数控车床液压系统可实现卡盘的夹紧与放松及两张夹紧力（高与低）之间的转换、回转刀盘的正反转及刀盘的松开与夹紧、尾架套筒的伸缩。

(5) Q2-8 型汽车起重机液压传动系统由支腿收放、吊臂变幅、吊臂伸缩、转台回转和吊重起升 5 个工作回路组成，回路均采用一个 M 型中位机能三位四通手动换向阀进行切换。

(6) SZ-250A 型注塑机液压系统采用多个远程调压阀调压，满足系统多级压力要求。

一、填空题

1. 试分析图 13-2 所示的 JS-1 型液压机械手手臂上升的油路。

2. 图 13-3 所示的 YT4543 型动力滑台快进和工进速度不稳定（各元件都未失效），请分析产生故障的原因并提出排除故障的方法（提示：从系统调整角度考虑）。

3. 题图 1 所示系统能实现“快进→一工进→二工进→快退→停止”的工作循环。试填写电磁铁动作顺序表，并分析系统特点（见题表 3）。

题表 3　电磁铁动作顺序表

动　作	1YA	2YA	3YA	4YA
快进				
一工进				
二工进				
快退				
停止				

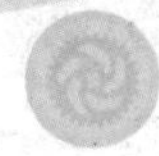

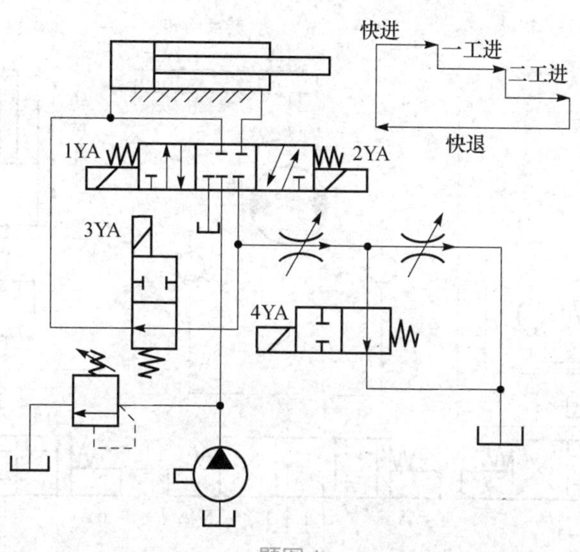

题图 1

4. 题图 2 所示为 X 光透视机站位液压系统原理图。图中系统的执行器为荧光屏和受检者站立的转盘，荧光屏可上下升降，而转盘除上下升降外还可回转。该系统可实现“荧光屏升降→转盘升降→转盘回转→系统卸荷”的工作过程。各动作也可单独进行，以方便身体各部位的检查。已知液压泵 1 的额定压力为 2.5 MPa，额定流量为 40 L/min，元件 2 的调定压力为 1.6 MPa；液压缸 15、17 的规格相同，活塞面积均为 0.01 m^2，各缸的上升速度等于下降速度。试：

（1）填写各动作单独进行时的电磁铁动作顺序表（见题表 4）。（电磁铁得电为“+”，失电为“-”）

题表 4　电磁铁动作顺序表

电磁铁 动作	1YA	2YA	3YA	4YA	5YA	6YA	7YA
荧光屏上升							
荧光屏下降							
转盘顺时针回转							
转盘逆时针回转							
停止卸荷							

（2）分析液压系统的工作原理和特点。

（3）若缸 15 单独运动时，速度为 6 m/min，各种损失不计，计算上升时流过元件 5 的流量是多少？下降时流过元件 2 的流量是多少？

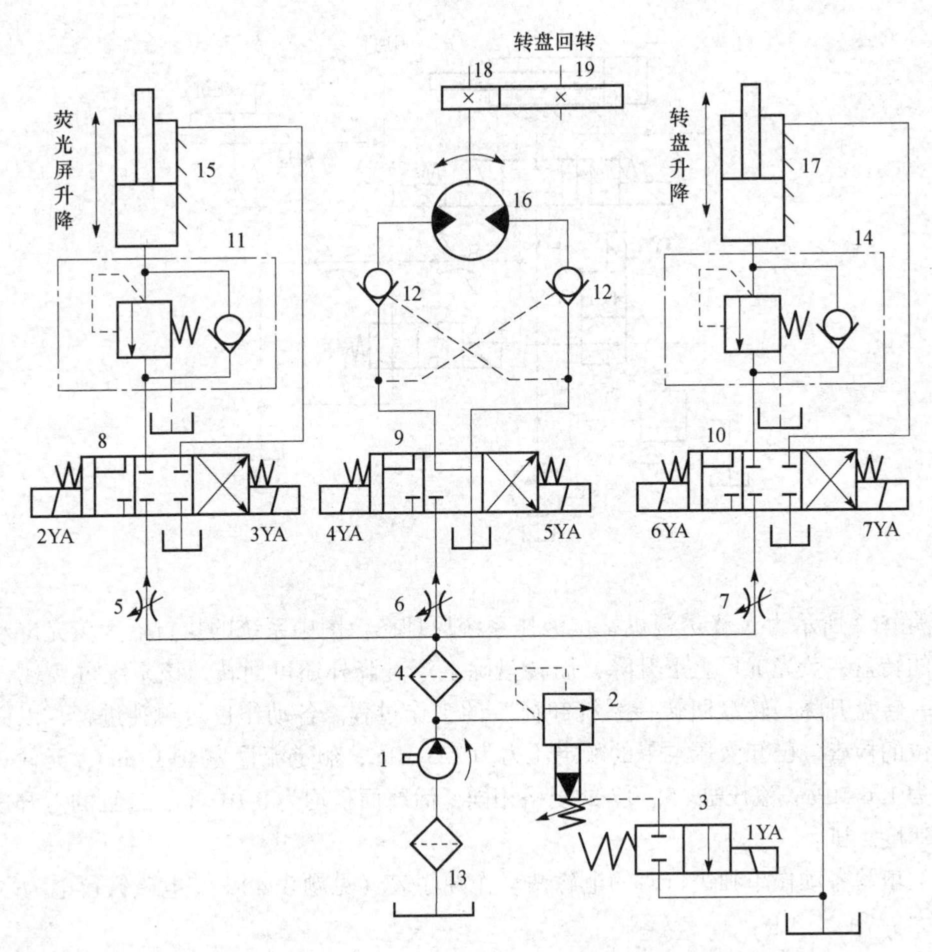

题图2　X光透视机站位液压系统原理图

附 录

气动图形符号（2009）

一、阀

1. 控制机构

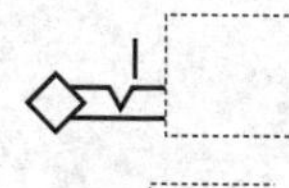
带有分离把手和定位销的控制机构

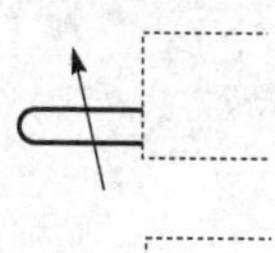
具有可调行程限制装置的柱塞

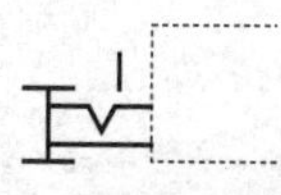
带有定位装置的推或拉控制机构

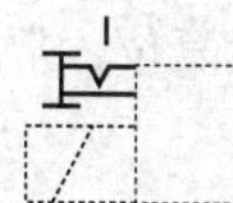
手动锁定控制机构

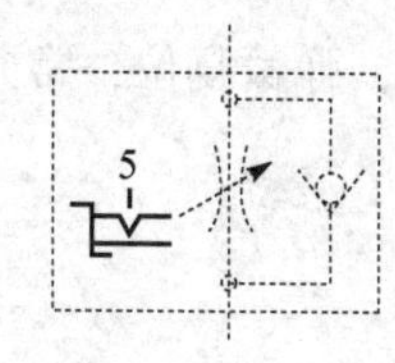

具有 5 个锁定位置的调节控制机构

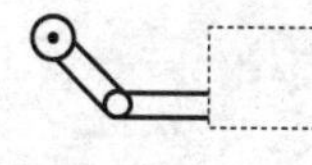
单方向行程操纵的滚轮手柄

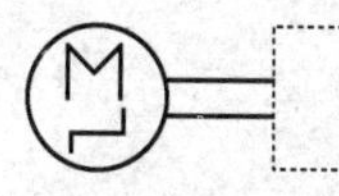
用步进电机的控制机构

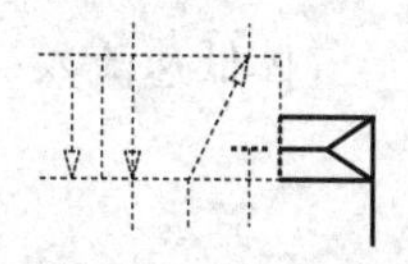
气压复位，外部压力源

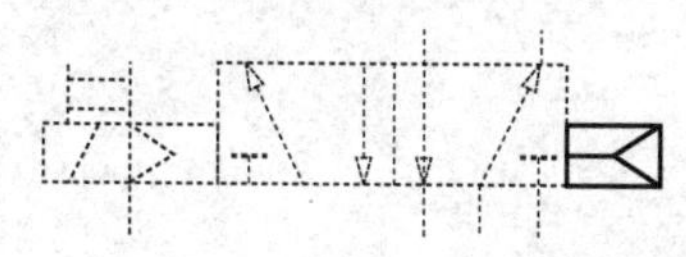
气压复位，从阀进气口提供内部压力

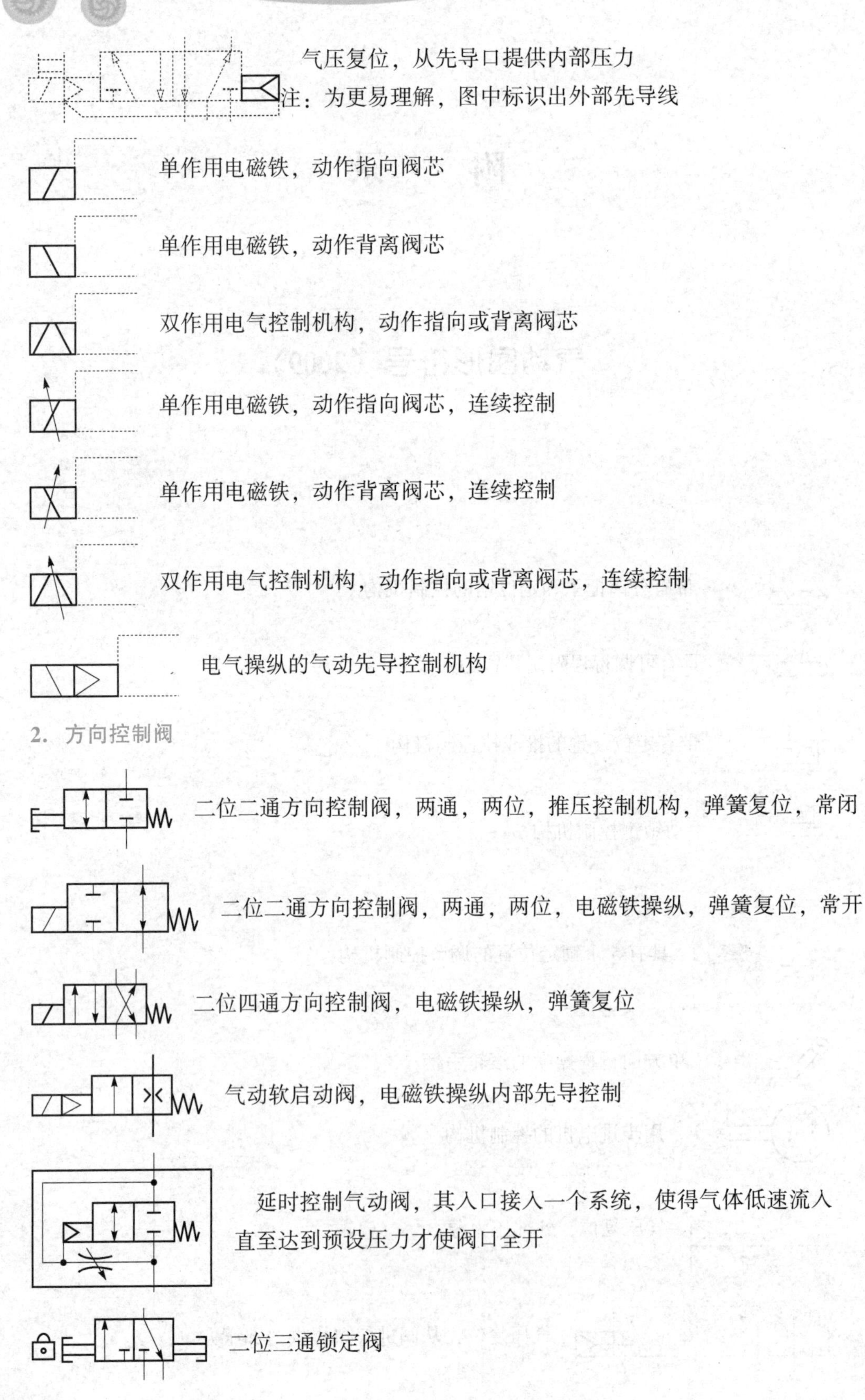

气压复位，从先导口提供内部压力
注：为更易理解，图中标识出外部先导线

单作用电磁铁，动作指向阀芯

单作用电磁铁，动作背离阀芯

双作用电气控制机构，动作指向或背离阀芯

单作用电磁铁，动作指向阀芯，连续控制

单作用电磁铁，动作背离阀芯，连续控制

双作用电气控制机构，动作指向或背离阀芯，连续控制

电气操纵的气动先导控制机构

2. 方向控制阀

二位二通方向控制阀，两通，两位，推压控制机构，弹簧复位，常闭

二位二通方向控制阀，两通，两位，电磁铁操纵，弹簧复位，常开

二位四通方向控制阀，电磁铁操纵，弹簧复位

气动软启动阀，电磁铁操纵内部先导控制

延时控制气动阀，其入口接入一个系统，使得气体低速流入直至达到预设压力才使阀口全开

二位三通锁定阀

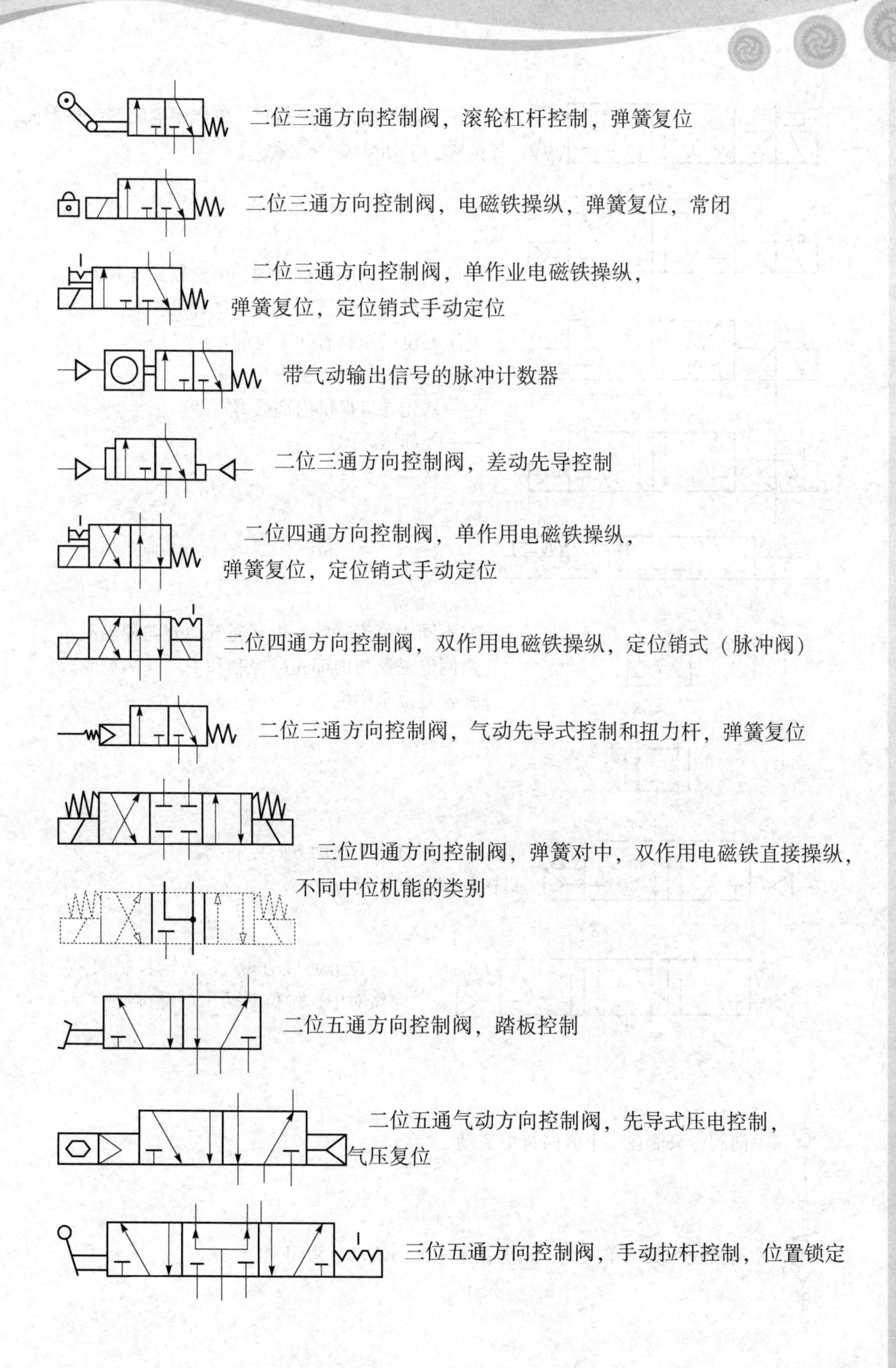
二位三通方向控制阀，滚轮杠杆控制，弹簧复位
二位三通方向控制阀，电磁铁操纵，弹簧复位，常闭
二位三通方向控制阀，单作业电磁铁操纵，弹簧复位，定位销式手动定位
带气动输出信号的脉冲计数器
二位三通方向控制阀，差动先导控制
二位四通方向控制阀，单作用电磁铁操纵，弹簧复位，定位销式手动定位
二位四通方向控制阀，双作用电磁铁操纵，定位销式（脉冲阀）
二位三通方向控制阀，气动先导式控制和扭力杆，弹簧复位
三位四通方向控制阀，弹簧对中，双作用电磁铁直接操纵，不同中位机能的类别
二位五通方向控制阀，踏板控制
二位五通气动方向控制阀，先导式压电控制，气压复位
三位五通方向控制阀，手动拉杆控制，位置锁定

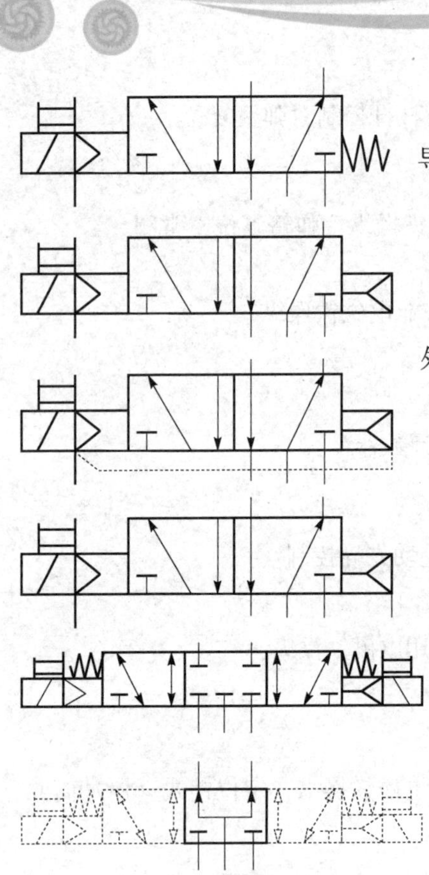

二位五通气动方向控制阀，单作用电磁铁，外部先导供气，手动操纵，弹簧复位

二位五通气动方向控制阀，电磁铁先导控制，外部先导供气，气压复位，手动辅助控制。

气压复位供压具有如下可能：

——从阀进气口提供内部压力；

——从先导口提供内部压力；

——外部压力源

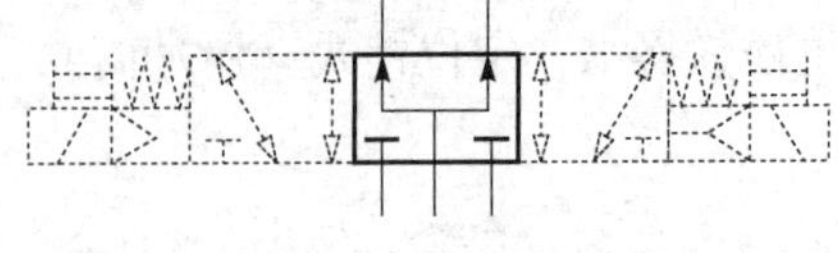

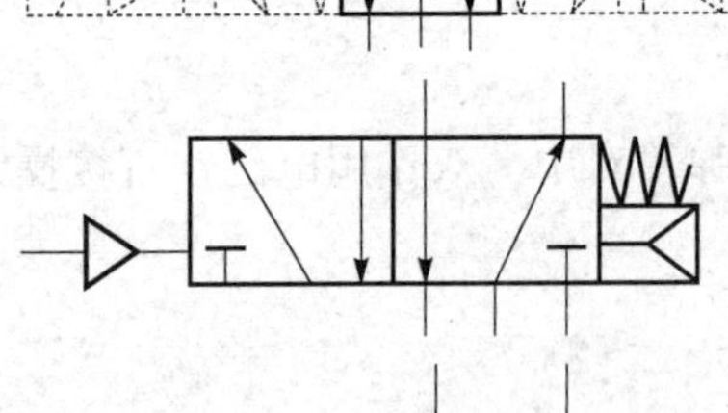

不同中位流路的三位五通气动方向控制阀，两侧电磁铁与内部先导控制和手动操纵控制。弹簧复位至中位

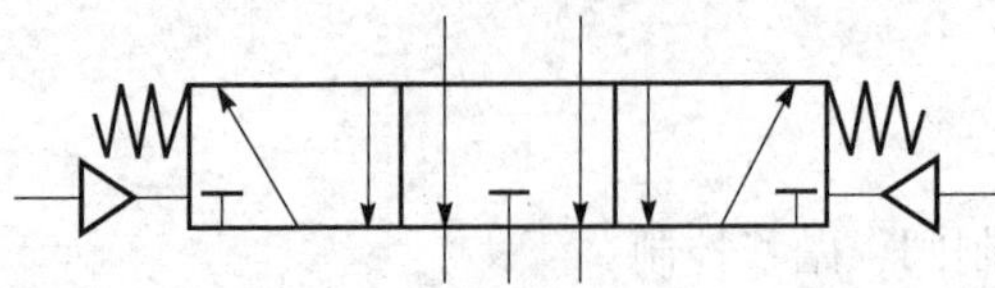

二位五通直动式气动方向控制阀，机械弹簧与气压复位

三位五通直动式气动方向控制阀，弹簧对中，中位时两出口都排气

3. 单向阀与梭阀

单向阀，只能在一个方向自由流动

带有复位弹簧的单向阀，只能在一个方向流动，常闭

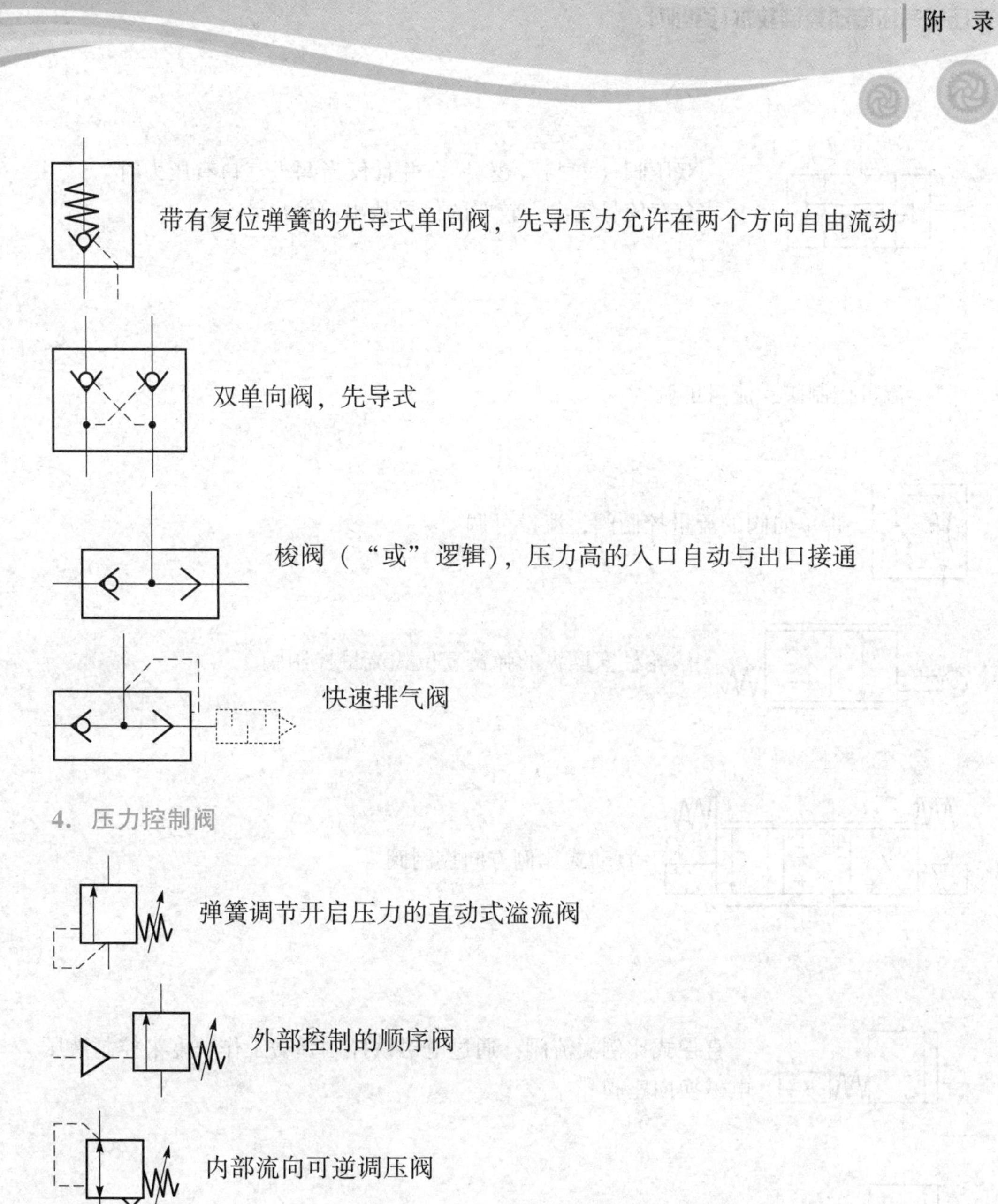

带有复位弹簧的先导式单向阀，先导压力允许在两个方向自由流动

双单向阀，先导式

梭阀（“或”逻辑），压力高的入口自动与出口接通

快速排气阀

4. 压力控制阀

弹簧调节开启压力的直动式溢流阀

外部控制的顺序阀

内部流向可逆调压阀

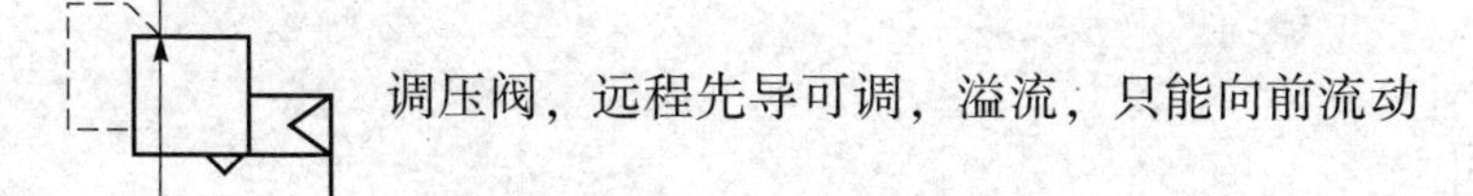

调压阀，远程先导可调，溢流，只能向前流动

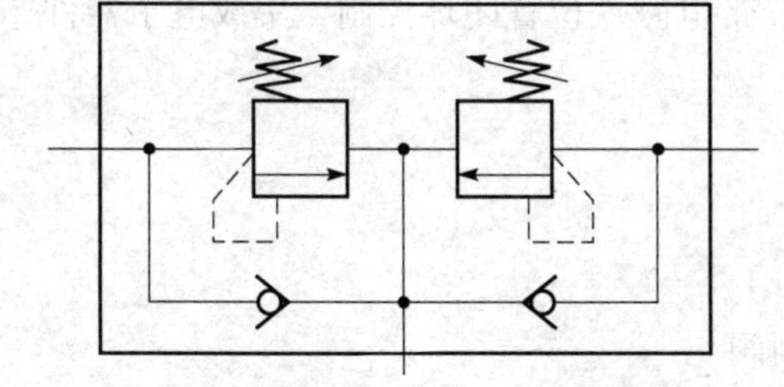

用来保护两条供给管道的防气蚀溢流阀

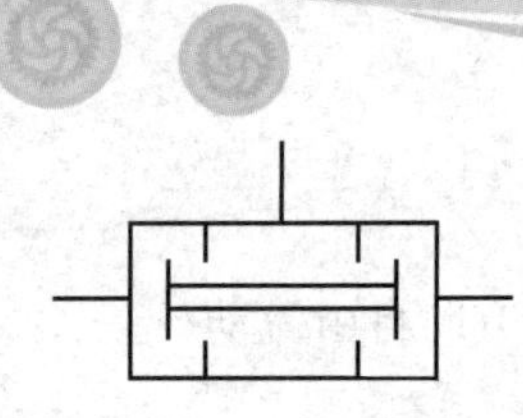

双压阀（“与”逻辑），并且仅当两进气口有压力时才会有信号输出，较弱的信号从出口输出

5. 流量控制阀

流量控制阀，流量可调

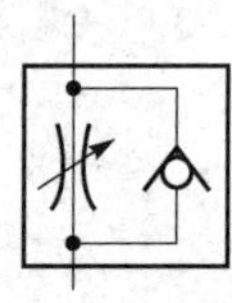

带单向阀的流量控制阀，流量可调

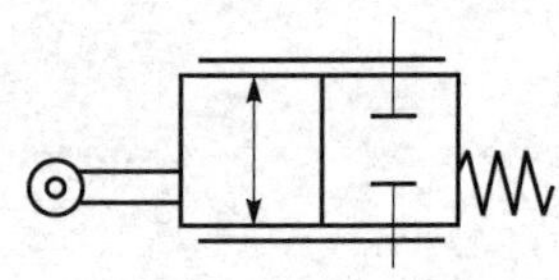

滚轮柱塞操纵的弹簧复位式流量控制阀

6. 比例方向控制阀

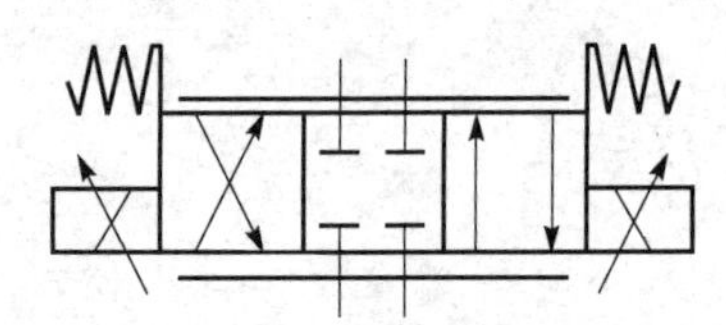

直动式比例方向控制阀

7. 比例压力控制阀

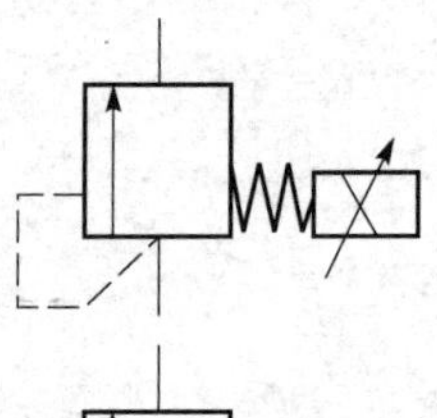

直控式比例溢流阀，通过电磁铁控制弹簧工作长度来控制液压电磁换向座阀

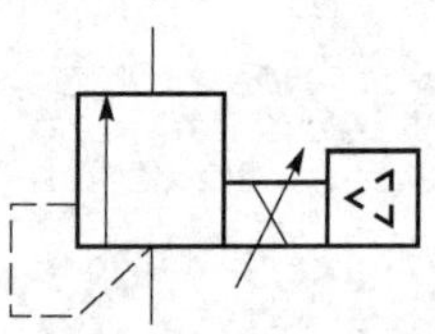

直控式比例溢流阀，电磁力直接作用在阀芯上，集成电子器件

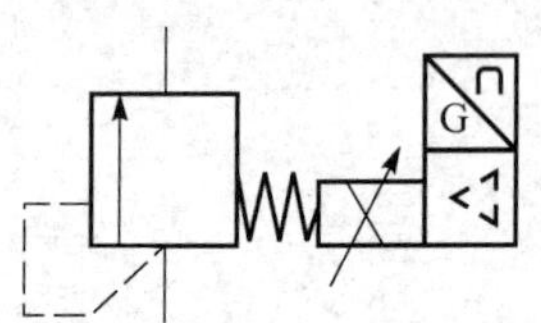

直控式比例溢流阀，带电磁铁位置闭环控制，集成电子器件

8. 比例流量控制阀

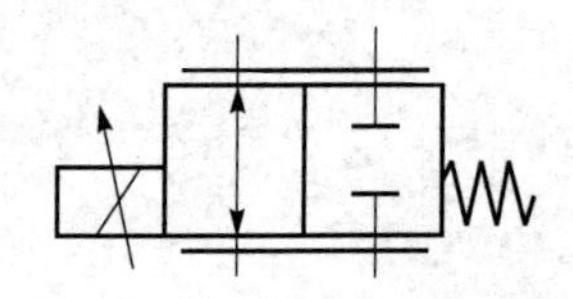

直控式比例流量控制阀

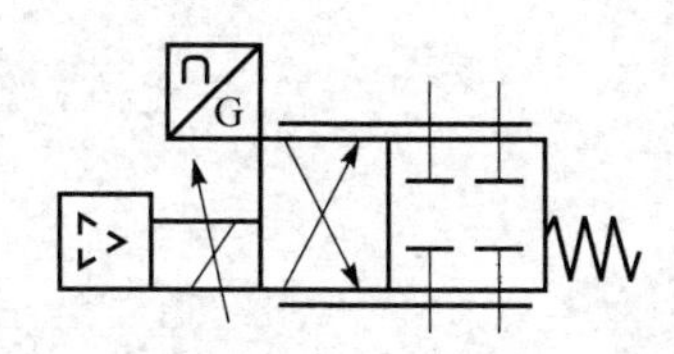

带电磁铁位置闭环控制和电子器件的直控式比例流量控制阀

二、空气压缩机与马达

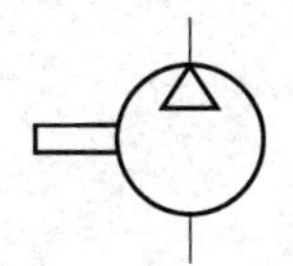

空气压缩机

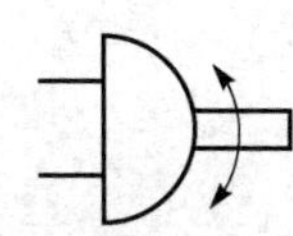

摆动气缸或摆动马达，限制摆动角度，双向摆动

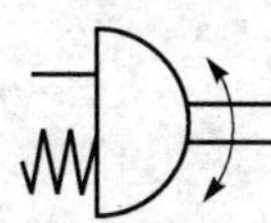

单作用的半摆动气缸或摆动马达

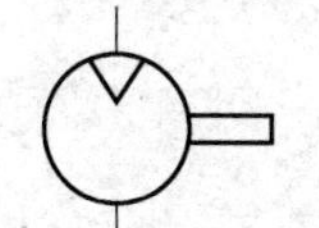

马达

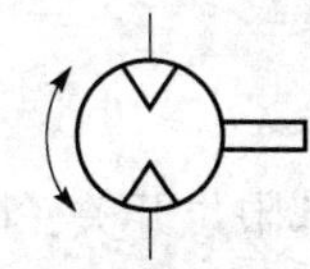

变方向定流量双向摆动马达

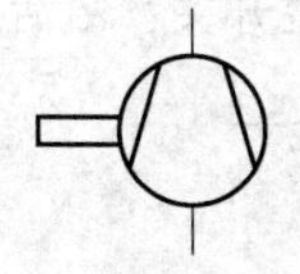

真空泵

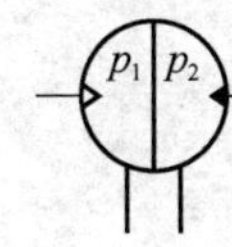

连续增压器，将气体压力 p_1 转换为较高的液体压力 p_2

三、缸

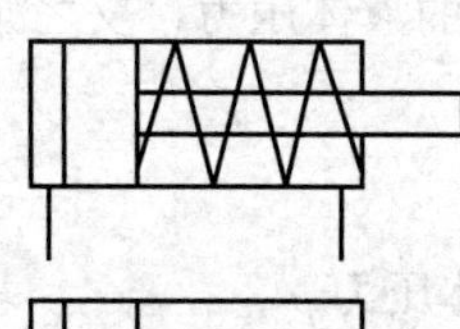

单作用单杆缸，靠弹簧力返回行程，弹簧腔室有连接口

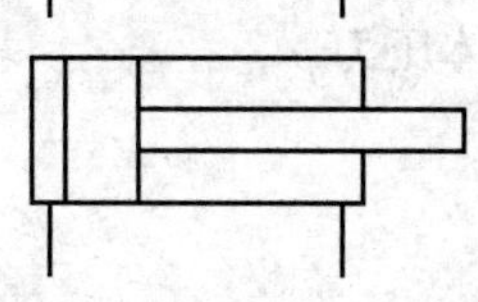

双作用单杆缸

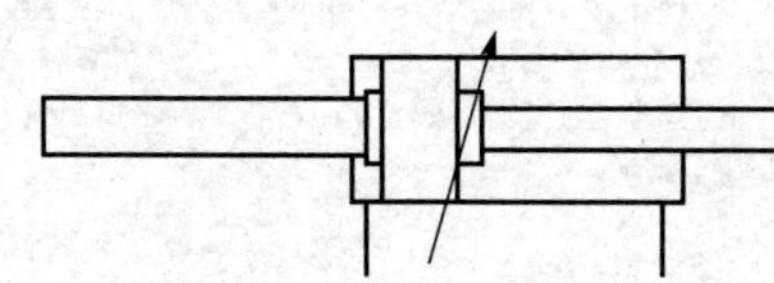

双作用双杆缸，活塞杆直径不同，
双侧缓冲，右侧带调节

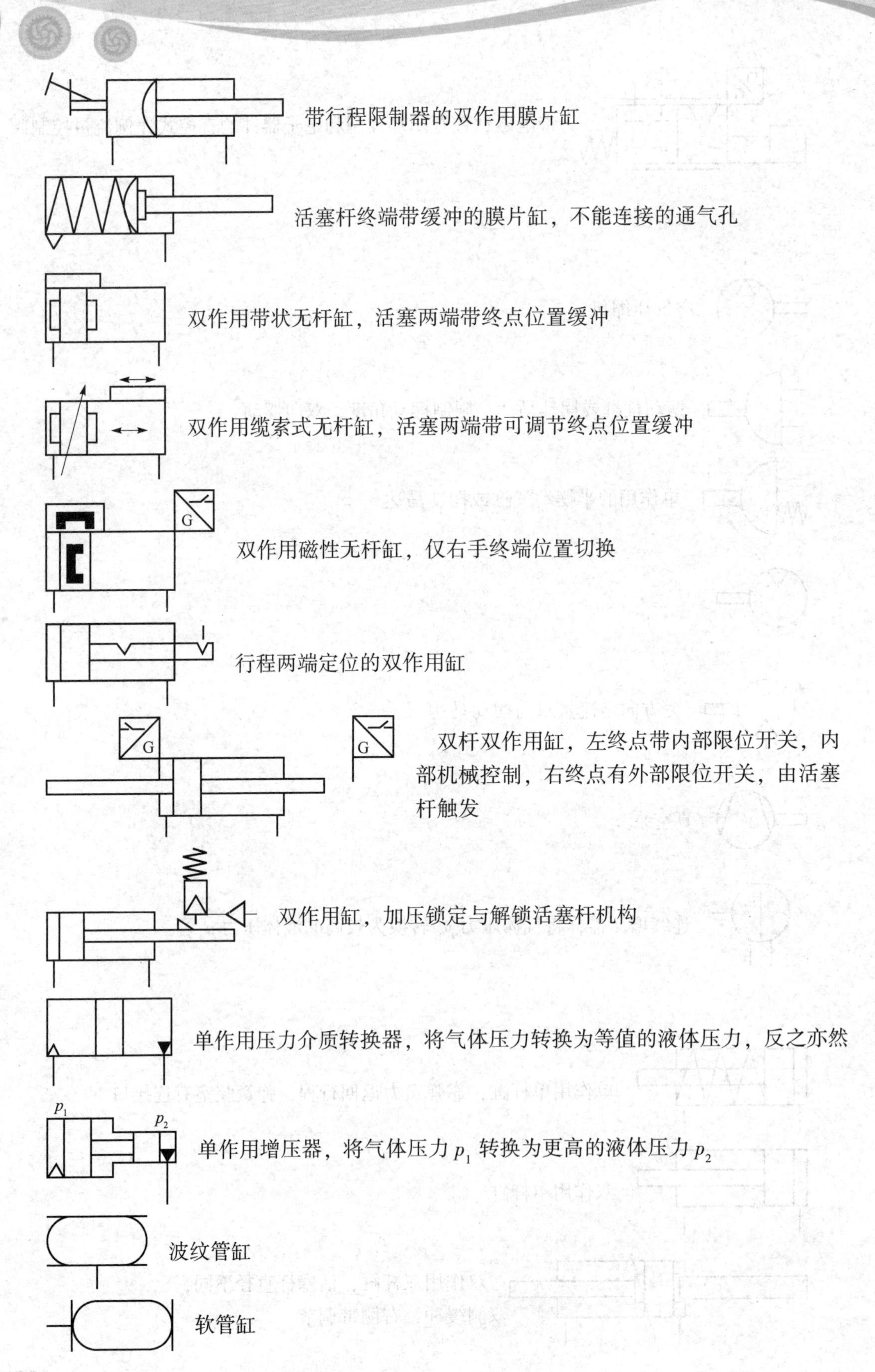
带行程限制器的双作用膜片缸
活塞杆终端带缓冲的膜片缸，不能连接的通气孔
双作用带状无杆缸，活塞两端带终点位置缓冲
双作用缆索式无杆缸，活塞两端带可调节终点位置缓冲
G
双作用磁性无杆缸，仅右手终端位置切换
行程两端定位的双作用缸
G
G
双杆双作用缸，左终点带内部限位开关，内部机械控制，右终点有外部限位开关，由活塞杆触发
双作用缸，加压锁定与解锁活塞杆机构
单作用压力介质转换器，将气体压力转换为等值的液体压力，反之亦然
p_1
p_2
单作用增压器，将气体压力 p_1 转换为更高的液体压力 p_2
波纹管缸
软管缸

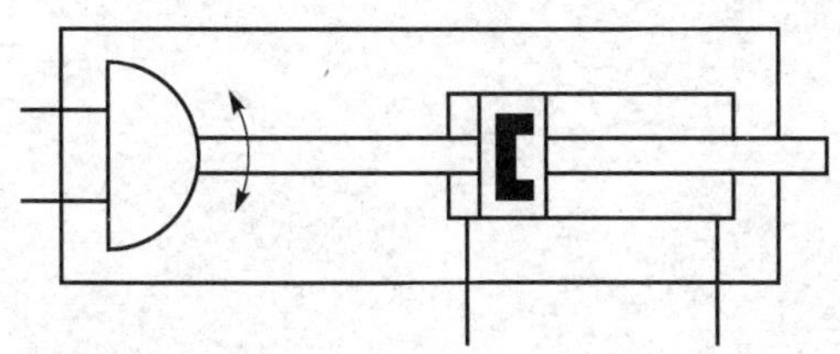

半回转线性驱动，永磁活塞双作用缸

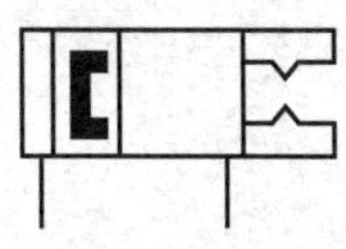

永磁活塞双作用夹具

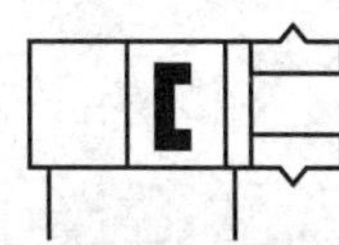

永磁活塞双作用夹具

永磁活塞单作用夹具

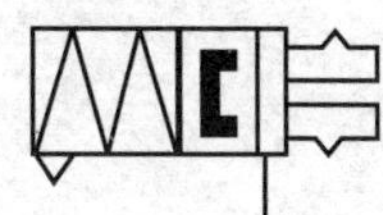

永磁活塞单作用夹具

四、附件

1. 连接与管接头

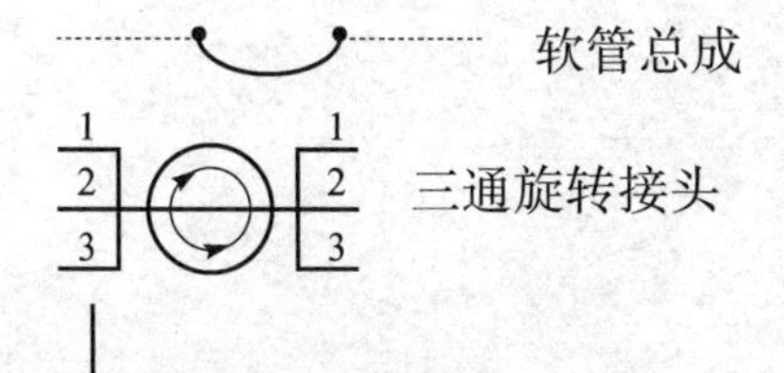

软管总成

三通旋转接头

不带单向阀的快换接头，断开状态

带单向阀的快换接头，断开状态

带双单向阀的快换接头，断开状态

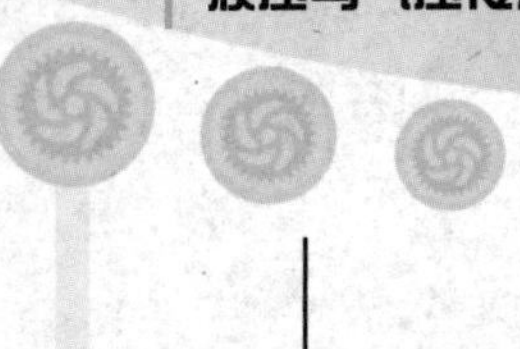

不带单向阀的快换接头，连接状态

带单向阀的快换接头，连接状态

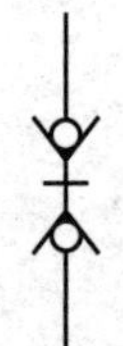

带双单向阀的快换接头，连接状态

2. 电气装置

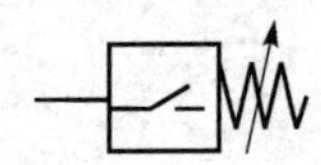

可调节的机械电子压力继电器

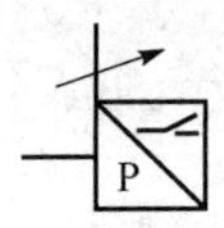

输出开关信号，可电子调节的压力转换器

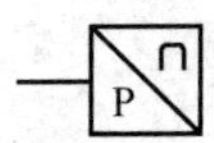

模拟信号输出压力传感器

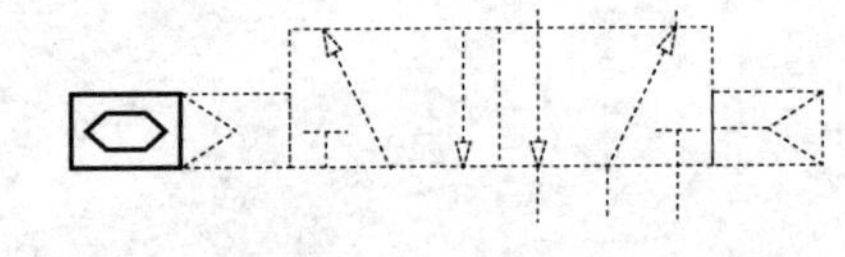

压电控制机构

3. 测量仪与指示器

光学指示器

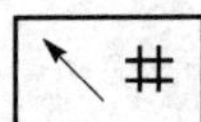

数字式指示器

声音指示器

压力测量仪表（压力表）

压差计

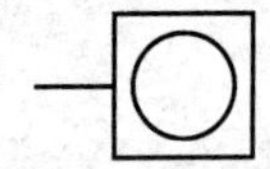

计数器

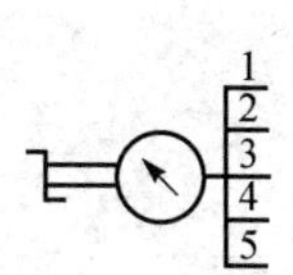

带选择功能的压力表

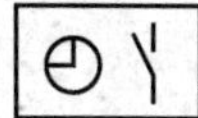
开关式定时器

4. 过滤器和分离器

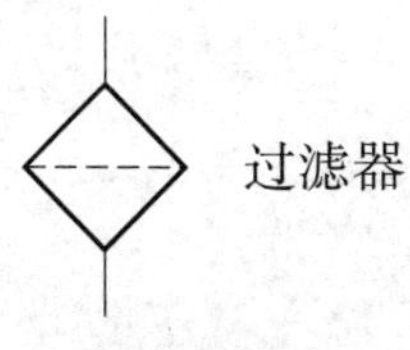
过滤器

带光学阻塞指示器的过滤器

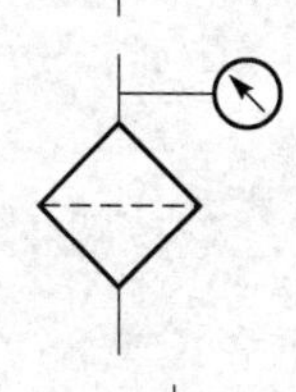
带压力表的过滤器

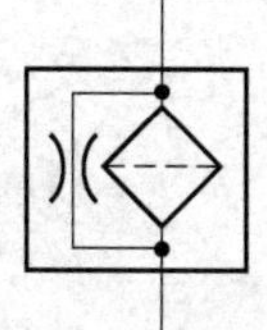
旁路节流过滤器

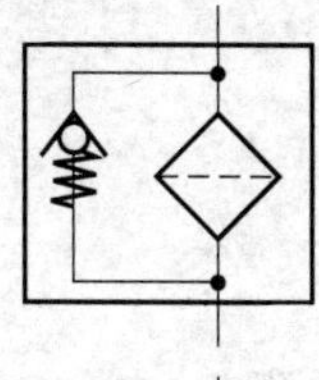
带旁路单向阀的过滤器

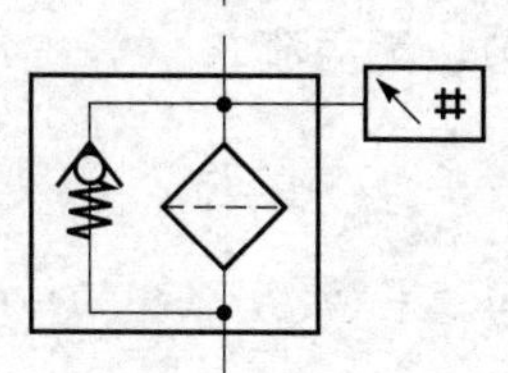
带旁路单向阀和数字显示器的过滤器

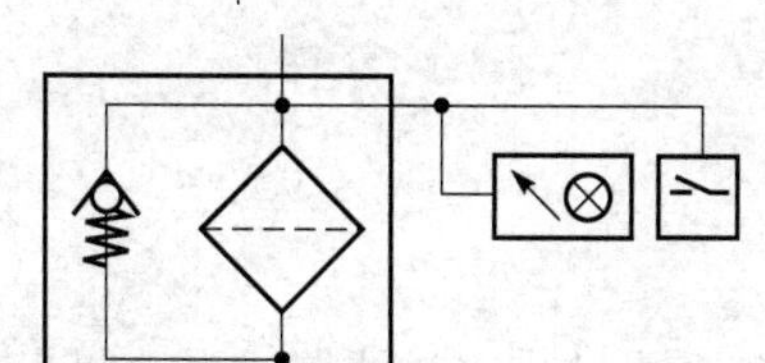
带旁路单向阀、光学阻塞指示器与电气触点的过滤器

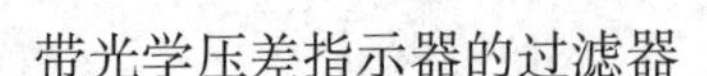

带光学压差指示器的过滤器

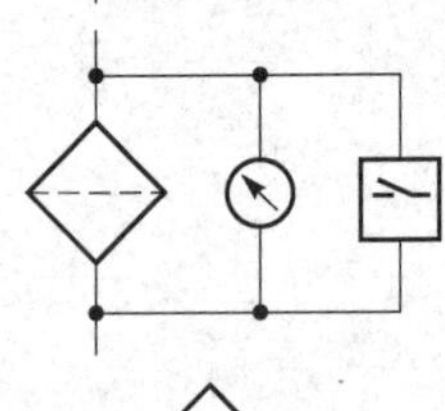

带压差指示器与电气触点的过滤器

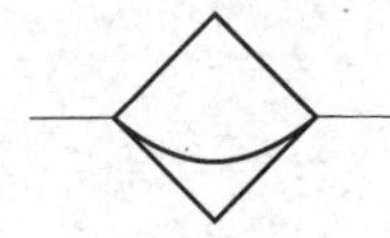

离心式分离器

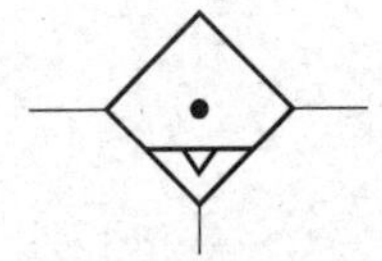

自动排水聚结式过滤器

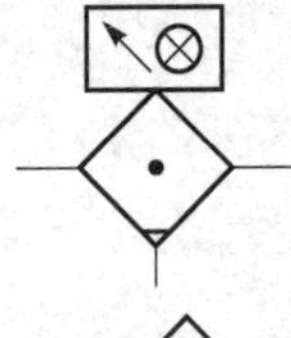

带手动排水和阻塞指示器的聚结式过滤器

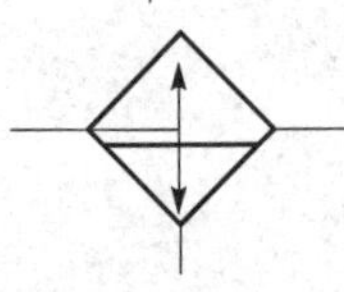

双相分离器

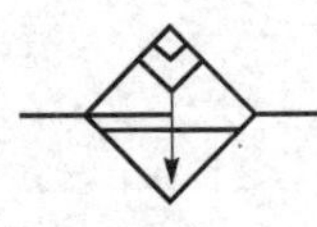

真空分离器

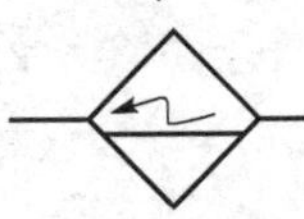

静电分离器

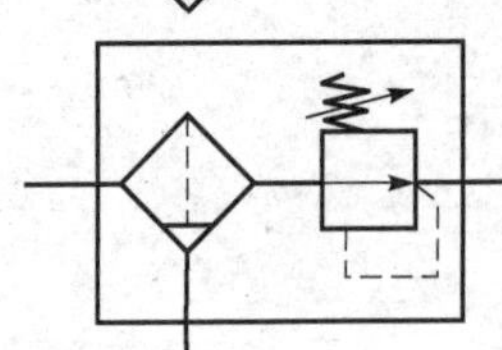

不带压力表的手动排水过滤器，手动调节，无溢流

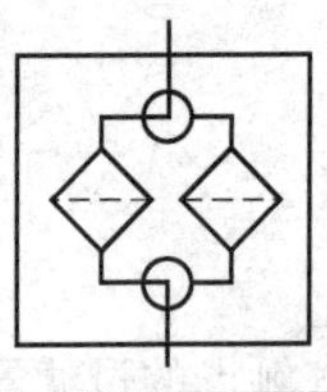

带手动切换功能的双过滤器

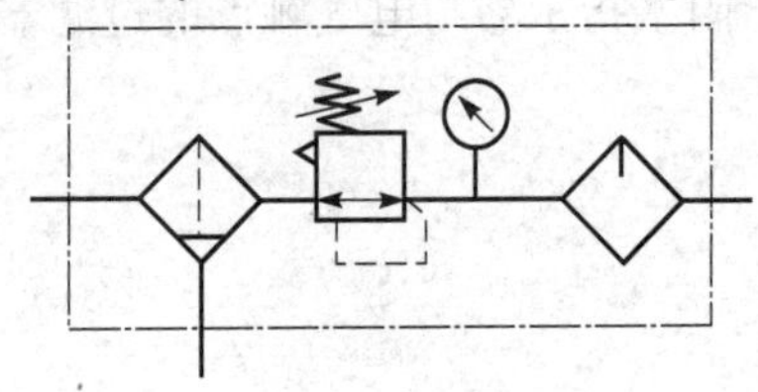

气源处理装置，包括手动排水过滤器、手动调节式溢流调压阀、压力表和油雾器

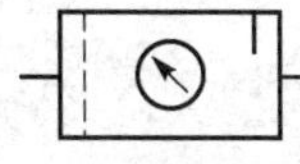
上图为详细示意图，下图为简化图

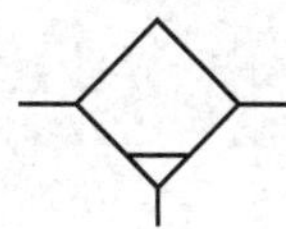
手动排水流体分离器

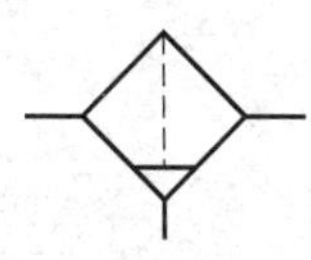
带手动排水分离器的过滤器

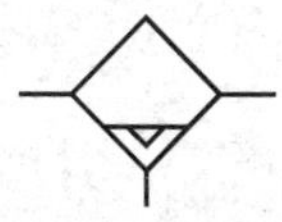
自动排水流体分离器

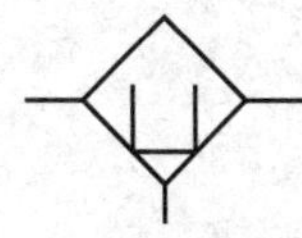
吸附式过滤器

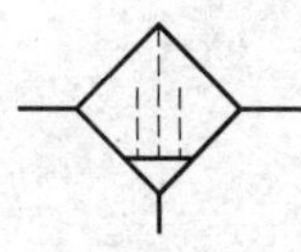
油雾分离器

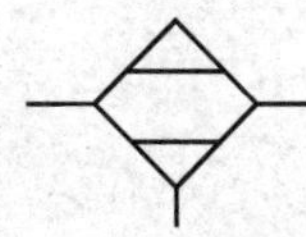
空气干燥器

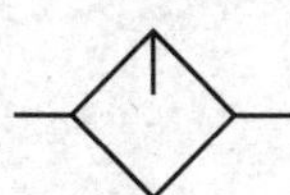
油雾器

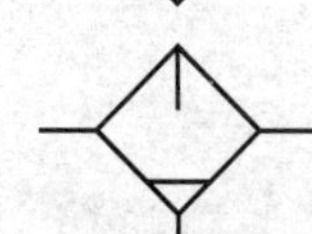
手动排水式油雾器

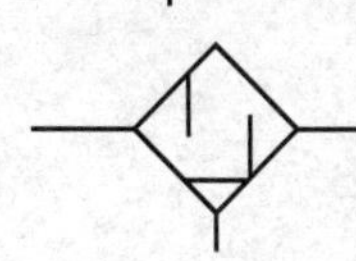
手动排水式重新分离器

5. 蓄能器（压力容器，气瓶）

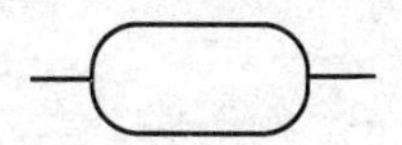
气罐

6. 真空发生器

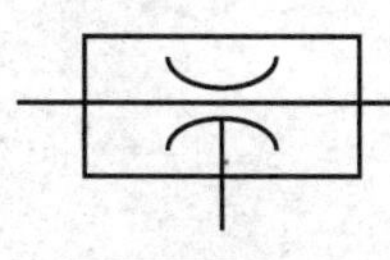
真空发生器

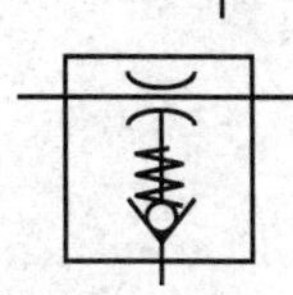
带集成单向阀的单级真空发生器

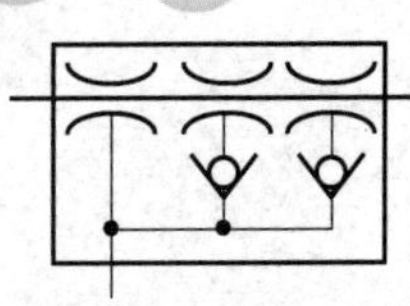

带集成单向阀的三级真空发生器

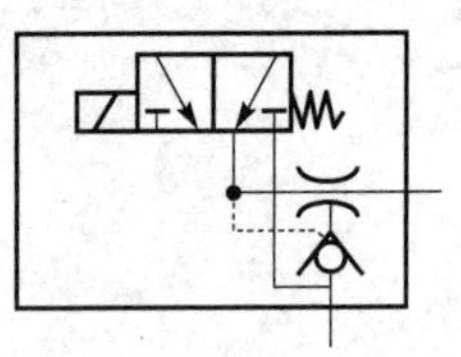

带放气阀的单级真空发生器

7. 吸盘

吸盘

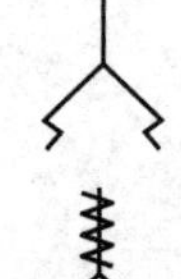

带弹簧压紧式推杆和单向阀的吸盘

液压图形符号（2009）

一、阀

1. 控制机构

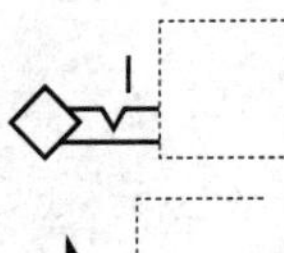

带有分离把手和定位销的控制机构

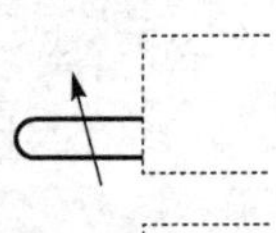

具有可调行程限制装置的顶杆

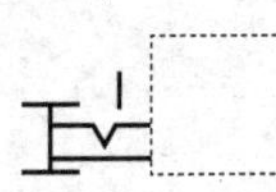

带有定位装置的推或拉控制机构

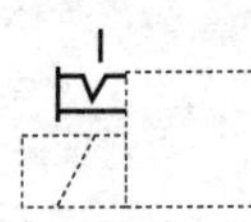

手动锁定控制机构

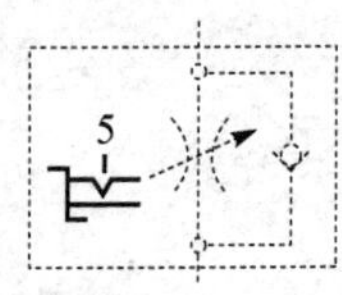

具有5个锁定位置的调节控制机构

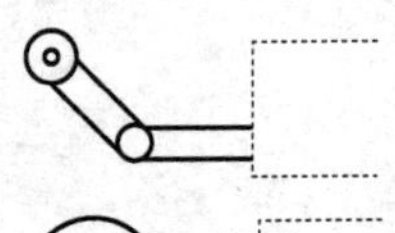

用作单方向行程操纵的滚轮杠杆

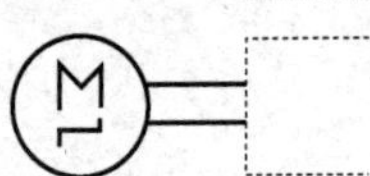

使用步进电机的控制机构

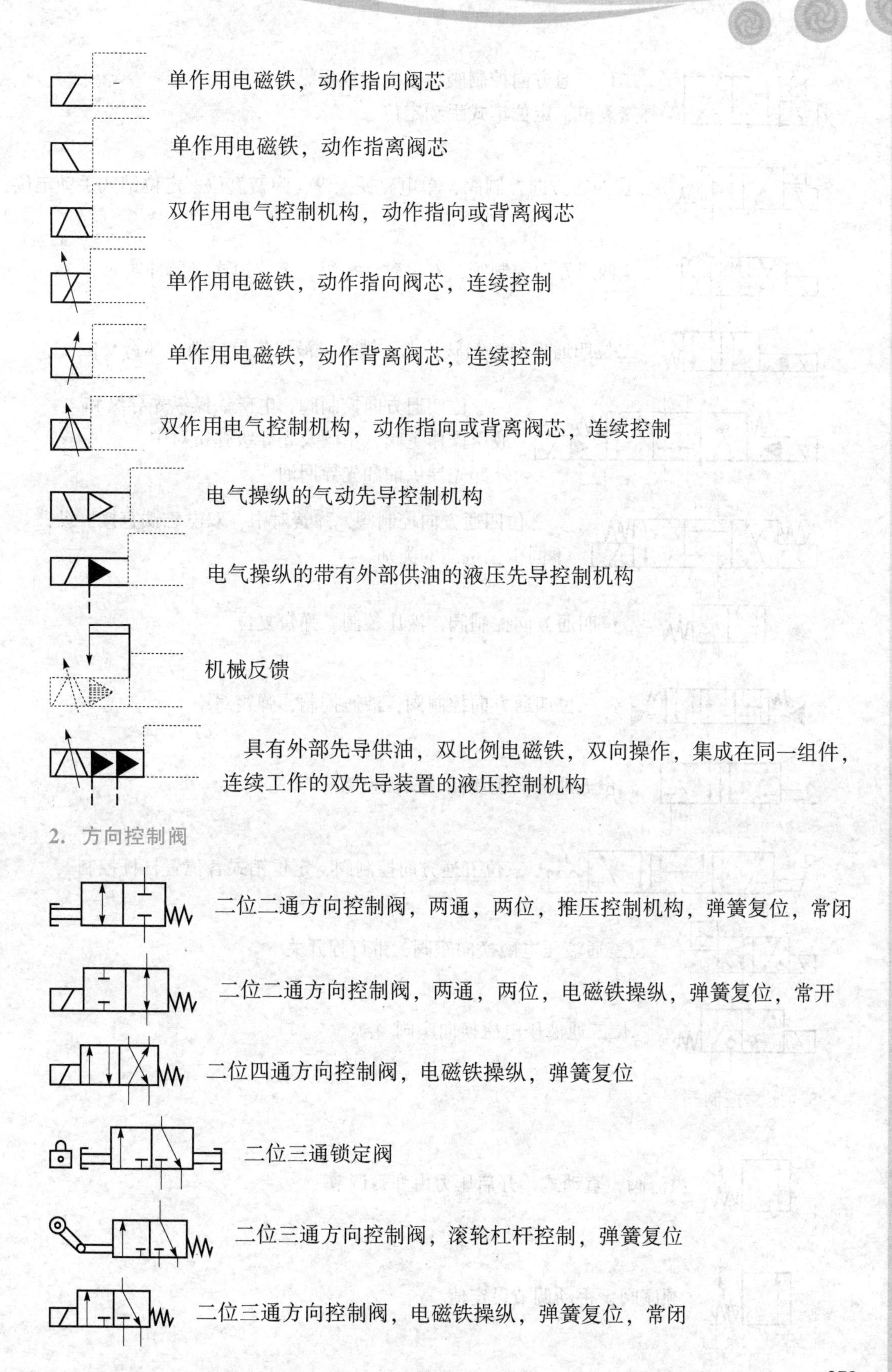
单作用电磁铁，动作指向阀芯
单作用电磁铁，动作指离阀芯
双作用电气控制机构，动作指向或背离阀芯
单作用电磁铁，动作指向阀芯，连续控制
单作用电磁铁，动作背离阀芯，连续控制
双作用电气控制机构，动作指向或背离阀芯，连续控制
电气操纵的气动先导控制机构
电气操纵的带有外部供油的液压先导控制机构
机械反馈
具有外部先导供油，双比例电磁铁，双向操作，集成在同一组件，连续工作的双先导装置的液压控制机构
2. 方向控制阀
二位二通方向控制阀，两通，两位，推压控制机构，弹簧复位，常闭
二位二通方向控制阀，两通，两位，电磁铁操纵，弹簧复位，常开
二位四通方向控制阀，电磁铁操纵，弹簧复位
二位三通锁定阀
二位三通方向控制阀，滚轮杠杆控制，弹簧复位
二位三通方向控制阀，电磁铁操纵，弹簧复位，常闭

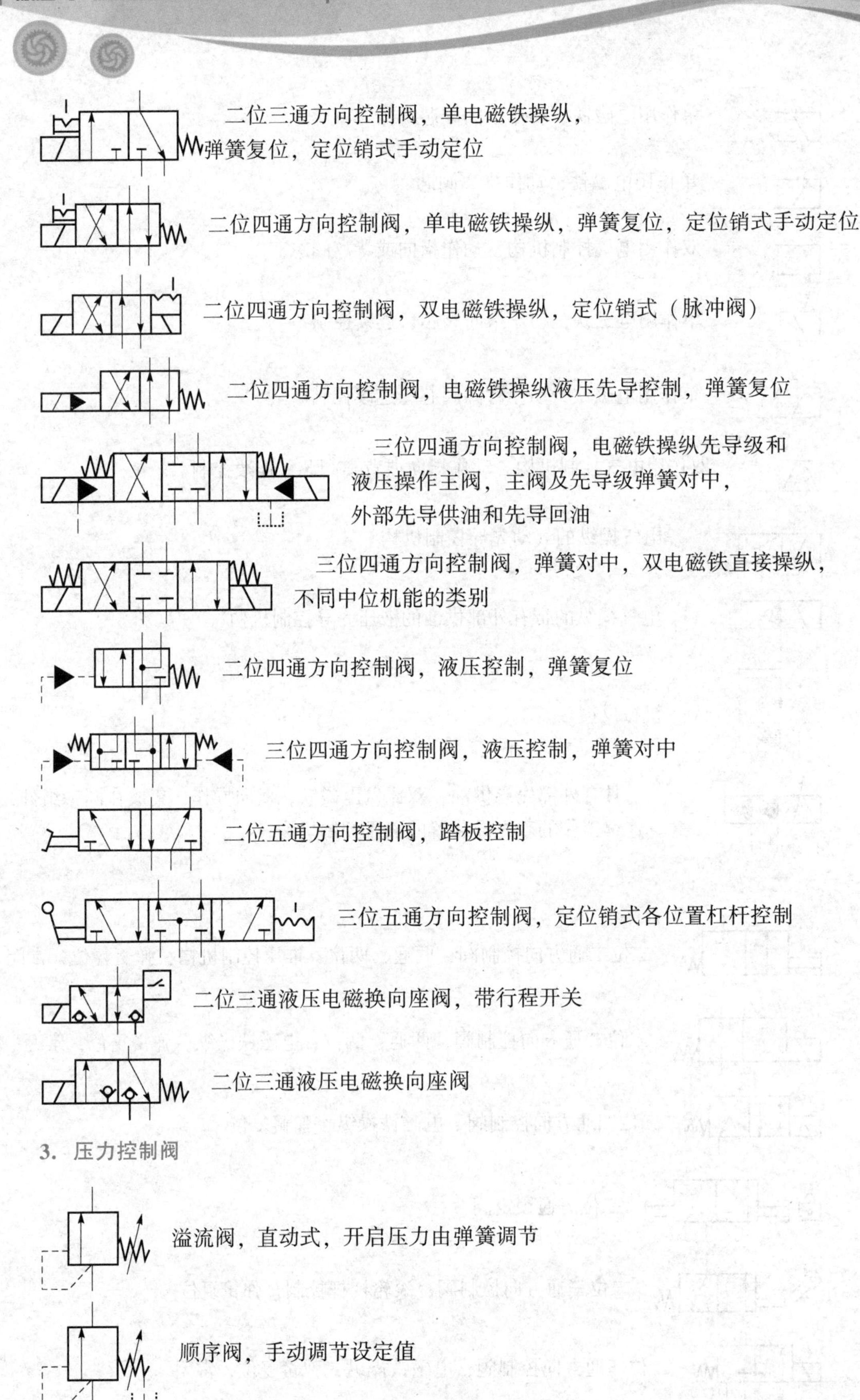
二位三通方向控制阀，单电磁铁操纵，
弹簧复位，定位销式手动定位
二位四通方向控制阀，单电磁铁操纵，弹簧复位，定位销式手动定位
二位四通方向控制阀，双电磁铁操纵，定位销式（脉冲阀）
二位四通方向控制阀，电磁铁操纵液压先导控制，弹簧复位
三位四通方向控制阀，电磁铁操纵先导级和
液压操作主阀，主阀及先导级弹簧对中，
外部先导供油和先导回油
三位四通方向控制阀，弹簧对中，双电磁铁直接操纵，
不同中位机能的类别
二位四通方向控制阀，液压控制，弹簧复位
三位四通方向控制阀，液压控制，弹簧对中
二位五通方向控制阀，踏板控制
三位五通方向控制阀，定位销式各位置杠杆控制
二位三通液压电磁换向座阀，带行程开关
二位三通液压电磁换向座阀
3. 压力控制阀
溢流阀，直动式，开启压力由弹簧调节
顺序阀，手动调节设定值

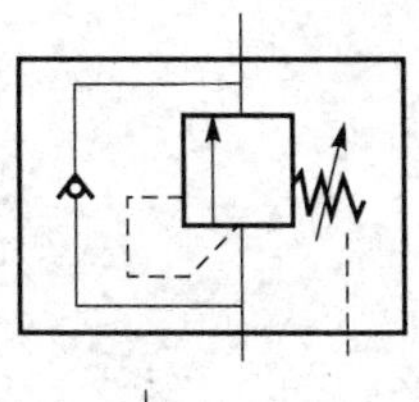
顺序阀，带有旁通阀

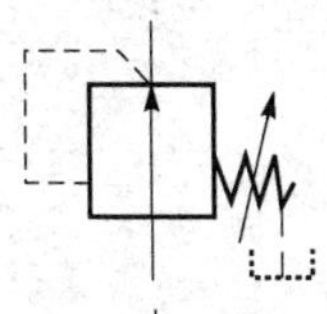
二通减压阀，直动式，外泄型

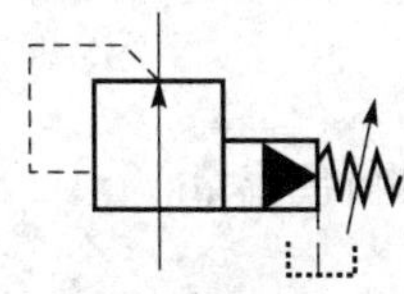
二通减压阀，先导式，外泄型

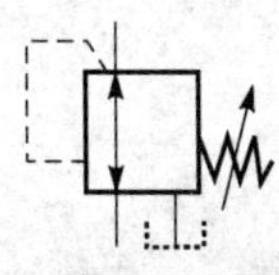
三通减压阀（液压）

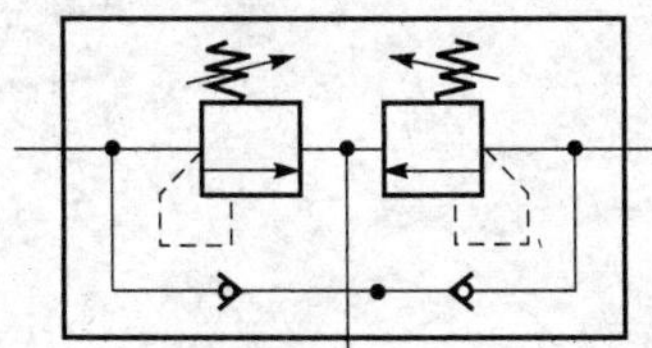
防气蚀溢流阀，用来保护两条供给管道

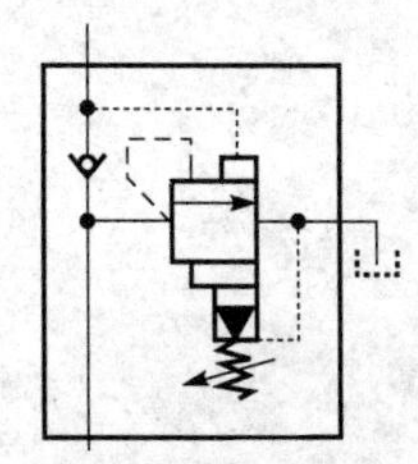
蓄能器充液阀，带有固定开关压差

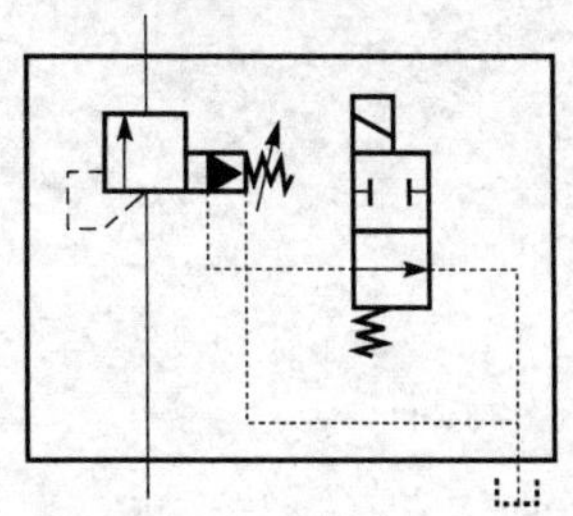
电磁溢流阀，先导式，电子操纵预设定压力

4. 流量控制阀

可调节流量控制阀

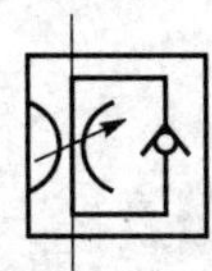
可调节流量控制阀，单向自由流动

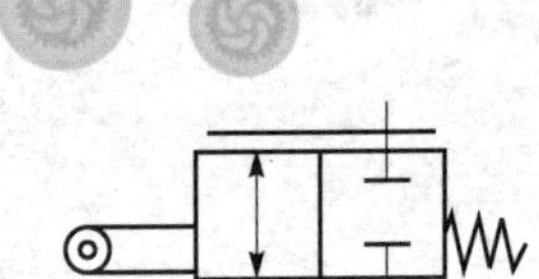

流量控制阀，滚轮杠杆操纵，弹簧复位

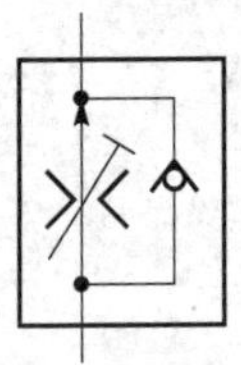

二通流量控制阀，可调节，带旁通阀，固定设置，单向流动，基本与黏度和压力差无关

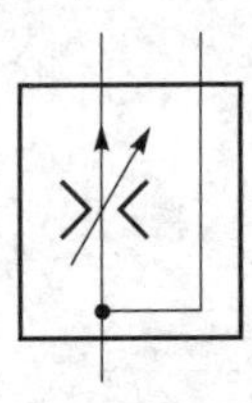

三通流量控制阀，可调节，将输入流量分成固定流量和剩余流量

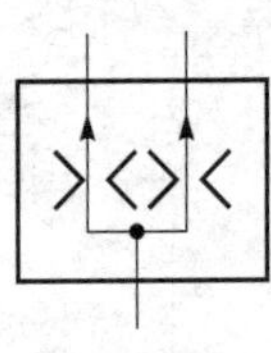

分流器，将输入流量分成两路输出

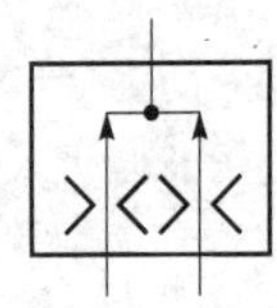

集流阀，保持两路输入流量相互恒定

5. 单向阀与梭阀

单向阀，只能在一个方向自由流动

单向阀，带有复位弹簧，只能在一个方向流动，常闭

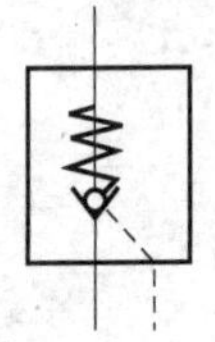

先导式液控单向阀，带有复位弹簧，先导压力允许在两个方向自由流动

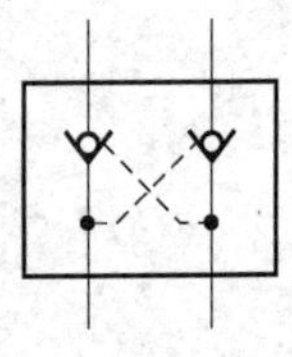

双单向阀，先导式

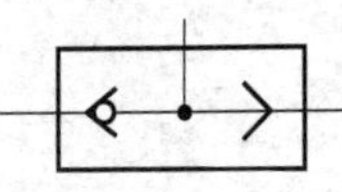

梭阀（“或”逻辑），压力高的入口自动与出口接通

6. 比例方向控制阀

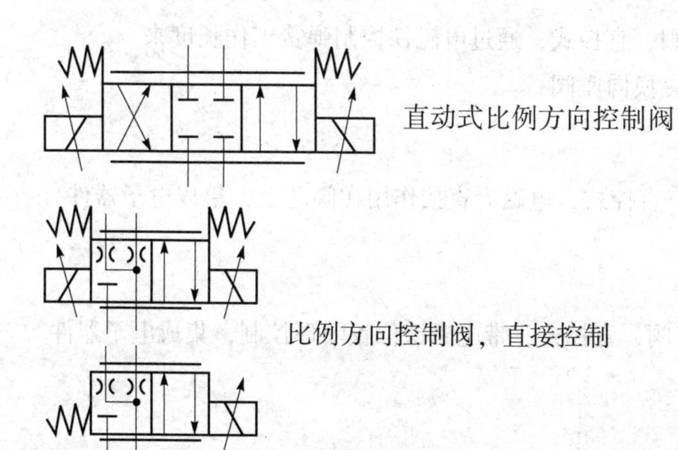

直动式比例方向控制阀

比例方向控制阀，直接控制

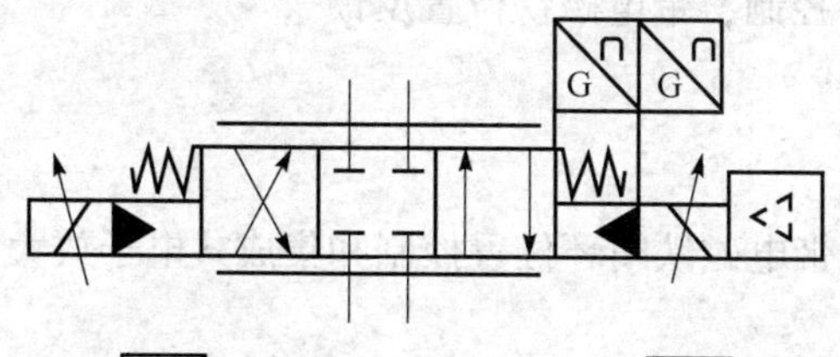

先导式比例方向控制阀，带主级和先导级的闭环位置控制，集成电子器件

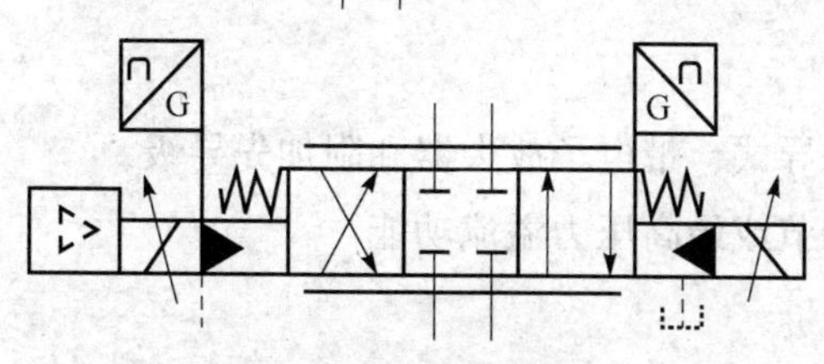

先导式伺服阀，带主级和先导级的闭环位置控制，集成电子器件，外部先导供油和回油

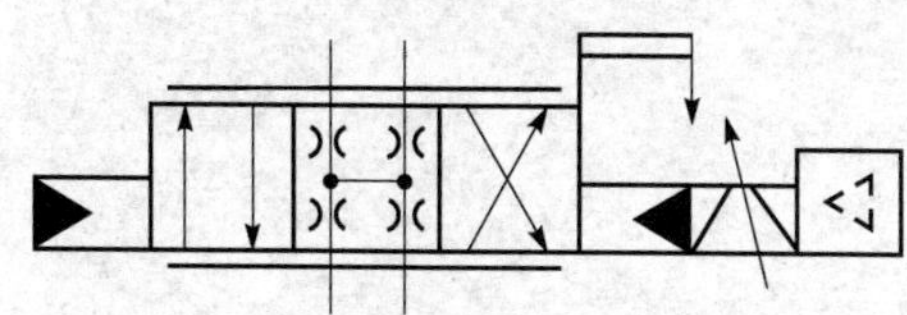

先导式伺服阀，先导级带双线圈电气控制机构，双向连续控制，阀芯位置机械反馈到先导装置，集成电子器件

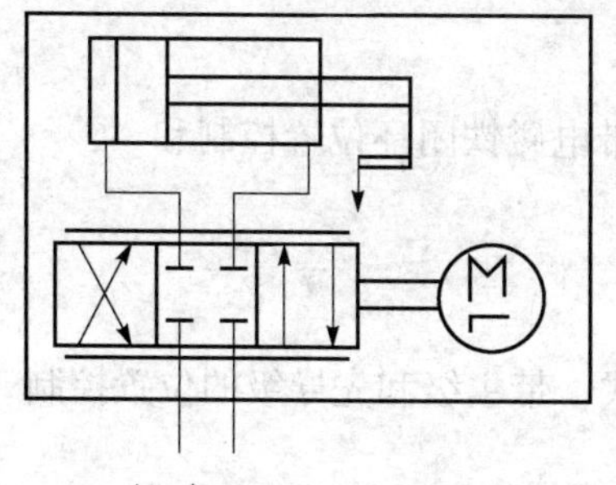

电液线性执行器，带由步进电机驱动的伺服阀和油缸位置机械反馈

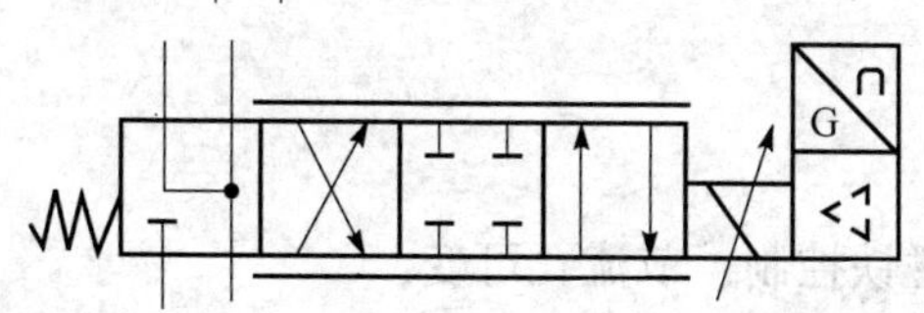

伺服阀，内置电反馈和集成电子器件，带预设动力故障位置

7. 比例压力控制阀

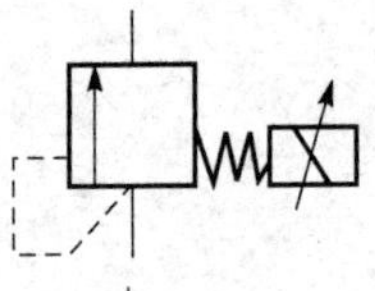

比例溢流阀，直控式，通过电磁铁控制弹簧工作长度来控制液压电磁换向座阀

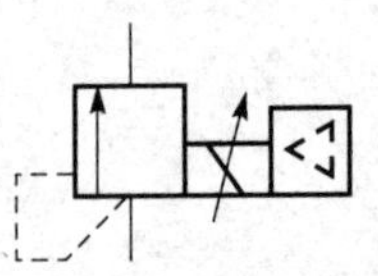

比例溢流阀，直控式，电磁力直接作用在阀芯上，集成电子器件

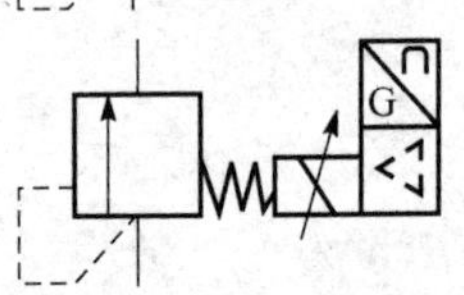

比例溢流阀，直控式，带电磁铁位置闭环控制，集成电子器件

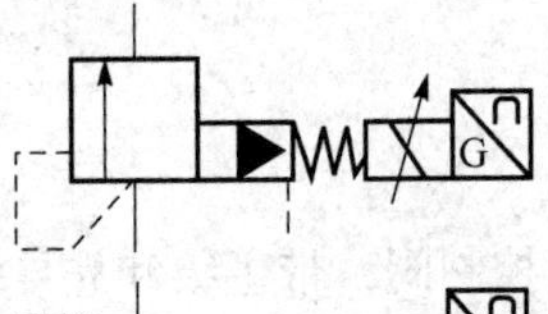

比例溢流阀，先导控制，带电磁铁位置反馈

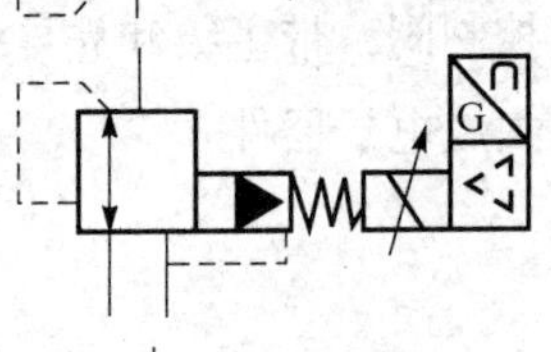

三通比例减压阀，带电磁铁闭环位置控制和集成式电子放大器

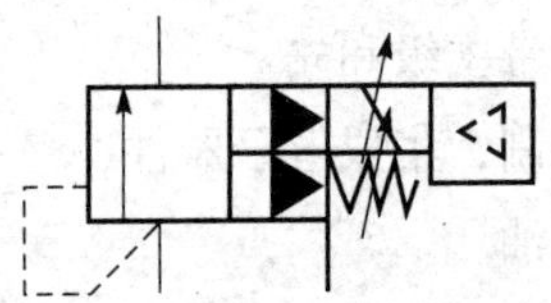

比例溢流阀，先导式，带电子放大器和附加先导级，以实现手动压力调节或最高压力溢流功能

8. 比例流量控制阀

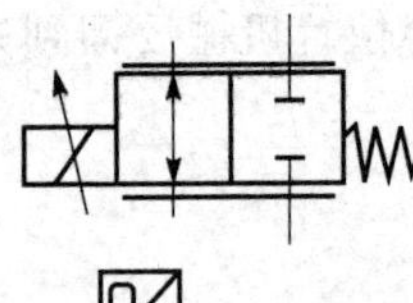

比例流量控制阀，直控式

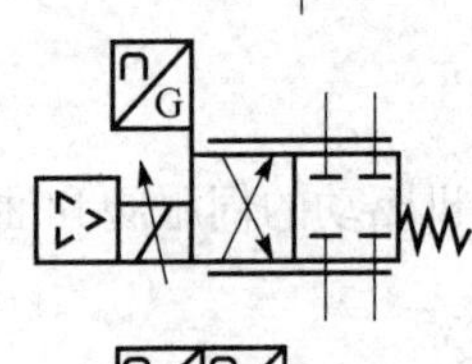

比例流量控制阀，直控式，带电磁铁闭环位置控制和集成式电子放大器

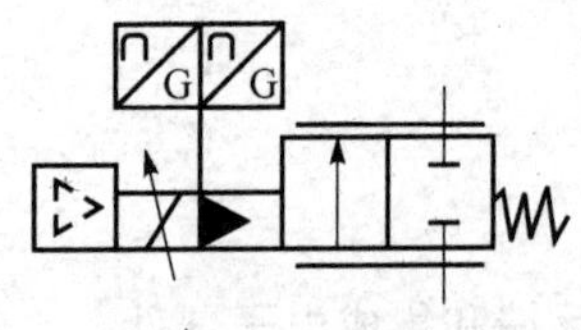

比例流量控制阀，先导式，带主级和先导级的位置控制和电子放大器

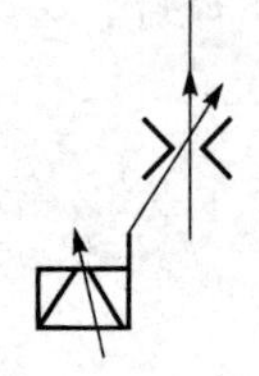

流量控制阀，用双线圈比例电磁铁控制，节流孔可变，特性不受黏度变化的影响

9. 二通盖板式插装阀

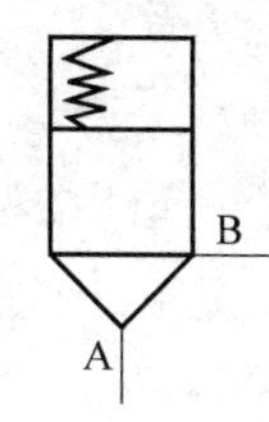

压力控制和方向控制插装阀插件，座阀结构，面积比 1∶1

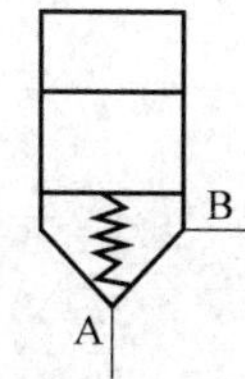

压力控制和方向控制插装阀插件，座阀结构，常开，面积比 1∶1

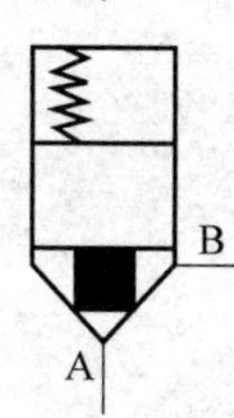

方向控制插装阀插件，带节流端的座阀结构，面积比例≤0.7

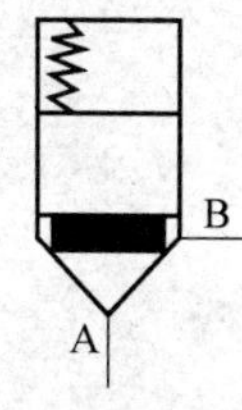

方向控制插装阀插件，带节流端的座阀结构，面积比例 >0.7

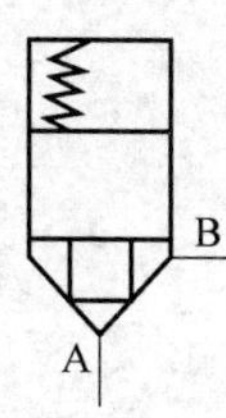

方向控制插装阀插件，座阀结构，面积比例≤0.7

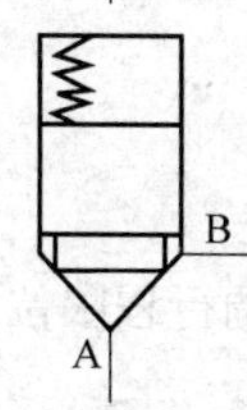

方向控制插装阀插件，座阀结构，面积比例 >0.7

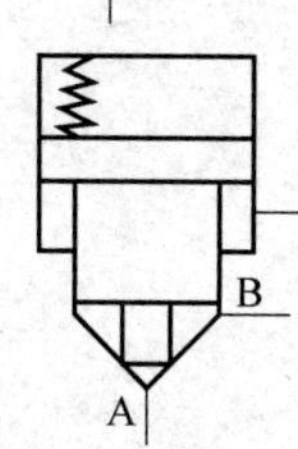

主动控制的方向控制插装阀插件，座阀结构，由先导压力打开

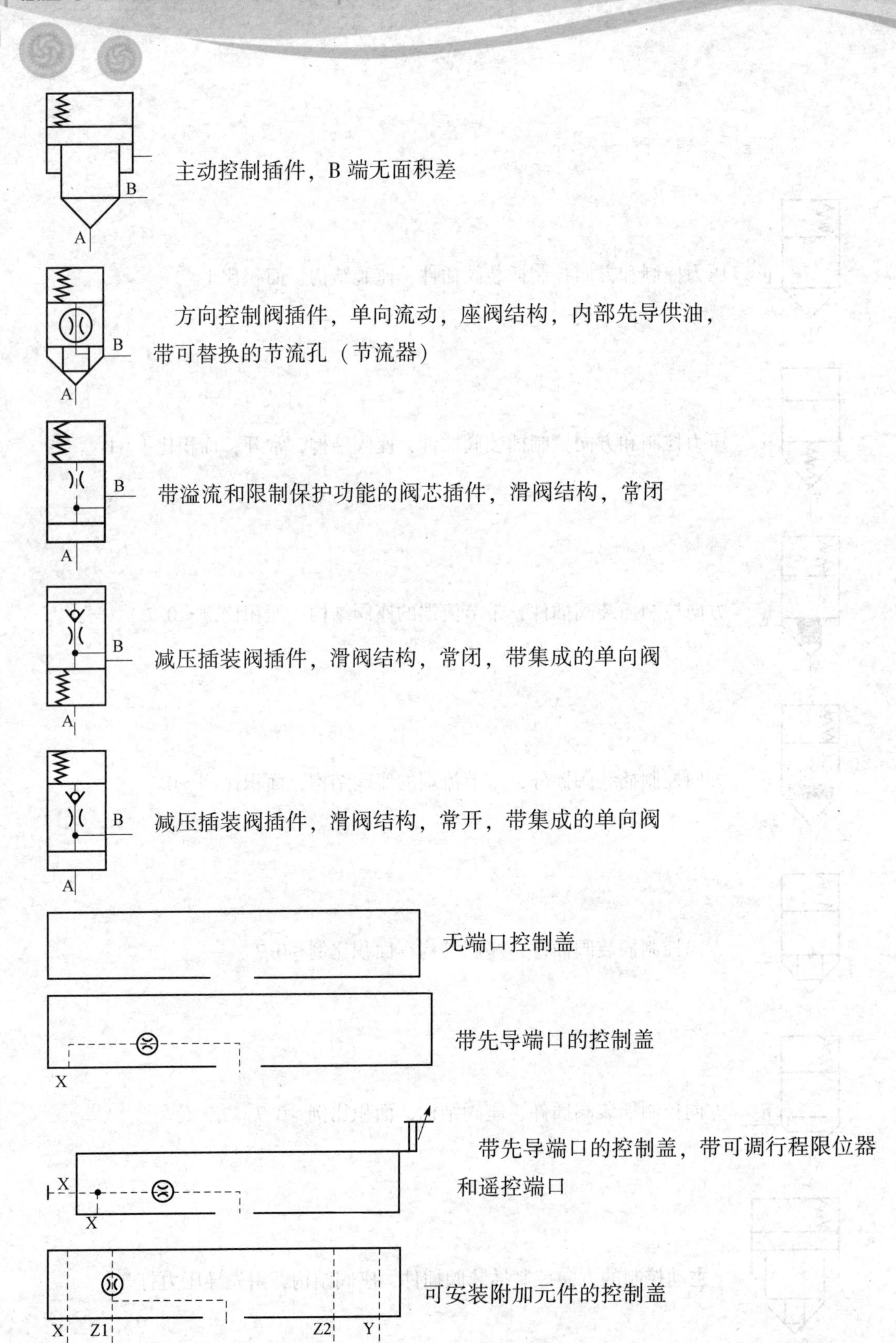
主动控制插件，B 端无面积差
B
A
方向控制阀插件，单向流动，座阀结构，内部先导供油，带可替换的节流孔（节流器）
B
A
带溢流和限制保护功能的阀芯插件，滑阀结构，常闭
B
A
减压插装阀插件，滑阀结构，常闭，带集成的单向阀
B
A
减压插装阀插件，滑阀结构，常开，带集成的单向阀
B
A
无端口控制盖
带先导端口的控制盖
X
带先导端口的控制盖，带可调行程限位器和遥控端口
X
X
可安装附加元件的控制盖
X
Z1
Z2
Y

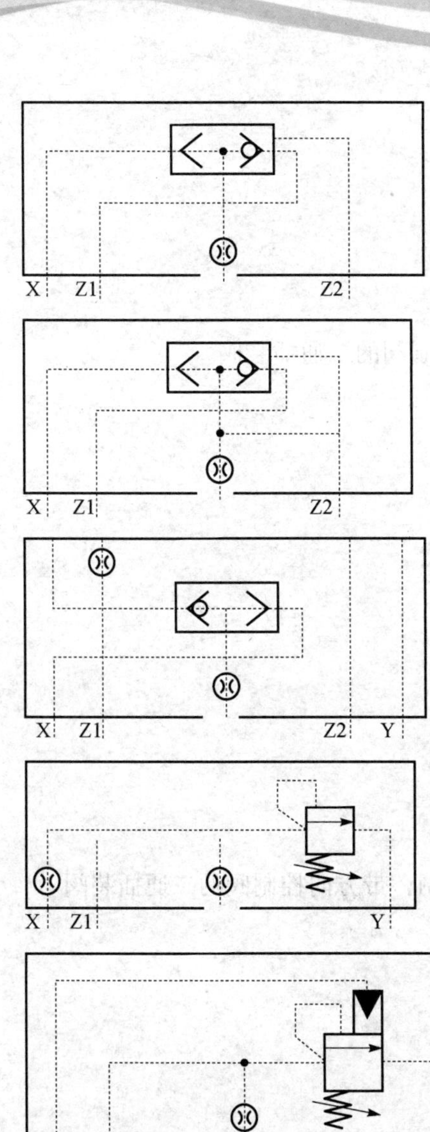

带液压控制梭阀的控制盖

带梭阀的控制盖

可安装附加元件，带梭阀的控制盖

带溢流功能的控制盖

带溢流功能和液压卸载的控制盖

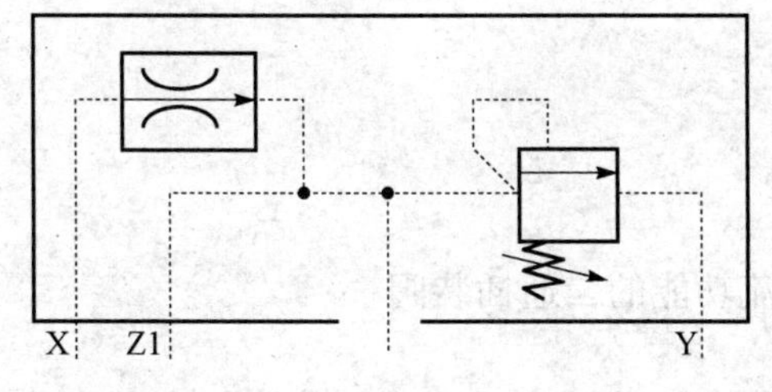

带溢流功能的控制盖，用流量控制阀来限制先导级流量

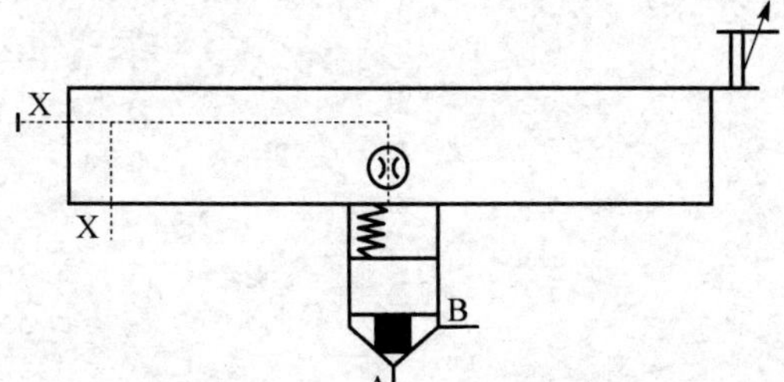

带行程限制器的二通插装阀

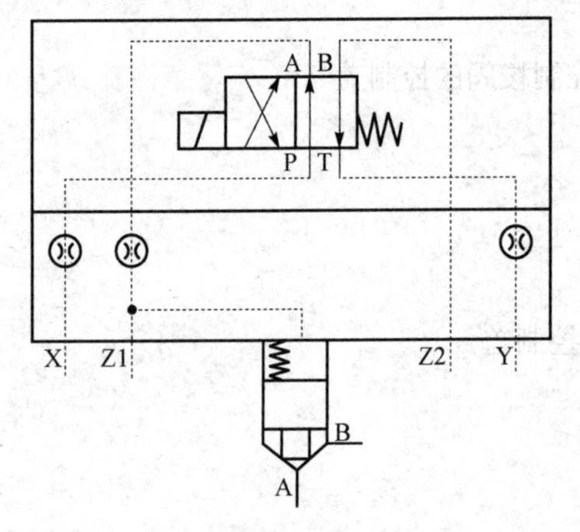

带方向控制阀的二通插装阀

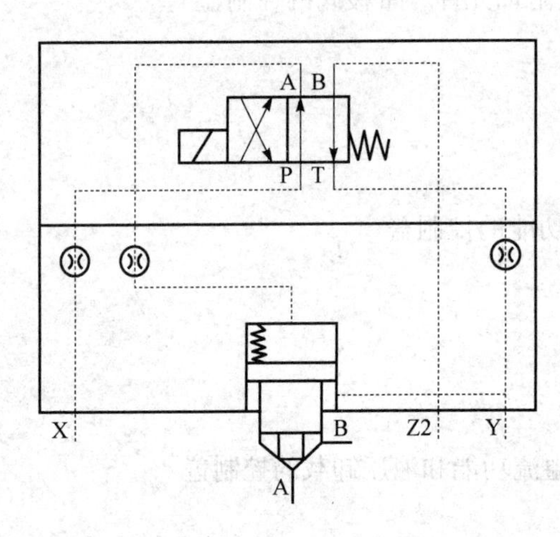

主动控制，带方向控制阀的二通插装阀

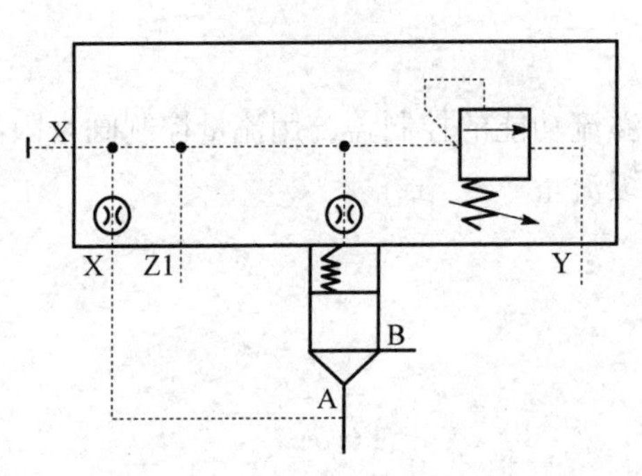

带溢流功能的二通插装阀

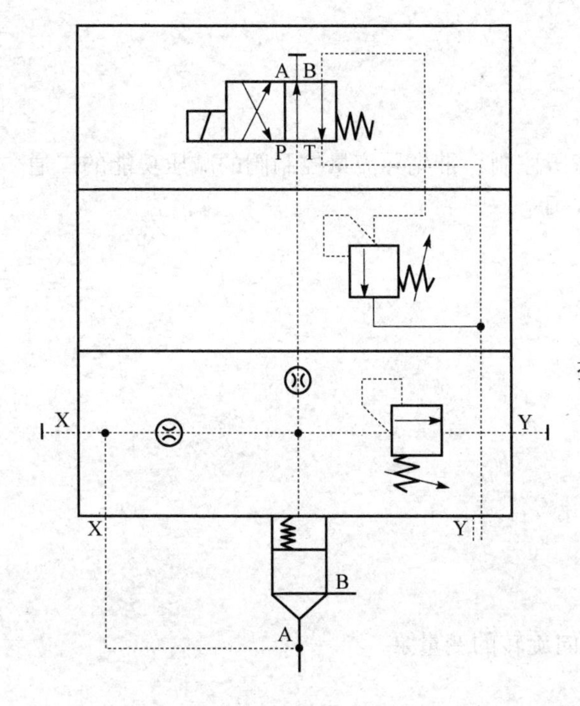

带溢流功能和可选第二级压力的二通插装阀

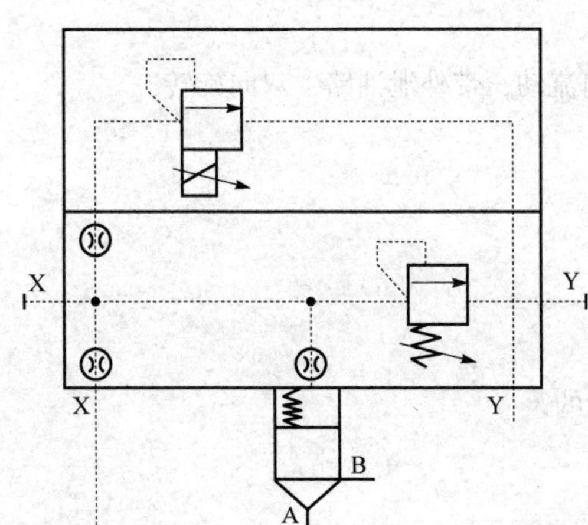

带比例压力调节和手动最高压力溢流功能的二通插装阀

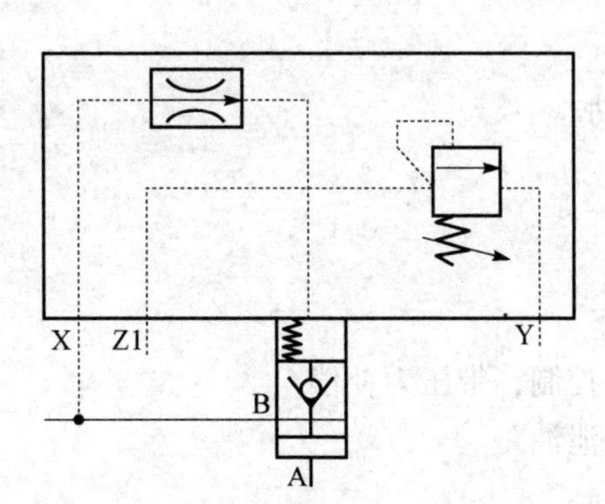

低压控制、减压功能的二通插装阀

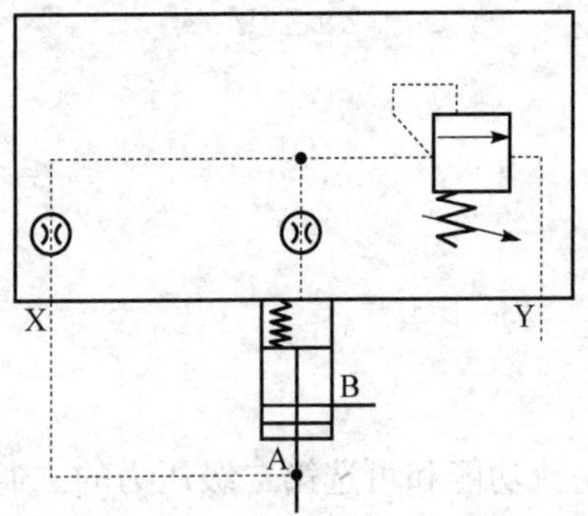

高压控制、带先导流量控制阀的减压功能的二通插装阀

二、泵和马达

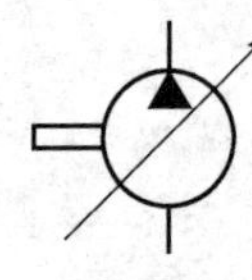

变量泵

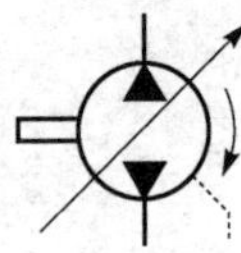

双向流动，带外泄油路单向旋转的变量泵

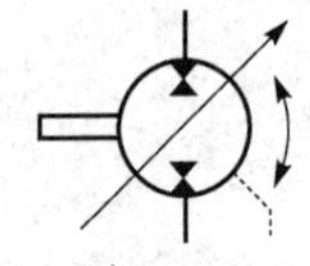

双向变量泵或马达单元，双向流动，带外泄油路，双向旋转

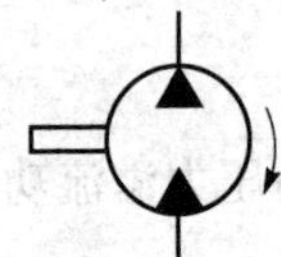

单向旋转的定量泵或马达

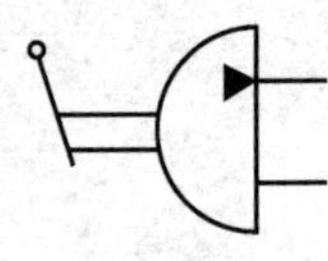

操纵杆控制，限制转盘角度的泵

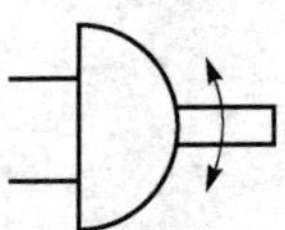

限制摆动角度，双向流动的摆动执行器或旋转驱动

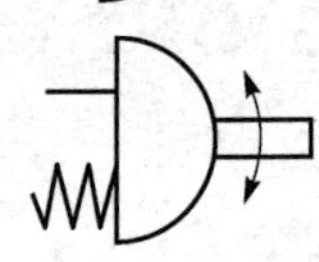

单作用的半摆动执行器或旋转驱动

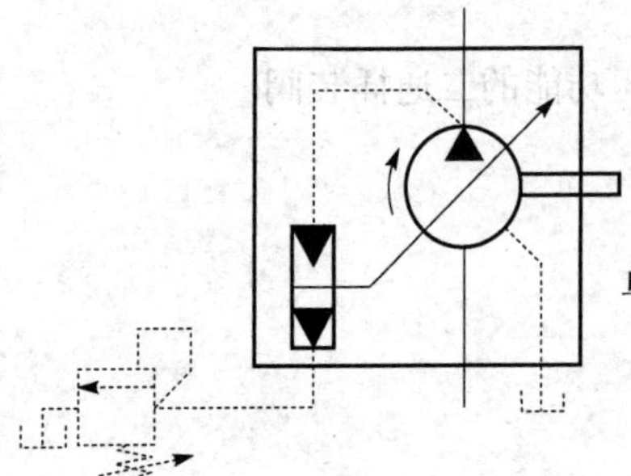

变量泵，先导控制，带压力补偿，单向旋转，带外泄油路

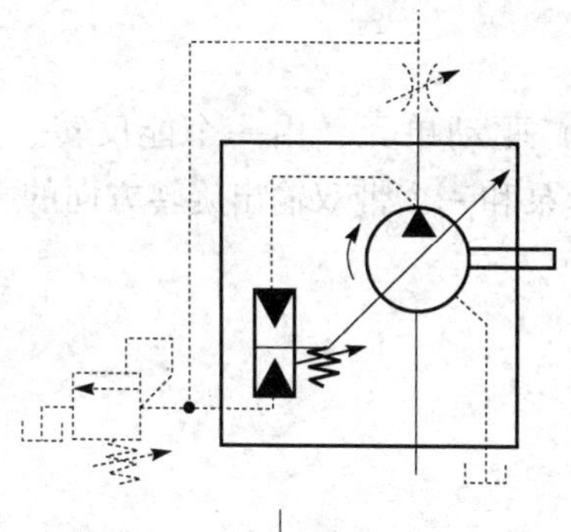

带复合压力或流量控制（负载敏感型）变量泵，单向驱动，带外泄油路

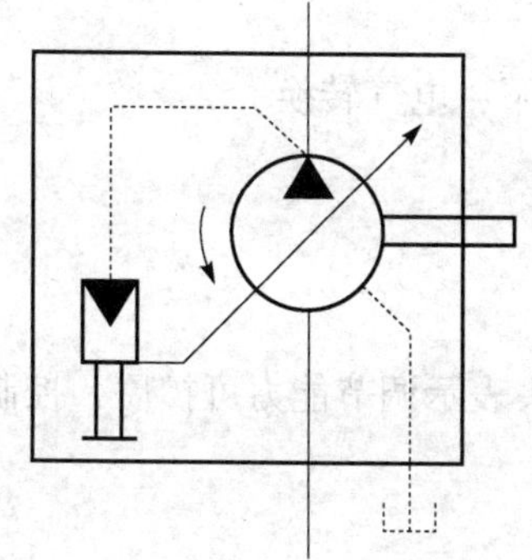

机械或液压伺服控制的变量泵

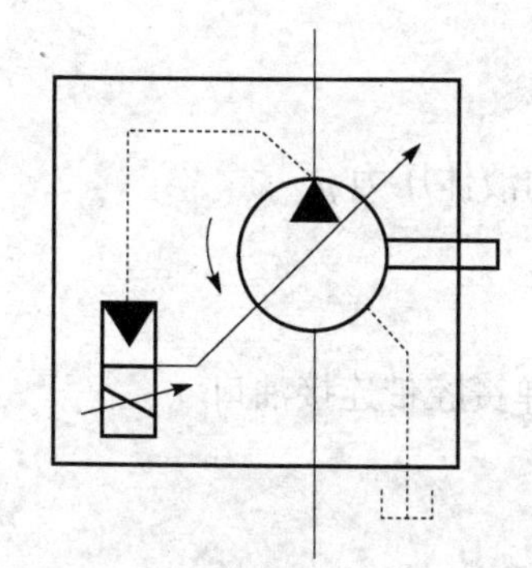

电液伺服控制的变量液压泵

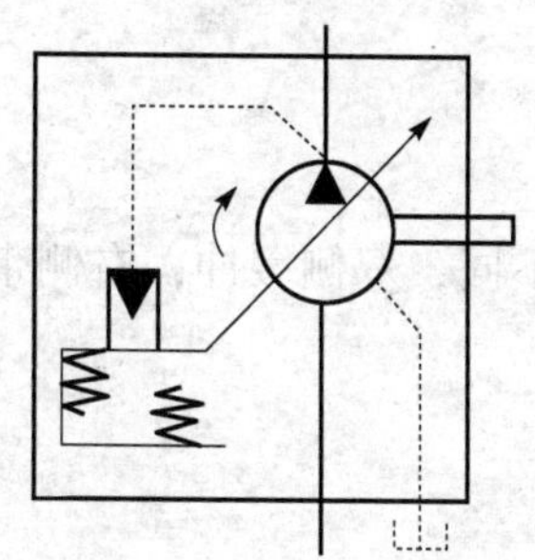

恒功率控制的变量泵

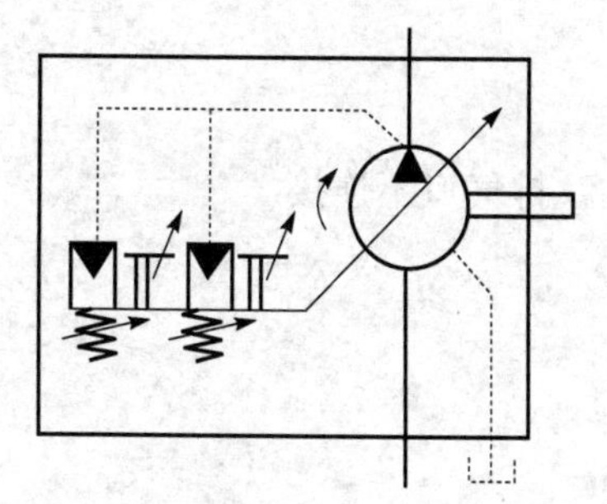

带两级压力或流量控制的变量泵，内部先导操纵

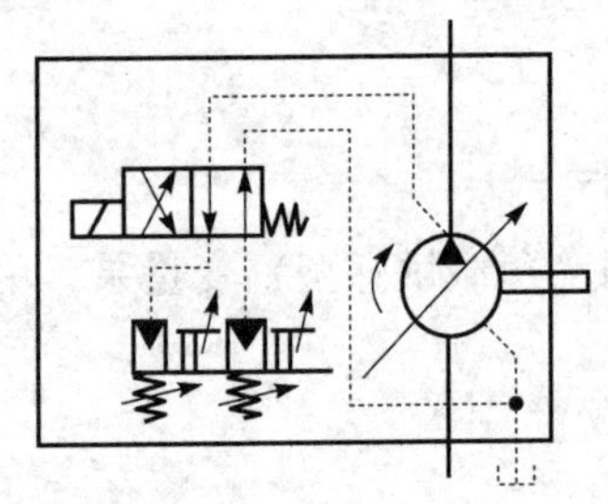

静液传动（简化表达）驱动单元，由一个能反转、带单输入旋转方向的变量泵和一个带双输出旋转方向的定量马达组成

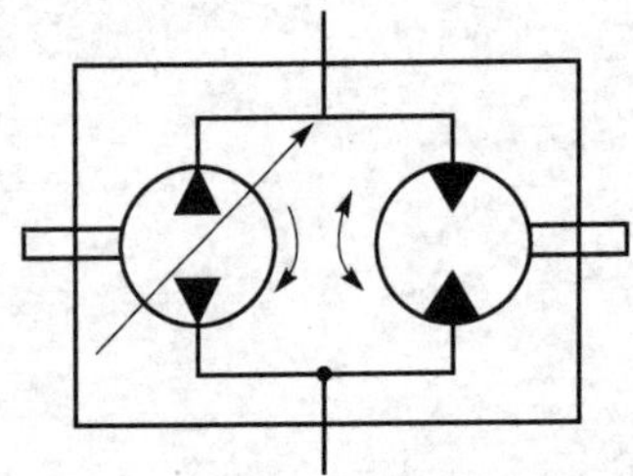

带两级压力控制元件的变量泵，电气转换

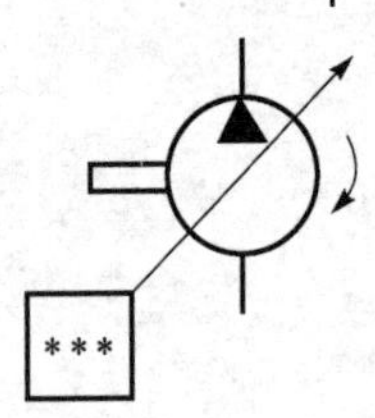

表现出控制和调节元件的变量泵，箭头表示调节能力可扩展，控制机构和元件可以在箭头任意一边连接

*** 没有指定复杂控制器

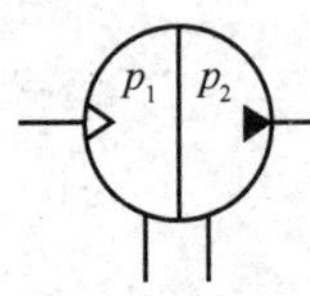

连续增压器，将气体压力 p_1 转换为较高的液体压力 p_2

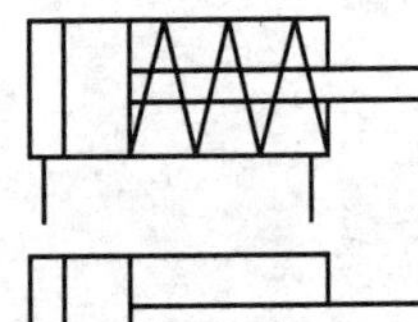

单作用单杆缸，靠弹簧力返回行程，弹簧腔带连接油口

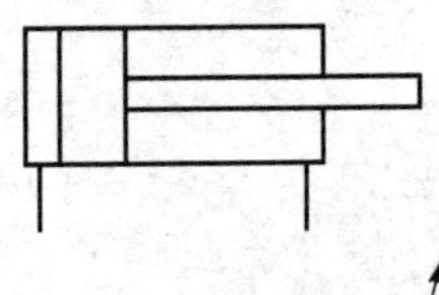

双作用单杆缸

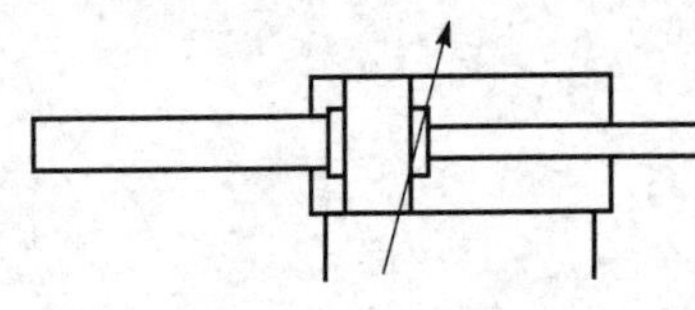

双作用双杆缸，活塞杆直径不同，双侧缓冲，右侧带调节

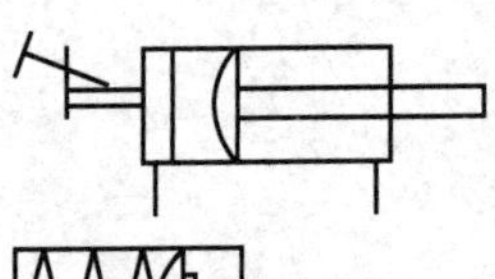

带行程限制器的双作用膜片缸

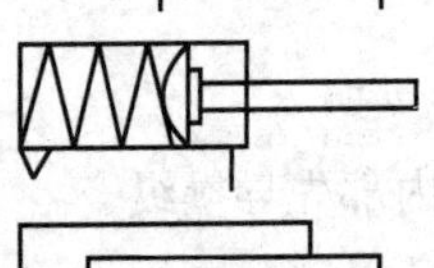

活塞杆终端带缓冲的单作用膜片缸，排气口不连接

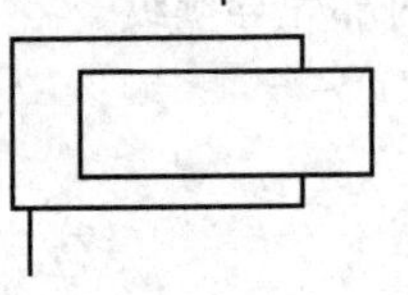

单作用缸，柱塞缸

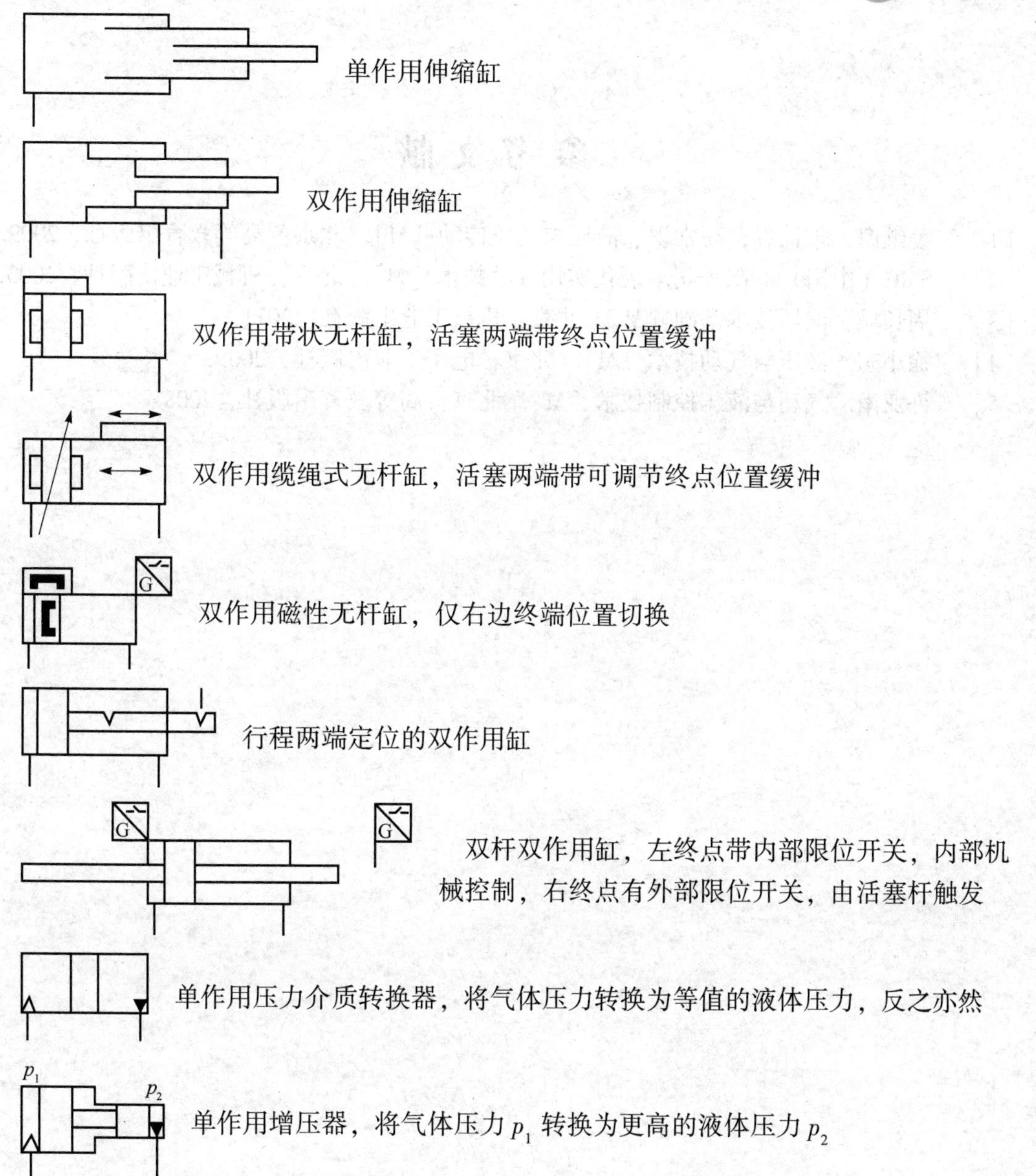
单作用伸缩缸
双作用伸缩缸
双作用带状无杆缸，活塞两端带终点位置缓冲
双作用缆绳式无杆缸，活塞两端带可调节终点位置缓冲
G
双作用磁性无杆缸，仅右边终端位置切换
行程两端定位的双作用缸
G
G
双杆双作用缸，左终点带内部限位开关，内部机械控制，右终点有外部限位开关，由活塞杆触发
单作用压力介质转换器，将气体压力转换为等值的液体压力，反之亦然
p_1
p_2
单作用增压器，将气体压力 p_1 转换为更高的液体压力 p_2

参考文献

[1] 姜继海，宋锦春，高常识. 液压与气压传动［M］. 北京：高等教育出版社，2009.

[2] SMC（中国）有限公司. 现代实用气动技术［M］. 北京：机械工业出版社，2003.

[3] 周长城. 液压技术基础［M］. 北京：机械工业出版社，2011.

[4] 徐小东. 液压与气动技术［M］. 北京：电子工业出版社，2009.

[5] 许亚南. 气动与液压控制技术［M］. 北京：高等教育出版社，2008.